ABITUR

Prüfungsaufgaben mit Lösungen

2012

Physik

Grund- und Leistungskurs
Gymnasium • Gesamtschule
Nordrhein-Westfalen

2008–2011

STARK

ISBN 978-3-89449-185-7

6. ergänzte Auflage
www.stark-verlag.de

Inhalt

Fortsetzung nächste Seite

Abiturprüfungsaufgaben 2009

Abiturprüfungsaufgaben 2010

Abiturprüfungsaufgaben 2011

Jeweils zu Beginn des neuen Schuljahres erscheinen die neuen Ausgaben der Abiturprüfungsaufgaben mit Lösungen.

Vorwort

Liebe Schülerin, lieber Schüler,

Sie haben Physik in Nordrhein-Westfalen als Grund- oder Leistungskurs belegt und planen, in diesem Fach ihr Abitur abzulegen. Für die schriftliche Abiturprüfung in Nordrhein-Westfalen bearbeiten seit 2007 die Schülerinnen und Schüler aller Gymnasien und Gesamtschulen – und seit 2008 auch die der Weiterbildungskollegs – dieselben **zentral gestellten Aufgaben**.

Mit diesem Buch möchten wir Ihnen helfen, sich effektiv auf dieses Zentralabitur vorzubereiten:

- Der Band enthält die **Original-Prüfungsaufgaben** der Jahrgänge 2008 bis 2011 für Grund- und Leistungskurs.
- Auf sämtliche Aufgaben folgen **vollständige, kommentierte Lösungsvorschläge** sowie separate **Tipps zum Lösungsansatz**, die Ihnen das selbstständige Lösen der Aufgaben erleichtern.
- Sie erhalten im ersten Teil des Buches zahlreiche **Informationen zum Abitur**, deren Kenntnis für die gezielte Vorbereitung auf die Abiturklausur hilfreich und wichtig ist. Dazu gehören u. a. eine komplette, kommentierte Aufstellung der für die Prüfung 2012 relevanten Themen, Hinweise zum genauen Ablauf der Prüfung sowie alles Wissenswerte zur Struktur und zu den Anforderungen der Prüfungsaufgaben.
- Sie finden darüber hinaus viele **praktische Hinweise**, die Ihnen sowohl in der Vorbereitung auf das Abitur als auch während der Prüfung dazu verhelfen, Prüfungsaufgaben gut zu lösen.

Sollten nach Erscheinen dieses Bandes noch wichtige Änderungen in der Abiturprüfung 2012 vom Ministerium für Schule und Weiterbildung bekannt gegeben werden, finden Sie aktuelle Informationen dazu im Internet unter www.stark-verlag.de/info.asp?zentrale-pruefung-aktuell.

Wir wünschen Ihnen viel Erfolg bei der Abiturprüfung!

Ihr Stark Verlag

Stichwortverzeichnis

Hinweise und Tipps zum Zentralabitur

Allgemeine Hinweise zum schriftlichen Abitur im Fach Physik

1 Die inhaltlichen Vorgaben für die schriftliche Prüfung

Der derzeit gültige Lehrplan Physik, wie der für alle anderen Fächer, stammt aus dem Jahre 1999, also einer Zeit noch ohne zentrale Abschlussprüfungen. Er bleibt weiterhin gültig, auch was die Aussagen zum Abitur betrifft. Darüber hinaus hat das Ministerium für Schule und Weiterbildung des Landes an alle Schulen Informationen mit zusätzlichen Konkretisierungen im inhaltlichen Bereich gegeben, sodass sowohl die Lehrer als auch die Schüler rechtzeitig zu Beginn der Qualifikationsphase (darüber informiert sind, aus welchen Sachbereichen die inhaltlichen Schwerpunkte der späteren Abituraufgaben zu erwarten sind. Die dort benannten inhaltlichen Schwerpunkte der Unterrichtsinhalte werden für die Bearbeitung der zentral gestellten Aufgaben unbedingt vorausgesetzt. Diese Schwerpunktsetzung soll zusichern, dass Sie über die notwendigen Voraussetzungen für eine angemessene Bearbeitung der zentral gestellten Aufgaben verfügen können.

Die **fachspezifischen Schwerpunktsetzungen für das Physikabitur 2012** zeigt die nachfolgende Tabelle. Die Angaben in der rechten Spalte verweisen auf die entsprechenden Prüfungsaufgaben in diesem Buch.

Schwerpunkt	**Aufgabe**
I. Ladungen und Felder • elektrisches Feld, elektrische Feldstärke (Feldkraft auf Ladungsträger im homogenen Feld, radialsymmetrisches Feld) • potenzielle Energie im elektrischen Feld • magnetisches Feld, magnetische Feldgröße B, Lorentzkraft, Energie des magnetischen Feldes (Stromwaage) • Bewegung von Ladungsträgern in elektrischen und magnetischen Feldern (Braun'sche Röhre, Fadenstrahlrohr, Wien-Filter, Halleffekt)	GK 2008 II.1; II.2 LK 2008 II.1 GK 2009 I.1; II.1 LK 2009 I.1; II.2 GK 2010 I.1 LK 2010 I.1 GK 2011 I.1 LK 2011 I.1 GK 2011 II.2 LK 2011 II.2

II. Elektromagnetismus • elektromagnetische Induktion, Induktionsgesetz, Veränderung von A und B (Drehung einer Leiterschleife im homogenen Magnetfeld) • Selbstinduktion, Induktivität (verzögerter Einschaltvorgang bei Parallelschaltung von L und R, Ein- und Ausschaltvorgänge bei Spulen)	GK 2008 I.1 LK 2008 I.1 GK 2009 I.1 LK 2009 I.1 GK 2011 I.1 LK 2011 I.1
III. Elektromagnetische Schwingungen und Wellen einschließlich Resonanz • elektromagnetischer Schwingkreis • Interferenz (Mikrowelleninterferenz, Wellenwanne, Lichtbeugung am Spalt, Doppelspalt und Gitter, Wellenlängenmessung)	GK 2008 II.1 LK 2008 I.2 GK 2009 II.2; LK 2009 II.1 GK 2010 II.1 LK 2010 II.1 GK 2011 II.1 LK 2011 II.1
IV. Relativitätstheorie (nur Leistungskurs) • Konstanz der Lichtgeschwindigkeit und deren Konsequenzen (Michelson-Experiment) • relativistischer Impuls, Äquivalenz von Masse und Energie	LK 2008 II.1 LK 2009 II.2 LK 2011 I.2
V. Atom- und Kernphysik • Linienspektren in Absorption und Emission und Energiequantelung des Atoms, Atommodelle (Bobachtung von Spektrallinien am Gitter, Franck-Hertz-Versuch) • ionisierende Strahlung und ihre Energieverteilung (Röntgenspektroskopie, Röntgenbeugung) • radioaktiver Zerfall (Halbwertszeitmessung, Reichweite von Gammastrahlung, Absorption von Gammastrahlung)	GK 2008 II.1; II.2 LK 2008 I.2; II.2 GK 2009 I.2 LK 2009 I.2; II.1 GK 2010 I.1, I.2, II.1 LK 2010 I.1, I.2, II.1 GK 2011 I.2 LK 2011 I.2
VI. Quanteneffekte • lichtelektrischer Effekt und Lichtquantenhypothese (h-Bestimmung mit Fotozelle und Gegenfeldmethode) • de-Broglie-Theorie des Elektrons, Welleneigenschaften von Teilchen (Elektronenbeugung an polykristalliner Materie) • Grenzen der Anwendbarkeit klassischer Begriffe in der Quantenphysik (Doppelspaltversuch mit Elektronen und Licht reduzierter Intensität) (nur Leistungskurs)	GK 2008 I.2 GK 2011 II.2 LK 2011 II.2

Tipp: *Die Klausuren in der Qualifikationsphase sollen bereits in ihrer Art auf die Abiturprüfung vorbereiten. Daher ist es sinnvoll, wenn Sie festhalten, wie in Ihren Klausuren die oben genannten Themen zu bearbeiten gewesen sind.*

Übersicht Prüfungsaufgaben und Sachgebiete – Grundkurs

Prüfungsaufgabe		Ladungen und Felder	Elektromagnetismus	Elektromagnetische Schwingungen und Wellen	Relativitätstheorie	Atom- und Kernphysik	Radioaktivität	Quantenmechanik
GK 2008.1	Elektromagnetische Induktion		×					
	Fotoeffekt							×
GK 2008.2	Spektralröhre	×		×		×		
	Zerfallsgesetz	×					×	
GK 2009.1	Induktionsspannungen	×	×					
	Radioaktiver Zerfall						×	
GK 2009.2	Kräfte auf bewegte Ladungen	×						
	Interferenz mit Mikrowellen			×				
GK 2010.1	Fadenstrahlrohr	×				×		
	Entstehung und Analyse von Röntgenstrahlung					×		
Gk 2010.2	Energieniveaus im Quecksilberatom			×		×		
GK 2011.1	Definition und Messung der Feldstärke B	×	×					
	Radioaktive Strahlung						×	
GK 2011.2	Doppelspalt			x×				
	Lichtelektrischer Effekt	×						×

Übersicht Prüfungsaufgaben und Sachgebiete – Leistungskurs

Prüfungsaufgabe		Ladungen und Felder	Elektromagnetismus	Elektromagnetische Schwingungen und Wellen	Relativitätstheorie	Atom- und Kernphysik	Radioaktivität	Quantenmechanik
LK 2008.1	Elektromagnetische Induktion		×					
	Spektralanalyse			×		×		
LK 2008.2	Zyklotron	×			×			
	Radioaktivität						×	
LK 2009.1	Induktionsspannungen	×	×					
	Radioaktiver Zerfall						×	
LK 2009.2	Fraunhofer'sche Linien			×		×		
	Hochenergetische Elektronen	×			×			
LK 2010.1	Fadenstrahlrohr	×				×		
	Entstehung und Analyse von Röntgenstrahlung					×		
Lk 2010.2	Energieniveaus im Quecksilberatom			×		×		
LK 2011.1	Definition und Messung der Feldstärke B	×	×					
	Radioaktive Strahlung				×		×	
LK 2011.2	Doppelspalt			×				
	Lichtelektrischer Effekt	×						×

2 Ergänzende Hinweise zu den inhaltlichen Vorgaben

Zu den oben genannten Vorgaben müssen folgende Ergänzungen gemacht werden:

- Das **Bohr'sche Atommodell** (unter Punkt V „Atommodelle") soll allgemein verbindlich sein und dieses ist unverzichtbar im Rahmen der Behandlung der Röntgenspektroskopie (quantifizierte Behandlung der charakteristischen Röntgenstrahlung). Die Kenntnis des sogenannten **Potenzialtopfmodells** wird nur für den Leistungskurs vorausgesetzt.
- Das **Induktionsgesetz** muss in der allgemeinen Form $U_{ind} = -n \cdot \dot{\Phi}$ bekannt sein, wobei die zeitliche Änderung des magnetischen Flusses Φ sowohl durch eine Änderung der vom Magnetfeld durchsetzten Fläche A als auch durch eine Änderung der magnetischen Feldstärke (resp. Flussdichte) B verursacht sein kann.
- Aus dem vorgenannten Punkt ergibt sich, dass die mathematische **Schreibweise der (zeitlichen) Ableitung** in der „Punktnotation" und mithilfe von Differenzialen bekannt sein muss. Es ist daher ratsam, dass Sie mit beiden Schreibweisen für die zeitliche Ableitung vertraut sind: $\dot{\Phi}$ und $\frac{d\Phi}{dt}$.
- **Lineare Differenzialgleichungen mit konstanten Koeffizienten** können in den Leistungskursaufgaben auftreten. Solche Differenzialgleichungen treten auf bei Schwingungen in verschiedenen Bereichen, bei Einschalt- und Ausschaltvorgängen bei Kondensatoren und Spulen oder auch beim radioaktiven Zerfall. Es geht bei der Lösung von Differenzialgleichungen jedoch sicher nicht um irgendwelche Lösungstricks, sondern um eine gewisse Vertrautheit mit der Struktur von Differenzialgleichungen und um die Bearbeitung von Anfangswertproblemen, bei der ggf. deutliche Hilfen für den Lösungsprozess gegeben werden.
- Sie sollten – mindestens ein – Verfahren kennen (z. B. Existenz einer Halbwertsgröße, halblogarithmische Darstellung), mit denen Sie nachprüfen können, ob es sich bei gegebenen Daten für eine Messkurve um exponentiell anwachsende oder abfallende Werte handelt.
- Eine algebraische Beschreibung von **Vektoroperationen** wird nicht gefordert, obwohl es sich damit, wie z. B. beim Vektorprodukt, gut rechnen lässt.
- In der **Relativitätstheorie**, die nur im Leistungskurs verpflichtend ist, wird erwartet, dass Ihnen Zeitdilatation und Lorentzkontraktion (als Folge der Konstanz der Lichtgeschwindigkeit) bekannt sind. Die Lorentztransformationen werden nicht gefordert, obwohl diese einen besonders einfachen Zugang zum Additionstheorem für Geschwindigkeiten und zur Einführung der dynamischen Masse liefern. Im Bereich der relativistischen Dynamik ist die Kenntnis der sogenannten Invarianzbeziehung $E^2 - p^2c^2 = E_0^2$ wichtig. Aufgrund der bisher gestellten Aufgaben ist es sehr wahrscheinlich, dass keine vollständige Prüfungsaufgabe über die Relativitätstheorie gestellt wird. In der Regel werden relativistische Rechnungen nur in Teilaufgaben, etwa in Ergänzung zu einer Newton'schen Rechnung bei der Bewegung schnell bewegter Elektronen, auftreten..
- Die für den Unterricht im Leistungskurs obligatorische Thermodynamik ist bisher in Zentralabituraufgaben nicht vorgekommen. Jetzt ist sie auch aus den Vorgaben gestrichen, sodass keine Aufgabe aus diesem Gebiet zu erwarten ist.

Tipp: Verfolgen Sie genau, wie die in diesem Abschnitt genannten, für die Prüfung wichtigen Inhalte in Ihrem Unterricht besprochen werden und fragen Sie bei Verständnisschwierigkeiten beim Lehrer bzw. der Lehrerin sofort nach.

3 Organisatorisches

Als **Hilfsmittel** werden während der Abiturarbeit zugelassen: Physikalische Formelsammlung, ein wissenschaftlicher Taschenrechner (ohne oder mit Grafikfähigkeit), eine Nuklidkarte sowie ein deutsches Wörterbuch. Auch CAS-Rechner sind zugelassen. Die Aufgaben werden so konstruiert, dass deren Verwendung keinen ungebührlichen Vorteil darstellt.

Für den zentral festgelegten Tag der schriftlichen Prüfung im Fach Physik erhält die Schule für den Grundkurs und für den Leistungskurs je zwei Prüfungsaufgaben, von denen die Fachlehrerin bzw. der Fachlehrer des jeweiligen Kurses eine zur Bearbeitung für die Schülerinnen und Schüler vor Beginn der Arbeit auswählt. Sie selbst haben also im Fach Physik keine Auswahlmöglichkeit.

Da für das Fach Physik **Experimente** charakteristisch sind, ist zu erwarten, dass mindestens eine der beiden Prüfungsaufgaben auch die Bearbeitung eines Demonstrationsexperimentes beinhaltet. Dabei handelt es sich dann um einen Versuch mit einem gängigen Experimentalaufbau, der in seinen Grundlagen aus dem Unterricht bereits bekannt sein dürfte. Zur Sicherheit werden Messdaten mitgeliefert, die Sie auf Anweisung der Lehrerin oder des Lehrers ggf. verwenden dürfen bzw. müssen. Aufgaben mit **Schülerexperimenten** sind eher nicht zu erwarten, aber nicht ausgeschlossen.

Tipp: Klären Sie bei Experimenten im Unterricht (ggf. durch Nachfragen) stets, ob der jeweilige Versuch ein grundlegender ist oder lediglich eine Vertiefung darstellt.

Für den Fall, dass mit einem Experiment quantitative Arbeitsunterlagen während der Prüfung gewonnen werden sollen, werden Versuchsergebnisse mitgeliefert, damit beim Misslingen eines Experimentes bzw. bei fehlendem Experimentiergerät die erforderlichen Daten zur weiteren Bearbeitung zur Verfügung stehen.

4 Zum Aufbau der Prüfungsaufgaben

Die Prüfungsaufgabe, die im Grund- wie im Leistungskurs aus bis zu zwei verschiedenen voneinander unabhängigen Aufgaben aus verschiedenen Sachbereichen bestehen kann, bezieht sich in der Regel auf konkrete Experimente oder auf vorgelegtes fachspezifisches Material (siehe unten). Jede der Aufgaben wird in der Regel in mehrere Teilaufgaben gegliedert sein. Dabei ist die Aufgliederung einer Aufgabe jedoch nicht so detailliert, dass dadurch ein Lösungsweg zwingend vorgezeichnet wird. Es können auch offene Aufgabenstellungen erwartet werden, die mehrere Lösungswege ermöglichen.

Die Teilaufgaben einer Aufgabe sind weitestgehend unabhängig voneinander lösbar. Sollte Ihnen also eine Teilaufgabe misslingen, macht dies nicht die Bearbeitung der anderen Teilaufgaben unmöglich. Ggf. wird durch die Angabe von Zwischenergebnissen gesichert, dass man spätere Teilaufgaben auch ohne die Lösung vorangegangener bearbeiten kann. Lesen Sie die Aufgabentexte immer sehr sorgfältig; manchmal werden Informationen bei einzelnen Teilaufgaben genannt, die bei späteren Teilaufgaben auch benötigt werden. Es ist in der Regel so, dass sich schwierigere Teilaufgaben eher am Ende der Aufgabe befinden.

Insgesamt erwarten die Aufgaben vorrangig,
- vorgeführte (oder selbst durchgeführte) Experimente zu beschreiben und auszuwerten,
- fachspezifisches Material (z. B. Diagramme, Tabellen, dokumentierte Experimente) auszuwerten, zu kommentieren, zu interpretieren und zu bewerten,
- fachspezifische Fragen zu beantworten,

und darüber hinaus,
- Formeln kommentiert herzuleiten und kommentierte Berechnungen durchzuführen,
- fachliche Sachverhalte in historische Bezüge oder aktuelle Kontexte einzuordnen,
- begründete Stellungnahmen zu Aussagen oder vorgelegtem Material zu geben oder
- strukturiertes Fachwissen in einem größeren Zusammenhang darzustellen.

Jede Prüfungsaufgabe erstreckt sich auf die drei sogenannten „Anforderungsbereiche". Die drei Anforderungsbereiche sind für jedes Fach in den „Einheitlichen Prüfungsanforderungen für das Abitur" (EPA) sogar bundesweit einheitlich beschrieben. Sie sind wie folgt gekennzeichnet:

Der **Anforderungsbereich I** umfasst die Wiedergabe von Sachverhalten (z. B. Daten, Fakten, Regeln, Formeln, Aussagen) aus einem abgegrenzten Gebiet im gelernten Zusammenhang und die Beschreibung und Verwendung gelernter und geübter Arbeitstechniken und Verfahrensweisen in einem begrenzten Gebiet und in einem wiederholenden Zusammenhang.

Der **Anforderungsbereich II** umfasst selbstständiges Auswählen, Anordnen, Verarbeiten und Darstellen bekannter Sachverhalte unter vorgegebenen Gesichtspunkten in einem durch Übung bekannten Zusammenhang und selbstständiges Übertragen des Gelernten auf vergleichbare neue Situationen, wobei es entweder um veränderte Fragestellungen oder um veränderte Sachzusammenhänge oder um abgewandelte Verfahrensweisen gehen kann.

Der **Anforderungsbereich III** umfasst planmäßiges Verarbeiten komplexer Gegebenheiten mit dem Ziel, zu selbstständigen Lösungen, Gestaltungen oder Deutungen, Folgerungen, Begründungen, Wertungen zu gelangen. Dabei werden aus den gelernten Denkmethoden bzw. Lösungsverfahren die zur Bewältigung der Aufgabe geeigneten selbstständig ausgewählt und einer neuen Problemstellung angepasst.

Die Aufgaben werden so konstruiert, dass das Schwergewicht der zu erbringenden Prüfungsleistungen im Anforderungsbereich II liegt und der Anforderungsbereich I in deutlich höherem Masse als der Anforderungsbereich III berücksichtigt wird.

Die Prüfungsaufgaben stellen Problemstellungen dar, zu deren Lösung sowohl fundierte Fachkenntnisse vorhanden sein müssen als auch Fachmethoden richtig angewandt werden müssen. Die Prüfungsaufgabe umfasst immer mehr als nur einen der fünf Sachbereiche, wie sie im Lehrplan benannt werden: Diese Sachbereiche sind Mechanik[1], Elektrik, Relativitätstheorie, Thermodynamik[2] und Atom- und Quantenphysik und man findet dazu im Lehrplan die auf den folgenden Seiten aufgelisteten Angaben. Dabei sind zur besseren Übersicht hier nur die **obligatorischen**, d. h. auf jeden Fall als verpflichtend zu behandelnden Gegenstände für Grund- und Leistungskurse dargestellt; *kursiv* gedruckt sind zusätzliche obligatorische Gegenstände für Leistungskurse.

Mechanik

Kinematik und Dynamik des Massenpunktes

- Gesetze der gleichförmigen und gleichmäßig beschleunigten Bewegung
- träge Masse, Trägheitssatz
- Kraft, Grundgleichung der Mechanik
- Impuls, Impulserhaltung
- Kreisbewegung, Zentripetalkraft

Energie und Arbeit

- Lageenergie und Hubarbeit
- Bewegungsenergie und Beschleunigungsarbeit
- *Spannenergie und Spannarbeit*
- Energieentwertung und Reibungsarbeit
- Energiebilanzierung bei Übertragung und Umwandlung – Erhaltung und Entwertung der Energie
- *Stoßvorgänge*

Gravitation

- Gravitationsgesetz, *Gravitationsfeld*
- *Energie und Arbeit im Gravitationsfeld*

Mechanische Schwingungen

- Schwingungsvorgänge und Schwingungsgrößen
- harmonische Schwingung
- *nichtlineare Schwingungen*

Mechanische Wellen

- Entstehung und Ausbreitung von Transversal- und Longitudinalwellen
- Beugung
- Interferenz von Wellen

Elektrik

Ladungen und Felder

- Elektrisches Feld, elektrische Feldstärke E
- potenzielle Energie im elektrischen Feld, Spannung

1 Der Sachbereich Mechanik ist in den Vorgaben für das Gymnasium und die Gesamtschule zwar nicht explizit vorgesehen, dennoch können gewisse Analogiebetrachtungen, wie es sie beispielsweise bei mechanischen und elektrischen Schwingungen gibt, vorkommen.

2 Die Thermodynamik erscheint nicht mehr in den verbindlichen Vorgaben. Daher ist nicht damit zu rechnen, dass eine Aufgabe aus diesem Bereich vorkommen wird

- *elektrische Kapazität*
- magnetisches Feld, magnetische Feldgröße B
- Lorentzkraft
- Bewegung von Ladungsträgern in elektrischen und magnetischen Feldern

Elektromagnetismus
- Elektromagnetische Induktion, Induktionsgesetz
- Selbstinduktion, *Induktivität*

Elektromagnetische Schwingungen und Wellen
- *Elektromagnetischer Schwingkreis*
- *Erzeugung und Ausbreitung elektromagnetischer Wellen (Hertz'scher Dipol)*
- Ausbreitung von Licht (Beugung, Interferenz)

Relativitätstheorie
- *relativistische Kinematik*
- *Äquivalenz von Masse und Energie*

Thermodynamik

Energieerhaltung und Energieentwertung
- *Hauptsatz der Thermodynamik*
- *Entropie* und 2. *Hauptsatz der Thermodynamik*
- *dissipative Strukturen*

Atom- und Quantenphysik

Atombau und Kernphysik
- Atommodelle
- Radioaktive Strahlung (Strahlungsarten, *Nachweismethoden*)
- Radioaktiver Zerfall (Zerfallsgesetz, Zerfallsprozesse)
- Kernspaltung *und Kernfusion* (Kernbausteine, Bindungsenergie, Kettenreaktion)

Quanteneffekte
- Lichtelektrischer Effekt und Lichtquantenhypothese
- Linienspektren und Energiequantelung des Atoms
- de-Broglie-Theorie des Elektrons
- *Heisenberg'sche Unbestimmtheitsrelation*

5 Durchführung der schriftlichen Abiturprüfung

Am Tag der schriftlichen Prüfung erhalten Sie von Ihrer Lehrerin bzw. Ihrem Lehrer die zuvor ausgewählten Aufgaben, wofür Ihnen dann im Grundkurs drei und im Leistungskurs viereinviertel Stunden **Bearbeitungszeit** zur Verfügung stehen, die bei experimentellen Aufgaben erst nach der Demonstration des Experiments beginnt.

6 Bewertung der Prüfungsarbeiten

Alle einzelnen Lösungsschritte der Abituraufgaben werden mit einer landesweit verbindlichen zu erreichenden Maximalpunktzahl versehen, sodass die Fachlehrerin bzw. der Fachlehrer anhand des Grades der erreichten richtigen Lösung Punkte zwischen 0 und dieser Maximalpunktzahl vergibt. Diese Punktzahlen werden zusammen mit den Aufgaben angegeben.

Aus der ermittelten Gesamtpunktzahl ergibt sich dann unmittelbar die Endnote der Klausur, wie dies die folgende Tabelle wiedergibt:

Note	1+	1	1–	2+	2	2–	3+	3	3–	4+	4	4 –	5+	5	5–	6
Mindestpunktzahl in %	95	90	85	80	75	70	65	60	55	50	45	40	33	26	20	0

Eine solche Bewertungsskala sollte bereits in der Qualifikationsphase für die Klausuren selbstverständlich gewesen sein, sodass sich hier in der Abiturarbeit eigentlich nichts ändert.

Die Aufgaben werden so konstruiert, dass auf die Leistungen der Aufgabenteile mit dem Anforderungsbereich I etwa 30 % bis 40 % und mit dem Anforderungsbereich III bis zu etwa 15 % der gesamten Punkte entfallen. Dabei wird auch deutlich, dass das Schwergewicht der zu erbringenden Leistung im Anforderungsbereich II liegt und darüber hinaus der Anforderungsbereich I deutlich stärker repräsentiert ist als der Anforderungsbereich III. Dies bedeutet, dass Sie mit der Wiedergabe des gelernten Unterrichtsstoffs durchaus bereits ein „ausreichend" erzielen können.

Wichtig ist für Sie zu wissen, dass die Korrektoren verpflichtet sind, deutliche Verstöße gegen die sprachliche Richtigkeit leistungsmindernd zu berücksichtigen. Daher folgender

Tipp: *Achten Sie darauf, die Klausuren in sprachlich richtiger, gut lesbarer und logisch einwandfreier Darstellung zu bearbeiten. Geben Sie kurze Überschriften zu Ihren Überlegungen an.*

Methodische Hinweise für die Anfertigung der Abiturklausur

Die folgenden Tipps helfen Ihnen, Klausuraufgaben – nicht nur im Abitur, sondern bei allen Klausuren der gymnasialen Oberstufe – gut zu lösen. Da bei der Bearbeitung häufig die gleichen, ganz typischen Fehler gemacht werden, ist es zunächst wichtig, dass Sie diese Fehler kennen und dass Sie feststellen, zu welchen Fehlertypen Sie selbst neigen. Wenn Sie durch gezielte Übung diese Fehler abstellen, können Sie viele Schwierigkeiten beim Lösen der Aufgaben von vornherein vermeiden. Häufig anzutreffende Fehlertypen im Fach Physik sind:

- **Falsches Arbeiten mit Vektoren**
  Man muss ganz genau darauf achten, bei welchen der vorkommenden Größen es sich um Vektoren handelt, insbesondere muss auf beiden Seiten einer Gleichung entweder ein Vektor oder eine skalare Größe stehen. Übrigens: Durch einen Vektor kann man nicht dividieren, also bitte nie (!) einen Vektor in den Nenner eines Bru-

ches schreiben (auch wenn dies beim Umstellen von Termen manchmal nahe gelegt werden könnte). Denken Sie auch daran, in Skizzen vektorielle Größen als solche mit dem Vektorpfeil zu kennzeichnen.

- **Falsches oder fehlerhaftes Umrechnung der Einheiten**
  Beispiel zur Übung: Berechnung der spezifischen Elektronenladung $\frac{e}{m}$ aus Messdaten beim Fadenstrahlrohr. Eine ganz wichtige Umformung zwischen mechanischen und elektrischen Einheiten basiert auf der Definition der elektrischen Spannung $U = \frac{W}{q}$, nämlich: $[W_{elektr}] = 1\ VAs = 1\ Nm = [W_{mech}]$)
- **Fehlende oder unvollständige Angabe physikalischer Einheiten**
  Fast jede physikalische Größe hat eine Einheit; geben Sie diese immer an.
- **Unzureichende Beschreibung des Lösungsweges**
  Hier muss man üben, durch geeignete kurze Überschriften dem Lehrer bzw. der Lehrerin deutlich zu machen, was im jeweils folgenden Abschnitt errechnet wird und warum man die entsprechenden Umformungen etc. vornimmt.
- **Notieren von offensichtlich falschen Ergebnissen**
  Prüfen Sie, ob das Ergebnis Ihrer Rechnung die richtige Größenordnung besitzt. Diese lässt sich anhand der gegebenen Größen, die in die Rechnung eingehen, abschätzen. Bei offensichtlich falschen Ergebnissen, die Sie während der Prüfungszeit nicht mehr korrigieren können, sollten Sie unbedingt einen kurzen Hinweis geben, sodass Sie noch Bewertungspunkte „retten" können – erst recht dann, wenn Sie vielleicht sogar die Fehlerquelle umreißen können.

Auf jeden Fall sollten Sie Folgendes beachten:

- Auch bei Aufgaben, die vielleicht aus Zeitgründen nicht mehr vollständig bearbeitet werden können, sollte der weitere **Lösungsweg mit Worten skizziert** werden. Das zeigt, dass Sie im Stande gewesen wären, die Aufgabe noch zu bearbeiten, und kann ebenfalls zum Erreichen einiger Bewertungspunkte führen.
- Prüfen Sie genau, ob Sie tatsächlich **alle Teilaufgaben bearbeitet** haben. Manchmal übersieht oder vergisst man Zusatzfragen innerhalb einer Teilaufgabe. Markieren Sie am besten mit einem Farbstift die einzelnen Arbeitsaufträge, sodass Sie Ihnen bei jedem Lesedurchgang sofort ins Auge fallen, und versehen Sie sie mit einem Häkchen, wenn Sie sie bearbeitet haben.
- Prüfen Sie anhand einer separaten Umrechnung der Einheiten, ob Ihnen bei der **Umformung von Gleichungen** eventuell ein Fehler unterlaufen ist: Für die beiden Seiten einer Gleichung müssen sich immer dieselben Einheiten ergeben.
- Achten Sie auf fachsprachlich **richtige Formulierungen** und logisch einwandfreie Darstellungen.
- Notieren Sie – ggf. stichwortartig in Kurzform – ihre **begründenden Gedanken**. Ein Beispiel: Wenn Sie eine Formel für die gleichmäßig beschleunigte Bewegung verwenden, schreiben Sie auf, dass und aus welchem Grund es sich um eine gleichmäßig beschleunigte Bewegung handelt (z. B.: „$F_G = const$, also: …").
- Verwechseln Sie nicht Ursache und Wirkung, Beobachtung und Deutung.

1 Umgang mit Operatoren

Jede Aufgabe im Fach Physik enthält Angaben zu dem, was in der jeweiligen Teilaufgabe vom Bearbeiter verlangt wird. In der Aufgabenstellung werden dazu Verben wie etwa „skizzieren“, „darstellen“, „erläutern“, „erklären“ usw. verwendet. Nicht immer verstehen dabei alle Personen, sowohl Lehrerinnen und Lehrer wie auch Schülerinnen und Schüler, unter demselben Verb immer das gleiche. Daher gibt es eine sogar bundesweit gültige Liste in den „Einheitlichen Anforderungen für die Abiturprüfung im Fach Physik“ (kurz EPA genannt), in der diese Tätigkeiten präzisiert werden. An den in dieser Liste benannten sogenannten „Operatoren“ orientieren sich auch die Aufgabenstellungen in den Zentralabituraufgaben des Landes Nordrhein-Westfalen.

Die Operatoren sowie deren Beschreibung in der folgenden Tabelle sollten Sie daher sehr genau studieren, damit Sie exakt wissen, was von Ihnen verlangt wird. Wenn also beispielsweise „Zeichnen Sie …“ verlangt ist, müssen Sie eine möglichst exakte (!) Darstellung anfertigen, eine einfache Skizze („Skizzieren Sie …“) reicht dann nicht aus.

Tipp: *Auch hier ist es sehr sinnvoll, dass Sie bereits im Unterricht und besonders in den Klausuren in der Qualifikationsphase mit Ihrem Lehrer bzw. Ihrer Lehrerin über die Bedeutung dieser Verben sprechen und die korrekte Anwendung in den Klausuren einüben.*

Operator	Beschreibung der erwarteten Leistung
abschätzen	durch begründete Überlegungen Größenordnungen physikalischer Größen angeben
analysieren / untersuchen	unter einer gegebenen Fragestellung wichtige Bestandteile oder Eigenschaften herausarbeiten „Untersuchen“ beinhaltet unter Umständen zusätzlich praktische Anteile.
anwenden	einen bekannten Sachverhalt oder eine bekannte Methode auf etwas Neues beziehen
aufbauen (Experimente)	Objekte und Geräte zielgerichtet anordnen und kombinieren
auswerten	Daten, Einzelergebnisse oder sonstige Elemente in einen Zusammenhang stellen und ggfs. zu einer Gesamtaussage zusammenführen
begründen	Sachverhalte auf Regeln, Gesetzmäßigkeiten bzw. kausale Zusammenhänge zurückführen
berechnen	aus Größengleichungen physikalische Größen bestimmen
beschreiben	Strukturen, Sachverhalte oder Zusammenhänge strukturiert und fachsprachlich richtig mit eigenen Worten wiedergeben
bestätigen	die Gültigkeit einer Hypothese, Modellvorstellung oder eines Naturgesetzes durch ein Experiment verifizieren

bestimmen	einen Lösungsweg darstellen und das Ergebnis formulieren
beurteilen/ entscheiden	zu einem Sachverhalt ein selbstständiges Urteil unter Verwendung von Fachwissen und Fachmethoden formulieren und begründen
bewerten	Sachverhalte, Gegenstände, Methoden, Ergebnisse etc. an Beurteilungskriterien oder Normen und Werten messen
darstellen	Sachverhalte, Zusammenhänge, Methoden und Bezüge in angemessenen Kommunikationsformen strukturiert wiedergeben
diskutieren/ erörtern	in Zusammenhang mit Sachverhalten, Aussagen oder Thesen unterschiedliche Positionen bzw. Pro- und Contra-Argumente einander gegenüberstellen und abwägen
entwickeln/ aufstellen	Sachverhalte und Methoden zielgerichtet miteinander verknüpfen. Eine Skizze, eine Hypothese, ein Experiment, ein Modell oder eine Theorie schrittweise weiterführen und ausbauen
erklären	einen Sachverhalt nachvollziehbar und verständlich machen
erläutern	einen Sachverhalt durch zusätzliche Informationen veranschaulichen und verständlich machen
ermitteln	einen Zusammenhang oder eine Lösung finden und das Ergebnis formulieren
herleiten/zeigen	aus Größengleichungen durch mathematische Operationen eine physikalische Größe freistellen
interpretieren/ deuten	kausale Zusammenhänge in Hinblick auf Erklärungsmöglichkeiten untersuchen und abwägend herausstellen
nennen/angeben	Elemente, Sachverhalte, Begriffe, Daten ohne Erläuterungen aufzählen
skizzieren	Sachverhalte, Strukturen oder Ergebnisse auf das Wesentliche reduziert übersichtlich darstellen
überprüfen/ prüfen/testen	Sachverhalte oder Aussagen an Fakten oder innerer Logik messen und eventuelle Widersprüche aufdecken
vergleichen	Gemeinsamkeiten, Ähnlichkeiten, Unterschiede ermitteln
zeichnen	eine möglichst exakte grafische Darstellung beobachtbarer oder gegebener Strukturen anfertigen

2 Anlage von Mindmaps während des Unterrichts in der Oberstufe

Um die Übersicht über die vielen im Unterricht behandelten Themen zu behalten, ist es sinnvoll, die behandelten Sachbereiche jeweils nach geraumer Zeit in Form von Mindmaps zu strukturieren. Solche Übersichten mit grafischen Elementen sind besonders hilfreich als Vorbereitung auf die schriftliche wie auch die mündliche Abiturprüfung.

Auf den folgenden Seiten sind als Anregung für das Erstellen eigener Mindmaps beispielhaft einige Mindmaps angegeben, wie sie in früheren Leistungs- und Grundkursen während des Unterrichts in der Oberstufe tatsächlich entstanden sind.

Mindmap 1: Elektrische Felder

Inhalte rund um das elektrische Feld, wie es typischerweise in vielen Grund- und Leistungskursen behandelt wird.

Mindmap 2: Auf der Spur des Elektrons

Inhalte rund um die Ablenkung elektrisch geladener Teilchen in elektrischen und magnetischen Feldern. Hier ist die Lorentzkraft auch rechnerisch in vektorieller Form behandelt worden, daher konnten mithilfe des Vektorprodukts auch Simulationen mit computergestützten Modellbildungswerkzeugen durchgeführt werden.

Mindmap 3: Die Quantenobjekte Elektron und Photon

Hier werden die beiden in der Schule wichtigsten Quantenobjekte, das Elektron und das Photon, zusammen mit den grundlegenden Versuchen hinsichtlich der Beschreibungsformen mit den Mitteln der Wellen- und Teilchenaspekte gegenübergestellt.

Mindmap 4: Atommodelle

Gegenstand ist die Entwicklung der wichtigsten Atommodelle. Insbesondere steht hier im Vordergrund die Quantisierung der Energieniveaus im Atom, wie sie sich – in vereinfachter Form – einerseits aus Sicht der Wellenbeschreibung und andererseits auch aus Sicht der Quantenmechanik ergibt.

Mindmap 5: Ionisierende Strahlung

Hier geht es um radioaktive Strahlung, das Zerfallsgesetz und Absorption von Strahlung. Darüber hinaus werden kurz andere ionisierend wirkende Strahlen sowie Kernspaltung und Fusion dargestellt.

Mindmap 6, 7 und 8: Mechanische Schwingungen und Wellen

Diese drei letzten Mindmaps geben einen recht vollständigen Überblick über diesen Sachbereich und sind hier beigefügt, auch wenn mechanische Schwingungen und Wellen nicht explizit Gegenstand in den Zentralabituraufgaben sein werden. Da Schwingungen und Wellen aber häufig in der Qualifikationsphase, eingebettet in die Behandlung der Elektrik, behandelt werden, sind sie beigefügt.

Mindmap 1: Elektrische Felder

← Gravitationsfeld

Magnetische Felder →

Vorkommen in Lebenswelt:
- Blitze, Blitzschutz (Faraday-Käfig)
- EKG, EEG
- Fernsehbildröhre
- Xerographie
- elektrostatischer Lautsprecher
- Erde (als Kondensator)
- „Erdstrahlung“

- Elektrosmog (Handys...)

Elektrische Feldstärke $\vec{E}$; Potential φ:
- $\vec{E} := \frac{\vec{F}}{q}$ $\quad [\vec{E}] = 1\frac{N}{C}$
- $W_{P_0}(P) = \int_{P_0}^{P} \vec{F}(\vec{s})d\vec{s} = -q\int_{P_0}^{P} \vec{E}(\vec{s})d\vec{s}$
- $\varphi_{P_0}(P) := -\int_{P_0}^{P} \vec{E}(\vec{s})d\vec{s}$
- $U := \Delta\varphi$ $\quad [U] = [\Delta\varphi] = 1\frac{J}{C} =: 1V$
- homogenes Feld: $\vec{E} := \text{const}$
- radialsymmetrisches Feld: $\vec{E} = -c \cdot \frac{Q}{r^3}\vec{r}$

  betragsmäßig $E = c \cdot \frac{Q}{r^2}$

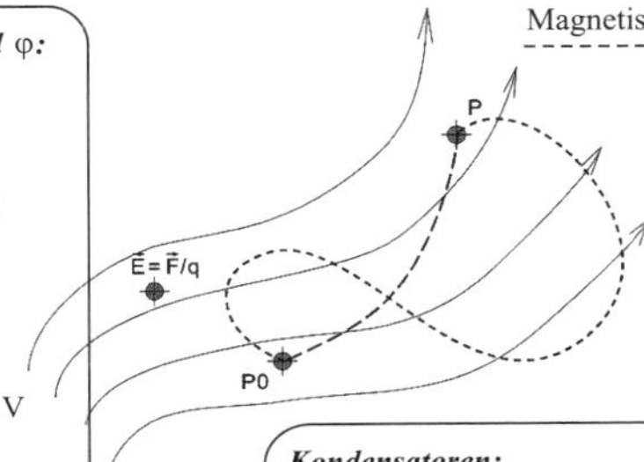

W=UIt
U=W/Q

Ladung und Stromstärke:
- Q als Grundgröße
- $I := \frac{dQ}{dt}$

Flächenladungsdichte:
- $\sigma := \frac{Q}{A}$
- Gesetz: $\sigma \sim E, \sigma = \varepsilon_0 E$

C=C1+C2
1/C=1/C1+1/C2

Kondensatoren:
- $C := \frac{Q}{U}$ $\quad [C] = 1\frac{C}{V} =: 1F$
- Platten-, Zylinder-, Kugelkondensator
- Schaltung von Kondensatoren
- $E = \frac{1}{2}CU^2$
- Auf- und Entladung

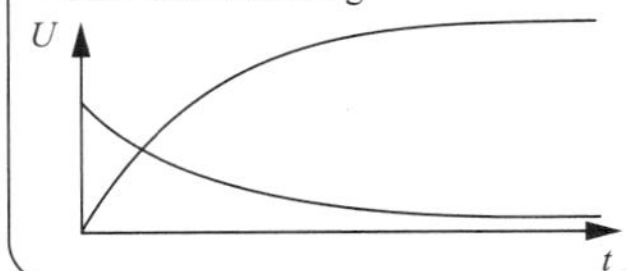

Physikalische Begriffe:
- Ladung und Stromstärke
- Spannung
- elektrische Arbeit, Leistung
- Widerstand, Kapazität
- Feldlinien, elektrisches Feld
- Influenz
- Elektronen

Radialsymmetrisches Feld:
- $E = \frac{1}{4\pi\varepsilon_0} \cdot \frac{Q}{r^2}$ bzw. $F = \frac{1}{4\pi\varepsilon_0} \cdot \frac{qQ}{r^2}$
- $W_\infty(r) = \frac{1}{4\pi\varepsilon_0} \cdot \frac{qQ}{r}$

homogenes Feld:
- $E = \text{const} = \frac{U}{d}$
- $W = qEd = qU$

R=R1+R2
1/R=1/R1+1/R2

I=I1+I2
U=U1+U2

Mindmap 2: Auf der Spur des Elektrons

Kreisbewegung

Vorkommen in Lebenswelt / Wissenschaft:

- Elektromotoren / Transrapid (Linearmotor)
- Fernsehbildröhre / Oszilloskop
- Polarlicht / Van-Allen-Gürtel („magnetische Flasche“)
- Hallsonde
- Teilchenbeschleuniger (Linear-B.; Zyklotron)
- Massenspektroskop
- Elektronenmikroskop

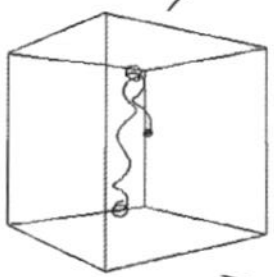

Eigenschaften des Elektrons:

Elementarladung e (Millikan-Versuch, Kombination von elektrischen und Gravitationskräften): $e = 1{,}60 \cdot 10^{-19}\,C$

Spezifische Elementarladung e/m (Fadenstrahlrohr, Kombination von elektrischen und magnetischen Kräfte): $e/m = 1{,}76 \cdot 10^{11}\,C/kg$

Masse des Elektrons: $m = 9{,}11 \cdot 10^{-31}\,kg$

Hinweis: Die Ablenkung im elektrischen Feld allein liefert keine Erkenntnis über eine Eigenschaft des Elektrons.

Grundlagen zu den deduktiven Betrachtungen:

- ➢ kinetische Energie durch Beschleunigung $\frac{1}{2}mv^2 = eU$
- ➢ elektrische Kraft: $\vec{F} = q\vec{E}$
- ➢ magnetische (Lorentz-) Kraft: $\vec{F} = \ell \cdot \vec{I} \times \vec{B}$ bzw. $\vec{F} = q \cdot \vec{v} \times \vec{B}$ (Zentralkraft: $F_Z = mv^2/r$)
- ➢ Vektorprodukt $\vec{a} \times \vec{b} = \begin{pmatrix} a_x \\ a_y \\ a_z \end{pmatrix} \times \begin{pmatrix} b_x \\ b_y \\ b_z \end{pmatrix} = \begin{pmatrix} a_y b_z - a_z b_y \\ -a_x b_z + a_z b_x \\ a_x b_y - a_y b_x \end{pmatrix}$ („Rechte (Linke)-Hand-Regel“)

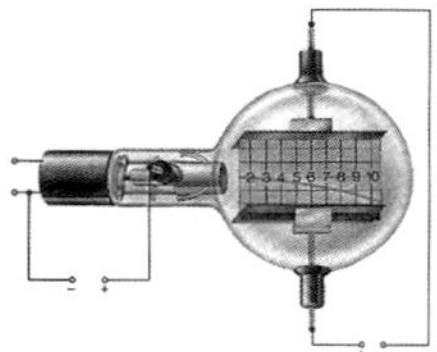

Methoden:

- Realexperimente
- Deduktive Herleitungen
- Computermodelle (Modellbildungswerkzeuge, Tabellenkalkulationen)

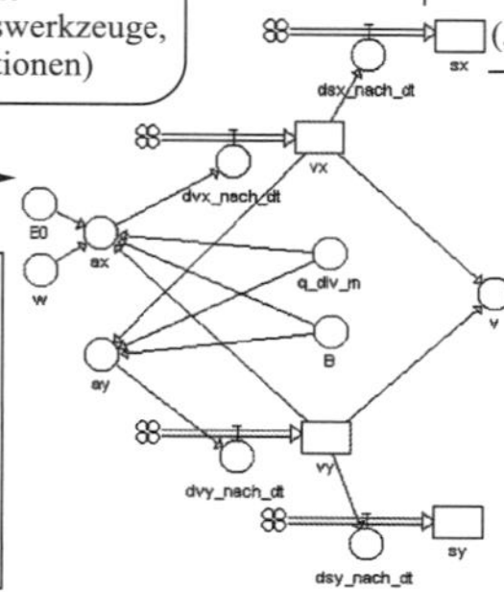

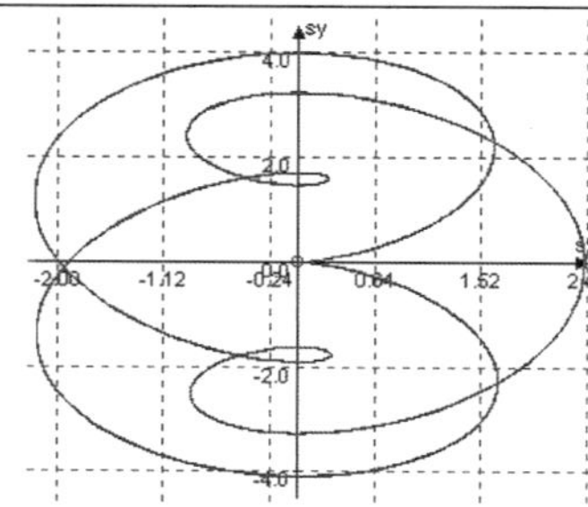

Realexperimente:

- ➢ Ablenkung in (homogenen) elektrischen Feldern (z. B. Braun'sche Röhre)
- ➢ Ablenkung in (homogenen / inhomogenen) magnetischen Feldern (z. B. Fadenstrahlrohr / mit Stabmagnet)
- ➢ Ablenkung in elektrischen und magnetischen Feldern

Mindmap 3: Die Quantenobjekte Elektron und Photon

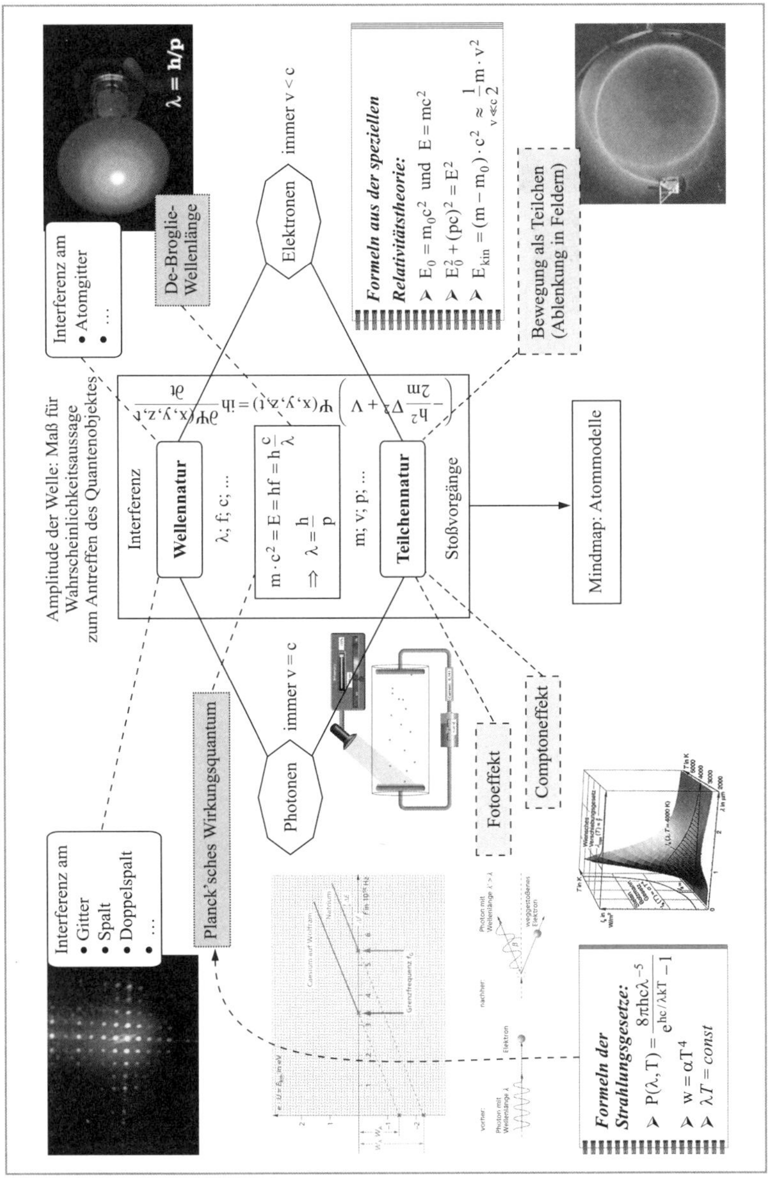

Mindmap 4: Atommodelle

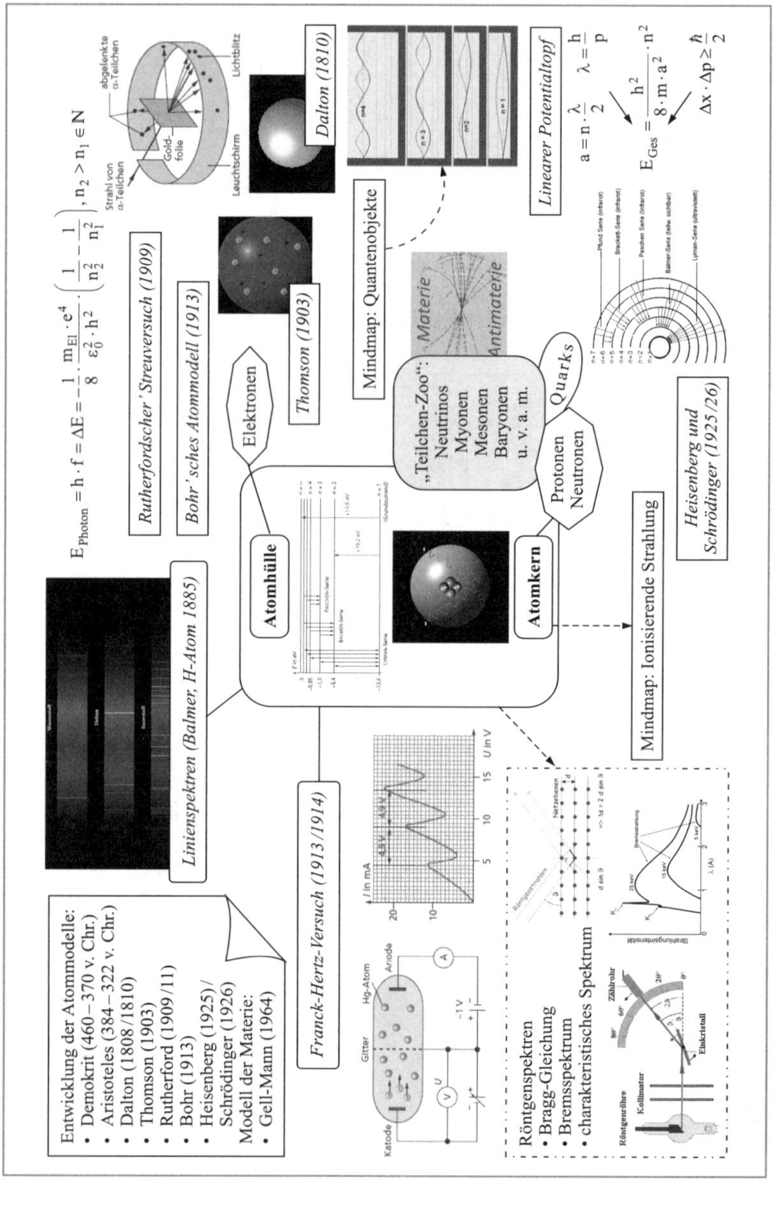

Mindmap 5: Ionisierende Strahlung

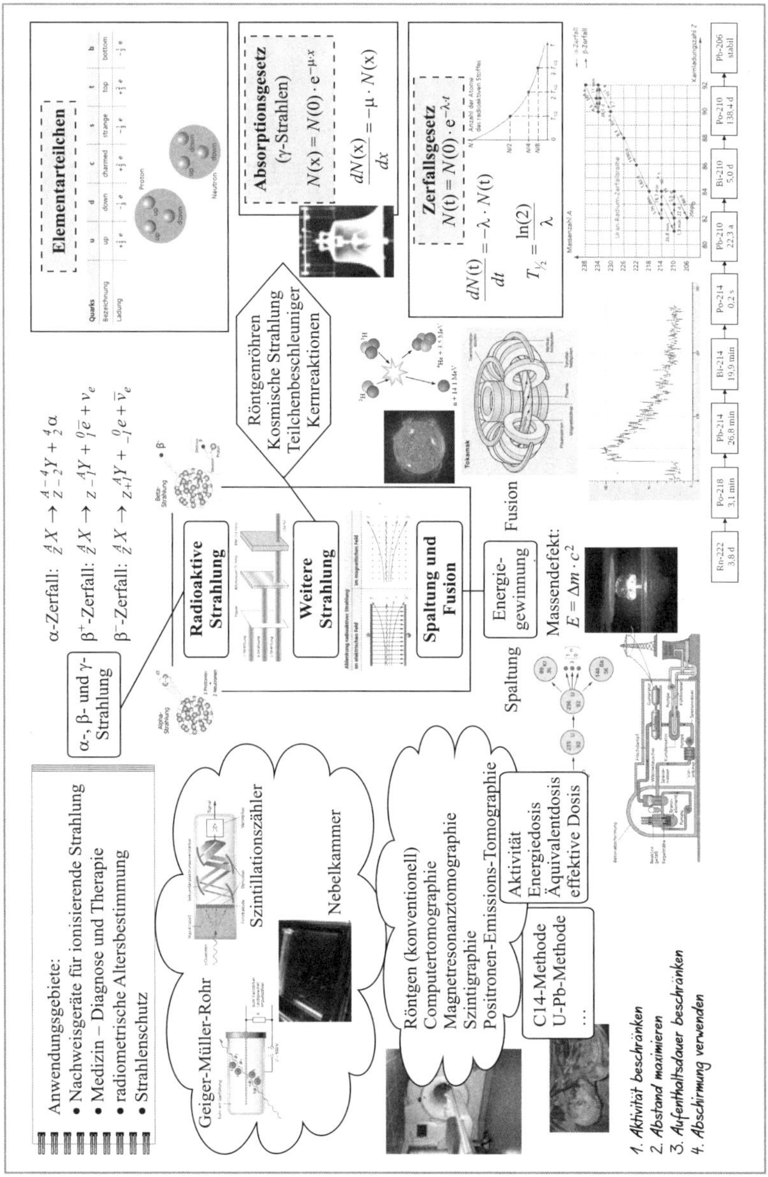

Mindmap 6: Mechanische Schwingungen und Wellen I

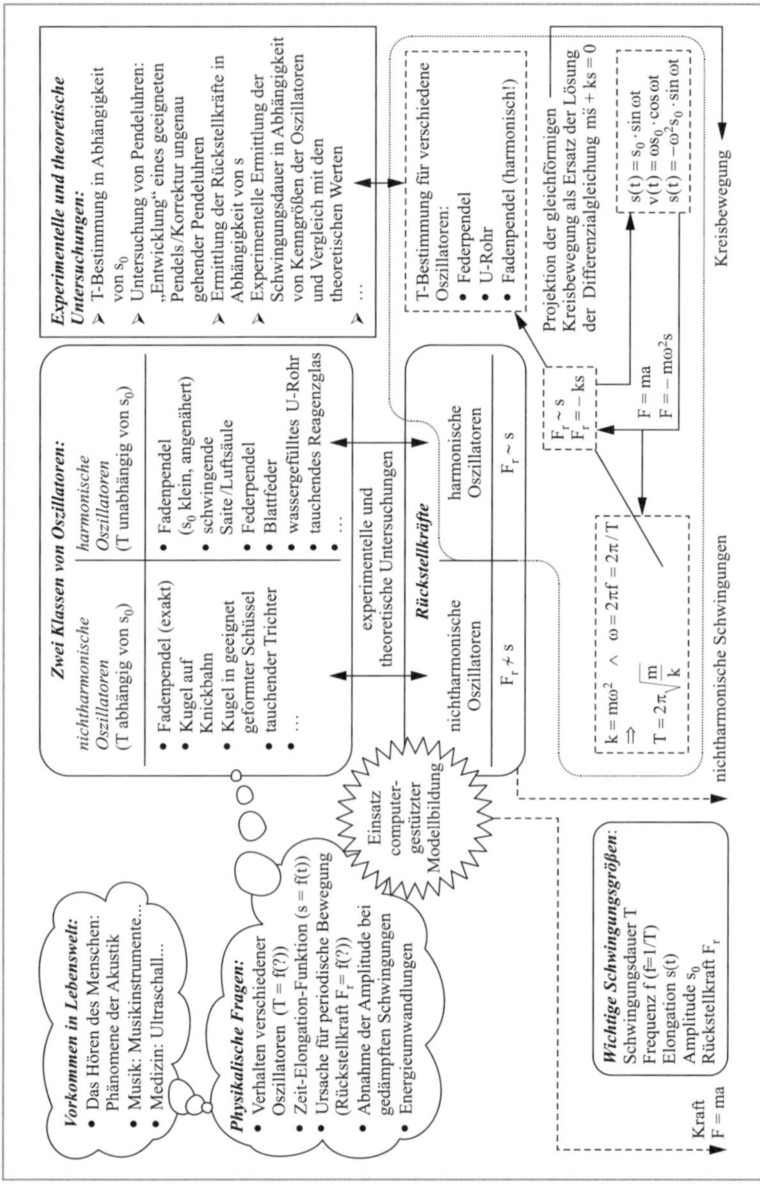

Mindmap 7: Mechanische Schwingungen und Wellen II

Parallele Überlagerung:
- Schwebungen
- Fourieranalyse, Fouriersynthese (Frequenzspektrum)
- Obertonreihe (in der Musik)
- Ton, Klang, Geräusch
- Akustische Unschärfe

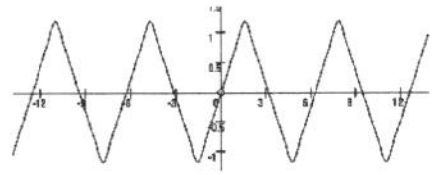

$$f(x) = \sum_{i=0}^{k} (-1)^i \frac{1}{(2i+1)^2} \sin((2i+1)x)$$

$$f(x) = \sum_{i=0}^{k} (-1)^i \frac{1}{i+1} \sin((i+1)x)$$

…(„Fourierreihen“)

Besondere Phänomene:
- ➢ Antischall
- ➢ Schwebung vs. Dissonanz
- ➢ Richtungshören (aus der Mitte)
- ➢ Der fehlende Grundton eines Konzertflügels
- ➢ Das „Leben“ eines Klanges
- ➢ Der dritte, nicht existierende Ton

Erzwungene Schwingungen:
- Resonanz, Eigenfrequenz
- Resonanzkatastrophe, Dämpfung

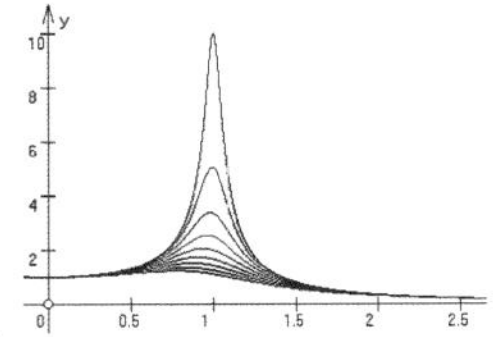

Mechanische Wellen

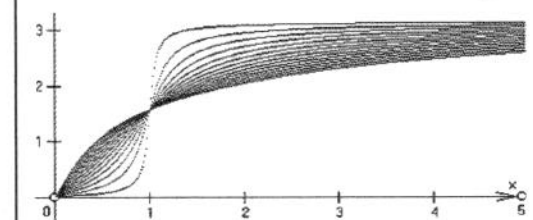

Besondere Phänomene:
- ➢ Einsturz der Tacoma-Bridge
- ➢ Stoßdämpfer
- ➢ Schutz vor Schäden durch Erdbeben
- ➢ Im Gleichschritt auf Brücken?
- ➢ Unwucht bei Rädern
- ➢ Resonanzkörper bei Musikinstrumenten

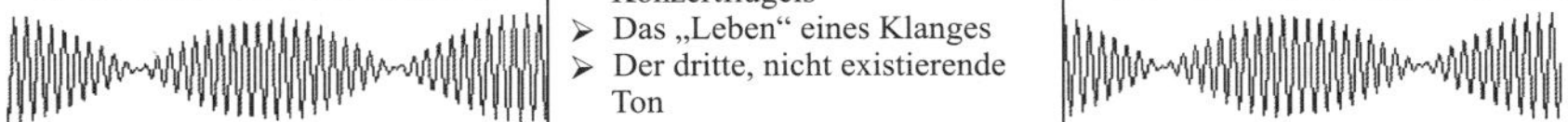

$s_1 = s_0 \sin \omega_1 t \ \wedge \ s_2 = s_0 \sin \omega_2 t$

$\Rightarrow \ s_1 + s_2 = 2 s_0 \cos \frac{\omega_1 - \omega_2}{2} t \cdot \sin \frac{\omega_1 + \omega_2}{2} t$

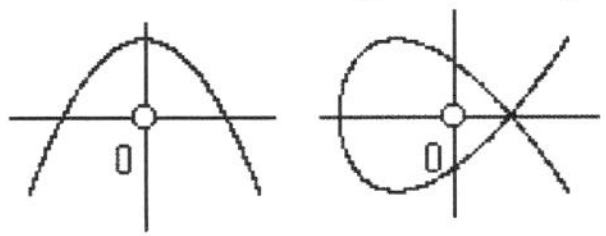

Orthogonale Überlagerung:
- Lissajous-Figuren

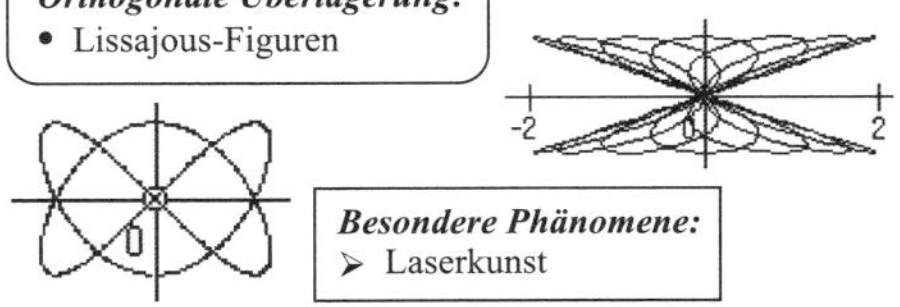

Besondere Phänomene:
- ➢ Laserkunst

Fourierspektrum des Hupsignals eines Fahrzeugs

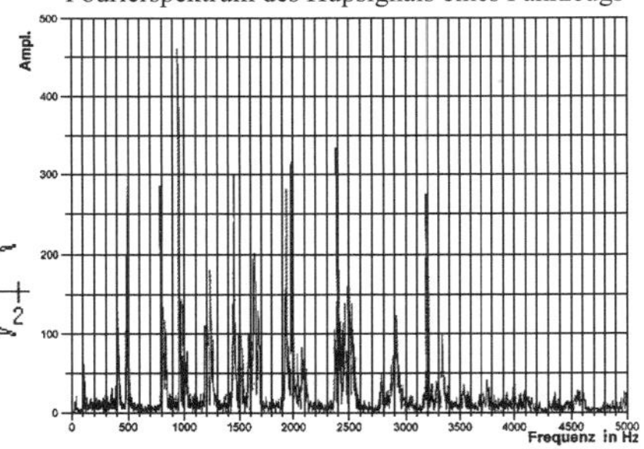

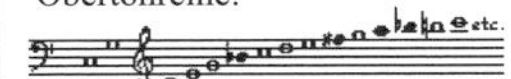

Obertonreihe:

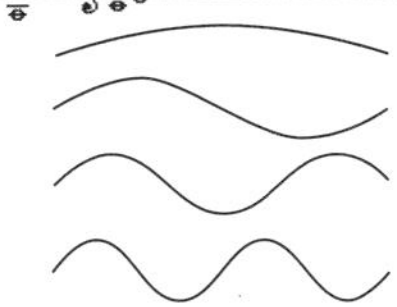

Mindmap 8: Mechanische Schwingungen und Wellen III

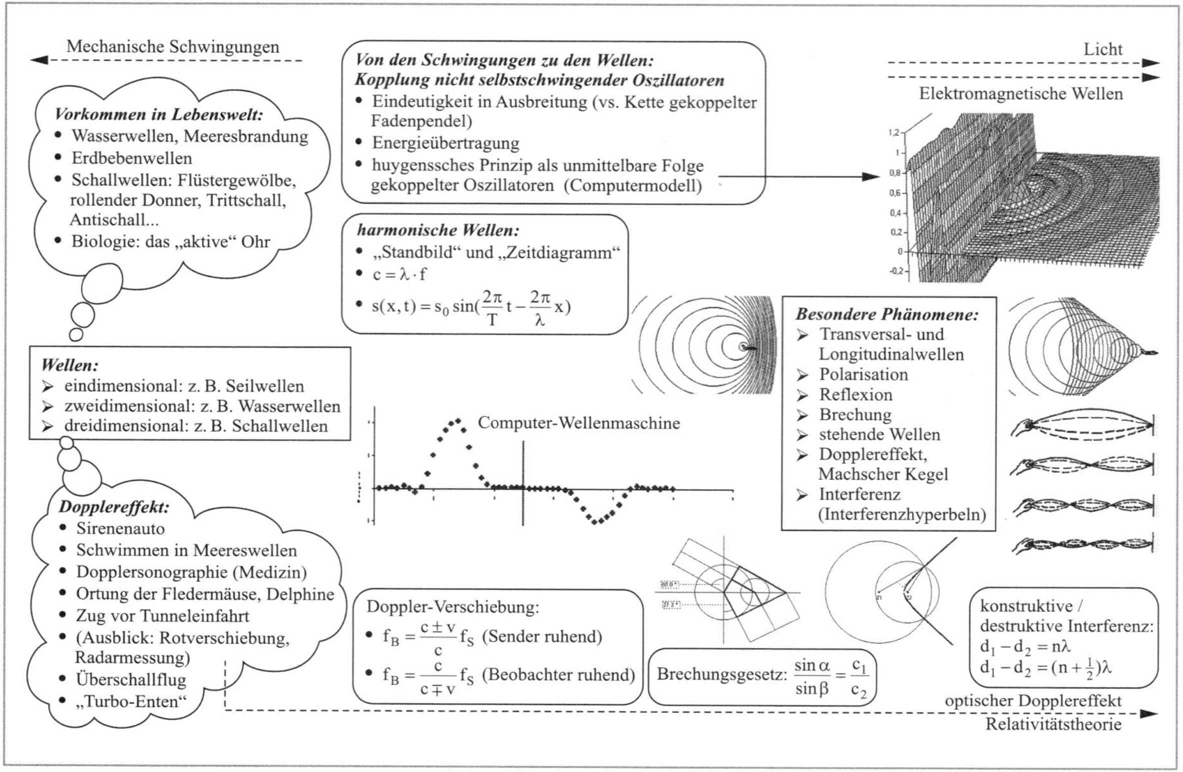

3 Anlage eines Arbeitsheftes für die Oberstufe

Neben einer Übersichtsdarstellung zum behandelten Unterrichtsstoff gehört auch die „richtige" Heft- bzw. Arbeitsmappenführung zu einer soliden und erfolgversprechenden Abiturvorbereitung. Im Folgenden finden sich Vorschläge, wie die sinnvolle Gestaltung eines Arbeitshefts im Fach Physik (und in ähnlicher Form auch in anderen Fächern) aussehen kann.

Wesentliche Bestandteile eines solchen Heftes sind

am Anfang des Heftes:

- Inhaltsverzeichnis mit Seitenzahlen

jeweils für die einzelnen Kapitel:

- Aufzeichnungen/Mitschriften/Skizzen aus dem Unterricht
- Zusammenstellung – ggf. Neuschrift – der Unterrichtsmitschriften
- Arbeitsblätter aus dem Unterricht/Hinweise auf Computerdateien aus dem und für den Unterricht/Internetlink-Hinweise auf Applets, Programme, …
- Hinweise auf die jeweils zugehörigen Seiten im Schulbuch
- Übersichtsseiten (vorzugsweise in der Form einer Mindmap) am Ende eines jeden Kapitels mit abschließenden Trennblättern für die einzelnen Kapitel

am Ende des Heftes:

- Klausuraufgaben
- Ggf. physikalische klasseninterne/kursinterne Formelsammlung

Organisatorische Hinweise

Damit nachträglich (Um-)Ordnung geschaffen werden kann, ist ein Schnellhefter bzw. Aktenordner oder ähnliches erforderlich, der das Verschieben/Austauschen einzelner Seiten erlaubt.

Ggf. kann es sinnvoll sein, auch farbliche Blätter zu verwenden, damit man schnell etwas wiederfindet (beispielsweise für die Übersichtsseiten oder die Trennblätter).

Die Seiten können wegen der nachträglichen Umordnungen nicht fortlaufend nummeriert werden, sondern sollten sich vorzugsweise nach den Kapiteln richten. So kann beispielsweise die Gliederung aus dem Inhaltsverzeichnis übernommen werden.

Inhaltliche Hinweise

Übersichten über den gesamten Lernstoff kann man sehr informativ in Form der im vorherigen Abschnitt beispielhaft angegebenen Mindmaps organisieren. Mindmaps lassen zudem schnell erkennen, in welchen Bereichen man sich auskennt bzw. wo man noch nacharbeiten muss.

Wichtige Ergebnisse müssen schnell und auffällig beim Durchblättern erkennbar sein; daher sollte man farbige Kennzeichnungen verwenden, Formeln in Kästchen setzen usw.

4 Eigene kleine Formelsammlung

Obwohl in der Abiturklausur und daher zumeist auch in den Klausuren eine Formelsammlung verwendet werden darf, ist es nützlich, eine eigene kleine Sammlung der wichtigsten im Unterricht immer wieder vorkommenden Formeln zu erstellen. Diese Formeln sollten Sie im Idealfall auswendig beherrschen, da Sie auch im Unterricht häufiger auf sie zurückgreifen müssen und ein erforderliches Nachlesen immer einen Zeitverlust bedeutet, erst recht in der Abiturarbeit. Eine solche kleine, aber fast vollständige Formelsammlung ist im folgenden Kasten zusammengestellt (in den Kästchen können Sie jeweils abhaken, welche Formeln Sie bereits auswendig wissen).

Ausgewählte physikalische Formeln

Mechanik:

- ☐ $\vec{v} = \vec{v}_0 + \vec{a}t$
- ☐ $\vec{s} = \vec{s}_0 + \vec{v}_0 t + \frac{1}{2}\vec{a}t^2$
- ☐ $E_{kin} = \frac{1}{2}mv^2$
- ☐ $E_{pot} = mgh$
- ☐ $E_{spann} = \frac{1}{2}Ds^2$
- ☐ $W = \int \vec{F}\, d\vec{s}$
- ☐ $\vec{F} := \dot{\vec{p}} \quad \vec{F} = m\vec{a}$
- ☐ $F = \gamma \frac{m_1 m_2}{r^2}$
- ☐ $a = \frac{v^2}{r} \quad a = \omega^2 r$
- ☐ $F = \frac{mv^2}{r}$

Optik:

- ☐ $c = f\lambda = \frac{\lambda}{T}$
- ☐ $n_1 \sin\alpha_1 = n_2 \sin\alpha_2$
- ☐ $d \sin\alpha_n = n\lambda$

Elektrizitätslehre, Magnetismus:

- ☐ $U = RI$
- ☐ $\frac{1}{R} = \frac{1}{R_1} + \frac{1}{R_2}$
- ☐ $P = UI = RI^2$
- ☐ $\vec{E} = \frac{\vec{F}}{q}$
- ☐ $E = \frac{U}{d}$
- ☐ $W_{el} = QU = UIt$
- ☐ $U_{ind} = -\dot{\Phi}$
- ☐ $U_{ind} = \ell vB$
- ☐ $\vec{F} = q \cdot \vec{v} \times \vec{B}$
- ☐ $F = I\ell B$
- ☐ $B = \frac{\mu_0 I}{2\pi r}$
- ☐ $F = \frac{1}{4\pi\varepsilon_0}\frac{Q_1 Q_2}{r^2}$

Interferenz:

- ☐ $n\lambda = g \sin\alpha_n$
- ☐ $n\lambda = 2d \sin\delta$

Relativitätstheorie:

- ☐ $\Delta t = \Delta t_0 \sqrt{1 - \frac{v^2}{c^2}}$
- ☐ $\ell = \ell_0 \sqrt{1 - \frac{v^2}{c^2}}$
- ☐ $m = \frac{m_0}{\sqrt{1 - \frac{v^2}{c^2}}}$
- ☐ $E_0 = m_0 c^2$

Kernphysik:

- ☐ $N(t) = N_0 e^{-\lambda t}$
- ☐ $A(t) = A_0 e^{-\mu x}$

Quantenphysik:

- ☐ $E_{Ph} = hf$
- ☐ $\lambda_{Ph} = \frac{hf}{c}$
- ☐ $hf = W_A + E_{kin}$
- ☐ $\lambda_e = \frac{h}{p} = \frac{h}{mv}$
- ☐ $\Delta p \cdot \Delta x \geq \frac{h}{4\pi}$

Tipp: *Ein gewisses auswendig gewusstes Grundgerüst der wichtigsten Formeln sichert zu, dass Sie Zusammenhänge zwischen physikalischen Größen in den Fragestellungen der Klausuren viel schneller sehen, da bekannte Formeln unmittelbar diese Verknüpfung zwischen diesen Größen liefern.*

Denken Sie etwa an das Erlernen einer Fremdsprache: Auch hier ist das Anwenden, also das Sprechen kaum möglich, ohne dass Sie über ein hinreichendes Repertoire an Vokabeln verfügen.

Tipp: *Lernen Sie diese Formeln im Verlauf der Oberstufe sofort, wenn sie erstmalig im Unterricht behandelt wurden, auswendig.*
Wiederholen Sie die Übung regelmäßig und vergegenwärtigen Sie sich immer die Bedeutung und die Definition der in den Formeln vorkommenden Größen.

5 Lernen aus den Klausuren der Oberstufe

Abschließend sei darauf hingewiesen, dass es selbstverständlich sehr nützlich ist, wenn Sie die Klausuren der Oberstufe immer einmal wieder, beispielsweise in den Ferien, durcharbeiten. Dazu erstellen Sie am besten einen Zeitplan, aus dem hervorgeht, wann Sie welche der früheren Aufgaben noch einmal rechnen, um die Vorbereitung rechtzeitig abschließen zu können.

Zum Umgang mit diesem Buch

Das Buch enthält die **Original-Prüfungsaufgaben** ab 2008.

Zu allen Aufgaben finden Sie nach der Aufgabenstellung separate **Tipps und Hinweise** sowie im Anschluss daran komplett ausgearbeitete **Musterlösungen** mit Kommentar zum Lösungsweg und konkreten Hinweisen zur Lösungsstrategie (die Hinweise sind durch eine Raute am linken Textrand gekennzeichnet).

Für die eigene Übung ist es wichtig, zunächst zu versuchen, allein mit der Aufgabenstellung zu Recht zu kommen. Nutzen Sie daher immer **zuerst** die Tipps, wenn Sie bei der Lösung der einzelnen Teilaufgaben ins Stocken geraten. Gehen Sie dabei **schrittweise** vor, d. h., lesen Sie den zweiten Tipp, wenn Sie mit dem ersten allein nicht weiterkommen, usw. Vor den Tipps finden sich Hinweise zu dem Stellenwert der jeweiligen Aufgabe.

Die Musterlösung dient zum einen zur **Kontrolle**, ob Sie die Aufgabe richtig und vollständig gelöst haben, zum anderen gibt Sie Ihnen eine **ausführliche Hilfestellung**, wenn Sie trotz der Tipps Schwierigkeiten bei der Bearbeitung haben.

Abiturprüfung Physik 2008 (Nordrhein-Westfalen) – Grundkurs
Prüfungsaufgabe I

Aufgabe 1: Elektromagnetische Induktion

Vorbemerkung: Die Aufgabenstellung beinhaltet die Vorführung eines Experiments, bei dem ein kleiner, aber starker Magnet durch eine sammlungsübliche Spule hindurch fallen gelassen wird, und dabei die in der Spule induzierte Spannung registriert wird.

Unter elektromagnetischer Induktion versteht man die Erzeugung elektrischer Spannungen unter Nutzung magnetischer Felder. Dabei sind unterschiedliche Vorgehensweisen möglich, von denen in dieser Aufgabe einige genauer untersucht werden.

a) Beschreiben Sie zwei unterschiedliche Möglichkeiten zur Erzeugung einer elektrischen Spannung an den Enden einer aus einem beweglichen Kabel bestehenden Leiterschleife in einem Magnetfeld. (4 P)

Die nächsten beiden Teile dieser Aufgabe greifen jetzt eine bestimmte Möglichkeit der Erzeugung einer elektrischen Spannung in einem Leiter auf.

b) Im Jahr 1996 scheiterte bereits zum zweiten Mal der Versuch der NASA, einen von der Raumfähre Columbia ausgesetzten Forschungssatelliten an einem $\ell = 20{,}7$ km langen, elektrisch leitfähigen Seil oberhalb der Raumfähre zu halten, da dieses in der Endphase des Manövers riss. Bei diesem Experiment sollte erprobt werden, inwieweit ein durch ein Kabel mit einem Raumfahrzeug verbundener Satellit im Erdmagnetfeld als „Generator zur Stromerzeugung" verwendet werden kann (vergleiche Bild). Gehen Sie vereinfacht davon aus, dass sich Raumfähre und Satellit oberhalb des Erdäquators befinden und dass das senkrecht zur Erdoberfläche verlaufende Verbindungsseil die Erdmagnetfeldlinien senkrecht schneidet.

Grafik: NASA

Daten: Erdradius $r = 6{,}37 \cdot 10^3$ km, Stärke des Erdmagnetfelds am Ort der Raumfähre $B = 3{,}0 \cdot 10^{-5}$ T, Flughöhe der sich von West nach Ost bewegenden Raumfähre $h = 300$ km, Umlaufdauer der Raumfähre $T = 90{,}4$ min.

Erläutern Sie, warum zwischen den Enden des Seils eine Spannung entsteht, und begründen Sie anhand der nebenstehenden Skizze, an welchem Ende des Seils sich der negative Pol dieses „Generators“ ausbildet.

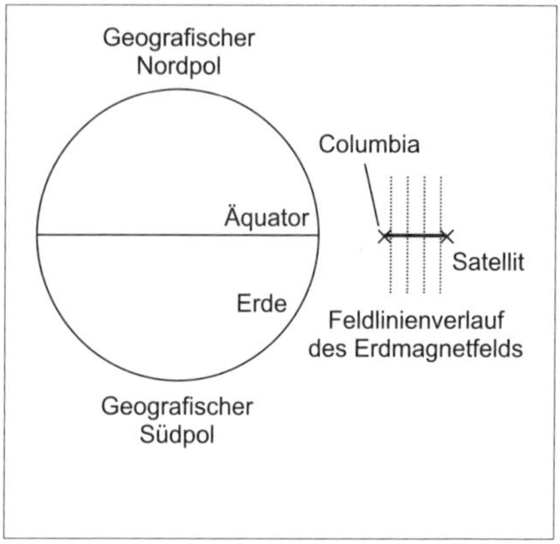

Zeigen Sie, dass sich (unter der Annahme homogener Felder) für die an den Enden des Seils zu erwartende Spannung U ergibt:

$$U = \ell \cdot v \cdot B.$$

Berechnen Sie diese Spannung (auf eine Umformung der Maßeinheiten wird verzichtet). (13 P)

c) Gegeben ist eine Rechteckleiterschleife, die sich genau an der Grenze zu einem darunter befindlichen homogenen Magnetfeld befindet (die geometrischen Daten sind der nebenstehenden Skizze zu entnehmen; das Magnetfeld hat die Stärke B, seine Feldlinien verlaufen horizontal; die Querschnittsfläche der Rechteckleiterschleife steht stets senkrecht zu den Feldlinien). Die Rechteckleiterschleife wird mit konstanter Geschwindigkeit v von oben nach unten vollständig durch das Magnetfeld hindurch bewegt.

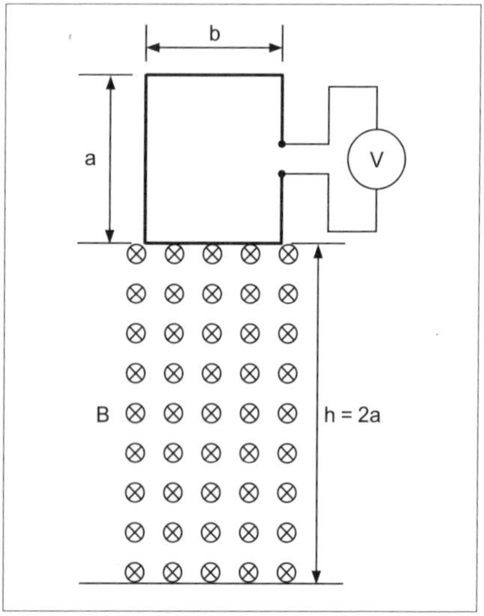

Erläutern sie den zu erwartenden zeitlichen Verlauf der Spannung U(t) unter Verwendung der bei der Bewegung der Rechteckleiterschleife durch das Magnetfeld auf die Elektronen in den einzelnen Leiterstücken wirkenden Kräfte.

Stellen Sie U(t) qualitativ in einem Diagramm dar. (17 P)

Im Folgenden steht das Ihnen vorgeführte Experiment eines durch eine Spule frei fallenden Magneten im Vordergrund. Beachten Sie: Zur Aufnahme der nachfolgend auszuwertenden Diagramme in den Abbildungen 1 a, 1 b und 2 wurden die in den

Fotos 1 und 2 gezeigten Spulen und Magnete verwendet (Diagramme und Fotos befinden sich am Ende dieser Aufgabe). Beachten Sie weiterhin, dass die Zeitnullpunkte in den Diagrammen 1 a und 1 b aus messtechnischen Gründen nicht identisch sind.

d) Erklären Sie allgemein, warum bei diesem Experiment überhaupt Spannungen auftreten.

   Abbildung 1 a zeigt ein U(t)-Diagramm der zwischen den freien Enden einer Luftspule ($n = 1\,000$, $\ell \approx 7$ cm und $d \approx 6$ cm) gemessenen Spannung, wie sie sich beim freien Fall eines Magneten aus etlichen Zentimetern Höhe über dem oberen Ende der Spule durch das Innere dieser Spule ergibt.

   Begründen Sie qualitativ den Verlauf der Kurve, insbesondere die Existenz eines Kurvenhochpunkts und eines Kurventiefpunkts.

   Erläutern Sie die Position des Magneten im dazwischen liegenden Nulldurchgang der Kurve.

   Wie bei genauer Auswertung der Abbildung 1 a erkennbar, ist die zum Tiefpunkt der Kurve gehörende Spannungsspitze betragsmäßig etwas größer als die des Hochpunkts.
   Begründen Sie dies.

   Abbildung 1 b zeigt das I(t)-Diagramm, wenn der Magnet **aus derselben Ausgangshöhe** durch die Spule fällt, wobei aber die beiden Enden der Spule direkt mit einem Kabel elektrisch leitend verbunden sind.

   Begründen Sie die Veränderung im zeitlichen Abstand zwischen Hoch- und Tiefpunkt in der I(t)-Kurve in Abbildung 1 b im Vergleich zur U(t)-Kurve in Abbildung 1a. (13 P)

e) Abbildung 2 zeigt ein U(t)-Diagramm, das den sich ergebenden zeitlichen Spannungsverlauf bei dem freien Fall des zuvor verwendeten Magneten durch drei kurze, hintereinander in gleichem Abstand angebrachte Luftspulen ($n = 6$, $\ell \approx 2$ cm und $d \approx 7$ cm, linke Spule in Foto 1) darstellt.

   Begründen Sie qualitativ die relative Lage und die Größe der Maxima und Minima der insgesamt sechs auf den Durchgang durch die drei Spulen zurückzuführenden Spannungsimpulse. (4 P)

Anlage zu Aufgabe 1

Fotos der verwendeten Spulen und des – hier aus zwei kleinen Zylinder-Magneten zusammengesetzten – Magneten (der angeklebte lange Kunststoffdübel dient lediglich der Stabilisierung des Magneten bei seinem Fall):

Foto 1

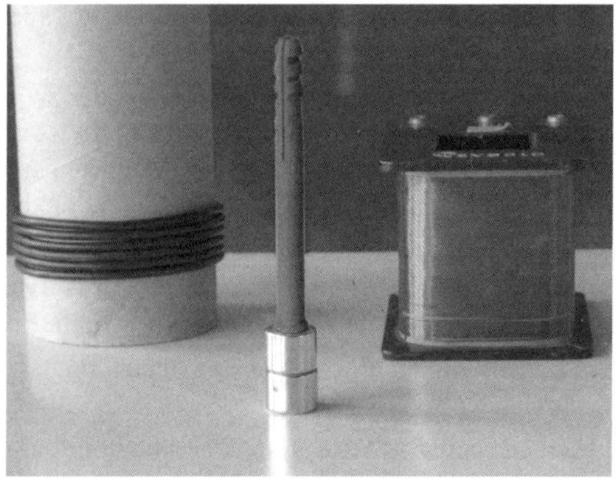

Foto 2

Abbildung 1 a: U(t) bei Spule 1 (Nullpunkt der Zeitskala undefiniert)

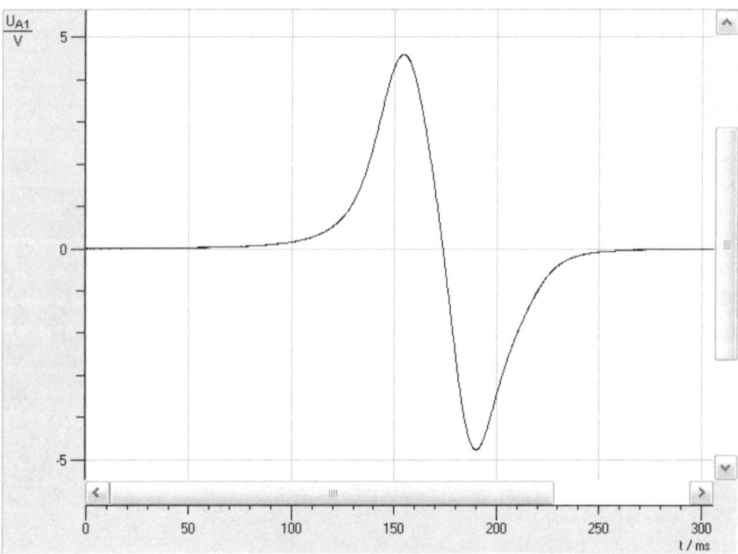

Abbildung 1 b: I(t) bei Spule 1 mit Kurzschluss (Nullpunkt der Zeitskala undefiniert)

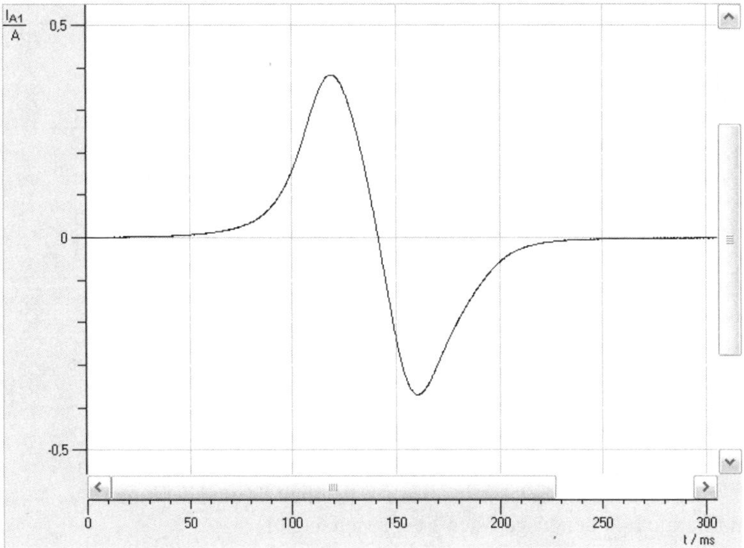

Abbildung 2: U(t) bei drei hintereinander angebrachten kurzen Luftspulen

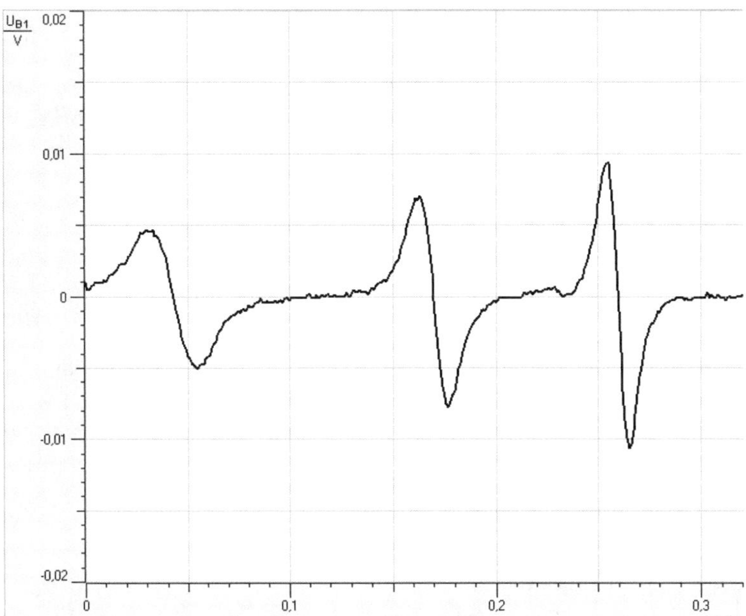

Aufgabe 2: Fotoeffekt und Photonen

In einer evakuierten Fotozelle P befinden sich eine Platte aus Kalium (K) und ein Metallring (M). Kaliumplatte und Metallring sind elektrisch leitend mit einem Kondensator (C) verbunden (siehe Abbildung 1). Durch den Ring hindurch fällt Licht auf die Kaliumplatte. (Der Anteil des Lichts, der auf den Ring auftrifft, wird für diese Aufgabe außer Betracht gelassen.)

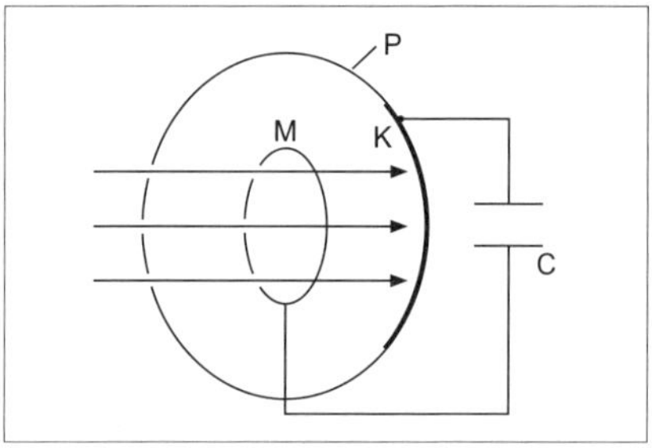

Abb. 1: Fotozelle (mit Kaliumplatte K und Ring M) sowie Kondensator

a) Man beobachtet, dass bei Bestrahlung der Platte mit Licht unterhalb einer bestimmten Wellenlänge der Kondensator aufgeladen wird.

Beschreiben Sie den zugrunde liegenden Fotoeffekt.

Nennen Sie die Gleichung, die den Zusammenhang zwischen der Wellenlänge λ des eingestrahlten Lichts, der Austrittsarbeit E_A und der kinetischen Energie E_{kin} der ausgelösten Elektronen angibt.

Erläutern Sie den Einfluss der Lichtintensität für Licht mit Wellenlängen oberhalb und unterhalb der Grenzwellenlänge λ_{Gr}.

Berechnen Sie die Grenzwellenlänge λ_{Gr}.
(Die Austrittsarbeit für Kalium beträgt $E_A = 2{,}25$ eV.) (17 P)

b) Bestrahlung der Platte mit Licht der Wellenlänge $\lambda_1 = 434$ nm führt dazu, dass der Kondensator bis zu der maximalen Spannung $U_{max} = 0{,}61$ V aufgeladen wird.

Erklären Sie, warum der Kondensator nur bis zu einem Maximalwert der Spannung aufgeladen werden kann.

Überprüfen Sie den angegebenen Maximalwert U_{max} für die Spannung.

Berechnen Sie die dadurch bewirkte maximale Ladungsmenge Q_{max} auf dem Kondensator, wenn dieser eine Kapazität $C = 10$ nF besitzt. (19 P)

c) Die Leistung des auftreffenden Lichts der Wellenlänge $\lambda_1 = 434$ nm beträgt $P_1 = 5$ mW. Die im Experiment gemessene Anfangsstromstärke bei der Aufladung des Kondensators beträgt $I_1 = 2{,}1 \cdot 10^{-7}$ A.

Berechnen Sie die Anzahl der bei der angegebenen Lichtleistung pro Sekunde auf die Kaliumplatte auftreffenden Photonen.
(Ergebnis: $1{,}09 \cdot 10^{16}$ Photonen).

Berechnen Sie die Anzahl der pro Sekunde registrierten Elektronen.
(Ergebnis: $1{,}3 \cdot 10^{12}$ Elektronen)

Interpretieren Sie den Zusammenhang zwischen beiden Werten. (15 P)

Tipps und Hinweise zur Lösung von Prüfungsaufgabe I

Tipps zu Aufgabe 1

Vorbemerkung: Sie sollten sich zunächst noch einmal in logischer Reihenfolge klar machen,

- dass bewegte elektrische Ladungen in Magnetfeldern Kräfte erfahren und sich gegebenenfalls bewegen können (Stichwort: Lorentzkraft),
- dass und unter welchen Umständen folglich induzierte Spannungen auftreten können,
- welche wesentlichen Teile des Induktionsgesetzes diese Phänomene quantitativ fassen,
- wann Ströme aufgrund einer Induktionsspannung fließen und
- dass diese Ströme gemäß der Lenz'schen Regel „hemmende" Wirkungen hervorrufen können.

Die inhaltliche „Klammer" in dieser Aufgabe sind die unmittelbaren Ursachen für das Auftreten von Induktion in unterschiedlichen Situationen, beginnend mit der Lorentzkraft und endend mit der zeitlichen Veränderung eines Magnetfelds.

Teilaufgabe a

Sie sollten drei Möglichkeiten kennen, für die Antwort werden zwei davon verlangt.

Teilaufgabe b

In dieser Aufgabe geht es um einen Leiter, der sich senkrecht zum Magnetfeld mit konstanter Geschwindigkeit bewegt.

Welche Richtungen haben die entscheidenden physikalischen Größen?

Denken Sie an die Lage von geografischen und magnetischen Polen der Erde.

Berücksichtigen Sie die gegebenen Abmessungen: Wie sind 20 km im Vergleich zu (6 370 + 300) km zu bewerten? Was bedeutet dies für die Berechnung der Kabelgeschwindigkeit auf der Umlaufbahn?

Die Bewegung von West nach Ost entspricht hier einer Bewegung in die Blattebene hinein.

Teilaufgabe c

Erinnern Sie sich an die elementaren Gesetzmäßigkeiten bei der gleichförmigen Bewegung.

Achten Sie besonders auf die laut Aufgabenstellung verlangte Argumentation mithilfe der Lorentzkraft in allen Leiterteilen. Sie dürfen hier also nicht – obwohl das natürlich physikalisch möglich wäre – mit einer zeitlich veränderlichen Fläche argumentieren.

Achten Sie auf die Abmessungen der gegebenen Leiterschleife.

Teilaufgabe d

- Beachten Sie, dass die Geschwindigkeit des Magneten während des Falls immer größer wird.
- Denken Sie an die Möglichkeit des Stromflusses und dessen Auswirkung, wenn die Spulenenden leitend miteinander verbunden sind.

Teilaufgabe e

- Hier handelt es sich im Wesentlichen um den bereits jetzt bekannten Vorgang, der sich lediglich dreimal hintereinander abspielt.

Tipps zu Aufgabe 2

Vorbemerkung: Der beschriebene Versuchsaufbau stellt eines der grundlegenden Experimente der Oberstufenphysik dar. In der Regel wird dieser Aufbau benutzt, um das Planck'sche Wirkungsquantum zu bestimmen. Der Versuch existiert an den unterschiedlichen Schulen in mehreren leicht abgewandelten Versionen. Es ist hilfreich, sich anfangs deutlich darüber klar zu werden, wo die Gemeinsamkeiten und Unterschiede zu dem Versuchsaufbau, der Ihnen aus dem Unterricht bekannt ist, liegen.

Teilaufgabe a

- Beachten Sie, was die wesentliche neue Erkenntnis des Fotoeffektes war und klassisch nicht zu erklären ist.
- Die gesuchte Gleichung stellt eine Energiebilanz zwischen Photonenenergie und Energie der heraus gelösten Elektronen dar.
- Überlegen Sie, was sich mit Erhöhung der Intensität des Lichts beim Photonenmodell ändert und was sich nicht verändert.
- Überlegen Sie bei der Berechnung der Grenzwellenlänge, welche der Energien in der aufgestellten Gleichung variabel sind und wie groß diese minimal sein müssen.

Teilaufgabe b

- Verdeutlichen Sie sich die Zusammenhänge, indem Sie den Weg eines ausgelösten Elektrons verfolgen und seinen endgültigen Ort in Abbildung 1 einzeichnen.
- Welchen Einfluss hat ein aufgeladener Kondensator auf die Fotozelle? Zeichnen Sie ein freies Elektron zwischen die Kaliumplatte K und den Ring M und überlegen Sie, wie es sich aufgrund des aufgeladenen Kondensators verhalten würde.
- Welche Verbindung besteht zwischen der Spannung, die zwischen K und M entsteht, und der kinetischen Energie der heraus gelösten Elektronen? Erinnern Sie sich in diesem Zusammenhang auch an die Funktionsweise einer Elektronenkanone.
- Benutzen Sie Ihre Formelsammlung, um Zusammenhänge zwischen den gegebenen und gesuchten Größen zu finden (Q, C und U).

Teilaufgabe c

- Beachten Sie den Zusammenhang zwischen Leistung und Energie.
- Die Gesamtenergie ist die Summe der einzelnen Energien der Photonen.
- Beachten Sie den Zusammenhang zwischen Stromstärke und Ladung.

Lösungen zur Prüfungsaufgabe I

Aufgabe 1

a) **Möglichkeiten zur Spannungserzeugung an den Enden einer Leiterschleife**

- Zeitliche Veränderung der Fläche der Leiterschleife, wenn sich diese in einem (zeitlich konstanten) Magnetfeld befindet.
- Zeitliche Veränderung des Magnetfelds, das die (ansonsten geometrisch-räumlich unveränderte) Leiterschleife durchsetzt.
- Drehung der (räumlich unveränderten) Leiterschleife in einem (auch zeitlich konstanten) Magnetfeld.

Es waren zwei dieser drei Angaben verlangt. Die beiden ersten Punkte sind grundlegend für die Erzeugung einer Induktionsspannung.

b) **Entstehung der Induktionsspannung zwischen den Seilenden**
Geschwindigkeit des Seils und Erdmagnetfeldrichtung stehen senkrecht zueinander: Die Raumfähre bewegt sich von West nach Ost (also in die Papierebene hinein), das Erdmagnetfeld verläuft von unten nach oben innerhalb der Papierebene (beachten Sie: Der magnetische Südpol befindet sich in der Nähe des geografischen Nordpols). Die Elektronen im Seil erfahren also eine **Lorentzkraft** – gemäß der Drei-Finger-Regel (der linken Hand) – zur Erde hin, sodass sie sich solange zum Ende des Seils an der Raumfähre hinbewegen, bis das durch sie entstandene elektrische Gegenfeld im Leiter keine weitere Elektronenbewegung mehr erlaubt und im stationären Zustand dann eine bestimmte Spannung vorliegt. Der negative Pol des „Generators" befindet sich an der Raumfähre.

Die Angabe des Gleichgewichts aus elektrischer und magnetischer Kraft ist aus physikalischer Sicht wichtig!

Berechnung der Spannung
Im stationären Zustand gilt Gleichheit zwischen den Beträgen der elektrischen Kraft $F_E = e \cdot E$ und der Lorentzkraft $F_B = e \cdot v \cdot B$, also:

$$e \cdot E = e \cdot v \cdot B.$$

Mit $E = \frac{U}{\ell}$ bei vereinfachender Annahme eines homogenen Feldes erhält man:

$$U = \ell \cdot E = \underline{\underline{\ell \cdot v \cdot B}}$$

Die Geschwindigkeit des Gespanns Raumfähre – Seil – Satellit beträgt konstant $v = 2\pi \cdot (r + h) \cdot T^{-1}$, sodass sich nach Einsetzen der Zahlenwerte ergibt:

$$U = 2{,}07 \cdot 10^4\ \text{m} \cdot \frac{2\pi \cdot (6{,}37 \cdot 10^6\ \text{m} + 0{,}300 \cdot 10^6\ \text{m})}{90{,}4 \cdot 60\ \text{s}} \cdot 3{,}0 \cdot 10^{-5}\ \text{T} \approx \underline{\underline{4{,}8\ \text{kV}}}$$

Damals wurden tatsächlich ca. 3 000 V gemessen. Wegen $\ell \ll r + h$ spielt die Ausdehnung des Gespanns für der Berechnung von v keine Rolle.

c) **Induktionsspannung in der bewegten Leiterschleife**

Wenn sich die Elektronen des Leiters im Magnetfeld befinden, wirkt auf sie in jedem Leiterteil betragsmäßig die Lorentzkraft $F_L = e \cdot v \cdot B$. Mit den gegebenen Richtungen des Magnetfelds und des Vektors der Geschwindigkeit der mit der Leiterschleife bewegten Elektronen zeigt sie stets (bzgl. der Skizze) nach links. Dies führt dazu, dass in den *vertikalen* Leiterstücken zu keinem Zeitpunkt eine Verschiebung der (freien Leitungs-) Elektronen längs des Leiters stattfindet und somit keine Teilspannung entsteht, während in den *horizontalen* Leiterstücken folgende Phasen zu unterscheiden sind:

Phase A: Von den beiden horizontalen Leiterstücken befindet sich während des Bewegungsvorgangs nur das untere im Magnetfeld.
Im unteren horizontalen Leiterstück verursacht die Lorentzkraft eine Verschiebung der (freien Leitungs-) Elektronen nach links, bis die durch das entstehende elektrische Gegenfeld erzeugte elektrische Kraft auf die Elektronen der konstanten Lorentzkraft das Gleichgewicht hält. Folglich registriert das Messgerät eine konstante Spannung (oberer Anschluss: Minuspol).

Phase B: Beide horizontale Leiterstücke befinden sich während des Bewegungsvorgangs im Magnetfeld.
In beiden horizontalen Leiterstücken verursacht die Lorentzkraft eine Verschiebung der (freien Leitungs-) Elektronen nach links, bis die durch das entstehende elektrische Gegenfeld jeweils erzeugte elektrische Kraft auf die Elektronen der konstanten Lorentzkraft das Gleichgewicht hält. Wegen der Hintereinanderschaltung beider Leiterteile heben sich die beiden Spannungen gegenseitig auf. Folglich registriert das Messgerät die Gesamtspannung null.

Phase C: Von den beiden horizontalen Leiterstücken befindet sich während des Bewegungsvorgangs nur das obere im Magnetfeld.
Im oberen horizontalen Leiterstück verursacht die Lorentzkraft eine Verschiebung der (freien Leitungs-) Elektronen nach links, bis die durch das entstehende elektrische Gegenfeld erzeugte elektrische Kraft auf die Elektronen der konstanten Lorentzkraft das Gleichgewicht hält. Folglich registriert das Messgerät eine konstante Spannung, die der in Phase A registrierten entgegengesetzt gerichtet ist (oberer Anschluss: Pluspol).

Die selbstverständlich ebenso richtige Argumentation mithilfe der zeitlichen Veränderung der Fläche der Leiterschleife ist zwar physikalisch richtig, hier erfordert aber die Aufgabenstellung die explizite Argumentation über die Lorentzkraft.

Damit ergibt sich folgende grafische Darstellung für U(t):

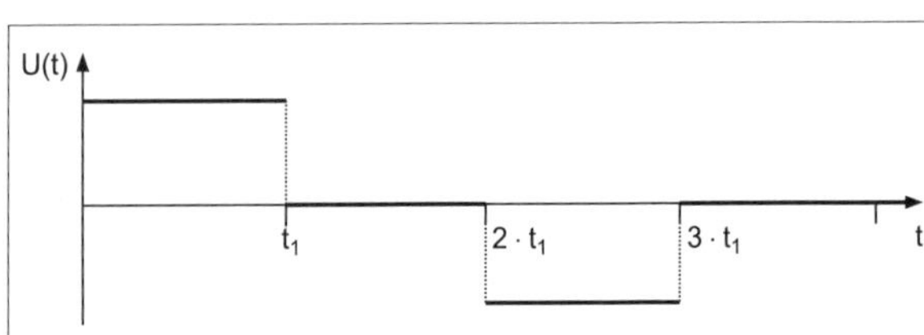

Eine an der t-Achse gespiegelte U(t)-Kurve ist ebenfalls eine korrekte Lösung; entscheidend ist nur der Wechsel der Polarität. Wenn Sie diese Aufgabe bearbeitet haben, sollten Sie – zu Ihrer eigenen Kontrolle – auch mit der (laut Aufgabenstellung nicht erlaubten) zeitlichen Änderung der Fläche argumentieren.

d) **Allgemeine Begründung für die Spannungserzeugung**
Es treten Spannungen auf, weil am Ort der Spule(n) sich das Magnetfeld zeitlich ändert (Induktionsgesetz).

Analyse des U(t)-Diagramms aus Abbildung 1a
Der Magnet nähert sich mit zunehmender Geschwindigkeit der Spule. Daher nimmt das Magnetfeld am Ort der Spule zeitlich zu und führt somit zu einer zunehmenden Induktionsspannung mit einer bestimmten Polung. Nähert sich der in die Spule eingetauchte Magnet der Mitte der Spule, wird die induzierte Spannung verschwinden, da dann praktisch keine Änderung des Magnetfelds wahrgenommen wird. Zwischen diesem und dem Ausgangszustand wird ein **Maximum** der Induktionsspannung erreicht. Beim Austreten aus der Spule wird eine entgegengesetzt gepolte Spannung induziert, da das um den Magneten herum befindliche Magnetfeld „aus Sicht der Spule" abgebaut wird. Die zum **Tiefpunkt** der Kurve gehörende Spannungsspitze ist betragsmäßig geringfügig größer als die des Hochpunkts, da der Magnet beim Entfernen von der Induktionsspule bereits eine größere Geschwindigkeit hat, als wenn er sich ihr zuvor nähert. Daher ist die zeitliche Magnetfeldänderung beim Entfernen etwas größer als bei der Annäherung und führt daher zu einer größeren Induktionsspannung.

Analyse des U(t)-Diagramms aus Abbildung 1b
Bezeichnet Δt den Zeitabstand zwischen Maximum und Minimum der Spannungskurve, so ergibt sich bei Kurzschluss der Induktionsspule mit

$$\Delta t_{kurz} \approx 42 \text{ ms} > 35 \text{ ms} \approx \Delta t_{offen}$$

ein um ca. 20 % größeres Zeitintervall als bei offenen Enden der Induktionsspule. Der Grund liegt darin, dass im Falle des Kurzschlusses nach der Lenz'schen Regel ein der Induktionsursache, hier also der Fallbewegung entgegenwirkender Induktionsstrom in der Spule auftritt: Er bremst den Magneten, die Fallzeit nimmt zu.

e) **Lage und Größe der Extrema**

- Die **zeitlichen Abstände** zwischen den zu den drei Spulen gehörenden Maxima bzw. Minima nehmen ab.
  Grund: Die Fallgeschwindigkeit des Magneten nimmt mit der Zeit zu, der Abstand der drei Spulen voneinander ist nach Voraussetzung gleich groß.
- Die **Amplituden** nehmen zu.
  Grund: Die Fallgeschwindigkeit des Magneten wächst linear mit der Zeit und daher auch die zeitliche Änderung des magnetischen Flusses.

Aufgabe 2

a) **Beschreibung des Fotoeffekts**
Trifft Licht auf ein Metall, so treten unter bestimmten Bedingungen Elektronen aus dem Metall aus. Man kann beobachten, dass dieser Effekt unabhängig von der Intensität des verwendeten Lichts und der Dauer, mit der das Metall bestrahlt wird, ist. Einzig entscheidend ist die Frequenz bzw. damit verbunden die Wellenlänge des verwendeten Lichts. Das auftreffende Licht muss eine Frequenz besitzen, die oberhalb einer für das bestrahlte Metall charakteristischen Grenzfrequenz liegt, um Elektronen aus dem Metall lösen zu können. Licht mit Frequenzen unterhalb dieser Grenzfrequenz kann keine Elektronen auslösen. Aus dieser Grenzfrequenz ergibt sich über die Beziehung $\lambda = \frac{c}{f}$ eine obere Grenzwellenlänge, die das Licht maximal haben darf, um Elektronen herauslösen zu können.

Aus dieser Beobachtung entwickelte sich das Photonenmodell für Licht, in dem man sich Licht aus kleinen Energieportionen bestehend vorstellt. Die Größe dieser Energieportionen hängt von der Frequenz (bzw. Wellenlänge) des Lichts ab.

Einstein-Gleichung
Die Energie der Photonen wird durch $E_{Ph} = h \cdot f$ beschrieben. Löst ein Photon ein Elektron aus der Metallschicht, so wird diese Energie immer nur vollständig auf das Elektron übertragen. Dieses benötigt einen Teil der Energie, um aus dem Metall auszutreten (Austrittsarbeit E_A), der Rest wird als kinetische Energie E_{kin} auf das heraus gelöste Elektron übertragen. Hieraus ergibt sich mit $c = \lambda \cdot f$:

$$\underline{\underline{h \cdot \frac{c}{\lambda} = E_A + E_{kin}}}$$

Einfluss der Lichtintensität
Licht höherer Intensität besteht aus mehr Photonen als Licht niedrigerer Intensität, jedes einzelne Photon besitzt aber genau dieselbe Energie.
Erhöht man die Intensität von auftreffendem Licht **oberhalb** der Grenzwellenlänge, so treten keine Elektronen aus, unabhängig davon, wie lange oder wie intensiv man das Metall bestrahlt. Nach $E_{Ph} = h \cdot f = h \cdot \frac{c}{\lambda}$ sinkt die Energie eines Photons, wenn die Wellenlänge wächst. Da die Energie des Lichts nur in diesen Portionen übertragen werden kann, kann kein Elektron herausgelöst werden, wenn die Energie eines Photons niedriger als die notwendige Austrittsarbeit E_A ist.
Erhöht man die Intensität von auftreffendem Licht **unterhalb** der Grenzwellenlänge, bedeutet das, dass mehr Photonen vorhanden sind. Somit erhöht man damit die Anzahl der austretenden Elektronen, nicht jedoch deren kinetische Energie, da jedes Photon die gleiche Energie überträgt.

Grenzwellenlänge
Die minimale Energie, die ein Photon haben kann, um ein Elektron herauszulösen, entspricht gerade der Austrittsarbeit E_A, sodass das gelöste Elektron keine zusätzliche kinetische Energie erhält.

Daraus ergibt sich nach der Einstein-Gleichung:

$$h \cdot \frac{c}{\lambda_{Gr}} = E_A \quad \Rightarrow \quad \underline{\underline{\lambda_{Gr} = c \cdot \frac{h}{E_A}}}$$

Für **Kalium** besitzt die Grenzwellenlänge mit den bekannten Werten für c und h sowie mit $E_A = 2{,}25$ eV den Wert:

$$\lambda = 3{,}0 \cdot 10^8 \, \frac{m}{s} \cdot \frac{6{,}626 \cdot 10^{-34} \text{ Js}}{2{,}25 \text{ eV}} = 3{,}0 \cdot 10^8 \, \frac{m}{s} \cdot \frac{6{,}626 \cdot 10^{-34} \text{ Js}}{2{,}25 \cdot 1{,}6 \cdot 10^{-19} \text{ J}}$$

$$\approx 552 \cdot 10^{-9} \text{ m} = \underline{\underline{552 \text{ nm}}}$$

b) **Zustandekommen des Maximalwerts der Fotospannung**
Die ausgelösten Elektronen müssen noch eine kinetische Energie besitzen, um sich vom Metall entfernen zu können. Erst dadurch können sie bis zum Ring in der Röhre gelangen und auf die Kondensatorplatte fließen. Jedes Elektron, welches auf die Kondensatorplatte gelangt, lädt diesen stärker auf. Das dadurch entstehende elektrische Feld bremst die nachkommenden Elektronen ab. Erreicht die Spannung zwischen den Kondensatorplatten eine gewisse Maximalspannung, können weitere Elektronen mit ihrer kinetischen Energie nicht mehr gegen diese Spannung „anlaufen“ und daher nicht mehr auf die Kondensatorplatte gelangen.

Hierbei handelt es sich um eine Umkehrung einer **Elektronenkanone**. Dort werden die Elektronen aus der Ruhelage durch die elektrische Energie eines elektrischen Feldes beschleunigt. Die kinetische Energie der Elektronen entspricht der elektrischen Energie. In der **Fotozelle** treten Elektronen mit einer bestimmten Energie in das elektrische Feld ein und werden abgebremst. Ist ihre Energie größer als die Energie des elektrischen Feldes, so können sie das Feld überwinden, ist ihre Energie kleiner, werden sie bis zum Stillstand abgebremst und in die andere Richtung beschleunigt.

Berechnen von U_{max}
Photonen der Wellenlänge 434 nm besitzen gemäß $E = \frac{h \cdot c}{\lambda}$ eine Energie von 2,86 eV und übertragen den Elektronen neben der Austrittsarbeit noch eine kinetische Energie von 2,86 eV − 2,25 eV = 0,61 eV. Diese kinetische Energie reicht aus, um gegen eine elektrische Spannung von

$$U_{max} = \underline{\underline{0{,}61 \text{ V}}}$$

anzulaufen. Auf diese Spannung kann der Kondensator maximal aufgeladen werden.

Maximale Ladungsmenge des Kondensators
Die Ladungsmenge eines Kondensators ist bestimmt durch $Q = C \cdot U$. Mit den Werten C = 10 nF und $U_{max} = 0{,}61$ V ergibt sich:

$$Q = 10 \cdot 10^{-9} \text{ F} \cdot 0{,}61 \text{ V} = \underline{\underline{6{,}1 \cdot 10^{-9} \text{ C}}}$$

c) **Zahl der auftreffenden Photonen**

Bei einer Lichtleistung von 5 mW werden der Kaliumplatte 5 mJ Lichtenergie pro Sekunde zugeführt. Ein einzelnes Photon besitzt eine Energie von

$$2{,}86\ \mathrm{eV} = 4{,}58 \cdot 10^{-19}\ \mathrm{J}.$$

Damit beträgt die Anzahl der pro Sekunde auf die Kaliumplatte auftreffenden Photonen:

$$n_{Ph} = \frac{5\ \mathrm{mJ}}{4{,}58 \cdot 10^{-19}\ \mathrm{J}} = 1{,}09 \cdot 10^{16}$$

Zahl der registrierten Elektronen

Bei einer Ladestromstärke I von $2{,}1 \cdot 10^{-7}$ A fließt in einer Sekunde eine Ladung von $Q = I \cdot t = 2{,}1 \cdot 10^{-7}$ C. Diese Gesamtladung wird durch

$$n_e = \frac{Q}{e} = \underline{\underline{1{,}3 \cdot 10^{12}}}$$

Elektronen mit der Elektronenladung e von $1{,}6 \cdot 10^{-19}$C erzeugt.

Vergleich von Photonen- und Elektronenzahl

Die beiden Werte stimmen nicht überein, $n_{Ph} \gg n_e$. Eine mögliche Ursache dafür könnte darin liegen, dass nicht jedes auftreffende Photon ein Elektron auslöst. Außerdem treten die Elektronen nicht immer senkrecht aus der Oberfläche und erreichen gegebenenfalls nicht den Ring.

Abiturprüfung Physik 2008 (Nordrhein-Westfalen) – Grundkurs
Prüfungsaufgabe II

Aufgabe 1: Spektralröhre

Vorbemerkung: Die Aufgabenstellung beinhaltet die Vorführung eines Experiments (siehe Foto des Versuchsaufbaus am Ende der Aufgabe).
Bei diesem Experiment werden verwendet: Spektralröhre mit Gasfüllung; Hochspannungsnetzgerät (Bereich 5 kV); Gitter (hier Gitter mit 570 Strichen pro mm benutzt); Maßstab (eventuell mit Reitern); Isolierstützen (2); Verbindungskabel (2); Stativmaterial.
Der Aufbau geschieht entsprechend dem Foto. Man weiß, dass die Röhre mit einem Gas gefüllt ist; um welches Gas es sich hierbei handelt, wird nicht bekannt gegeben.

In dieser Aufgabe geht es um die Identifizierung eines unbekannten Elementes, das in Form eines Gases in einer Spektralröhre vorliegt, mithilfe der sogenannten Spektralanalyse. In dem Ihnen vorgeführten Experiment können Sie das zugrunde liegende Phänomen qualitativ beobachten.

a) Skizzieren Sie den Versuchsaufbau und beschreiben Sie das Experiment.

Blickt man durch das Gitter, erkennt man ein Linienspektrum.

Erklären Sie mit der Modellvorstellung von Elementarwellen nach Huygens, auf welche Weise das Gitter die Beobachtung von Spektrallinien ermöglicht. Geben Sie die Bedingung für den Gangunterschied von Wellen benachbarter Gitteröffnungen im Falle konstruktiver Interferenz an. (12 P)

b) *Hinweis:* Die Augenlinse erzeugt ein Bild des Linienspektrums auf der Netzhaut. Für den Beobachter scheinen die Lichtstrahlen vom Maßstab her zu kommen. Daher können Sie bei der Bearbeitung dieser Teilaufgabe von der Ihnen eher bekannten Anordnung in der Reihenfolge Lichtquelle – Gitter – Schirm (hier Maßstab) ausgehen.

Zeigen Sie anhand einer Skizze, dass mithilfe eines Gitters die Wellenlänge λ des Lichts einer Spektrallinie mit der Gleichung

$$n \cdot \lambda = g \cdot \sin \alpha_n, \; n \in \mathbb{N}_0$$

bestimmt werden kann, wobei g die Gitterkonstante ist.

Geben Sie an, was man unter der Größe n und dem Winkel α_n versteht. Erklären Sie, warum diese Gleichung die Beobachtung von Spektrallinien unterschiedlicher Farbe an verschiedenen Orten auf dem Maßstab beschreibt.

Zeigen Sie mithilfe von Abbildung 1, dass sich diese Gleichung weiter umformen lässt in

$$\lambda = \frac{g \cdot a_n}{n \cdot \sqrt{e^2 + a_n^2}}.$$

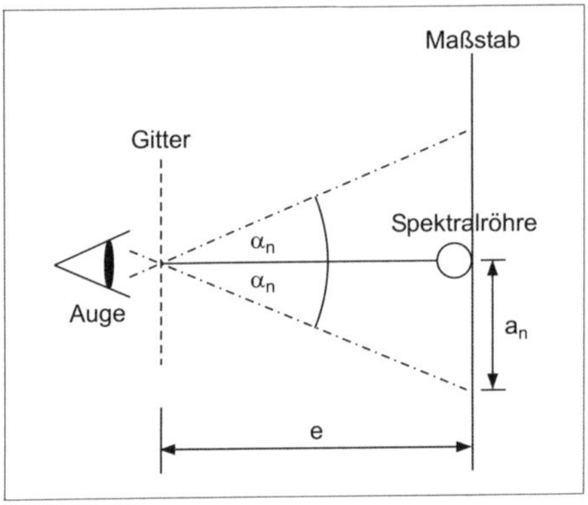

Abb. 1

(15 P)

c) Bei dem Ihnen vorgeführten Experiment ist $e = 0{,}50$ m, die Gitterkonstante des verwendeten Gitters beträgt $g = 1{,}75 \cdot 10^{-6}$ m.
Die Messung der Abstände d_1 zweier Linien gleicher Farbe in erster Ordnung ergibt folgende Werte: 26,4 cm; 28,0 cm; 30,6 cm; 36,0 cm; 41,0 cm.

Berechnen Sie die zugehörigen Wellenlängen.

Ermitteln Sie anhand der Daten in Tabelle 1 das Element, das sich in der Spektralröhre befindet.

Geben Sie drei mögliche Fehlerquellen für das Abweichen der aus den Messwerten ermittelten Wellenlängen von den Literaturwerten an.

Begründen Sie, warum es sinnvoller ist, den Abstand d_1 zweier Linien gleicher Farbe zu messen anstelle des Abstands a_1 einer solchen Linie vom Zentrum. (11 P)

d) Erläutern Sie qualitativ, wie man sich die Emission von Licht bestimmter Wellenlängen mithilfe des Bohr'schen Atommodells vorstellen kann.

Erklären Sie die Entstehung des Farbeindrucks bei Betrachtung der Röhre ohne Gitter. (6 P)

e) Erklären Sie, warum eine Spannung angelegt werden muss, um das Gas zum Leuchten anzuregen. Beschreiben Sie dazu die Vorgänge in der Röhre.

Ermitteln Sie den Wert der Energie des energiereichsten Lichtquants des von Ihnen identifizierten Elements. Geben Sie den Wert in der Maßeinheit eV an.

Begründen Sie, warum es bei diesem Versuch nötig ist, eine Spannung im kV-Bereich anzulegen.

(Falls Ihnen die Identifizierung des Elements nicht gelungen ist: Ermitteln Sie den Wert der Energie für das energiereichste Lichtquant von Neon.) (11 P)

Anlage zu Aufgabe 1

Tabelle 1:

Element	**Symbol**	**Wellenlänge in 10^{-9} m**	**Farbeindruck**
Helium	Na	589,59	gelb
		616,08	gelbrot
		667,57	gelbgrün
Wasserstoff	H	656,28	rot
		486,13	blaugrün
		434,05	violett
		410,17	violett
Helium	He	706,52	dunkelrot
		667,82	rot
		587,56	gelb
		501,57	grün
		492,19	blaugrün
		471,32	blau
		447,15	blau/violett
Neon	Ne	702,20	dunkelrot
		659,90	rot
		588,19	gelb
		585,25	gelb
		540,06	grün
		503,78	grün
Quecksilber	Hg	579,07	gelb
		546,07	grün
		491,61	blaugrün
		435,82	blau
		404,66	violett

Foto des Versuchsaufbaus:

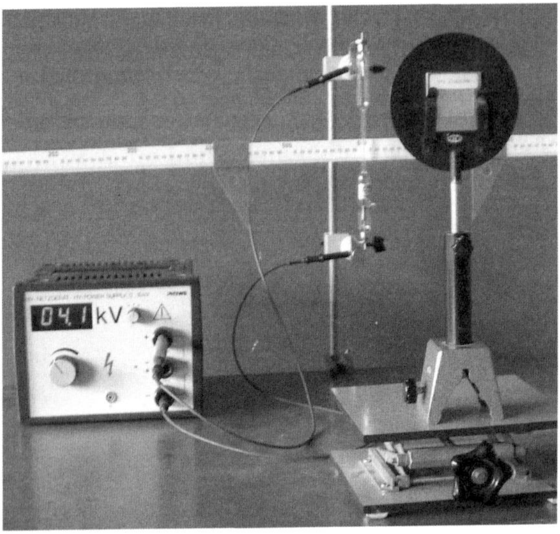

Aufgabe 2: Zerfallsgesetz

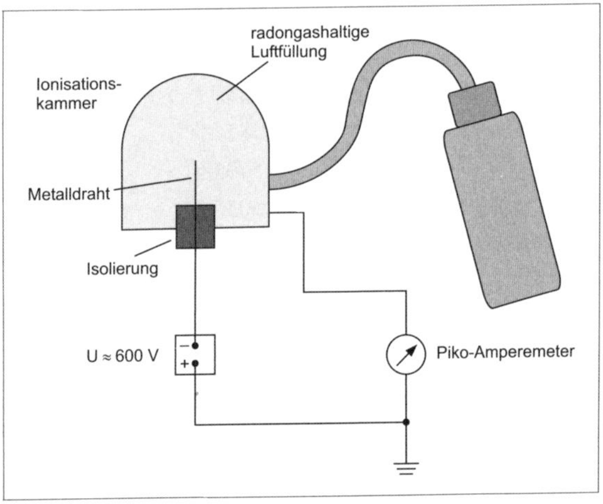

In dieser Aufgabe geht es um die experimentelle Darstellung des Zerfallsgesetzes am Beispiel von Radongas Rn-220.
Die Abbildung zeigt die schematische Darstellung eines Versuchs zur Bestimmung der Halbwertszeit einer gasförmigen radioaktiven Substanz. In der Mitte der metallischen Ionisationskammer befindet sich ein dünner Metalldraht. Dieser Metalldraht ist gegenüber den Kammerwänden isoliert, es kann also eine Spannung U (von $U \approx 600$ V) zwischen Metalldraht und Kammerwand angelegt werden. In einer der Zuleitungen befindet sich ein sehr empfindliches Strommessgerät. Befindet sich in dieser sogenannten Ionisationskammer (nur) Luft, so fließt bei der gegebenen Spannung von $U \approx 600$ V kein Strom, da der Isolator Luft keine leitende Verbindung zwischen Metalldraht und Kammerwand darstellt.

Wird aber aus einer Plastikflasche Radongas in die Ionisationskammer gepumpt, so fließt sofort ein Strom. Je mehr Radongas in die Kammer gepumpt wird, desto größer wird der Strom. Wird die Kammer zu Beginn des Versuchs mit mehreren „Stößen" Radongas befüllt und dann sich selbst überlassen, so ist der Strom unmittelbar nach Befüllen der Kammer maximal, um dann kontinuierlich abzunehmen.

Die Messwerte in der folgenden Tabelle zeigen eine solche zeitliche Abnahme des Stromes:

t in s	**I in 10^{-12} A**	**t in s**	**I in 10^{-12} A**
0	31,5	135	6,2
15	27	150	5
30	21,5	165	4
45	18	180	3
60	15	195	3
75	12	210	2
90	10	225	2
105	9	240	1
120	7		

a) Geben Sie an, was man unter dem Begriff Radioaktivität versteht, und geben Sie die drei bekanntesten Arten radioaktiver Strahlung sowie wesentliche Eigenschaften dieser drei Strahlenarten an (Art der Strahlung, typische Energiewerte, Form des Energiespektrums, Durchdringungsvermögen).

Geben Sie eine mathematische Formulierung des sogenannten Zerfallsgesetzes an und erläutern Sie seine Aussage sowie den Begriff der Halbwertszeit. (13 P)

b) Erläutern Sie, unter Berücksichtigung der Art der Strahlung und ihrer Eigenschaften, warum Strom durch die Kammer fließen kann, sobald sich Radongas Rn-220 in der Kammer befindet.

Stellen Sie die Messwerte anschließend grafisch dar und bestätigen Sie anhand dieses Diagramms, dass für die Stromstärke (zumindest für die ersten vier Minuten der Messung) in guter Näherung eine „Halbwertszeit" von $T_{1/2} \approx 56$ s existiert. (12 P)

c) Ermitteln Sie, in welche radioaktive Tochtersubstanz das Rn-220 zerfällt, sowie alle weiteren Zerfallsprodukte.

Geben Sie in dieser Zerfallsreihe jeweils das Nuklid, die Art des Zerfalls sowie auch die jeweilige Halbwertszeit an. (9 P)

d) Begründen Sie, unter Berücksichtigung der Art der Strahlung und ihrer Eigenschaften, warum der durch die Kammer fließende Strom I(t) proportional zur Anzahl der Rn-220-Zerfälle pro Zeit, also zur Aktivität der Radonprobe in der Kammer ist.

Erläutern Sie, warum dies auch noch gilt, wenn man nicht nur den Zerfall von Radon selbst, sondern auch die darauf folgenden weiteren Zerfälle berücksichtigt.

Bemerkung: Die angelegte Hochspannung $U \approx 600$ V bleibt zeitlich konstant. (9 P)

e) Sowohl das Radon-220 als auch das hier bisher nicht untersuchte Radonisotop Rn-222 treten als Folgeprodukte bei Kernumwandlungen in diversen Materialien der oberen Erdkruste sowie in mineralischen Baustoffen auf. Als gasförmige Substanzen können beide durch feine Risse und Spalten in der Erde und im Bauwerk in die Wohnraumluft gelangen. In der Fachliteratur zum Strahlenschutz wird überwiegend angegeben, dass die Strahlenbelastung des Menschen durch das Einatmen von Radon-222 sowie an Staubteilchen angelagerten Folgeprodukten wesentlich größer ist als die entsprechende Belastung durch Rn-220 und seine Folgeprodukte. Die mittlere Rn-222-Aktivität in der Wohnraumluft wird in Deutschland auf ca. $50\,\frac{\text{Bq}}{\text{m}^3}$ geschätzt.

Leiten Sie aus dem Zerfallsgesetz die Beziehung $\lambda \cdot T_{1/2} = \ln 2$ her und bestimmen Sie die Zerfallskonstante λ für das Radonnuklid Rn-222.

Leiten Sie eine Beziehung zwischen der Aktivität und der Anzahl der (unzerfallenen) Atomkerne eines radioaktiven Nuklids her und ermitteln Sie mithilfe dieser Beziehung, wie viele Atome des Radon-222 sich durchschnittlich in einem Kubikmeter Wohnraumluft befinden.

Stellen Sie eine begründete Vermutung auf, warum hauptsächlich das Rn-222 sowie seine Folgeprodukte in der Wohnraumluft vorkommen und durch Einatmen zur Strahlenbelastung des Menschen beitragen, während das Rn-220 und seine Folgeprodukte im Hinblick auf diese Problematik weniger relevant sind. (12 P)

Tipps und Hinweise zur Lösung von Prüfungsaufgabe II

Tipps zu Aufgabe 1

Vorbemerkung: Die Interferenz von Wellen ist einer der zentralen Inhalte der Oberstufenphysik. Die Aufgabe macht deutlich, dass Leuchterscheinungen eine gute Möglichkeit bieten, die Wellenlehre mit der Atomphysik zu verknüpfen. Die Wellenlehre liefert die Methoden, Spektren experimentell zu untersuchen, die Atomphysik liefert Modelle, die die beobachteten Phänomene erklären.
Aus dem Unterricht ist in der Regel die Auswertung von realen Beugungsbildern und Spektren auf einem Schirm vertraut. Die subjektive Beobachtung von Spektren ist notwendig, wenn die Intensität der Lichtquelle nicht ausreicht, um ein brauchbares Spektrum zu erzeugen. Die Auswertungsmethoden beider Vorgehensweisen sind nahezu identisch.

Teilaufgabe a

- Überladen Sie Ihre Skizze nicht. Beachten Sie, dass die wesentlichen Aspekte betont werden.
- Strukturieren Sie Ihre Erklärung gemäß der Aufgabenstellung. Beachten Sie alle Teilfragen, aber beschränken Sie sich auch darauf, wonach im Aufgabentext gefragt wird.
- Beachten Sie genau den Aufgabentext; die Grundlage, auf der Ihre Erklärung aufbauen soll, ist vorgegeben.

Teilaufgabe b

- Beachten Sie die Vereinfachung, die im Aufgabentext angegeben wird. Lassen Sie sich von der Skizze nicht irritieren.
- Überlegen Sie bei der Erklärung der verschiedenen Orte der Spektrallinien unterschiedlicher Farben, durch welche physikalischen Größen der Ort und die Farbe beschrieben werden.
- Aus dem Unterricht ist Ihnen vielleicht eine andere Formel für die Wellenlänge bekannt. Suchen Sie Gemeinsamkeiten und Unterschiede zwischen den Formeln. Auf welche bekannten Herleitungsschritte können Sie zurückgreifen?

Teilaufgabe c

- Beachten Sie genau welche Größen im Aufgabentext gegeben sind (d_n statt a_n).
- Da fünf Spektrallinien angegeben sind, können Sie die Elemente mit weniger als fünf Wellenlängen sofort ausschließen.
- Das gesuchte Element kann auch mehr als fünf Linien haben.

Teilaufgabe d

- Berücksichtigen Sie die beiden Bohr'schen Postulate und beziehen Sie Ihre Erläuterung darauf.

Teilaufgabe e

- Erinnern Sie sich daran, wie Licht entsteht und berücksichtigen Sie, dass es sich um einen Energieumwandlungsprozess handelt.
- Beachten Sie, dass die Röhre mit Gas gefüllt ist und eine Beschleunigung von Elektronen dadurch gestört wird.

Tipps zu Aufgabe 2

Vorbemerkung: Das Zerfallsgesetz und der Umgang mit der Nuklidkarte stellen zentrale Inhalte des Unterrichts zur Kernphysik dar. Ein fundiertes Wissen in diesem Gebiet ermöglicht es, an aktuelle Diskussionen kompetent teilnehmen zu können.

Teilaufgabe a

- Strukturieren Sie Ihre Lösung übersichtlich, beachten Sie, dass Sie alle in der Klammer geforderten Teilaspekte berücksichtigen.
- Das Zerfallsgesetz finden Sie in den meisten Formelsammlungen.
- Beachten Sie, dass Sie bei der Erläuterung der Aussage des Zerfallsgesetzes alle auftretenden Variablen erklären.

Teilaufgabe b

- Ihre Nuklidkarte gibt Auskunft über die Art der Strahlung.
- Zeichnen Sie dass Diagramm ausreichend groß, sodass die Werte für spätere Auswertungen angemessen abgelesen werden können.
- Beachten Sie den Aufgabentext: Es ist keine rechnerische Bestätigung der Halbwertszeit gefordert, Sie sollen sich dabei vielmehr auf das Diagramm beziehen.

Teilaufgabe c

- Beachten Sie alle geforderten Teile der Aufgabenstellung, vergessen Sie nicht, die Art der Strahlung und Halbwertszeiten anzugeben.
- Rn-220 ist ein Element der Thorium-Reihe, die in vielen Formelsammlungen angegeben ist.

Teilaufgabe d

- Beachten Sie, dass α-Strahler nur eine sehr kurze Reichweite haben, da sie relativ schnell mit anderen Teilchen wechselwirken.
- Beachten Sie die Halbwertszeit der Folgeprodukte.

Teilaufgabe e

- Überlegen Sie, wie viel Kerne der anfangs vorhandenen N_0 Kerne nach einer Halbwertszeit noch vorhanden sind. Wie groß ist dann $N(T_{1/2})$?
- Im Aufgabentext der Teilaufgabe d finden Sie eine nützliche Definition der Aktivität.

Lösungen zur Prüfungsaufgabe II

Aufgabe 1

a) **Versuchsbeschreibung**

Direkt vor einem Maßstab ist eine mit einem unbekannten Gas gefüllte Röhre befestigt. In der Röhre befinden sich Elektroden, zwischen die eine Spannung von ungefähr 4 kV angelegt ist.
Man beobachtet das von der Spektralröhre ausgesandte Licht durch ein direkt vor das Auge gehaltenes Gitter.

Skizze:

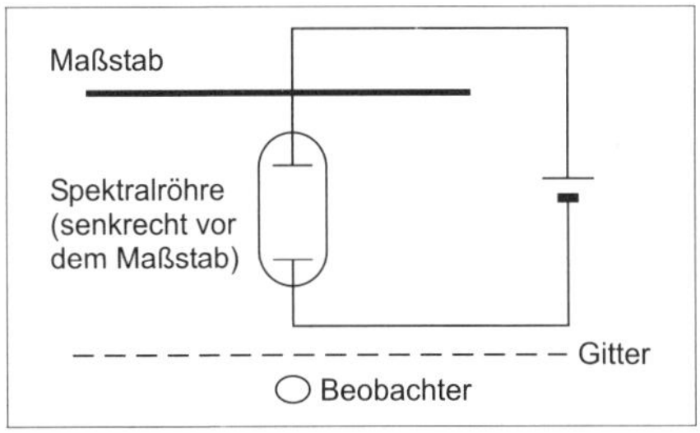

Erklärung der Beobachtung

Das Huygens'sche Prinzip besagt, dass jeder Punkt einer Wellenfront als Ausgangspunkt einer Elementarwelle angesehen werden kann. Demendsprechend kann man annehmen, dass jede Öffnung des Gitters Ausgangspunkt einer Elementarwelle ist. Diese Elementarwellen breiten sich hinter dem Gitter unabhängig voneinander aus und überlagern sich ungestört (Interferenz).
Die Elementarwellen fallen auf die Netzhaut im Auge des Beobachters. Die Intensität, mit der das Licht auf der Netzhaut wahrgenommen wird, hängt davon ab, ob sich die Elementarwellen konstruktiv oder destruktiv überlagern. Die Intensität ist maximal (konstruktive Interferenz), wenn sich alle Wellen gegenseitig verstärken. Das ist genau der Fall, wenn die Elementarwellen benachbarter Gitteröffnungen einen Gangunterschied von $\Delta s = n \cdot \lambda$ mit $n \in \mathbb{N}_0$ haben.

Es entsteht ein virtuelles Bild des Spektrums auf dem Maßstab, obwohl dort gar kein Licht hinfällt. Das Gehirn „verlängert" aus Erfahrung den Lichtweg geradlinig, sodass die Beugung, die am Gitter stattfindet, nicht wahrgenommen wird (siehe Abbildung 1 der Aufgabenstellung zu Teilaufgabe b).

b) **Bestimmung der Wellenlänge**

Man kann davon ausgehen, dass die Wellennormalen (bei hinreichend kleinem Gitterabstand) annähernd parallel verlaufen (siehe Skizze).
Dann beträgt die Wegdifferenz der linken und der mittleren Wellen bis zum Schirm genau der eingezeichneten Strecke Δs.
Konstruktive Interferenz (d. h. man sieht Linien einer bestimmten Farbe) tritt ein, wenn der Gangunterschied

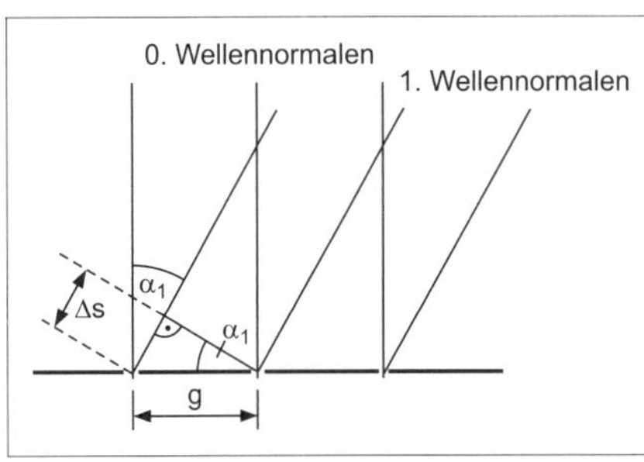

ein ganzzahliges Vielfaches der Wellenlänge beträgt: $\Delta s = n \cdot \lambda$. Aus dem in der Abbildung zu erkennenden rechtwinkligen Dreieck ergibt sich:

$$\Delta s = n \cdot \lambda = g \cdot \sin \alpha_n, \quad (n = 0, 1, 2, 3 \ldots) \qquad (*)$$

Benennung
n ist die Ordnungszahl der Hauptmaxima, α_n ist der Winkel zwischen dem Interferenzmaximum 0. Ordnung und dem Maximum n-ter Ordnung.

Erklärung der Beobachtung
Vom Gas in der Röhre wird Licht mit mehreren Spektralfarben und damit mehreren für das Gas charakteristischen Wellenlängen ausgesandt. Die oben genannte Beziehung gilt für jede dieser Wellenlängen. Da die Bedingung für konstruktive Interferenz für unterschiedliche Wellenlängen bei unterschiedlichen Winkeln erfüllt ist, findet man die Maxima der Intensität des Lichts der unterschiedlichen Wellenlängen (Farben) an unterschiedlichen Orten.

Umformen der Gleichung (∗)
Abbildung 1 entnimmt man, dass die Entfernung Gitter – Maximum n-ter Ordnung (gestrichelte Linie) mithilfe des Satzes von Pythagoras durch

$$\sqrt{e^2 + a_n^2}$$

berechnet werden kann. Außerdem gilt entsprechend Abbildung 1:

$$\sin \alpha_n = \frac{a_n}{\sqrt{e^2 + a_n^2}}$$

Aus der Bedingung (∗) für konstruktive Interferenz folgt:

$$\sin \alpha_n = n \cdot \frac{\lambda}{g},$$

woraus sich insgesamt sich die gesuchte Beziehung ergibt:

$$\underline{\underline{\lambda = \frac{g \cdot a_n}{n \cdot \sqrt{e^2 + a_n^2}}}}$$

c) **Berechnung der Wellenlängen, Identifizierung des Gases**
Mithilfe der unter Teilaufgabe b angegebenen bzw. hergeleiteten Formel ergibt sich die folgende Tabelle:

d_n (in cm)	$a_n = \frac{1}{2} d_n$ (in m)	λ (in m)	Literaturwert λ_{Helium} (in nm)
26,4	0,132	446,7	447,15
28,0	0,14	471,9	471,32
30,6	0,153	512,1	501,57
36,0	0,18	592,8	587,56
41,0	0,205	663,9	667,82

Der Vergleich mit den in Tabelle 1 angegebenen Literaturwerten zeigt eine hinreichende Übereinstimmung mit dem Spektrum von **Helium**.

Mögliche Fehlerquellen
- Ungenaue Bestimmung des Abstands e
- ungenaue Bestimmung der Abstände d_1
- schlechte Justierung des Maßstabs (schräg bzgl. vorne/hinten und oben/unten)
- Schrägstellung der Spektralröhre, Blickrichtung nicht senkrecht in das Gitter

Warum misst man besser d_1 statt a_1?
Man bevorzugt die Messung von $d_1 = 2a_1$, da dieser Abstand genauer zu bestimmen ist als der Abstand einer Linie zur Mitte der Kapillare der Gasentladungsröhre. Außerdem ist bei einer längeren Messstrecke der relative Fehler kleiner.

d) **Emission von Licht nach Bohr**
Nach dem Bohr'schen Atommodell befinden sich die Elektronen auf um den Kern angeordneten diskreten Bahnen (Schalen) und zwar so, dass sie nach gewissen Regeln die Bahnen von innen nach außen besetzen. Diesen Bahnen kann man bestimmte Energieniveaus zuordnen. Nach dem zweiten Bohr'schen Postulat können die Radien nicht kontinuierlich geändert werden, sondern nur sprunghaft. Bei diesen Quantensprüngen muss dem Atom entweder die entsprechende Energie zugeführt werden (Sprung von niedrigeren auf ein höheres Niveau) oder die Energie wird bei einem Sprung von einem höheren Niveau auf ein niedrigeres in Form eines Photons abgegeben. Die Farbe des emittierten Lichts ist gemäß der Beziehung $E_{Photon} = h \cdot f = h \cdot \frac{c}{\lambda}$ von der Energiedifferenz zwischen den beiden Energieniveaus abhängig.

Der **Farbeindruck** beim Betrachten der Röhre ohne Gitter entsteht durch Überlagerung der Beiträge des Lichts der unterschiedlichen Wellenlängen.

e) **Vorgänge in der Röhre**
In der Röhre befindet sich immer ein Anteil von ionisierten Atomen, d. h. positiv geladenen Ionen und (negativ geladenen) Elektronen. Diese werden durch die angelegte Spannung beschleunigt. Die gewonnene Energie bzw. einen Teil davon geben Sie bei Stoßvorgängen wieder ab. Diese Stoßvorgänge führen zur Anregung oder Ionisation der Atome. Springen die Elektronen wieder in eine niedrigere Schale, so wird, wie bei Aufgabenteil d beschrieben, Energie in Form von Photonen abgegeben. Die Spannung dient also dazu, die Atome zunächst einmal anzuregen, sodass beim Zurückspringen der Elektronen Photonen ausgesandt werden können.

Maximale Photonenenergie
Die kürzeste Wellenlänge beträgt $\lambda = 447{,}15 \cdot 10^{-9}$ m, die Energie beträgt also:

$$\Delta E = h \cdot \frac{c}{\lambda} = 4{,}4424 \cdot 10^{-19}\ \text{J} = \underline{\underline{2{,}7727\ \text{eV}}}$$

Bei der ersatzweisen Verwendung von Neon ergibt sich: $\Delta E = 2{,}4630$ eV.

Spannung im kV-Bereich
Offenbar herrscht in der Röhre ein so hoher Druck, dass die freie Weglänge (Strecke bis zur Kollision mit einem Atom) der ungebundenen, freien Elektronen im Vergleich zum Abstand der Elektroden klein ist. Dann ist eine hohe Spannung nötig, damit die Elektronen bereits auf dieser kurzen Weglänge die zur Anregung eines Atoms nötige kinetische Energie gewinnen können.

Aufgabe 2

a) Unter **Radioaktivität** versteht man die Erscheinung, dass sich Atomkerne unter Abgabe radioaktiver Strahlung verändern. Es gibt α-, β- und γ-Strahlung.

α-Strahlung: Sie besteht aus doppelt positiv geladenen Heliumkernen (α-Teilchen). Sie besitzt diskrete Energien in einer Größenordnung von ca. 1 bis 10 MeV. α-Strahlung kann bereits durch einige Blätter Papier abgeschirmt werden.

β-Strahlung: Sie besteht aus Elektronen. Sie hat stets ein kontinuierliches Energiespektrum mit einer maximalen Energie, die meist im Bereich von 1 MeV liegt. Eine Abschirmung kann beispielsweise durch einige Zentimeter dickes Plexiglas erfolgen.

γ-Strahlung: Sie ist eine sehr energiereiche elektromagnetische Strahlung kleiner Wellenlänge (Photonen). Sie besitzt bestimmte, diskrete Energien in der Größenordnung von ca. 1 MeV. γ-Strahlung lässt sich beispielsweise durch einige Zentimeter dickes Blei abschirmen.

Das Durchdringungsvermögen von α-Strahlung ist am kleinsten, das von γ-Strahlung am größten.

Das **Zerfallsgesetz** lautet:

$$N(t) = N_0 \cdot e^{-\lambda \cdot t}$$

Dabei ist λ eine nuklidspezifische Konstante, die sogenannte Zerfallskonstante.

Das Zerfallsgesetz besagt: Sind von einem radioaktiven Nuklid zum Zeitpunkt $t = 0$ s genau N_0 Kerne vorhanden ($N(0) = N_0 \cdot e^{-\lambda \cdot 0} = N_0$), so sind nach einer Zeit t nur noch $N(t) = N_0 \cdot e^{-\lambda \cdot t}$ unzerfallene Kerne vorhanden.
Wann ein einzelnes radioaktives Atom zerfällt, ist nicht vorhersehbar; betrachtet man aber eine sehr große Anzahl von Atomen eines radioaktiven Nuklids, so ist nach der nuklidspezifischen **Halbwertszeit** die Hälfte der zu Beginn der Halbwertszeitmessung vorhandenen Kerne zerfallen, die andere Hälfte also noch vorhanden.

b) **Stromfluss durch die Kammer**
Der Nuklidkarte kann man entnehmen, dass Radon-220 ein α-Strahler ist. Die energiereichen α-Teilchen haben ein hohes Ionisationsvermögen. Bei Stößen werden die Atome in der Luft der Kammer ionisiert und die erzeugten Ionen bzw. die entsprechenden freien Elektronen stehen für den Ladungstransport in der Kammer zur Verfügung. Im elektrischen Feld zwischen negativem Metalldraht

und positiver Kammerwand erfahren diese Ladungsträger elektrische Kräfte. Die freien Elektronen wandern zur Kammerwand, die Ionen zur Metalldrahtelektrode, es fließt also ein Strom.

Die α-Teilchen selbst tragen kaum zum Ladungstransport bei; sie nehmen freie Elektronen auf und es entstehen He-Atome. Zudem ist ihre Anzahl – wegen des hohen Ionisationsvermögens der α-Strahlung – im Vergleich zu den durch Ionisation frei gesetzten Ladungsträgern sehr gering.

Grafische Darstellung der Messwerte, Bestimmung von $T_{1/2}$

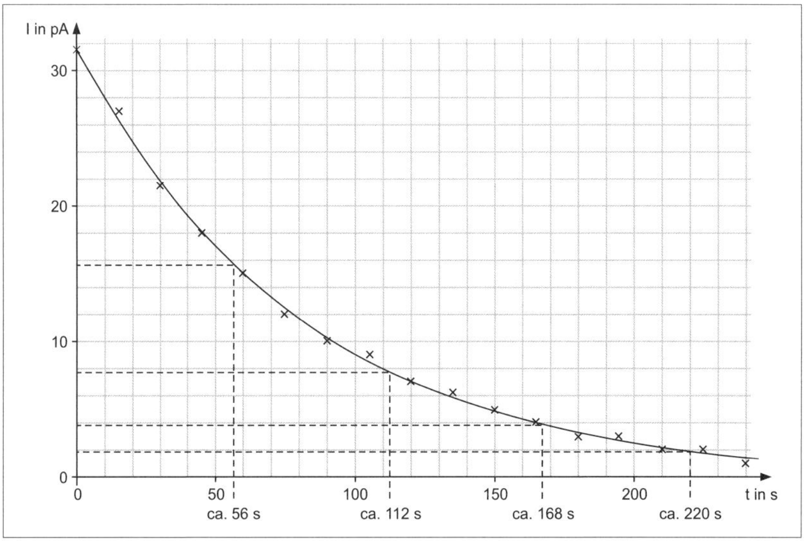

Das Diagramm zeigt, dass für jeden Zeitpunkt t_0 gilt: Ist I_0 die Stärke des durch die Ionisationskammer fließenden Stromes zum Zeitpunkt t_0, so beträgt die Stromstärke zum Zeitpunkt $t_0 + 56$ s nur noch etwa die Hälfte von I_0. Also ist $T_{1/2} \approx 56$ s die „Halbwertszeit“ des Radon-220.

c) Der Nuklidkarte kann die gewünschte **Zerfallsreihe** (einschließlich der Halbwertszeiten) entnommen werden:

$$^{220}_{86}\text{Rn} \xrightarrow[55{,}6\text{ s}]{\alpha} {}^{216}_{84}\text{Po} \xrightarrow[0{,}15\text{ s}]{\alpha} {}^{212}_{82}\text{Pb} \xrightarrow[10{,}64\text{ h}]{\beta} {}^{212}_{83}\text{Bi}$$

$$^{212}_{83}\text{Bi} \xrightarrow[60{,}6\text{ min}]{\beta} {}^{212}_{84}\text{Po} \xrightarrow[0{,}3\,\mu\text{s}]{\alpha} {}^{208}_{82}\text{Pb (stabil)}$$

$$^{212}_{83}\text{Bi} \xrightarrow[60{,}6\text{ min}]{\alpha} {}^{208}_{81}\text{Tl} \xrightarrow[3{,}053\text{ min}]{\beta} {}^{208}_{82}\text{Pb (stabil)}$$

d) **Begründung von I ~ A**

Da die (Hoch-) Spannung zwischen Draht und Kammerwand konstant und so hoch ist, dass praktisch alle durch Ionisation freigesetzten Ladungsträger unmittelbar „abgesaugt“ werden, ist der Strom proportional zur Anzahl Δn der pro Zeit Δt durch Ionisation freigesetzten Ladungsträger $I \sim \frac{\Delta n}{\Delta t}$. Weil Radon-220 ein α-Strahler ist und jedes α-Teilchen dieser monochromatischen Strahlung im statistischen Mittel gleich viele Ionisationen bewirkt, muss der Strom somit auch proportional zur Anzahl ΔN der pro Zeit Δt ausgesandten α-Teilchen sein.

Weitere Zerfälle

Die α-Strahlung des „Sekundärzerfalls“ ${}^{216}_{84}\text{Po} \xrightarrow[0{,}15\,\text{s}]{\alpha} {}^{212}_{82}\text{Pb}$ trägt natürlich ebenfalls zur Anzahl Δn der pro Zeit Δt freigesetzten Ladungsträger bei. Da wegen der vergleichsweise sehr kurzen Halbwertszeit des Po-216 aber jedem α-Zerfall des Rn-220 praktisch unmittelbar ein α-Zerfall des Po-216 folgt, werden (im statistischen Mittel) durch jedes („Doppel-“) Ereignis

$$ {}^{220}_{86}\text{Rn} \xrightarrow[55{,}6\,\text{s}]{\alpha} {}^{216}_{84}\text{Po} \xrightarrow[0{,}15\,\text{s}]{\alpha} {}^{212}_{82}\text{Pb} $$

gleich viele Ladungsträger freigesetzt. Die weiteren („Tochter-“) Zerfälle tragen wegen der vergleichsweise sehr großen Halbwertszeit des Pb-212 und wegen der relativ kurzen Versuchszeit kaum zur Erhöhung der Anzahl der freien Ladungsträger bei. Damit ist also:

$$ I(t) \sim \frac{\Delta N}{\Delta t} = A(t) $$

e) **Zerfallskonstante**

Zum Zeitpunkt $T_{1/2}$ ist (im Mittel) noch die Hälfte der zu Beginn der Messung existierenden Kerne vorhanden. Daher gilt:

$$ N(T_{1/2}) = \frac{N_0}{2} = N_0 \cdot e^{-\lambda \cdot T_{1/2}} \quad \Rightarrow \quad e^{-\lambda \cdot T_{1/2}} = \frac{1}{2} $$

$$ \Rightarrow \quad -\lambda \cdot T_{1/2} = \ln\frac{1}{2} \quad \Rightarrow \quad \underline{\underline{\lambda \cdot T_{1/2} = \ln 2}} $$

Aus der Nuklidkarte entnimmt man für das Radonnuklid Rn-222 die Halbwertszeit $T_{1/2} \approx 3{,}8\ \text{d} \approx 3{,}28 \cdot 10^5\ \text{s}$. Einsetzen ergibt:

$$ \underline{\underline{\lambda = 2{,}1 \cdot 10^{-6}\ \text{s}^{-1}}} $$

Anzahl an Rn-222 in 1 m³ Raumluft

Die Aktivität gibt die momentane Änderungsrate (Abnahme) der vorhandenen Kerne an, also

$$ A(t) = -\dot{N}(t). $$

Aus dieser Definition und aus dem Zerfallsgesetz folgt:

$$ A(t) = -\frac{d}{dt}(N_0 \cdot e^{-\lambda \cdot t}) = -N_0 \cdot e^{-\lambda \cdot t} \cdot (-\lambda) = \lambda \cdot N_0 \cdot e^{-\lambda \cdot t} = \lambda \cdot N(t) $$

Nach Umstellen ergibt sich für die Rn-222-Teilchenzahl pro Kubikmeter Wohnraumluft:

$$N(t) = \frac{1}{\lambda} \cdot A(t) = \frac{1}{2{,}1 \cdot 10^{-6}\,s^{-1}} \cdot 50\,\frac{1}{s \cdot m^3} \approx \underline{\underline{2{,}4 \cdot 10^7\,\frac{1}{m^3}}}$$

Vergleich Rn-222 und Rn-220

Das Radonisotop Rn-220 besitzt eine relativ kleine Halbwertszeit von $T_{1/2} \approx 56$ s Das Führt dazu, dass die Rn-220-Atome (im statistischen Mittel) so „kurzlebig“ sind, dass sie häufig bereits wieder in *nicht gasförmige* Folgeprodukte zerfallen sind, *bevor* sie aus Baustoffen oder dem Erdboden in die Wohnraumluft gelangen können.

Beim deutlich „langlebigeren“ Rn-222, mit einer Halbwertszeit von $T_{1/2} \approx 3{,}8$ d, ist die Wahrscheinlichkeit, dass das Gas aus dem Baustoff oder dem Erdboden entweichen kann, bevor es zerfällt, deutlich größer: Das Gas sammelt sich verstärkt in der Wohnraumluft an.

Daher ist die Rn-220-Konzentration in der Wohnraumluft vermutlich geringer als die des langlebigeren Rn-222. Entsprechendes gilt für die an Staubteilchen angelagerten Folgeprodukte beider Radonnuklide.

Abiturprüfung Physik 2008 (Nordrhein-Westfalen) – Leistungskurs
Prüfungsaufgabe I

Aufgabe 1: Elektromagnetische Induktion

Vorbemerkung: Die Aufgabenstellung in den Aufgabenteilen d und e beinhaltet die Vorführung eines Experiments, bei dem ein kleiner, aber starker Magnet durch eine Ihnen aus der Physiksammlung hinreichend bekannte Spule hindurch fallen gelassen wird, und dabei die in der Spule induzierte Spannung mit einem Messwerterfassungssystem registriert wird.

Unter elektromagnetischer Induktion versteht man die Erzeugung elektrischer Spannungen unter Nutzung magnetischer Felder. Dabei sind unterschiedliche Vorgehensweisen möglich, von denen in dieser Aufgabe einige genauer untersucht werden.

a) Beschreiben Sie zwei unterschiedliche Möglichkeiten zur Erzeugung einer elektrischen Spannung an den Enden einer aus einem beweglichen Kabel bestehenden Leiterschleife in einem Magnetfeld. (4 P)

Die ersten beiden Teile dieser Aufgabe greifen jetzt eine bestimmte Möglichkeit der Erzeugung einer elektrischen Spannung in einem Leiter auf.

b) Im Jahr 1996 scheiterte bereits zum zweiten Mal der Versuch der NASA, einen von der Raumfähre Columbia ausgesetzten Forschungssatelliten an einem $\ell = 20{,}7$ km langen, elektrisch leitfähigen Seil oberhalb der Raumfähre zu halten, da dieses in der Endphase des Manövers riss. Bei diesem Experiment sollte erprobt werden, inwieweit ein durch ein Kabel mit einem Raumfahrzeug verbundener Satellit im Erdmagnetfeld als „Generator zur Stromerzeugung" verwendet werden kann; der Stromkreis sollte dabei durch die leitenden Ionosphärenschichten der oberen Erdatmosphäre geschlossen werden (vergleiche Bild). Gehen Sie vereinfacht davon aus, dass sich Raumfähre und Satellit oberhalb des Erdäquators befinden und dass das senkrecht zur Erdoberfläche verlaufende Verbindungsseil die Erdmagnetfeldlinien senkrecht schneidet.

Grafik: NASA

Daten: Erdradius $r = 6{,}37 \cdot 10^3$ km, Stärke des Erdmagnetfelds am Ort der Raumfähre $B = 3{,}0 \cdot 10^{-5}$ T, Flughöhe der sich von **West nach Ost** bewegenden Raumfähre $h = 300$ km, Umlaufdauer der Raumfähre $T = 90{,}4$ min.

Von Einflüssen der Gravitation und Reibung darf abgesehen werden.

Erläutern Sie, warum zwischen den Enden des Seils eine Spannung entsteht, und begründen Sie anhand der nebenstehenden Skizze, an welchem Ende des Seils sich der negative Pol dieses „Generators" ausbildet.

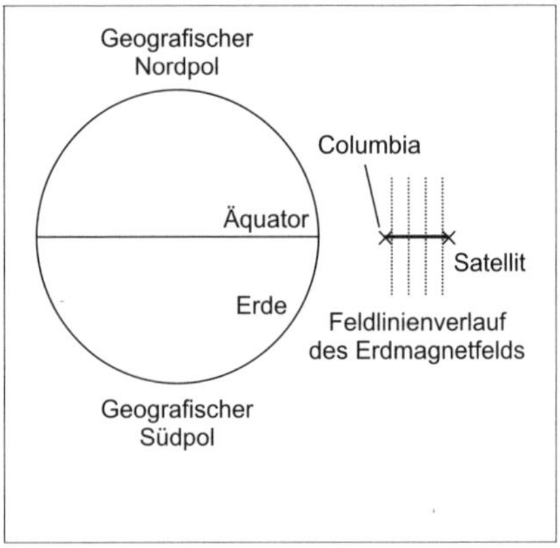

Zeigen Sie, dass sich (unter der Annahme homogener Felder) für die an den Enden des Seils zu erwartende Spannung U ergibt:

$$U = \ell \cdot v \cdot B$$

Berechnen Sie diese Spannung (auf eine Umformung der Maßeinheiten wird verzichtet).

Während des Experiments wurde kurzzeitig ein Strom der Stärke $I = 0{,}830\,A$ gemessen.
Berechnen Sie die durch den Stromfluss entstehende, am Verbindungsseil angreifende Kraft, bestimmen Sie ihre Richtung und geben Sie an, ob diese Kraft für das Reißen des Seils verantwortlich gemacht werden kann.

Erläutern Sie, welchen Einfluss diese Kraft bei deutlich größeren Stromstärken auf die Bewegung des Gespanns aus Raumfähre und Satelliten ausüben würde. (20 P)

c) Gegeben ist eine Rechteckleiterschleife, die sich genau an der Grenze zu einem darunter befindlichen homogenen Magnetfeld befindet (die geometrischen Daten sind der nebenstehenden Skizze zu entnehmen; das Magnetfeld hat die Stärke B, seine Feldlinien verlaufen horizontal; die Querschnittsfläche der Rechteckleiterschleife steht stets senkrecht zu den Feldlinien).
Man lässt die Rechteckleiterschleife frei durch das Magnetfeld fallen. Dabei ergibt sich folgender zeitlicher Verlauf der Spannung:

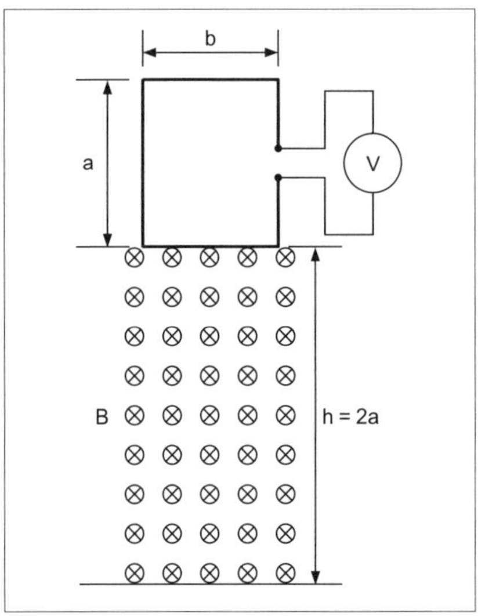

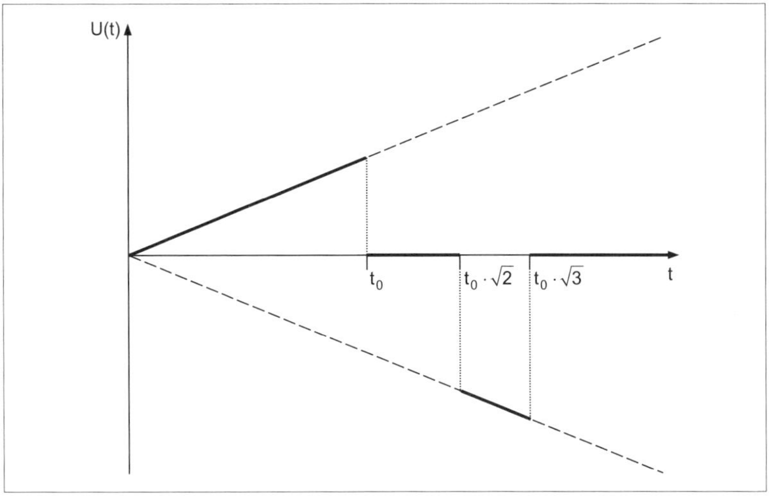

Erläutern Sie das Verhalten der freien Elektronen des Leiters, wenn dieser durch das Magnetfeld fällt, und nennen Sie die Konsequenz für die Entstehung von Teilspannungen in den horizontalen und vertikalen Leiterstücken sowie für die Spannung zwischen den Enden der Leiterschleifen.

Der zeitliche Verlauf der Spannung lässt vier Phasen erkennen.
Begründen Sie qualitativ den Spannungsverlauf in diesen vier Phasen und erklären Sie die vier Zeitpunkte für den Eintritt in die jeweilige Phase. (14 P)

Im Folgenden steht das Ihnen vorgeführte Experiment eines durch eine Spule frei fallenden Magneten im Vordergrund. Beachten Sie: Zur Aufnahme der nachfolgend auszuwertenden Diagramme in den Abbildungen 1 a, 1 b und 2 wurden die in den Fotos 1 und 2 gezeigten Spulen und Magnete verwendet (Diagramme und Fotos befinden sich am Ende dieser Aufgabe). Beachten Sie weiterhin, dass die Zeitnullpunkte in den Diagrammen 1 a und 1 b aus messtechnischen Gründen nicht identisch sind.

d) Begründen Sie allgemein, warum bei diesem Experiment überhaupt Spannungen auftreten.

Abbildung 1a zeigt ein U(t)-Diagramm der zwischen den freien Enden einer Luftspule ($n = 1\,000$, $\ell \approx 7$ cm und $d \approx 6$ cm) gemessenen Spannung, wie sie sich beim freien Fall eines Magneten aus etlichen Zentimetern Höhe über dem oberen Ende der Spule durch das Innere dieser Spule ergibt.

Begründen Sie qualitativ den Verlauf der Kurve, insbesondere die Existenz eines Kurvenhochpunkts und eines Kurventiefpunkts.

Erläutern Sie die Position des Magneten im dazwischen liegenden Nulldurchgang der Kurve.

Wie bei genauer Auswertung der Abbildung 1 a erkennbar, ist die zum Tiefpunkt der Kurve gehörende Spannungsspitze betragsmäßig etwas größer als die des Hochpunkts.
Begründen Sie dies.

Abbildung 1 b zeigt das I(t)-Diagramm, wenn der Magnet **aus derselben Ausgangshöhe** durch die Spule fällt, wobei aber die beiden Enden der Spule direkt mit einem Kabel elektrisch leitend verbunden sind.

Begründen Sie den Unterschied im zeitlichen Abstand zwischen Hoch- und Tiefpunkt in der I(t)-Kurve in Abbildung 1b im Vergleich zur U(t)-Kurve in Abbildung 1a. (13 P)

e) Abbildung 2 zeigt ein U(t)-Diagramm, das den sich ergebenden zeitlichen Spannungsverlauf bei dem freien Fall des zuvor verwendeten Magneten durch drei kurze, hintereinander in gleichem Abstand angebrachte Luftspulen ($n = 6$, $\ell \approx 2$ cm und $d \approx 7$ cm, linke Spule in Foto 1) darstellt.

Begründen Sie qualitativ die relative Lage und die Größe der Maxima und Minima der insgesamt sechs auf den Durchgang durch die drei Spulen zurückzuführenden Spannungsimpulse.

Begründen Sie, warum jede Spannungsspitze im negativen Bereich betragsmäßig etwas kleiner ist als die ihr unmittelbar vorangehende Spannungsspitze im positiven Bereich.

Hinweis: Zwecks Stabilisierung der Fallbewegung wurde an dem Magneten oben eine längere Schraube angebracht, siehe Foto 2. Das Magnetfeld dieses Gespanns ist in Foto 3 b dargestellt; Foto 4 b zeigt zum Vergleich das Magnetfeld des Magneten allein. (10 P)

Anlage zu Aufgabe 1

Die verwendeten Spulen und der bei dem freien Fall durch eine Schraube stabilisierte Magnet (hier bestehend aus zwei kleinen zylindrischen Magneten)

Foto 1

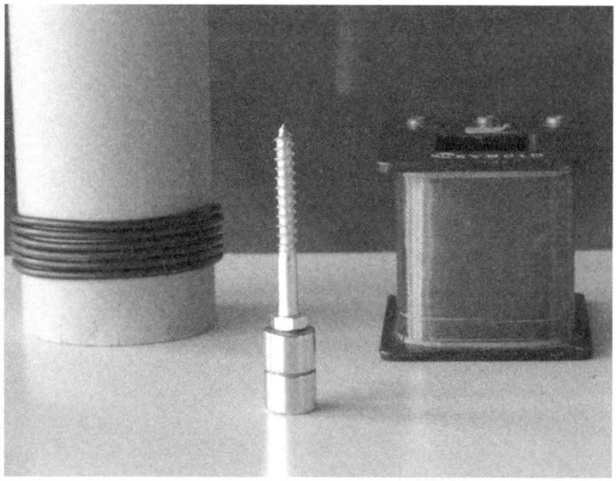

Foto 2

Die Fotos 3 a und 3 b zeigen den Magneten zusammen mit der Stabilisierungsschraube sowie das (mit Eisenfeilspänen sichtbar gemachte) Magnetfeld des Fallkörpers.

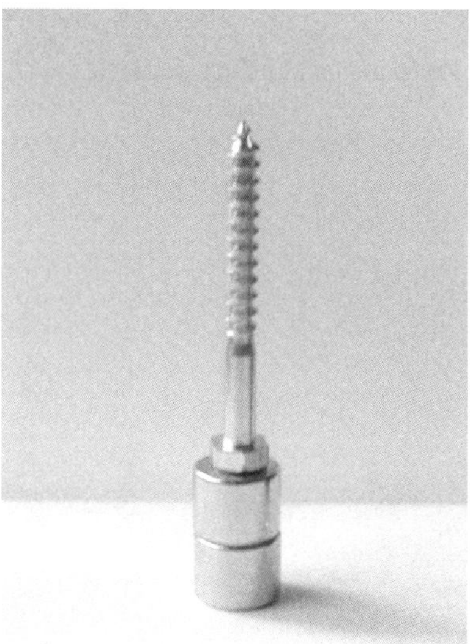

Foto 3 a

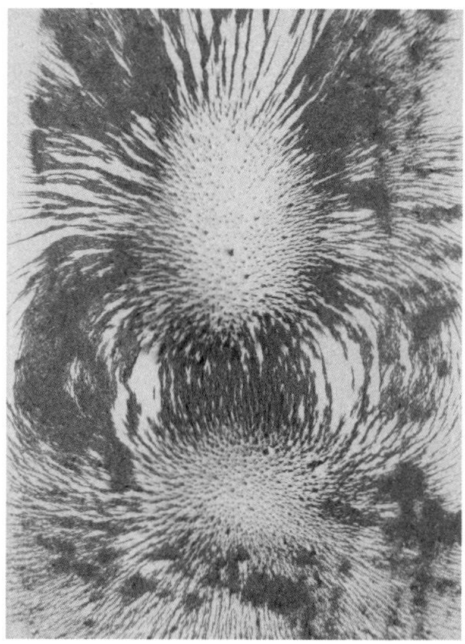

Foto 3 b

Die Fotos 4 a und 4 b zeigen den Magneten ohne Stabilisierungsschraube sowie sein (mit Eisenfeilspänen sichtbar gemachtes) Magnetfeld.

Foto 4 a

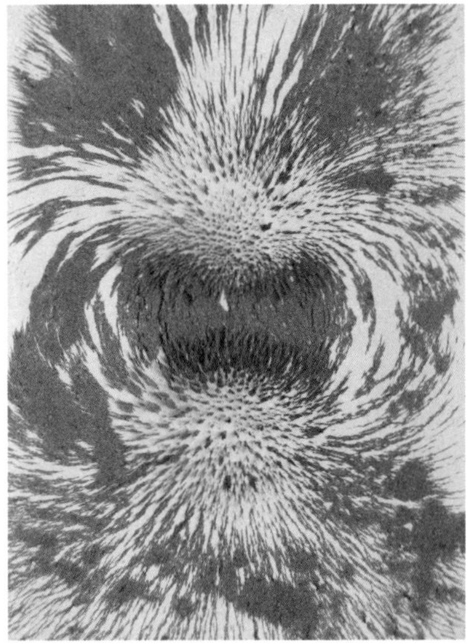

Foto 4 b

Abbildung 1 a: U(t) bei Spule 1 (Nullpunkt der Zeitskala undefiniert)

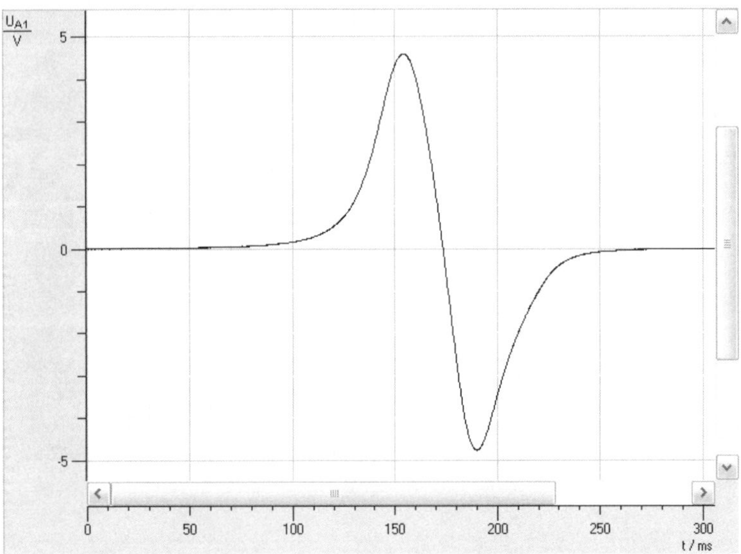

Abbildung 1 b: I(t) bei Spule 1 mit Kurzschluss (Nullpunkt der Zeitskala undefiniert)

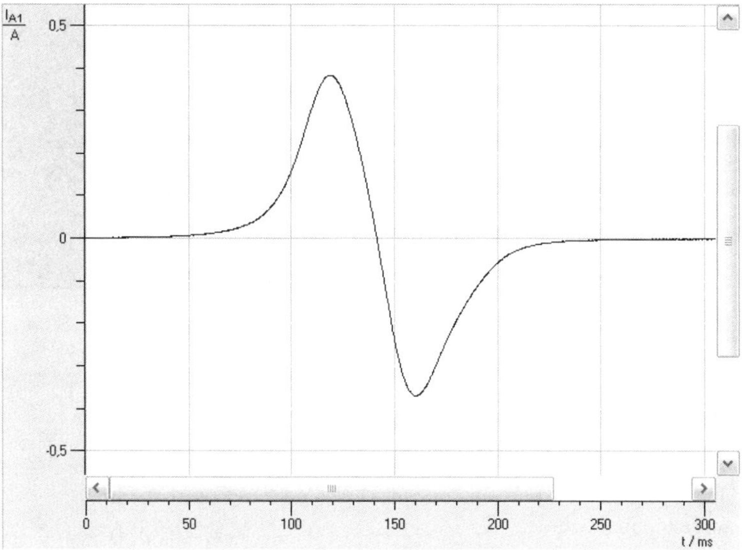

Abbildung 2: U(t) bei drei hintereinander angebrachten kurzen Luftspulen

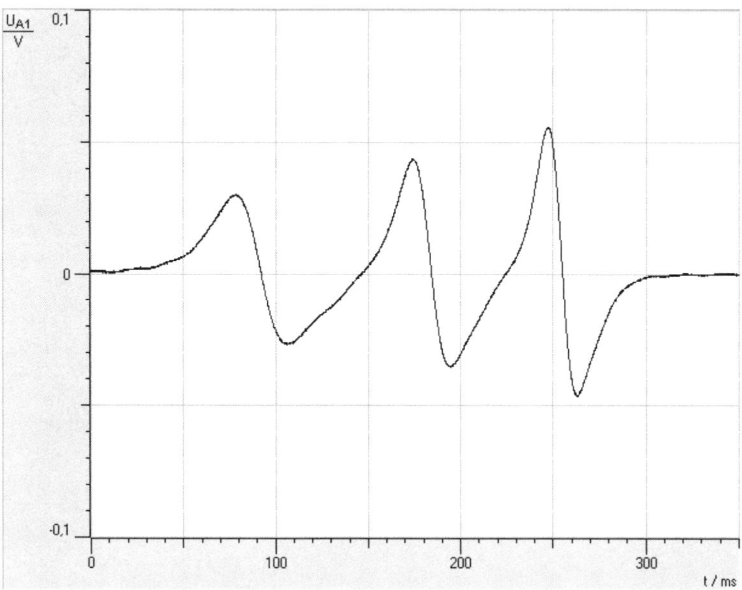

Aufgabe 2: Spektralanalyse des Lichts einer Laterne

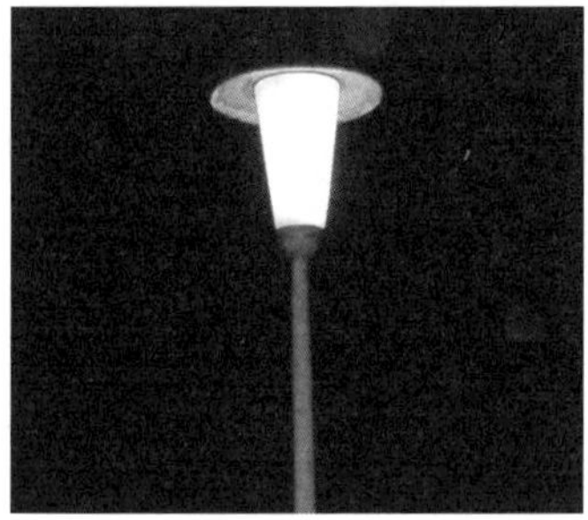

Abb. 1

Eine Straßenlaterne (Abbildung 1) sendet Licht aus, das durch elektrische Anregung von Atomen eines in der Laterne befindlichen Gases entsteht. Das Licht wurde nachts durch ein optisches Gitter betrachtet, wobei das in Abbildung 2 gezeigte Spektrum fotografiert wurde.
Das Spektrum ist wegen der Breite der Lichtquelle verschwommen. Aus dem fotografierten Spektrum kann aber trotzdem die relative Lage der einzelnen emittierten Lichtwellenlängen gut erkannt werden. Lediglich die mit den Zahlen 1 bis 4 gekennzeichneten Maxima entstammen aber aus dem gesuchten Gas. Das Licht einer nicht gekennzeichneten Wellenlänge des Gases wird im Schirm der Laterne absorbiert und dort mit einer anderen Wellenlänge wieder emittiert.

a) Abbildung 3 zeigt Linienspektren von vier verschiedenen Gasen, die im Labor aufgenommen wurden.

Ermitteln Sie durch Vergleich der Wellenlängen des fotografierten Spektrums der Abbildung 2 mit den Spektren der Abbildung 3, welches Element sich in der Laterne befinden könnte und das Licht emittiert. (9 P)

b) Erzeugt und beobachtet man das Spektrum mithilfe eines anderen optischen Gitters (210 Spalte pro cm), das in einer Breite von 7,5 mm beleuchtet wird, entdeckt man, dass zwei Spektrallinien eng benachbart liegen, die die Wellenlängen 577,0 nm und 579,1 nm haben.
Das sogenannte Auflösungsvermögen eines optischen Gitters (d. h., die beiden Linien sind für das Auge noch so eben als getrennte Linien wahrzunehmen) berechnet sich nach

$$\frac{\lambda}{\Delta\lambda} = k \cdot N.$$

Dabei ist λ die kleinere Wellenlänge und $\Delta\lambda$ die Differenz dieser Wellenlänge zur zweiten Wellenlänge. k ist die Ordnungszahl des betrachteten Maximums und N ist die Anzahl der beleuchteten Gitterspalte.

Berechnen Sie, bei welcher Interferenzordnung und unter welchem Winkel man unter diesen Bedingungen die beiden Linien erstmals im Spektrum getrennt beobachten kann. (10 P)

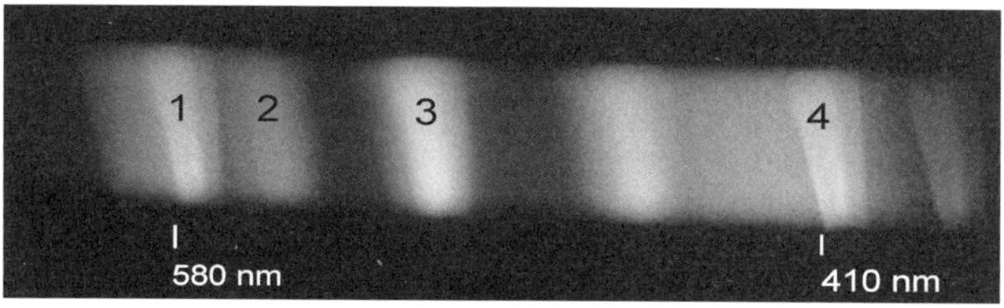

Abb. 2

Hinweis: Die hier verwendete Wellenlängenskala zur Ermittlung der Wellenlängen der gekennzeichneten Maxima ist linear eingeteilt.

Linienspektren
Na
H
Hg
Cu

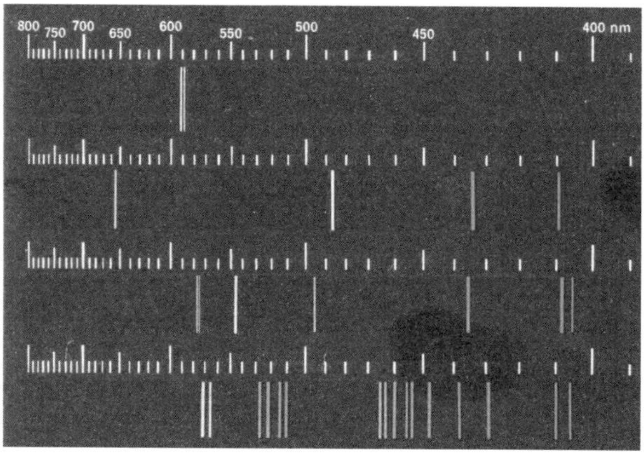

Abb. 3 aus: Metzler Physik, Gymnasiale Oberstufe, © Bildungshaus Schulbuchverlage, Westermann Schroedel Diesterweg Schöningh Winklers GmbH, Braunschweig, www.schroedel.de

Hinweis: Die unterschiedlichen Helligkeiten der einzelnen Linien in der Abbildung 3 resultieren aus dem Kopiervorgang und sind für die Aufgabe nicht von Bedeutung.

c) Für die sogenannten „Ein-Elektronen-Atome" (z. B. Wasserstoff H oder das einfach ionisierte Helium He^{+}) beschreibt das Bohr'sche Atommodell auf brauchbare Weise die Elektronenanregung und die Lichtemission.

Geben Sie das 1. Bohr'sche Postulat an und nennen Sie eine mathematische Beschreibung für die Radien möglicher Elektronenbahnen.

Nennen und erläutern Sie das 2. Bohr'sche Postulat anhand einer Skizze. Beschreiben Sie das prinzipielle Entstehen von Linienspektren. Erläutern Sie die Entstehung der Spektralserien des Wasserstoffs. (11 P)

d) Für das Element Wasserstoff gilt für die Gesamtenergie des Elektrons auf der Bahn mit der Hauptquantenzahl n:

$$E_n = -\frac{m \cdot e^4}{8 \cdot \varepsilon_0^2 \cdot h^2} \cdot \frac{1}{n^2}$$

Berechnen Sie mit der gegebenen Gleichung die ersten fünf Energiestufen in der Einheit eV und skizzieren Sie damit ein quantitatives Energieniveauschema.

Deuten Sie den Begriff Ionisierungsenergie und bestimmen Sie diese für das Wasserstoffatom.

Leiten Sie die allgemeine Gleichung her für die Wellenlängen des Lichts, das von Wasserstoff ausgesandt werden kann. (15 P)

e) Die Leuchtdauer von Atomen, die Licht emittieren, liegt bei etwa 10^{-8} s, was zu einer Energieunschärfe ΔE der emittierten Photonen führt.

Berechnen Sie damit aus der nach Heisenberg benannten Unbestimmtheitsrelation $\Delta E \cdot \Delta t \geq h$ die Frequenzunschärfe von Spektrallinien und begründen Sie, warum Spektrallinien nicht beliebig „scharf" sein können.

Beurteilen Sie, inwieweit diese Frequenzunschärfe Δf bei der Beobachtung eines mit einem Gitter erzeugten Spektrums (vergleiche Aufgabe b) mit dem bloßen Auge von Bedeutung ist. (10 P)

Tipps und Hinweise zur Lösung von Prüfungsaufgabe I

Tipps zu Aufgabe 1

Vorbemerkung: Sie sollten sich zunächst in logischer Reihenfolge klar machen,

- dass bewegte elektrische Ladungen in Magnetfeldern Kräfte erfahren und sich gegebenenfalls bewegen können (Stichwort: Lorentzkraft),
- dass und unter welchen Umständen folglich induzierte Spannungen auftreten können,
- welche wesentlichen Teile des Induktionsgesetzes diese Phänomene quantitativ fassen,
- wann Ströme aufgrund einer Induktionsspannung fließen und
- dass diese Ströme gemäß der Lenz'schen Regel „hemmende" Wirkungen hervorrufen können.

Die inhaltliche „Klammer" in dieser Aufgabe sind die unmittelbaren Ursachen für das Auftreten von Induktion in unterschiedlichen Situationen, beginnend mit der Lorentzkraft und endend mit der zeitlichen Veränderung eines Magnetfelds.

Teilaufgabe a

Sie sollten drei Möglichkeiten kennen, für die Antwort werden zwei davon verlangt.

Teilaufgabe b

In dieser Aufgabe geht es um einen Leiter, der sich senkrecht zum Magnetfeld mit konstanter Geschwindigkeit bewegt.

Welche Richtungen haben die entscheidenden physikalischen Größen?

Denken Sie an die Lage von geografischen und magnetischen Polen der Erde.

Berücksichtigen Sie die gegebenen Abmessungen: Wie sind 20 km im Vergleich zu $(6\,370 + 300)$ km zu bewerten? Was bedeutet dies für die Berechnung der Kabelgeschwindigkeit auf der Umlaufbahn?

Die Bewegung von West nach Ost entspricht hier einer Bewegung in die Blattebene hinein.

Teilaufgabe c

Erinnern Sie sich an die elementaren Gesetzmäßigkeiten bei der Fallbewegung als einer gleichmäßig beschleunigten Bewegung.

Achten Sie darauf, dass Sie laut Aufgabenstellung mithilfe der Lorentzkraft argumentieren sollen („Verhalten der freien Elektronen des Leiters" bzw. „Teilspannungen in den horizontalen und vertikalen Leiterstücken") und nicht – obwohl das natürlich physikalisch möglich wäre – mit einer zeitlich veränderlichen Fläche.

Teilaufgabe d

Beachten Sie, dass die Geschwindigkeit des Magneten während des Falls immer größer wird.

Denken Sie an die Möglichkeit des Stromflusses und dessen Auswirkung, wenn die Spulenenden leitend miteinander verbunden sind.

Teilaufgabe e

- Beachten Sie, dass die drei einzelnen Luftspulen jeweils viel kürzer sind als die sammlungsübliche Spule, die in den vorherigen Aufgabenteilen verwendet wurde. Dies hat einen Einfluss auf die „Trennung“ der beiden Effekte, wie sie beim Eintritt in die jeweilige Spule und beim Austritt aus der jeweiligen Spule auftreten.

Tipps zu Aufgabe 2

Vorbemerkung: Die beschriebene Methode der Spektralanalyse von Licht stellt eine Methode vor, die Wissenschaftler oft anwenden, um Stoffe zu identifizieren. Durch diese Methode ist es auch möglich, über die Zusammensetzung der Gashüllen verschiedener Planeten Informationen zu gewinnen.

Teilaufgabe a

- Beachten Sie den vorangestellten Aufgabentext. Hier finden Sie Hinweise auf mögliche Unterschiede zwischen dem beobachten Spektrum und den angegebenen Linienspektren.
- Beachten Sie die Anzahl der beobachteten Maxima und schließen Sie damit die ersten Linienspektren aus.
- Vervollständigen Sie die angedeutete Wellenlängenskala, um die Wellenlängen der Maxima möglichst exakt bestimmen zu können.

Teilaufgabe b

- Lassen Sie sich nicht durch unbekannte Begriffe und Größen abschrecken. Diese werden im Aufgabentext erklärt, lesen Sie diesen deshalb sehr genau.
- Schreiben Sie sich alle Größen zunächst auf. Welche der Größen können Sie unmittelbar aus dem Aufgabentext entnehmen, welche kann man leicht durch die gegebenen Größen berechnen?
- Beachten Sie, dass die Ordnungszahl k eine natürliche Zahl sein muss.

Teilaufgabe c

- Postulate stellen Grundannahmen bzw. Voraussetzungen dar: Was war neu am Bohr'schen Atommodell gegenüber dem Kern-Hülle-Modell und welche Annahmen musste Bohr deshalb machen?
- Die Aufgabenstellung gibt Hinweise auf den Inhalt der Postulate. Beim ersten Postulat wird gleichzeitig nach „Radien“ gefragt, beim zweiten Postulat nach „Linienspektren“.
- Schauen Sie auch in Ihre Formelsammlung. Dort finden Sie gegebenenfalls Hinweise zu Spektralserien oder den Bohr'schen Radien.

Teilaufgabe d

- Vereinfachen Sie Ihre Rechnungen. Die Quantenzahl n ist die einzige Variable, d. h. Sie brauchen den Vorfaktor nur einmal zu berechen.
- Beachten Sie beim Zeichnen des Termschemas das Vorzeichen der Energie.

- Benutzen Sie eine Formelsammlung, um die Definition der Einheit Elektronenvolt zu finden.
- Beachten Sie bei der Herleitung der Wellenlängen des Lichts, das ausgesandt werden kann, das zweite Bohr'sche Postulat sowie die Formel für die Energie eines Photons.

Teilaufgabe e

- Benutzen Sie den Zusammenhang zwischen Energie und Frequenz eines Photons.
- Betrachten Sie die beim Aufgabenteil b abgebildeten Linienspektren. Durch welche physikalische Größe ist ein „scharfes" Spektrum charakterisiert?

Lösungen zur Prüfungsaufgabe I

Aufgabe 1

a) **Möglichkeiten zur Spannungserzeugung an den Enden einer Leiterschleife**
- Zeitliche Veränderung der Fläche der Leiterschleife, wenn sich diese in einem (zeitlich konstanten) Magnetfeld befindet.
- Zeitliche Veränderung des Magnetfelds, das die (ansonsten geometrisch-räumlich unveränderte) Leiterschleife durchsetzt.
- Drehung der (räumlich unveränderten) Leiterschleife in einem (auch zeitlich konstanten) Magnetfeld.

Es waren zwei dieser drei Angaben verlangt. Die beiden ersten Punkte sind grundlegend für die Erzeugung einer Induktionsspannung.

b) **Entstehung der Induktionsspannung zwischen den Seilenden**
Geschwindigkeit des Seils und Erdmagnetfeldrichtung stehen senkrecht zueinander: Die Raumfähre bewegt sich von West nach Ost (also in die Papierebene hinein), das Erdmagnetfeld verläuft von unten nach oben innerhalb der Papierebene (beachten Sie: Der magnetische Südpol befindet sich in der Nähe des geografischen Nordpols). Die Elektronen im Seil erfahren also eine **Lorentzkraft** – gemäß der Drei-Finger-Regel (der linken Hand) – zur Erde hin, sodass sie sich solange zum Ende des Seils an der Raumfähre hinbewegen, bis das durch sie entstandene elektrische Gegenfeld im Leiter keine weitere Elektronenbewegung mehr erlaubt und im stationären Zustand dann eine bestimmte Spannung vorliegt. Der negative Pol des „Generators" befindet sich an der Raumfähre.

Die Angabe des Gleichgewichts aus elektrischer und magnetischer Kraft ist aus physikalischer Sicht wichtig!

Berechnung der Spannung
Im stationären Zustand gilt Gleichheit zwischen den Beträgen der elektrischen Kraft $F_E = e \cdot E$ und der Lorentzkraft $F_B = e \cdot v \cdot B$, also:

$$e \cdot E = e \cdot v \cdot B.$$

Mit $E = \frac{U}{\ell}$ bei vereinfachender Annahme eines homogenen Feldes erhält man:

$$U = \ell \cdot E = \underline{\underline{\ell \cdot v \cdot B}}$$

Die Geschwindigkeit des Gespanns Raumfähre – Seil – Satellit beträgt konstant $v = 2\pi \cdot (r + h) \cdot T^{-1}$, sodass sich nach Einsetzen der Zahlenwerte ergibt:

$$U = 2{,}07 \cdot 10^4\ \text{m} \cdot \frac{2\pi \cdot (6{,}37 \cdot 10^6\ \text{m} + 0{,}300 \cdot 10^6\ \text{m})}{90{,}4 \cdot 60\ \text{s}} \cdot 3{,}0 \cdot 10^{-5}\ \text{T} \approx \underline{\underline{4{,}8\ \text{kV}}}$$

Damals wurden tatsächlich ca. 3 000 V gemessen. Wegen $\ell \ll r + h$ spielt die Ausdehnung des Gespanns für der Berechnung von v keine Rolle.

Kraft am Verbindungsseil
Ermöglicht man über die leitende Ionosphäre einen Stromfluss (also einen geschlossenen Stromkreis), bewegen sich ständig Elektronen im Seil vom Satelliten zur Raumfähre. Auf sie wirkt die Lorentzkraft, die nach der Drei-Finger-Regel in Ost-West-Richtung zeigt. Für den Betrag dieser Kraft ergibt sich

$$\underline{\underline{F_B = I \cdot \ell \cdot B}},$$

und der Zahlenwert:

$$F_B = 0{,}830\,\text{A} \cdot 2{,}07 \cdot 10^4\,\text{m} \cdot 3{,}0 \cdot 10^{-5}\,\text{T} \approx \underline{\underline{0{,}52\,\text{N}}}$$

Aufgrund des geringen Betrags der Kraft ist nicht zu vermuten, dass sie – zumindest nicht unmittelbar – für das Reißen des Seils verantwortlich gemacht werden konnte.
Die Richtung der Kraft ist entgegengesetzt zur Bewegungsrichtung des Gespanns. Da ihr Betrag proportional zu der Stromstärke anwächst, wird sie – zumindest auf Dauer – eine Bremswirkung auf das Gespann ausüben.

Wenn man seine Argumentation auf einer falschen Richtung des Erdmagnetfelds aufbaut (beachte die unterschiedlichen Positionen von geografischen und magnetischen Polen), erhält man – insgesamt – das gleiche Ergebnis.

c) **Induktionsspannung in der fallenden Leiterschleife**
Wenn sich die Elektronen des Leiters im Magnetfeld befinden, wirkt auf sie in jedem Leiterteil betragsmäßig die Lorentzkraft $F_L = e \cdot v \cdot B$. Mit den gegebenen Richtungen des Magnetfelds und des Vektors der Geschwindigkeit der mit der Leiterschleife bewegten Elektronen zeigt sie stets (bzgl. der Skizze) nach links. Dies führt dazu, dass in den *vertikalen* Leiterstücken zu keinem Zeitpunkt eine Verschiebung der (freien Leitungs-) Elektronen längs des Leiters stattfindet und somit keine Teilspannung entsteht. In den beiden *horizontalen* Leiterstücken hingegen werden jeweils Teilspannungen erzeugt, solange sie sich im Magnetfeld bewegen.

Zeitlicher Verlauf der Gesamtspannung
Folgende Phasen lassen sich unterscheiden:

Phase 1: Sie dauert vom Beginn des Falls bis zum Eintritt des oberen horizontalen Leiterstücks in das Magnetfeld an. Weil die Geschwindigkeit der Rechteckleiterschleife beim freien Fall linear zunimmt, nehmen auch die Lorentzkraft und damit die induzierte Spannung linear zu. Da sich nur das untere horizontale Leiterstück im Magnetfeld befindet, registriert das Messgerät diese Spannung.

Phase 2: Zu einem gewissen Zeitpunkt t_0 ist die Rechteckleiterschleife vollständig in das Magnetfeld eingetaucht. Es tritt trotz weiterer Geschwindigkeitszunahme keine Induktionsspannung auf, da sich die im oberen und im unteren Leiterstück induzierten Teilspannungen aufheben.

Phase 3: Der Zeitpunkt t_0 ist nach Durchfallen der Strecke a erreicht, der Zeitpunkt t_1, an dem die Schleife wieder aus dem Magnetfeld austritt, nach einer Fallstrecke von insgesamt 2a. Der Prozess des Austretens ist zum Zeitpunkt t_2 abgeschlossen, die Schleife hat dann den die Strecke 3a zurückgelegt. Wegen $t \sim \sqrt{s}$ (freier Fall) gilt daher $t_1 = t_0 \cdot \sqrt{2}$ und $t_2 = t_0 \cdot \sqrt{3}$. Der Betrag der induzierten Spannung während der Austrittsphase nimmt wegen der nach wie vor linear ansteigenden Geschwindigkeit weiter linear zu. Die Polarität ist aber entgegengesetzt zu der anfänglichen, da sich nur noch das obere horizontale Leiterstück im Magnetfeld befindet.

Phase 4: Nach dem vollständigen Austritt aus dem Magnetfeld tritt keine Induktionsspannung mehr auf, da sich kein Leiterstück mehr im Magnetfeld befindet.

Eine an der t-Achse gespiegelte U(t)-Kurve ist ebenfalls eine korrekte Lösung; entscheidend ist nur der Wechsel der Polarität. Wenn Sie diese Aufgabe bearbeitet haben, sollten Sie – zu Ihrer eigenen Kontrolle – auch mit der (laut Aufgabenstellung nicht erlaubten) zeitlichen Änderung der Fläche argumentieren.

d) **Allgemeine Begründung für die Spannungserzeugung**
Es treten Spannungen auf, weil am Ort der Spule(n) sich das Magnetfeld zeitlich ändert (Induktionsgesetz).

Analyse des U(t)-Diagramms aus Abbildung 1 a
Der Magnet nähert sich mit zunehmender Geschwindigkeit der Spule. Daher nimmt das Magnetfeld am Ort der Spule zeitlich zu und führt somit zu einer zunehmenden Induktionsspannung mit einer bestimmten Polung. Nähert sich der in die Spule eingetauchte Magnet der Mitte der Spule, wird die induzierte Spannung verschwinden, da dann praktisch keine Änderung des Magnetfelds wahrgenommen wird. Zwischen diesem und dem Ausgangszustand wird ein **Maximum** der Induktionsspannung erreicht. Beim Austreten aus der Spule wird eine entgegengesetzt gepolte Spannung induziert, da das um den Magneten herum befindliche Magnetfeld „aus Sicht der Spule" abgebaut wird. Die zum **Tiefpunkt** der Kurve gehörende Spannungsspitze ist betragsmäßig geringfügig größer als die des Hochpunkts, da der Magnet beim Entfernen von der Induktionsspule bereits eine größere Geschwindigkeit hat, als wenn er sich ihr zuvor nähert. Daher ist die zeitliche Magnetfeldänderung beim Entfernen etwas größer als bei der Annäherung und führt daher zu einer größeren Induktionsspannung.

Analyse des U(t)-Diagramms aus Abbildung 1 b
Bezeichnet Δt den Zeitabstand zwischen Maximum und Minimum der Spannungskurve, so ergibt sich bei Kurzschluss der Induktionsspule mit

$$\Delta t_{kurz} \approx 42 \text{ ms} > 35 \text{ ms} \approx \Delta t_{offen}$$

ein um ca. 20 % größeres Zeitintervall als bei offenen Enden der Induktionsspule. Der Grund liegt darin, dass im Falle des Kurzschlusses nach der Lenz'schen Regel ein der Induktionsursache, hier also der Fallbewegung entgegenwirkender Induktionsstrom in der Spule auftritt: Er bremst den Magneten, die Fallzeit nimmt zu.

e) **Lage und Größe der Extrema**
   - Die **zeitlichen Abstände** zwischen den zu den drei Spulen gehörenden Maxima bzw. Minima nehmen ab.
     Grund: Die Fallgeschwindigkeit des Magneten nimmt mit der Zeit zu, der Abstand der drei Spulen voneinander ist nach Voraussetzung gleich groß.
   - Die **Amplituden** nehmen zu.
     Grund: Die Fallgeschwindigkeit des Magneten wächst linear mit der Zeit und daher auch die zeitliche Änderung des magnetischen Flusses.

   Vergleich aufeinanderfolgender Spannungsspitzen einer Spule
   Das Gesamtmagnetfeld wird vom eigentlichen Magneten und der aus magnetisierbarem Material bestehenden Schraube erzeugt, die zwecks Erhöhung der Fallstabilität angebracht und in Bezug auf den Magneten groß ist. Wie das Foto 3 b zeigt, ist dieses Magnetfeld räumlich deutlich asymmetrisch.
   Bewegt es sich („fällt") durch die jeweilige Spule, ist aufgrund seiner deutlich stärkeren räumlichen Begrenztheit vor dem **Eintritt** des Magneten in die Spule die zeitliche Veränderung der von der Spule erfahrenen Magnetfeldstärke größer als beim **Austritt** des Magneten aus der Spule, bei dem das räumlich weiter gestreckte Magnetfeld zu einer kleineren zeitlichen Veränderung der Magnetfeldstärke führt. Folglich bleibt die hier entstehende Spannungsspitze – trotz der hier bereits leicht vergrößerten Fallgeschwindigkeit – etwas kleiner als die zum Eintritt in die Spule gehörende Spannungsspitze.

Aufgabe 2

a) Durch Maßstabsvergleich des fotografierten Spektrums mit den Vergleichsspektren erkennt man, dass es das Element **Quecksilber** ist, das in der Laterne das Licht emittiert. Dazu sind die vier in der Abbildung 2 markierten Spektralbereiche auf der Wellenlängenskala auszumessen und mit den Spektrallinien-Wellenlängen der Abbildung 3 abzugleichen (siehe Abbildung 4 auf der nächsten Seite).

   1. Da die Anzahl der sichtbaren Maxima im Realfoto der Lampe (anders als in den Linienspektren) kaum klar erkennbar ist, sollten Sie sich keineswegs bei Ihrer Entscheidung allein auf die Zahl der sichtbaren Linien verlassen.
   2. Bei der Ausmessung der Linien anhand des Lampenspektrums stellt man bei der 495 nm-Linie eine gewisse Abweichung fest, die in der Darstellung/Fotokopie des Bildes begründet sein kann. Sie sollten sich nicht irritieren lassen, wenn Sie in der Auswertung bis zu 510 nm ermitteln.
   3. Es scheint sogar möglich zu sein, Kupfer als vorhandenes Element zu benennen. Dies erscheint aber aus der Erfahrung heraus, dass Quecksilber und nicht Kupfer ein häufig eingesetztes Lampengas ist, sehr unwahrscheinlich.

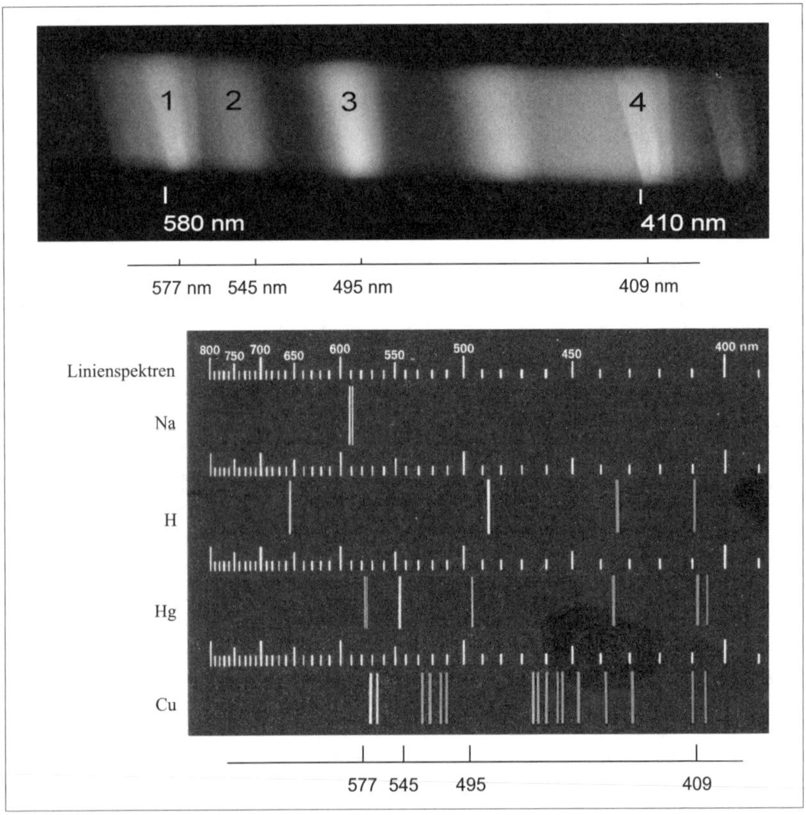

Abb. 4 Alle zugeordneten Werte sind in der Einheit nm angegeben.

b) **Minimale Beugungsordnung**

Im Aufgabentext findet man für $\lambda = 577{,}0$ nm und für $\Delta\lambda = 2{,}1$ nm. Die Anzahl der beleuchteten Gitterspalte kann man aus der Gitterkonstanten und der beleuchteten Breite des Gitters berechen. Da 210 Spalte pro Zentimeter vorhanden sind und 0,75 cm beleuchtet werden, werden insgesamt

$$N = \frac{210}{\text{cm}} \cdot 0{,}75\ \text{cm} = 157{,}5\,,$$

also 157 Spalte vollständig beleuchtet. Eingesetzt in die nach der Ordnungszahl k umgeformten Formel für das Auflösungsvermögen ergibt sich:

$$k = \frac{\lambda}{\Delta\lambda \cdot N} = \frac{577\ \text{nm}}{2{,}1\ \text{nm} \cdot 157} = 1{,}75 \quad \Rightarrow \quad \underline{\underline{k_{min} = 2}}$$

Man kann die beiden Linien im ersten Spektrum noch nicht, sondern erst im zweiten Spektrum getrennt beobachten.

Beugungswinkel
Mittels der Gleichung $k \cdot \lambda = g \cdot \sin \alpha_k$ für konstruktive Interferenz am optischen Gitter erhält man für k_{min} den Beugungswinkel

$$\alpha_2 = \arcsin\left(\frac{2\lambda}{g}\right).$$

Einsetzen liefert für beide Wellenlängen:

$$\underline{\underline{\alpha_2 = 1{,}39°}}$$

c) **Erstes Bohr'sches Postulat:** Elektronen können sich nur auf ganz bestimmten (diskreten, erlaubten, stabilen) Kreisbahnen bewegen.

Alternativ: Es sind nur solche Bahnen möglich, auf denen der Bahndrehimpuls (als ganzzahliges Vielfaches von h beziehungsweise $\hbar = \frac{h}{2\pi}$) gequantelt ist. Für diese erlaubten Bahnen und speziell deren **Radien** gilt

$$2\pi \cdot r_n \cdot m \cdot v_n = n \cdot h$$

oder bezogen auf den Bahnumfang U_n:

$$U_n = 2\pi \cdot r_n = n \cdot \lambda_n \quad \text{mit } n \in \mathbb{N}.$$

Zweites Bohr'sches Postulat: Zwischen den erlaubten Quantenbahnen können die Elektronen wechseln. Um auf eine Bahn höherer Hauptquantenzahl zu gelangen, muss ihnen die entsprechende Energie (= Energiedifferenz zwischen den einzelnen Bahnen) zugeführt werden. Beim Rücksprung auf eine Bahn niedrigerer Hauptquantenzahl emittiert das Elektron die Differenzenergie in Form eines Photons. Die Photonenenergie ist dabei:

$$E_{n,k} = E_k - E_n = h \cdot f_{n,k};$$

dabei sind n und k Hauptquantenzahlen, $f_{n,k}$ die Frequenz des Lichtquants.

Die Nummerierung der Bohr'schen Postulate ist nicht immer einheitlich.

Die linke Skizze in Abbildung 5 zeigt, wie ein Elektron von einer Bahn mit einer höheren Quantenzahl auf die einer niedrigeren übergeht und dabei ein Photon aussendet. Die rechte Skizze zeigt den umgekehrten Vorgang, wie ein Elektron durch Absorption eines Photons auf eine Bahn höherer Quantenzahl gelangt.

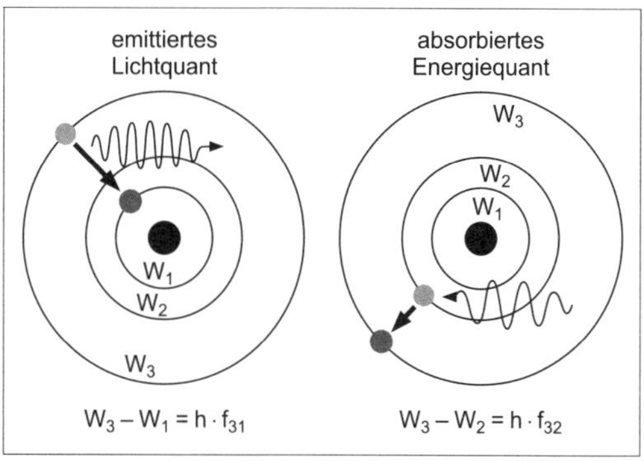

Abb. 5

Die Vorgänge können auch in einem Termschema skizziert werden. Auch hier gehen die Elektronen durch Photonenemission von einem höheren auf ein niedrigeres Niveau über bzw. umkehrt durch Absorption von einem niedrigeren auf ein höheres Niveau.

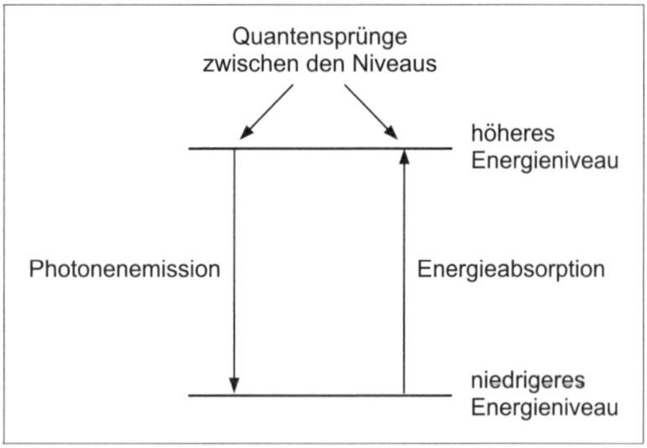

Linienspektren entstehen gemäß dem 2. Bohr'schen Postulat durch die Emission konkreter Energiequanten in Form von Photonen und deren Beobachtung durch Gitter oder Prismen. Die Größe der Photonenenergie hängt davon ab, von welcher erlaubten Bahn zu welcher anderen erlaubten Bahn das Wasserstoffelektron springt.

Spektralserien entstehen dadurch, dass das Elektron von höheren Bahnen auf jeweils ein- und dieselbe Bahn zurückfällt. Die Balmer-Serie entsteht z. B. durch Elektronensprünge von höheren Bahnen jeweils auf die Bahn mit der Hauptquantenzahl 2.

d) **Berechnung der fünf ersten Energiestufen**

Man erhält die gesuchten Energien, indem man zunächst den konstanten Vorfaktor in der gegebenen Formel berechnet,

$$E_n = -\frac{m \cdot e^4}{8 \cdot \varepsilon_0^2 \cdot h^2} \cdot \frac{1}{n^2} = -\frac{9{,}11 \cdot 10^{-31}\,\text{kg} \cdot (1{,}6 \cdot 10^{-19}\,\text{As})^4}{8 \cdot (8{,}85 \cdot 10^{-12}\,\frac{\text{As}}{\text{Vm}})^2 \cdot (6{,}63 \cdot 10^{-34}\,\text{Js})^2} \cdot \frac{1}{n^2}$$

$$= -2{,}17 \cdot 10^{-18}\,\text{J} \cdot \frac{1}{n^2} = -13{,}6\,\text{eV} \cdot \frac{1}{n^2},$$

und anschließend die Hauptquantenzahlen $n = 1$ bis 5 einsetzt:

$$\underline{\underline{E_1 = -13{,}6\,\text{eV};}} \quad \underline{\underline{E_2 = -3{,}4\,\text{eV};}} \quad \underline{\underline{E_3 = -1{,}5\,\text{eV};}}$$

$$\underline{\underline{E_4 = -0{,}85\,\text{eV};}} \quad \underline{\underline{E_5 = -0{,}54\,\text{eV}}}$$

Achten Sie bei der Berechnung des Vorfaktors mit dem Taschenrechner auf eine günstige Reihenfolge der Faktoren, da es sonst– je nach verwendetem Taschenrechnermodell– zu einem Speicherüberlauf kommen kann.

Die **Ionisierungsenergie** ist die Energie, die man dem Elektron zuführen muss, um es von seiner Bahn mit der Hauptquantenzahl $n = 1$ vollständig vom Kern zu lösen, also um es auf eine Bahn mit beliebig großer Hauptquantenzahl zu bringen. Da für $n \to \infty$ sich die Energie 0 eV ergibt, folgt als Ionisierungsenergie:

$$E_{\text{Ionisation}} = E_\infty - E_1 = \underline{\underline{13{,}6\,\text{eV}}}$$

Energieniveauschema
Differenzbildung zweier Energien mit zwei verschiedenen Hauptquantenzahlen liefert unter Anwendung der in der Aufgabenstellung angegebenen Gleichung:

$$E_{Photon} = h \cdot f_{n,k}$$
$$= E_k - E_n$$
$$= \frac{m \cdot e^4}{8\varepsilon_0^2 \cdot h^2} \cdot \left(\frac{1}{n^2} - \frac{1}{k^2}\right)$$

Mit $c = \lambda \cdot f$ ergibt sich:

$$\lambda = \frac{c \cdot h}{E_{Photon}}.$$

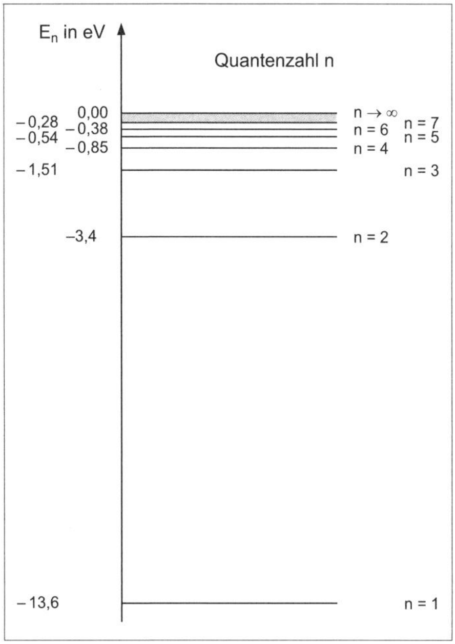

e) Setzt man $\Delta t = 10^{-8}$ s in die Heisenberg'sche Unbestimmtheitsrelation ein, so erhält man eine Energieunschärfe

$$\Delta E \geq \frac{h}{\Delta t} = \frac{6{,}6 \cdot 10^{-34}\,\text{Js}}{10^{-8}\,\text{s}} = 6{,}6 \cdot 10^{-26}\,\text{J}.$$

Mit $\Delta E = h \cdot \Delta f$ folgt daraus eine **Frequenzunschärfe** von

$$\Delta f \geq \frac{\Delta E}{h} = \frac{6{,}6 \cdot 10^{-26}\,\text{J}}{6{,}6 \cdot 10^{-34}\,\text{Js}} = 10^8\ \text{Hz}.$$

Eine **beliebig „scharfe" Spektrallinie** hätte nach Heisenberg eine unendlich lange Leichtdauer zur Folge, was im Widersprich zur endlichen Leuchtdauer realer Atome steht.
Die **Frequenzen des sichtbaren Lichts** liegen gemittelt bei ungefähr $5 \cdot 10^{14}$ Hz, d. h. die Frequenzunschärfe bedeutet einen Fehler von $\frac{\Delta f}{f} = 2 \cdot 10^{-7}$. Hieraus ergibt sich eine Unschärfe der Wellenlänge bei gelbem Licht ($f = 5 \cdot 10^{14}$ Hz und $\lambda = 600$ nm) von $\Delta\lambda = 2 \cdot 10^{-7} \cdot 600\ \text{nm} = 0{,}00012$ nm. Diese Abweichung ist für eine Beobachtung mit dem bloßen Auge nicht relevant.

Aus der Frequenzunschärfe kann nicht unmittelbar über die Beziehung $c = \lambda \cdot f$ die Wellenlängenunschärfe berechnet werden. Die Abweichungen der Wellenlängen ergeben sich aus $\lambda \pm \Delta\lambda = c \cdot (f \pm \Delta f)^{-1}$; da die Frequenzunschärfe in der Summe im Nenner des Bruchs steht, ist die auf den ersten Blick nahe liegende Berechnung über $c = \lambda \cdot f$ nicht exakt.

Abiturprüfung Physik 2008 (Nordrhein-Westfalen) – Leistungskurs
Prüfungsaufgabe II

Aufgabe 1: Das Zyklotron

Zur Erforschung von Elementarteilchen und auch zum Einsatz in Medizin und Technik benötigt man Teilchen, die hohe Energie besitzen. Diese hohen Energien erreicht man in sogenannten Beschleunigern. Eine spezielle Ausführung eines Beschleunigers ist das Zyklotron.
Die prinzipielle Funktionsweise des Zyklotrons kann man den beiden folgenden Abbildungen 1a und 1b entnehmen.

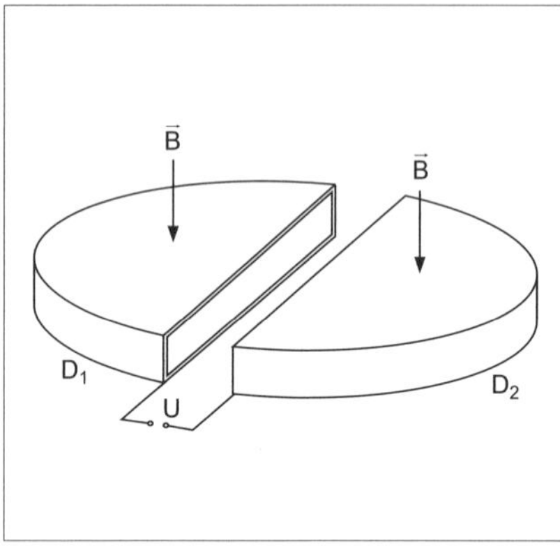

Abb. 1a

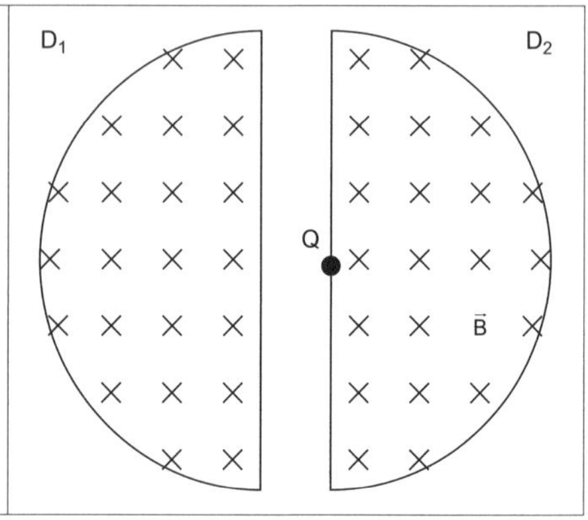

Abb. 1b Ansicht von oben (Draufsicht)

Die gesamte Anordnung befindet sich im Vakuum. Sie besteht hauptsächlich aus zwei innen hohlen D-förmigen Elektroden D_1 und D_2, deren Form man sich wie eine in zwei Teile geschnittene flache Dose vorstellen kann. An diese Elektroden, die sogenannten Duanten, wird eine Spannung U angelegt, die ein elektrisches Feld erzeugt, das nur im Spalt zwischen den Duanten, nicht aber im Inneren der hohlen Duanten vorhanden ist. Die Breite des Spalts zwischen den Duanten ist klein gegen ihren Durchmesser. Im Punkt Q befindet sich eine Protonenquelle, die Protonen mit der Anfangsgeschwindigkeit $v = 0\,\frac{m}{s}$ liefert.
Zur Vereinfachung wird angenommen, dass das homogene Magnetfeld nur im Inneren der Duanten, nicht aber im Bereich des Spaltes zwischen ihnen wirkt. Vom Einfluss der Schwerkraft soll abgesehen werden.

a) Zunächst sei an die Duanten eine **Gleichspannung** derart angelegt, dass der linke Duant D_1 negativ geladen ist. Bei einer bestimmten Stärke des Magnetfeldes B ergibt sich die in Abbildung 2 dargestellte Bahnkurve eines Protons.

Geben Sie begründet die verschiedenen Bewegungsformen des Protons bis zum Erreichen des Punktes P_3 an.

Skizzieren Sie in Abbildung 2 die weitere Bahnkurve des Protons, nachdem dieses den Punkt P_3 erreicht hat, und begründen Sie sie.

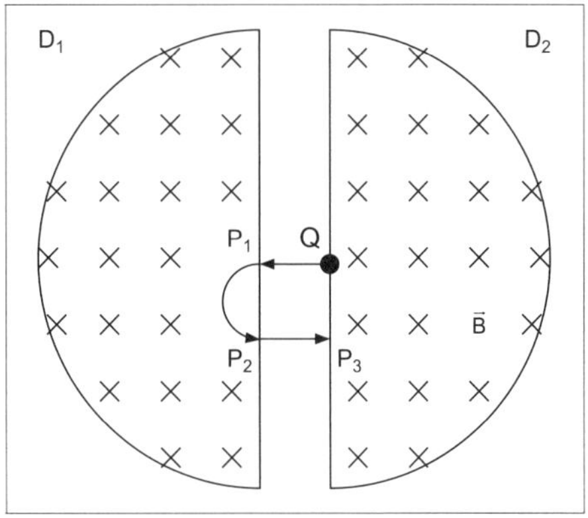

Abb. 2 (12 P)

b) Nun wird die zwischen den Elektroden anliegende Spannung umgepolt, sobald sich das Proton zum ersten Mal im Inneren des Duanten D_1 befindet.

Erläutern und begründen Sie unter diesen Bedingungen die Bewegung eines Protons beginnend bei der Protonenquelle.

Skizzieren Sie seine Bahn (in Abbildung 2 gestrichelt) bis zum erstmaligen Austritt aus dem Duanten D_2. (8 P)

c) Die Aufenthaltsdauer eines Protons in einem Duanten kann mit folgender Beziehung berechnet werden:

$$t_D = \frac{\pi \cdot m_P}{q \cdot B}$$

Dabei sind: m_P Masse des Protons, q Ladung des Protons und B Betrag der magnetischen Feldgröße.

Leiten Sie diese Beziehung begründet her.

Begründen Sie, warum die Aufenthaltsdauer nicht vom Radius abhängt und daher der Radius nicht in der angegebenen Beziehung vorkommt. (7 P)

d) Die Geschwindigkeit des Protons soll jetzt schrittweise erhöht werden. Dazu wird an die Duanten eine Wechselspannung mit einer konstanten Frequenz angelegt.

Begründen Sie anhand der oben angegebenen Beziehung für die Aufenthaltsdauer t_D, dass durch Anlegen einer Wechselspannung mit einer **konstanten** Frequenz eine schrittweise Erhöhung der Geschwindigkeit möglich ist.

Hinweis: Da die Breite des Spalts zwischen den Duanten klein gegen ihren Durchmesser ist, kann die Beschleunigungszeit im Spalt dabei vernachlässigt werden.

Berechnen Sie begründet – unter Einbeziehung der Einheitenumformung – die Frequenz f der Wechselspannung, wenn die Stärke B des Magnetfeldes 1,5 T beträgt. (9 P)

e) Bei den folgenden Berechnungen soll angenommen werden, dass zur Erzielung einer optimalen Beschleunigung die Protonen den Spalt jeweils dann durchlaufen, wenn die angelegte Wechselspannung ihren Maximalwert hat.
Der Scheitelwert der Wechselspannung sei $U_0 = 2 \cdot 10^4$ V.
Da die zum Durchlaufen des Spalts benötigte Zeit im Vergleich zur Umlaufszeit sehr kurz ist, soll zur Vereinfachung der folgenden Berechnungen die angelegte Spannung während dieser Zeit konstant den Wert U_0 haben.
Die Stärke B des Magnetfeldes sei 1,5 T.

Berechnen Sie die erreichbare Energie in MeV eines Protons nach 100 Umläufen.

Berechnen Sie klassisch die dann erreichte Geschwindigkeit.

Berechnen Sie den Durchmesser, den ein Zyklotron in diesem Fall mindestens besitzen muss. (9 P)

f) Wenn die Protonen sehr hohe Geschwindigkeiten erreichen, muss man relativistische Effekte berücksichtigen. Diese führen dazu, dass Teilchen mit einem Zyklotron obiger Bauart (auch bei gegebenenfalls vergrößerten Abmessungen) nur auf eine bestimmte maximale Energie beschleunigt werden können, weil sie, wie man sagt, „aus dem Takt“ geraten.

Erklären Sie, welcher relativistische Effekt in diesem Fall eine entscheidende Rolle spielt. Erläutern Sie qualitativ, warum die Protonen „aus dem Takt“ geraten und daher nur auf eine bestimmte maximale Energie beschleunigt werden können. (6 P)

g) Elektronen können mit einem Zyklotron der bisher behandelten Bauart nur auf relativ kleine Energien beschleunigt werden. Daher wurde eine Modifikation (mit nur einer(!) Beschleunigungsstrecke während eines Umlaufs der Elektronen) entwickelt, die zum sogenannten Elektronenzyklotron führte. Dabei wird zur Beschleunigung von Elektronen der Scheitelwert der angelegten Wechselspannung auf genau 511 kV eingestellt.

Zeigen Sie, dass die kinetische Energie eines Elektrons bei jedem Durchqueren des Spalts um die Ruheenergie zunimmt.

Die (relativistische) Masse der Elektronen wächst bei jedem Umlauf, sodass bei jedem Umlauf die Umlaufdauer gemäß der in Teilaufgabe c angegebenen Beziehung zunimmt.

Begründen Sie, warum die Frequenz (bzw. Periodendauer) der Wechselspannung trotzdem konstant gewählt werden kann. (6 P)

Aufgabe 2: Radioaktivität

In der Raumluft von Kellerräumen kann man radioaktives Radon-222 (als ein Folgeprodukt in der Zerfallsreihe des im Erdboden vorhandenen Uran-238) nachweisen. Als gasförmiges Element kann Radon-222 aus dem Erdboden austreten und zerfällt anschließend in der Luft in eine Reihe von Folgeprodukten gemäß folgender Reihe (in der unteren Zeile ist die jeweilige Halbwertszeit angegeben):

Rn-222 (3,8 d) → Po-218 (3,1 min) → Pb-214 (26,8 min) → Bi-214 (19,9 min) → Po-214 (0,2 ms)

······→ Pb-210 (22,3 a) → Bi-210 (5,0 d) → Po-210 (138,4 d) → Pb-206 (stabil)

Mit folgendem einfachen Experiment kann man die Radioaktivität der Folgeprodukte dieses Rn-222 im Unterrichtsraum nachweisen:
Ein aufgeblasener Luftballon wird elektrostatisch aufgeladen und mittels Bindfaden an der Decke eines Kellerraumes der Schule elektrisch isoliert aufgehängt. Nach einer gewissen Zeit wird der Ballon abgenommen, die Luft herausgelassen und der Ballon eng zusammengerollt unverzüglich vor ein Geiger-Müller-Zählrohr, das sich im Unterrichtsraum befindet, gebracht, mit dem die Zählrate (in Impulsen pro Minute) in Abhängigkeit von der Zeit ermittelt wird. Bevor der Luftballon vor das Zählrohr gebracht wurde, wurde bereits ca. 20–30 Minuten die Zählrate ohne Präparat bestimmt.

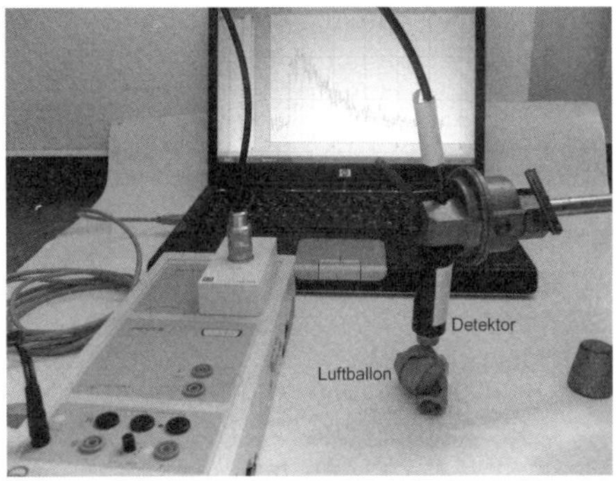

Bei diesem Experiment wird genutzt, dass sich das beim Rn-222-Zerfall entstehende elektrisch geladene Zerfallsprodukt Po-218 an dem elektrostatisch aufgeladenen Luftballon als fester Stoff anlagert.
Abbildung 3 (Anhang) zeigt eine Messkurve, für die ein Ballon ca. 2 Stunden aufgehängt worden ist. Abbildung 4 (Anhang) zeigt eine Messkurve, bei der der Ballon lediglich ca. 20 Minuten aufgehängt wurde.

a) Beschreiben Sie die beim α-Zerfall und beim β^--Zerfall im Atomkern stattfindenden Umwandlungsprozesse und geben Sie allgemein die Umwandlungsgleichungen für den α-Zerfall und den β^--Zerfall an.

   Beschreiben Sie zwei Grundideen für die Entwicklung experimenteller Methoden zur Unterscheidung von α- und β^--Strahlung und nennen Sie diejenige Eigenschaft beider Strahlungsarten, die ihren Nachweis mit Detektoren ermöglicht.

Geben Sie die Umwandlungsgleichungen für die ersten fünf Kernumwandlungen in der oben stehenden Rn-Produktkette

$$\text{Rn-222} \rightarrow \text{Po-218} \rightarrow \text{Pb-214} \rightarrow \text{Bi-214} \rightarrow \text{Po-214} \rightarrow \text{Pb-210}$$

an. (17 P)

b) Zeichnen Sie in Abbildung 3 eine Ausgleichskurve für den Bereich sinkender Aktivität ein.

Bestimmen Sie anschließend mithilfe dieser Ausgleichskurve diejenige Zeitspanne, nach der die zum Zeitpunkt $t_1 = 50$ min registrierte Aktivität auf die Hälfte abgenommen hat. Beschreiben Sie, wie dabei die Nullrate (der Nulleffekt) zu berücksichtigen ist.

Diskutieren Sie qualitativ das Ergebnis der grafischen Auswertung unter Bezug auf die Halbwertszeiten der Isotope der Zerfallskette. (10 P)

Im Folgenden wird der oben untersuchte Zerfallsprozess der Folgeprodukte des Rn-222 modellhaft untersucht. Zur Vereinfachung wird dazu lediglich der Zerfall einer Muttersubstanz MS ($T_{1/2\,MS} = 26{,}8$ min) in eine erste Tochtersubstanz TS_1 und deren Zerfall ($T_{1/2\,TS1} = 19{,}9$ min) in eine praktisch sofort in das Endprodukt EP weiter zerfallende zweite Tochtersubstanz betrachtet.

c) Begründen Sie, warum man bei der Modellierung des Realexperimentes Po-218 außer Betracht lassen und die Modellierung bei Pb-210 abbrechen darf. (6 P)

d) Die nebenstehende Tabelle zeigt den Anfang eines Rechenblatts zur zahlenmäßigen Erfassung dieses Vorgangs. In den Zellen B8, C8 und D8 sind (frei gewählte) Startwerte für die Anzahl der Teilchen der jeweiligen Substanzen eingetragen; alle anderen Zellen in Zeile 8 und in den nachfolgenden Zeilen werden unter Verwendung der im Kopf der Tabelle angegebenen Halbwertszeiten errechnet (zur Beachtung: Die Zahlen sind jeweils auf die Einerstelle gerundet dargestellt).

	A	B	C	D	E	F	G
1	**Vereinfachtes Modell der Rn-Zerfallskette**						
2							
3	$T_{1/2\,MS}$:	26,8	min (Muttersubstanz)				
4	$T_{1/2\,TS1}$:	19,9	min (erste Tochtersubstanz)				
5	Tochter 2 zerfällt sofort in stabiles Endprodukt EP						
6							
7	Zeit / min	MS	TS_1	EP	Akt_{MS}	Akt_{TS1}	Akt_{ges}
8	0	2000	800	0	52	28	107
9	1	1948	824	28	50	29	108
10	2	1898	846	57	49	29	108
11	3	1849	865	86	48	30	108
12	4	1801	883	116	47	31	108

Bestätigen Sie mithilfe des Zerfallsgesetzes die in den Zellen E8 und F8 ablesbaren Werte für die Aktivitäten.

Begründen Sie anhand der Zerfallsreihe, warum der Wert in G8 nicht die alleinige Summe der Werte in den Zellen E8 und F8 ist.

Geben Sie begründet an, wie die Werte in den Zellen B9, C9 und D9 berechnet werden. (14 P)

e) Erläutern Sie, warum es für die Modellierung der beiden Realmessungen nicht sinnvoll ist, in Zelle C8 einen verschwindend kleinen Startwert (oder gar Null) für die Tochtersubstanz TS_1 zu wählen.

Die grafische Darstellung aller bis t = 250 min errechneten Zahlenwerte für die Gesamtaktivität aus der obigen Tabelle zeigt Abbildung 3; Abbildung 4 zeigt die errechneten Zahlenwerte, wenn in C8 für den Anfangswert statt 800 der Wert 1 600 gewählt wird.

Ordnen Sie (unter Berücksichtigung der Wahl der Startwerte für Mutter- und erste Tochtersubstanz) die beiden Diagramme den experimentellen Ergebnissen zu, die sich in den Realexperimenten für die beiden unterschiedlichen „Aufhängezeiten" zeigten, und begründen Sie diese Zuordnung.

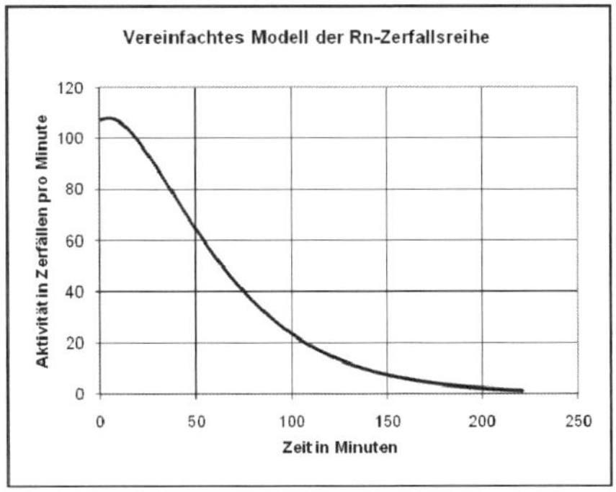

Abb. 3: Gesamtaktivität für Wert(C8) = 800

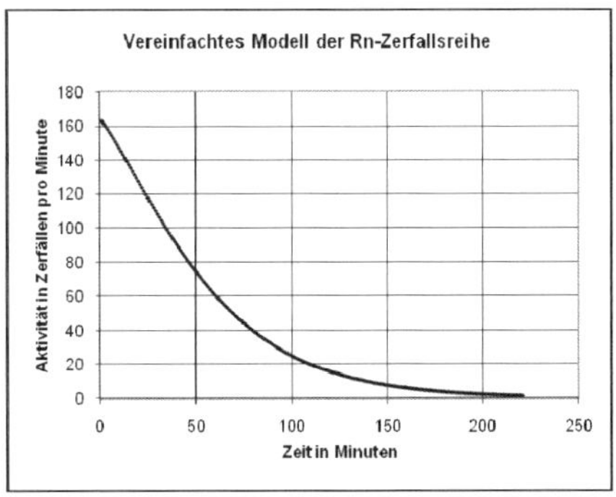

Abb. 4: Gesamtaktivität für Wert(C8) = 1 600 (9 P)

Anlage zu Aufgabe 2

Abbildung 3: Radioaktivität der Radon-Folgeprodukte: „Aufhängezeit" des Luftballons ca. 2 Stunden

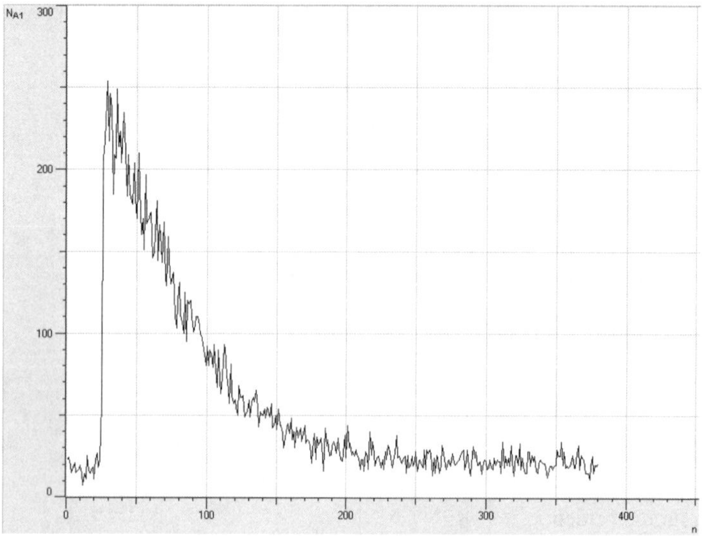

Rechtsachse: Zeit in Minuten Hochachse: Zählrate in Impulse pro Minute

Abbildung 4: Radioaktivität der Radon-Folgeprodukte: „Aufhängezeit" des Luftballons ca. 20 Minuten

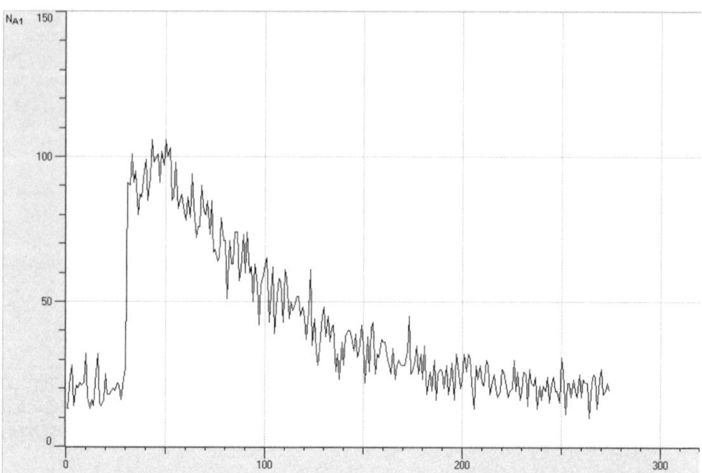

Rechtsachse: Zeit in Minuten Hochachse: Zählrate in Impulse pro Minute

Tipps und Hinweise zur Lösung von Prüfungsaufgabe I

Tipps zu Aufgabe 1

Vorbemerkung: Teilchenbeschleuniger sind grundlegende Forschungsinstrumente der Physik. Sie dienen dazu, Elementarteilchen auf hohe Geschwindigkeiten zu beschleunigen und ihnen dadurch hohe Energien zu übertragen. Das Zyklotron ist neben dem Synchrotron (DESY in Hamburg oder CERN in Genf) die häufigste Bauart von Teilchenbeschleunigern. Im Gegensatz zum Synchrotron, das in der Regel einen Durchmesser von mehreren Kilometern besitzt, ist das Zyklotron mit einigen Metern Durchmesser relativ klein.
Die Teilchenbeschleuniger zeigen eine typische Anwendung von Bewegungen von geladenen Teilchen in elektrischen und magnetischen Feldern. Da den Teilchen in den Beschleunigern sehr viel Energie zugeführt wird und sie sehr hohe Geschwindigkeiten erreichen, können relativistische Effekte bei der Beschreibung der Bewegung der Elementarteilchen in der Regel nicht vernachlässigt werden.

Teilaufgabe a

- Beachten Sie, dass in dieser Teilaufgabe eine Gleichspannung verwendet wird.
- Lösen Sie sich bewusst von der Vorstellung, dass die Protonen in einem mit einer Wechselspannung betriebenen – also realen – Zyklotron vollständige Umläufe ausführen.
- Da das elektrische Feld seine Richtung nicht ändert, müssen die Protonen, wenn sie wieder in den Spalt zwischen den Duanten eintreten, gegen das Feld anlaufen.

Teilaufgabe b

- Die jetzige Situation unterscheidet sich im ersten Streckenabschnitt bis zum Punkt P_2 nicht von der in Teilaufgabe a. Ab P_2 müssen Sie die Wirkung der geänderten Spannungspolung bedenken.

Teilaufgabe c

- Dass die „Lorentzkraft als Zentralkraft wirkt“, ist Ihnen sicher seit der Behandlung des Fadenstrahlrohres im Unterricht bekannt.
- Beachten Sie beim zweiten Teilauftrag, dass Sie nicht einfach das – formale – Kürzen des Radius als alleinige Begründung heranziehen, sondern einen physikalisch-inhaltlichen Grund für das Eintreten der Möglichkeit zum Kürzen angeben. Inhaltliche Begründungen sind, wenn eben möglich, formalen Begründungen vorzuziehen.

Teilaufgabe d

- Für die Berechnung des Frequenz ist daran zu denken, dass neben der Vernachlässigung der Zeit für das Passieren des Beschleunigungsspaltes eine Verweildauer für den ersten wie den zweiten Duanten zu berücksichtigen ist – und diese beiden Verweildauern sind, wie es in der Aufgabe bereits angegeben ist, identisch.
- Da die Einheitenumformung explizit verlangt ist, müssen Sie insbesondere die Einheit für die Stärke B des magnetischen Feldes, also $[B] = 1$ T, beispielsweise anhand der Formel für die Lorentzkraft, auf die Grundeinheiten zurück führen.

Teilaufgabe e

- Aus der Aufgabenstellung geht hervor, dass hier (noch) nicht relativistisch gerechnet werden darf. Also genügt es, die klassische Formel für die kinetische Energie der Protonen anhand der Beschleunigungsarbeit zu ermitteln.
- Die Formel für die Umlaufdauer (Teilaufgabe c) kann helfen, eine Formel für den Radius bzw. den gesuchten Durchmesser zu finden.

Teilaufgabe f

- Betrachten Sie die Formel für die Verweildauer t_D in einem Duanten: Welche der darin auftretenden Größen erfahren eine relativistische Korrektur?
- Wie wirkt sich diese Korrektur auf die Verweildauer aus?

Teilaufgabe g

- Berechnen Sie – gegebenenfalls anhand der Werte aus Ihrer Formelsammlung – die Ruhenergie gemäß der Einstein-Formel $E = m_0 \cdot c^2$.
- Analysieren Sie die *Größe* der Phasenverschiebung der Umlaufbewegung gegenüber der Spannungsphase.

Tipps zu Aufgabe 2

Vorbemerkung: Die Registrierung von ionisierender Strahlung wird im Alltag im Wesentlichen zunächst einmal mit einem einfachen Geiger-Müller-Zählrohr vorgenommen, bevor detailliertere Untersuchungen auch mit anderen Geräten erfolgen. So wird in dieser Aufgabe die insbesondere in der Raumluft von Kellerräumen vorhandene ionisierende Strahlung aufgrund des Radon-222-Isotops und seiner Folgeprodukte mit einem einfachen Zählrohr untersucht.
Zum besseren Vorverständnis der Gesamtaufgabe: Sehen Sie sich die gegebene Zerfallsreihe genau an, nehmen Sie insbesondere die Halbwertszeiten und ihre Größenordnungen zur Kenntnis. Machen Sie sich klar, warum sich das in der Raumluft vorhandene gasförmige Radon nach seinem Zerfall als daraus resultierendes – festes – Folgeprodukt auf der Ballonhülle absetzt.

Teilaufgabe a

- Unterscheidung der Strahlungsarten: Der offensichtlichste Unterschied liegt in der elektrischen Ladung. Wie lässt sich das ausnutzen?
- Nachweis: Denken Sie an den Namen „ionisierende“ Strahlung als Oberbegriff für die verschiedenen radioaktiven Strahlungsarten.

Teilaufgabe b

- Exakte Halbwertszeiten gibt es für das Vorliegen eines reinen Isotops. In der Realität zerfallen radioaktive Isotope aber zumeist in erneut radioaktive Folgeprodukte, deren Aktivitäten sich „überlagern“.
- Beachten Sie, dass sich bei einer Messung die Registrierung des sogenannten Nulleffekts (Aktivität aufgrund der natürlichen Umgebung) nicht vermeiden lässt, sodass er für die eigentliche Untersuchung „herausgerechnet“ werden muss.

Teilaufgabe c

Hier spielt die konkrete Größe der im Eingangstext der Aufgabe angegebenen Halbwertszeiten eine bedeutende Rolle.

Teilaufgabe d

Sie wissen, dass üblicherweise hinter vielen Zellen eines Rechenblattes Formeln verborgen sind, nach denen die angezeigten Zahlenwerte errechnet werden. Da es hier um den einfachen radioaktiven Zerfall geht, brauchen Sie lediglich das Ihnen bekannte Zerfallsgesetz zu nutzen, um diese Formeln zu entwickeln.

Beim Errechnen der Aktivität in Zelle G8 hat die Aussage „… deren Zerfall in eine praktisch sofort in das Endprodukt weiter zerfallende zweite Tochtersubstanz …“ eine besondere Bedeutung!

Die Rechenvorschriften für B9, C9 und D9 gehen immer vom jeweils vorherigen Zellwert aus und verändern diesen durch geeignete Additionen und/oder Subtraktionen.

Teilaufgabe e

Anhand des Vergleichs der gegebenen Simulationskurven mit den beiden Messkurven wird sofort klar, dass ein unmittelbarer Bezug zu der Realmessung hergestellt werden kann. Daher kann man Rückschlüsse aus der Simulation auf die Verteilung der anfangs auf der Ballonhülle vorhandenen Isotope ziehen!

Denken Sie daran, dass bei einer längeren „Aufhängezeit“ des Ballons bereits ein nennenswerter Anteil der nach dem vorausgehenden Radon-222-Zerfall entstandenen Isotope ihrerseits weiter zerfallen sein wird.

Ein Experimentierhinweis:

Vielleicht dürfen Sie sich aus Ihrer Schule einmal ein Geiger-Müller-Zählrohr mit nach Hause nehmen, wo Sie das Experiment selbst sehr einfach durchführen können. Es ist schon bemerkenswert, wenn man konkret bemerkt, dass wir alle von radioaktiven Isotopen unterschiedlicher Art umgeben sind. Beantworten Sie für sich selbst die Frage: Wie „wohl“ ist Ihnen dabei, den Luftballon mit bloßen Händen angefasst zu haben, wenn er vor dem Zählrohr eine (zwar je nach Ort unterschiedliche, aber manchmal auch sehr) deutlich gesteigerte Aktivität zeigt?

Lösungen zur Prüfungsaufgabe II

Aufgabe 1

a) Die Protonen werden aus der Ruhe durch das homogene elektrische Feld bis zum Punkt P_1 geradlinig gleichmäßig beschleunigt. Sie treten dort senkrecht in das homogene Magnetfeld ein. Weil hier die Lorentzkraft als Zentralkraft senkrecht zur Bewegungsrichtung und zu den magnetischen Feldlinien wirkt, werden die Protonen auf eine Kreisbahn (gleichförmige Kreisbewegung) gezwungen.

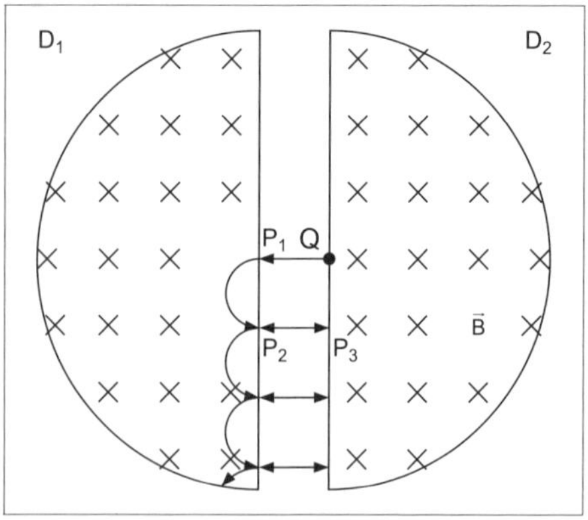

Die Protonen treten im Punkt P_2 wieder in das – immer noch in seiner ursprünglichen Richtung gerichtete – elektrische Feld ein, das jetzt entgegengesetzt zu ihrer Ausbreitungsrichtung wirkt, und werden daher durch dieses Feld bis zum Stillstand im Punkt P_3 abgebremst. Da die Ausgangssituation – bis auf den „seitlichen" Versatz der Protonen, in der Skizze nach unten – wieder hergestellt ist, wiederholt sich der beschriebene Ablauf, sodass die Protonen in geradlinigen Teilstücken und Halbkreisbögen gemäß der Skizze immer weiter nach „unten" wandern, bis sie letztlich auf die Wand des Duanten treffen.

b) Da die Verhältnisse bis zum Austritt aus D_1 im Punkt P_2 gleich sind wie in Teilaufgabe a, ergibt sich bis dahin auch dieselbe Bahn. Durch das jetzt in seiner Richtung gewechselte elektrische Feld wird das Proton aber beim Wiedereintritt in den Spalt zwischen den Duanten positiv beschleunigt. Im Duanten D_2 beschreibt es wegen der größeren Geschwindigkeit einen Halbkreis mit größerem Radius als in D_1.

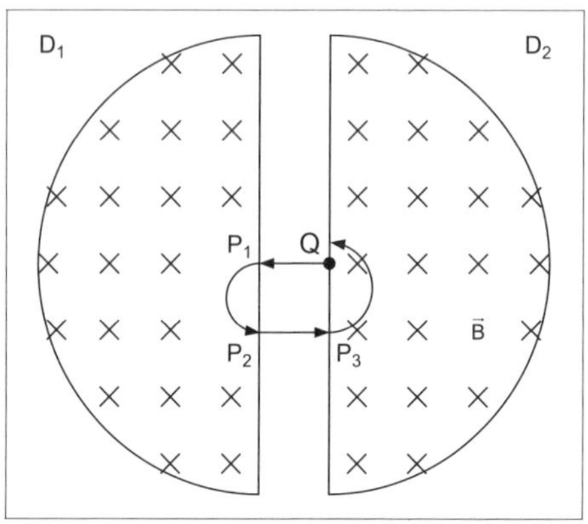

c) Da die Protonen in den Duanten eine gleichförmige Kreisbewegung mit konstanter Bahngeschwindigkeit $v = \frac{\Delta s}{\Delta t}$ ausführen und dort die Strecke $\Delta s = \pi \cdot r$ (Halbkreis) zurücklegen, gilt für deren dortige Aufenthaltszeit $t_D = \Delta t$:

$$t_D = \frac{\pi \cdot r}{v} \qquad (*)$$

Der Radius lässt sich mit den bekannten Formeln für Lorentzkraft und Zentripetalkraft ermitteln. Die Lorentzkraft wirkt als Zentripetalkraft, daher gilt (hier reicht die Angabe der Beträge aus):

$$q \cdot v \cdot B = \frac{m_P \cdot v^2}{r} \quad \Rightarrow \quad r = \frac{m_P \cdot v}{q \cdot B}$$

Einsetzen in (*) liefert die gesuchte Beziehung:

$$\underline{\underline{t_D = \frac{\pi \cdot m_P}{q \cdot B}}}$$

Der Radius und damit der zurückgelegte Weg werden zwar mit wachsender Geschwindigkeit immer größer, da jedoch der Radius proportional zur Geschwindigkeit wächst, bleibt der Quotient aus Radius und Geschwindigkeit konstant.

Formal kann man r einfach kürzen, dies ist aber eine lediglich formale Begründung. Eine inhaltliche Begründung, wie die hier genannte, argumentiert mithilfe physikalischer Sachverhalte, wie und warum es zum Herauskürzen von r kommt.

d) Die Aufenthaltsdauer in den Duanten ist unabhängig vom Radius der jeweiligen Bahn, sodass das Proton das elektrische Feld immer nach gleichen Zeitintervallen durchläuft. Dies bedeutet, dass die Frequenz der angelegten Wechselspannung konstant gehalten werden kann.
Die Spannung muss bei jedem Verlassen eines Duanten den gleichen Betrag mit wechselndem Vorzeichen haben. Daher muss die Periodendauer der Wechselspannung gleich der Umlaufdauer $T = 2 \cdot t_D$ eines Protons sein und für die Frequenz folgt:

$$f = \frac{1}{T} = \frac{q \cdot B}{2\pi \cdot m_P} = \frac{1{,}60 \cdot 10^{-19}\ \text{kg} \cdot 1{,}5\ \text{T}}{2\pi \cdot 1{,}67 \cdot 10^{-27}\ \text{kg}} = \underline{\underline{2{,}29 \cdot 10^7\ \text{Hz}}}$$

Einheitenumformung:

$$\left.\begin{array}{l} 1\,\text{T} = 1\,\frac{\text{V} \cdot \text{s}}{\text{m}^2} = 1\,\frac{\text{kg}}{\text{s}^2 \cdot \text{A}} \\ 1\,\text{C} = 1\,\text{A} \cdot \text{s} \end{array}\right\} \Rightarrow \quad [f] = 1\,\frac{\text{A} \cdot \text{s} \cdot \text{kg}}{\text{kg} \cdot \text{s}^2 \cdot \text{A}} = 1\,\frac{1}{\text{s}} = 1\,\text{Hz}$$

Bei Einheitenumformungen empfiehlt es sich immer, gemäß bekannten Gleichungen (hier: Gleichung für die Lorentzkraft) zusammengesetzte Einheiten (hier: T) auf Grundeinheiten zurückzuführen.

e) Das Proton passiert pro Umlauf zweimal den Spalt. Es gilt daher für die **kinetische Energie**:

$$E_{kin} = e \cdot 2 \cdot 100 \cdot U_0 = 100 \cdot 2 \cdot 20\ \text{keV} = \underline{\underline{4\ \text{MeV}}}$$

Die **Geschwindigkeit** berechnet klassisch sich zu:

$$\frac{1}{2} m_P \cdot v^2 = E_{kin}$$

$$\Rightarrow \quad v = \sqrt{\frac{2E_{kin}}{m_P}} = \sqrt{\frac{2 \cdot 4{,}00 \cdot 10^6\,\text{eV} \cdot 1{,}60 \cdot 10^{-19}\,\frac{\text{J}}{\text{eV}}}{1{,}67 \cdot 10^{-27}\,\text{k}}} = \underline{\underline{27{,}7 \cdot 10^6\,\frac{\text{m}}{\text{s}}}}$$

Die Beziehung für den Radius kann aus der Herleitung in Teilaufgabe c übernommen werden. Für den **Durchmesser** d erhält man dann nach Einsetzen der gegebenen Werte:

$$r = \frac{m_P \cdot v}{q \cdot B} \quad \Rightarrow \quad r = \frac{1{,}67 \cdot 10^{-27}\,\text{kg} \cdot 27{,}7\,\frac{\text{m}}{\text{s}}}{1{,}60 \cdot 10^{-19}\,\text{As} \cdot 1{,}5\,\text{T}} = 0{,}19\,\text{m} \quad \Rightarrow \quad d = \underline{\underline{0{,}38\,\text{m}}}$$

Der Durchmesser muss mindestens 38 cm betragen.

f) Mit wachsender Geschwindigkeit, also bei solchen Geschwindigkeiten, die im Vergleich zur Lichtgeschwindigkeit nicht mehr vernachlässigbar sind (typisch $v > 0{,}1c$), muss man die dynamische, also die mit der Geschwindigkeit anwachsende Masse berücksichtigen. Gemäß

$$t_D = \frac{\pi \cdot m_P}{q \cdot B}$$

ist die Verweildauer in den Duanten dann nicht mehr konstant, sondern wächst mit zunehmender Masse. Daraus folgt, dass die Umlaufdauer nicht mehr zu der nach klassischer Berechnung ermittelten Frequenz der Beschleunigungsspannung passt. Die Protonen erreichen den Spalt nicht mehr zu dem für eine optimale Beschleunigung günstigsten Zeitpunkt, sondern sie kommen verspätet an. Da sich diese „Verspätungen“ aufsummieren, werden sie daher weniger beschleunigt bzw. werden später sogar gebremst, wenn sie bei umgekehrter Polung der Wechselspannung den Spalt erreichen. Daher kann man die Protonen nicht auf immer größer werdende Energie beschleunigen, sodass – irgendwann – ein Maximum der Energie der Protonen vorliegt.

g) Gemäß der Beziehung $E = m_0 \cdot c^2$ entspricht eine Energie von 511 keV der Masse

$$m_0 = \frac{E}{c^2} = \frac{511 \cdot 10^3\,\text{V} \cdot 1{,}602 \cdot 10^{-19}\,\text{C}}{\left(2{,}997 \cdot 10^8\,\frac{\text{m}}{\text{s}}\right)^2} = 9{,}11 \cdot 10^{-31}\,\text{kg},$$

also der Ruhemasse m_0 eines Elektrons (Literaturwert für die Ruhemasse eines Elektrons kann der Formelsammlung entnommen werden).

Die Umlaufdauer wächst bei jedem Umlauf wegen der Massenzunahme der Elektronen um denselben Betrag, eben um $\Delta t = \frac{\pi \cdot m_0}{q \cdot B}$. Die Elektronen erreichen deshalb den einen „Beschleunigungsspalt“ immer eine Periodendauer später, sodass sich keine Phasenverschiebung ergibt: Sie werden also bei jedem Umlauf immer weiter beschleunigt.

Aufgabe 2

a) **Umwandlungsprozesse**

α-Zerfall: Aussendung eines Teilstücks des Kerns, bestehend aus zwei Protonen und zwei Neutronen. Zerfallsgleichung:

$$ {}^{n}_{z}X \rightarrow {}^{n-4}_{z-2}Y + {}^{4}_{2}He $$

β⁻-Zerfall: Umwandlung eines Neutrons des Kerns in ein Proton und ein den Kern verlassendes Elektron. Zerfallsgleichung:

$$ {}^{n}_{z}X \rightarrow {}^{n}_{z+1}Z + {}^{0}_{-1}e $$

Beim β^--Zerfall tritt noch ein Antineutrino auf, dessen Angabe aber hier nicht erwartet wird.

Unterscheidung von α- und β-Strahlung; Nachweis

Grundidee 1: Ablenkung der Strahlung im Magnetfeld führt zu unterschiedlicher Ablenkungsrichtung von α- und β^--Teilchen aufgrund ihrer entgegen gesetzten Ladung.

Grundidee 2: Ablenkung im elektrischen Feld führt ebenfalls zu einer unterschiedlichen Ablenkungsrichtung.

Es sind über das unterschiedliche Verhalten der beiden Strahlenarten in elektrischen und magnetischen Feldern hinaus andere experimentelle Methoden möglich, die beispielsweise die unterschiedliche Absorption in Materie oder die unterschiedliche Energieverteilung ausnutzen. Auch diese Methoden könnten an dieser Stelle genannt werden. (Die Richtigkeit der Lösung hängt nicht von der konkreten Angabe ab.)

Die **Ionisierungsfähigkeit** beider Strahlungsarten ermöglicht ihren Nachweis in (diversen Arten von) Detektoren.

Umwandlungsgleichungen in der Rn-Produktkette

Die 5 Kernumwandlungsgleichungen lauten:

$$ {}^{222}_{86}Rn \rightarrow {}^{218}_{84}Po + \alpha \quad \text{bzw.} \quad {}^{222}_{86}Rn \rightarrow {}^{218}_{84}Po + {}^{4}_{2}He $$

$$ {}^{218}_{84}Po \rightarrow {}^{214}_{82}Pb + \alpha $$

$$ {}^{214}_{82}Pb \rightarrow {}^{214}_{83}Bi + \beta \quad \text{bzw.} \quad {}^{214}_{82}Pb \rightarrow {}^{214}_{83}Bi + {}^{0}_{-1}e $$

$$ {}^{214}_{83}Bi \rightarrow {}^{214}_{84}Po + \beta $$

$$ {}^{214}_{84}Po \rightarrow {}^{210}_{82}Pb + \alpha $$

b) Die nachfolgende Grafik zeigt die eingezeichnete Ausgleichskurve:

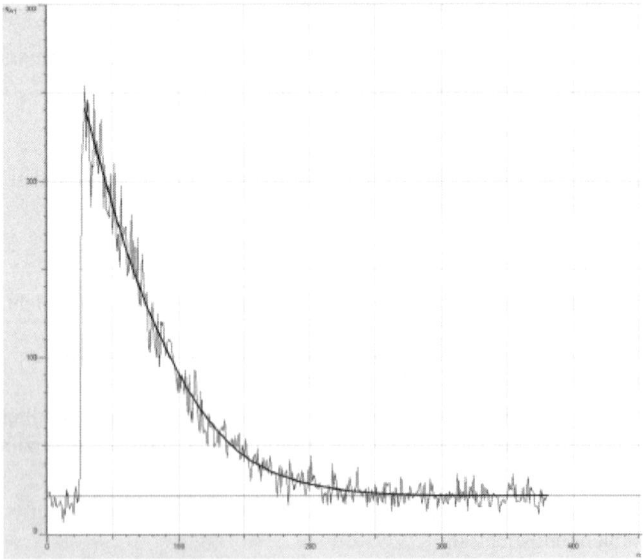

Nulleffekt und Halbwertszeit

Da der Nulleffekt herausgerechnet werden muss, wird er zunächst anhand der Grafik bestimmt ($t < 30$ min):

$$A_{\text{Null}} \approx 20 \, \frac{\text{Zerfälle}}{\text{min}}$$

Aus der Ausgleichskurve liest man unter Berücksichtigung dieses Nulleffekts, dessen Wert von den jeweils registrierten Aktivitätswerten zu subtrahieren ist, ab:

$$A(t_1 = 50 \text{ min}) \approx (185 - 20) \, \frac{\text{Zerfälle}}{\text{min}} = 165 \, \frac{\text{Zerfälle}}{\text{min}}$$

Die Hälfte davon,

$$A(t_2) = \frac{1}{2} \cdot 165 \, \frac{\text{Zerfälle}}{\text{min}} \approx 83 \, \frac{\text{Zerfälle}}{\text{min}},$$

ergibt sich unter Berücksichtung des Nulleffekts (Ablesen bei $103 = 83 + 20$ Zerfälle pro min) für $t_2 \approx 90$ min, sodass sich für den Ausgangszeitpunkt $t_1 = 50$ min die Gesamtaktivität des Gemisches nach etwa

$$\underline{\underline{\Delta t_{12} \approx 40 \text{ min}}}$$

halbiert hat. Diesem Wert am nächsten kommen die beiden Halbwertszeiten von Pb-214 ($\approx 26{,}8$ min) und Bi-214 ($\approx 19{,}9$ min), weichen von ihm jedoch deutlich nach unten ab. Da durch diese beiden Halbwertszeiten die Gesamtaktivität des Gemisches im Wesentlichen beeinflusst wird, ist plausibel, dass die Abnahme der Gesamtaktivität in der Größenordnung dieser Halbwertszeiten liegt.

Da aufgrund des Vorliegens eines (Folge-) Gemisches radioaktiver Isotope keine rein exponentielle Abnahme vorliegt, liegt auch keine konstante Halbwertszeit der Gesamtaktivität vor.

c) Po-218 kann außer Betracht gelassen werden, da seine Halbwertszeit nur 3,1 Minuten beträgt und daher das Po-218 schnell in das deutlich längerlebige Pb-214 übergeht, das sich auf der Ballonhülle ansammelt. Po-218 ist also bereits auf dem Weg aus dem Keller bis zum Messplatz weitgehend zerfallen, wenn die eigentliche Messung beginnt.
Pb-210 ist mit einer Halbwertszeit von 22,3 a im Rahmen der Messdauer praktisch stabil, sein Zerfall und die Aktivität seiner Folgeprodukte können praktisch unberücksichtigt bleiben.

d) **Aktivitäten**
Mit gegebener Teilchenzahl und Halbwertszeit ist die Aktivität

$$A(t) = -\frac{d}{dt}N(t)$$

zu berechnen. Mit dem Zerfallsgesetz folgt zunächst

$$A(t) = -\frac{d}{dt}(N_0 \cdot e^{-\lambda \cdot t}) = +\lambda \cdot N_0 \cdot e^{-\lambda \cdot t} = +\lambda \cdot N(t)$$

und wegen $T_{1/2} = \frac{\ln 2}{\lambda}$:

$$A(t) = \frac{\ln 2}{T_{1/2}} \cdot N(t)$$

Mit den gegebenen Zahlenwerten für N(t) in den Zellen B8 und C8 erhält man:

$$A_{MS}(t=0) = \frac{\ln 2}{26,8\ \text{min}} \cdot 2\,000 = 51,7\ \frac{1}{\text{min}} \approx 52\ \frac{1}{\text{min}}$$

$$A_{TS1}(t=0) = \frac{\ln 2}{19,9\ \text{min}} \cdot 800 = 27,8\ \frac{1}{\text{min}} \approx 28\ \frac{1}{\text{min}}$$

Wert in Zelle G8
Die Zelle G8 ist nicht die alleinige Summe der Zellen E8 und F8, da die Tochtersubstanz TS_1 in eine weitere praktisch sofort zerfallende Tochter zerfällt, sodass jeder Zerfall der Tochter TS_1 zu einer doppelt zu zählenden Aktivität beiträgt.

Rechenvorschriften für die Zellen B9, C9, D9

- B9 = B8 – E8
  Begründung: Die zu einem Zeitschritt später vorhandene Anzahl der Atome der Muttersubstanz ergibt sich aus der zuvor vorhandenen, vermindert um die Anzahl der zerfallenen Atome der Muttersubstanz.
- C9 = C8 + E8 – F8
  Begründung: Die zu einem Zeitschritt später vorhandene Anzahl der Atome der ersten Tochtersubstanz ergibt sich aus der zuvor vorhandenen, vermindert

um die Anzahl der zerfallenen Atome der ersten Tochtersubstanz und vermehrt um die Anzahl der aus dem Zerfall der Muttersubstanz hinzugekommenen Atome.

- D9 = D8 + F8
  Begründung: Die zu einem Zeitschritt später vorhandene Anzahl der Atome der zweiten Tochtersubstanz ergibt sich aus der zuvor vorhandenen, vermehrt um die Anzahl der aus dem Zerfall der ersten Tochtersubstanz hinzugekommenen Atome.

e) **Startwert in Zelle C8**
Es ist nicht sinnvoll, als Startwert für die Tochtersubstanz TS_1 einen verschwindend kleinen Wert als Ausgangswert anzunehmen, da während der „Aufhängezeit“ bereits aus den Mutter-MS-Kernen Tochter-TS_1-Kerne entstehen. Die Anzahl der entstehenden Tochter-TS_1-Kerne ist abhängig von der „Aufhängezeit“ des Ballons.

Zuordnung Simulationsergebnisse – Ergebnisse der Realexperimente

20 Minuten „Aufhängezeit“: Simulationskurve mit C8 = 800, denn es sind noch relativ wenig Tochter-TS_1-Kerne vorhanden.

2 Stunden „Aufhängezeit“: Simulationskurve mit C8 = 1 600, denn es sind mehr Tochter-TS_1-Kerne bereits aus der Muttersubstanz entstanden. Letztlich stellt sich ein radioaktives Gleichgewicht ein.

Vergleich Modellierung – Realexperiment
Die real gemessenen Kurven und die zum Modell gehörenden Kurven haben dieselben Startwerte und einen ähnlichen Verlauf, aber: In der Modellierung wird aufgrund der angegebenen Startwerte für die Mutter-MS-Kerne und für die Tochter-TS_1–Kerne die **Aktivität der beiden Substanzen** errechnet.
Im Realexperiment hingegen registriert man aufgrund der Geometrie der Messanordnung lediglich einen gewissen (gleich bleibenden) **Anteil der Aktivität des Gemisches**. Die auf der Ballonhülle abgelagerte Anzahl an Atomen ist daher deutlich höher als die registrierte Anzahl der Impulse.

Aufgabe 1: Induktionsspannungen an einer im Magnetfeld schwingenden Leiterschaukel

Ein Kupferstab der Länge $L = 14$ cm hängt wie in Abbildung 1 dargestellt an zwei sehr dünnen langen Kupferdrähten. Diese Leiterschaukel schwingt in einem homogenen Magnetfeld der Stärke $B = 2 \cdot 10^{-2}$ T. Die Längsachse des Kupferstabes steht stets senkrecht zu $\vec{B}$ und zum Geschwindigkeitsvektor $\vec{v}$. Außerdem gilt (in guter Näherung) $\vec{v} \perp \vec{B}$.

Der Versuch zeigt, dass zwischen den Enden des Kupferstabes eine Spannung auftritt. Diese Spannung wird nach Vorverstärkung durch einen Mikrovoltverstärker mit einem Digitalspeicheroszilloskop oder einem Messwerterfassungssystem aufgezeichnet. Der in der Abbildung 2 dargestellte Graph gibt den zeitlichen Verlauf der auftretenden Spannung U(t) wieder.

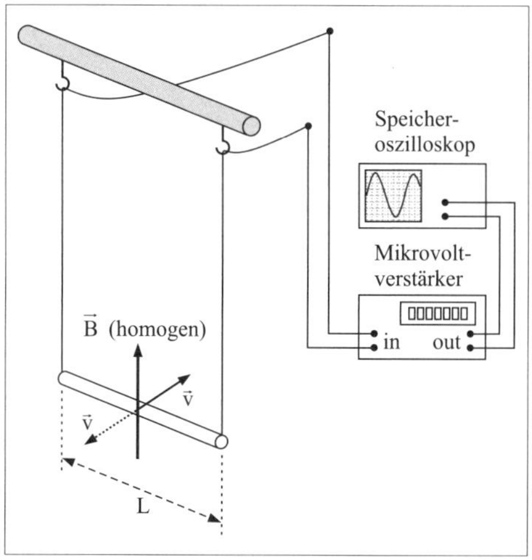

Abb. 1: Versuchsaufbau, Leiterschaukel im homogenen B-Feld

Zeitablenkung:
0,2 s pro Kästchen

Verstärkungsfaktor:
2 V pro Kästchen

Vorverstärkung (Mikrovoltverstärker):
10^4

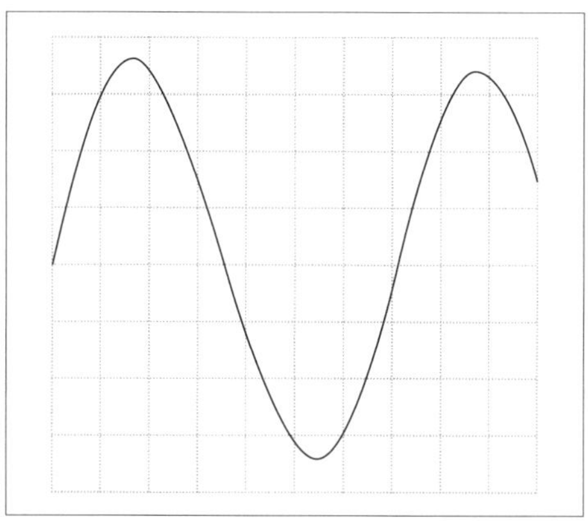

Abb. 2: Zeit-Spannung-Diagramm

a) Skizzieren Sie einen im Magnetfeld bewegten Leiter, indem Sie Abbildung 1 vereinfachen (zweidimensionale Prinzipskizze).

Erläutern Sie, wieso bei diesem Versuch eine Spannung U(t) zwischen den Enden des Leiters auftritt.

Leiten Sie (gegebenenfalls durch Ergänzung Ihrer Skizze) die hier gültige Beziehung $U(t) = L \cdot v(t) \cdot B$ her.
(L bezeichnet die Länge des Kupferstabes.) (15 P)

b) U(t) verläuft in guter Näherung sinusförmig (siehe Abbildung 2). Bei der Bearbeitung der folgenden Aufgabe darf daher von einem rein sinusförmigen Verlauf von U(t) ausgegangen werden.

Bestimmen Sie aus dem Messdiagramm (Abbildung 2) die Periodendauer T des Spannungssignals U(t).

Bestimmen Sie aus dem Messdiagramm (Abbildung 2) die Höhe der (ersten) Amplitude U_0 des Spannungssignals U(t).

Geben Sie einen allgemeinen Funktionsterm für U(t) an.

Geben Sie den Funktionsterm für U(t) mit den konkreten Größen für den hier vorliegenden Fall an.

Bestimmen Sie die Geschwindigkeit v_0, mit der die Leiterschaukel durch die Ruhelage, also durch den tiefsten Punkt der Bewegung schwingt.
($L = 14$ cm; $|\vec{B}| = 2 \cdot 10^{-2}$ T) (15 P)

c) Wie in Abbildung 3 a dargestellt, soll der Kupferstab im Magnetfeld eines großen Hufeisenmagneten schwingen. **Dabei befindet sich der Leiter zunächst im Raumgebiet zwischen den beiden Schenkeln des Magneten.** Das Oszilloskop zeigt den in Abbildung 3 b wiedergegebenen Spannungsverlauf.

Die Leiterschaukel und der Magnet werden neu ausgerichtet. Wenn der Kupferstab **durch die Ruhelage schwingt, befindet er sich gerade noch zwischen den Schenkeln des Hufeisenmagneten (siehe Abbildung 4 a)**. Das Oszilloskop zeigt nun den in Abbildung 4 b wiedergegebenen zeitlichen Verlauf der Spannung an.

Erklären Sie, warum das Zeit-Spannung-Diagramm im zweiten Fall (Abbildung 4 b) gegenüber dem Kurvenverlauf im ersten Fall (Abbildung 3 b) deutlich „verzerrt" ist.

Erklären Sie, an welchen Stellen (seiner Bahnkurve) sich der Leiter jeweils im Magnetfeld befunden haben muss, als die Nulldurchgänge (c) geschrieben wurden.

Erläutern Sie, wie sich der Leiter (relativ zum Magneten) bewegt haben muss, damit die mit (f) bzw. (g) benannten und „fett" markierten Kurvenabschnitte des Zeit-Spannung-Diagramms geschrieben werden konnten. (12 P)

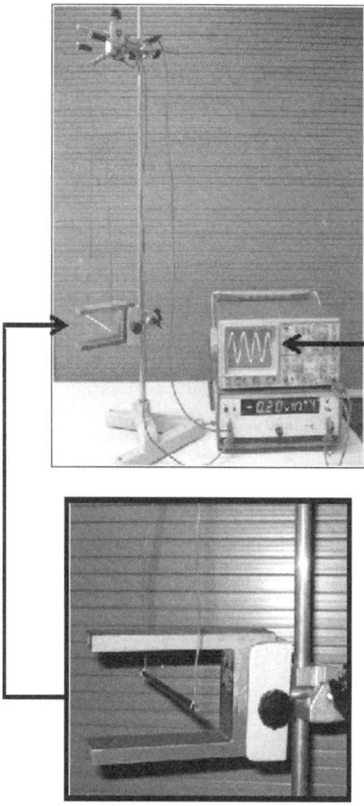

Abb. 3 a: Versuchsaufbau mit Hufeisenmagnet, der Kupferstab befindet sich in der Ruhelage

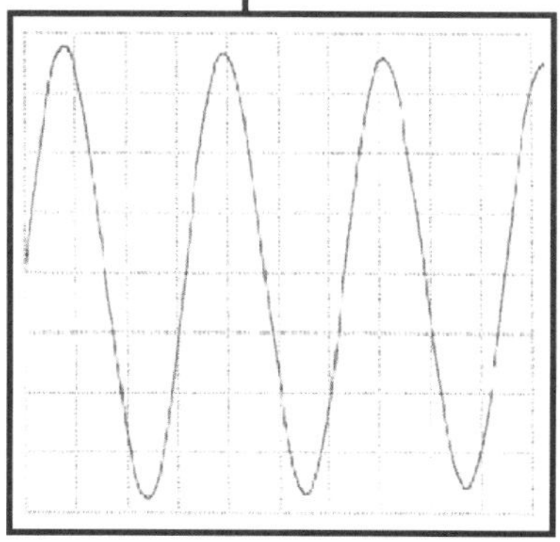

Abb. 3 b: Zeitlicher Verlauf der Induktionsspannung

Abb. 4 a: Versuchsaufbau mit Hufeisenmagnet, der Kupferstab befindet sich in der Ruhelage

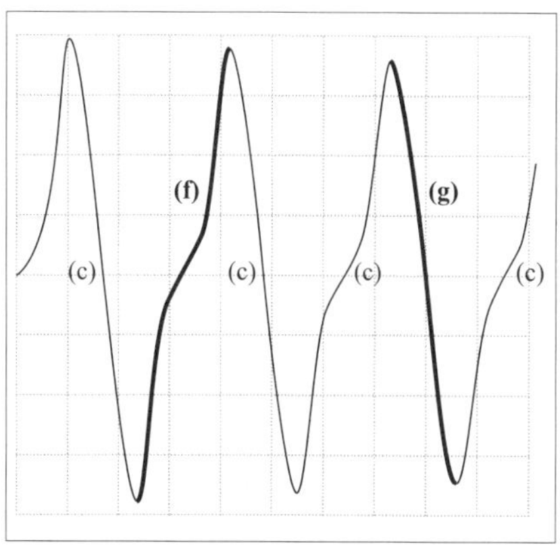

Abb. 4 b: Zeitlicher Verlauf der Induktionsspannung

d) Werden die beiden Aufhängungsdrähte der Leiterschaukel nicht mit dem (hochohmigen) Messgerät, sondern einfach mit einem Kabel (also Leiter) miteinander verbunden, so bewegt sich die Leiterschaukel (deutlich) anders als ohne das Verbindungskabel.

Beschreiben und begründen Sie, welche Auswirkungen die Kabelverbindung hat.

Beschreiben und begründen Sie, wie bzw. warum sich das Bewegungsverhalten der Leiterschaukel ändert. (9 P)

Aufgabe 2: Radioaktiver Zerfall von Uran und das Alter der Erde

In dieser Aufgabe geht es um die Bestimmung des Alters der Erde mit der Uran-Blei-Methode.

a) **Allgemeines zum radioaktiven Zerfall**

Das natürlich vorkommende Uran-Isotop U-238 zerfällt über mehrere Zwischenprodukte in das stabile Blei-Isotop Pb-206. Uran-238 zerfällt in einem α-Zerfall, das erste Tochterelement zerfällt in einem β^--Zerfall.

Beschreiben Sie die beim α-Zerfall und β^--Zerfall im Atomkern stattfindenden Umwandlungsprozesse.

Geben Sie die Umwandlungsgleichungen für den Zerfall von U-238 und den Zerfall des ersten Tochterelements an.

Geben Sie an, wie viele α-Zerfälle in der Zerfallsreihe von ${}^{238}_{92}\mathrm{U}$ bis ${}^{206}_{82}\mathrm{Pb}$ stattfinden, und bestimmen Sie dann die Anzahl der β^--Zerfälle.

Begründen Sie jeweils die Anzahl der Zerfälle.

Begleitend zu einem α- oder β^--Zerfall kann es zur Aussendung von γ-Strahlung kommen.
Geben Sie an, worum es sich bei γ-Strahlung handelt. (17 P)

b) **Ein vereinfachtes Modell für den Zerfall von U-238 in Pb-206**

Bei der Bestimmung des Alters der Erde geht man von einem vereinfachten Modell aus, in dem diese Zerfallsreihe durch einen einzigen Zerfall vom Mutterelement U-238 in das Tochterelement Pb-206 mit einer Halbwertszeit von $T_{1/2} = 4{,}47 \cdot 10^9$ a beschrieben wird.

Begründen Sie anhand der Tabelle 1, dass dieses Modell zulässig ist. (4 P)

Nuklid	Mutternuklid U-238	Nuklid 2	Nuklid 3	Nuklid 4	Nuklid 5	Nuklid 6
$T_{1/2}$	$4{,}47 \cdot 10^9$ a	24,10 d	6,7 h	$2{,}46 \cdot 10^5$ a	$7{,}54 \cdot 10^4$ a	$1{,}60 \cdot 10^3$ a

Nuklid	Nuklid 7	Nuklid 8	Nuklid 9	Nuklid 10	Nuklid 11	Nuklid 12
$T_{1/2}$	3,83 d	3,05 m	26,8 m	19,9 m	0,2 s	22,3 a

Nuklid	Nuklid 13	Nuklid 14	Endnuklid Pb-206
$T_{1/2}$	5,01 d	138 d	stabil

Tab. 1: Halbwertszeiten $T_{1/2}$ der Nuklide in der Zerfallsreihe von U-238 in Pb-206
a: Jahre, d: Tage, m: Minuten, s: Sekunden

c) **Grafische Darstellung des Zerfalls im vereinfachten Modell**
Stellen Sie in einem Diagramm den Graphen $N_M(t)$, d. h. die Anzahl der Mutterkerne U-238 in Abhängigkeit von der Zeit, dar, wenn zum Zeitpunkt $t = 0$ die Anzahl $N_{M,0}$ vorliegt.

Begründen Sie Ihr Vorgehen.

Zeichnen Sie zusätzlich in dieses Diagramm den Graphen für $N_T(t)$, d. h. die Anzahl der Tochterkerne Pb-206 in Abhängigkeit von der Zeit, unter der Voraussetzung ein, dass zum Zeitpunkt $t = 0$ keine Tochterkerne vorhanden waren.

Begründen Sie Ihr Vorgehen. (11 P)

d) **Verfahren zur Berechnung des Alters der Erde**
Gehen Sie bei der Bearbeitung dieser Aufgabe davon aus, dass bei der Bildung der festen Erdkruste Gesteine entstanden, die Uran, aber kein Blei enthielten.
Man kann die seit dem Zeitpunkt der Entstehung der Gesteine ($t = 0$) vergangene Zeit, d. h. das Alter der Gesteinsprobe, dann aus dem Verhältnis der Kerne U-238 und Pb-206 in Proben dieser Gesteine ermitteln.
Die Anzahl der Kerne des Mutterelements Uran nimmt ab nach der Beziehung:

$$N_M(t) = N_{M,0} \cdot e^{-\lambda \cdot t}$$

Für die Anzahl der Kerne des Tochterelements Blei gilt

$$N_T(t) = N_{M,0} - N_M(t),$$

wobei $N_M(t)$ und $N_T(t)$ die Anzahl der Uran- bzw. Bleikerne zum Zeitpunkt t bedeuten und λ die Zerfallskonstante ist. Für diese gilt $\lambda = \frac{\ln 2}{T_{1/2}}$.
Leiten Sie daraus folgende Gleichung für das Alter der Gesteinsprobe her:

$$t = \frac{T_{1/2}}{\ln 2} \cdot \ln\left(1 + \frac{N_T(t)}{N_M(t)}\right)$$

Das Alter der ältesten gefundenen Gesteinsprobe kann man in etwa mit dem Alter der Erde gleichsetzen. In einer solchen Probe wurde für das Verhältnis der Nuklide von Pb-206 und U-238 der Wert

$$\frac{N_{Pb\text{-}206}}{N_{U\text{-}238}} = 1{,}02$$

gemessen.

Berechnen Sie das Alter der Erde. (9 P)

e) **Prüfung, ob eine Probe verunreinigt ist**

Eine sehr große Fehlerquelle bei der Altersbestimmung ist die „Verunreinigung" der Proben durch Blei, sobald man sie Umwelteinflüssen aussetzt.

Erläutern Sie, warum das Hinzukommen von Blei aus der Umwelt zu einem Fehler bei der Altersbestimmung führt.

Begründen Sie, ob die Probe dadurch älter oder jünger erscheint, als sie tatsächlich ist.

Das in der Umwelt vorkommende Blei besteht aus mehreren Isotopen, unter anderen aus Pb-206 und Pb-204. Diese beiden Isotope treten stets etwa im gleichen Verhältnis (17 : 1) auf.
Um herauszufinden, ob eine Probe verunreinigt ist, analysiert man, ob die Probe das Isotop Pb-204 enthält, da dieses in der Zerfallsreihe von U-238 nicht vorkommt.

Beschreiben Sie den Rechenweg, wie man das Alter eines uranhaltigen Gesteins möglichst genau bestimmen kann, auch wenn man eine bestimmte Menge Pb-204 in der untersuchten Probe gefunden hat. (9 P)

Tipps und Hinweise zur Lösung von Prüfungsaufgabe I

Tipps zu Aufgabe 1

Vorbemerkung: Die genannte Schwingung dient lediglich dazu, dass Sie einen sich in einem Magnetfeld unterschiedlich schnell hin und her bewegenden Leiter haben, in dem aufgrund seiner Bewegung an seinen Enden eine Spannung hervorgerufen wird.

Teilaufgabe a

- Was darf (hinsichtlich der gegenseitigen Positionen/Ausrichtungen) vereinfachend angenommen werden? Beachten Sie hierzu auch den einleitenden Aufgabentext.
- Prüfen Sie, ob Sie allgemein vektoriell vorgehen müssen oder ob aufgrund der Vorgaben betragsmäßige Formulierungen und Darstellungen ausreichen.
- Denken Sie an die Kraft, die bewegte elektrische Teilchen in Magnetfeldern erfahren.
- Wann immer man (in der Schule) von Spannungen in elektrischen Feldern spricht, sollte man unbedingt an einen bestimmten (für homogene Felder einfachen) Zusammenhang zwischen der elektrischen Feldstärke und der Spannung denken.

Teilaufgabe b

- Beachten Sie die angegebenen Maßstäbe neben Abbildung 2.
- Beachten Sie, dass das Signal durch einen Mikrovoltverstärker vorverstärkt wurde.
- Denken Sie daran, dass Ihnen in Aufgabe 1 a bereits eine Gleichung für die Geschwindigkeit angegeben worden ist.

Teilaufgabe c

- Erinnern Sie sich an die Gestalt und die Stärke des Magnetfelds eines Hufeisenmagneten – innerhalb und außerhalb seiner beiden Schenkel.
- Denken Sie daran, dass Ihnen der Kurvenabschnitt (g) bereits in Abbildung 3 b begegnet ist.
- Auffällig ist insbesondere die Form der „Verzerrung“ – danach ist aber nicht gefragt.

Teilaufgabe d

- „Hochohmig“ bedeutet inhaltlich, dass praktisch kein Strom fließt.
- Wenn die beiden Enden der Leiterschaukel direkt über ein Kabel miteinander verbunden werden, kann ein Strom fließen.

Tipps zur Aufgabe 2

Vorbemerkung: Sie haben sicherlich im Unterricht ein Verfahren zu einer Altersbestimmung behandelt, eines der bekanntesten dürfte die C14-Methode sein zur Altersbestimmung gewisser archäologischer Funde.
Denken Sie zunächst daran, dass und wie ein radioaktives Isotop eines chemischen Elements im Verlaufe der Zeit mengenmäßig abnimmt, indem es durch Aussendung gewisser Objekte in ein Isotop eines anderen chemischen Elements übergeht.

Teilaufgabe a

- Die beiden ersten Teilaufgaben verlangen Wissen um die Umwandlungsprozesse beim radioaktiven Zerfall.
- Achten Sie darauf, dass – lediglich – der β^--Zerfall verlangt ist.
- Die Differenz der Massenzahlen von U und Pb finden Sie bereits in den Angaben der Aufgabenstellung, Sie können sie aber auch Ihrer Nuklidkarte entnehmen.
- Da ein Betazerfall nicht die Massenzahl ändert, kann die Änderung der Massenzahl nur durch Alphazerfälle realisiert sein. Beachten Sie den daraus folgenden Schluss für die Anzahl der Betazerfälle.

Teilaufgabe b

- Vergleichen Sie die angegebenen Halbwertszeiten miteinander. Welche ist die für die Gesamtzerfallszeit praktisch allein bestimmende?
- Beachten Sie auch für die weiteren Teilaufgaben, dass ab jetzt ein vereinfachtes Modell aus einer (einzigen) Mutter- bzw. (einzigen) Tochtersubstanz angenommen wird.

Teilaufgabe c

- Beachten Sie, dass die Summe der Anzahlen aus Mutter- und Tochterkernen immer konstant ist.
- Die Aufgabenstellung verlangt eine quantitative Darstellung, also beachten Sie die Halbwertzeit der Muttersubstanz und skalieren Sie Ihr Diagramm entsprechend.

Teilaufgabe d

- Lassen Sie sich durch den etwas „länglichen“ angegebenen Term für t nicht irritieren. Die beiden im Vortext zur ersten Teilaufgabe gegebenen Gleichungen müssen „nur“ miteinander verknüpft werden.
- Beachten Sie die angegebene Beziehung zwischen der Zerfallskonstanten λ und der Halbwertszeit.
- Sie können das Verhältnis $\frac{N_T(t)}{N_M(t)}$ nutzen.

Teilaufgabe e

- Die Verunreinigungen erhöhen den Anteil des Bleis in der Probe. Daraus kann man ohne Rechnung bereits schließen, dass die Probe ein anderes Alter zu haben scheint.
- Achten Sie bei der letzten Teilfrage darauf, dass lediglich der Rechenweg beschrieben werden soll.
- Denken Sie daran, dass mit einer gewissen Menge Pb-204 immer das 17-Fache an Pb-206 hinzukommt, das nicht bei der Altersbestimmung berücksichtigt werden darf.

Lösungen zur Prüfungsaufgabe I

Aufgabe 1

a) Im Folgenden wird von rechten Winkeln zwischen den drei Größen Magnetfeldstärke, Geschwindigkeit und Kraft ausgegangen.

Prinzipskizze (siehe Abbildung 5)

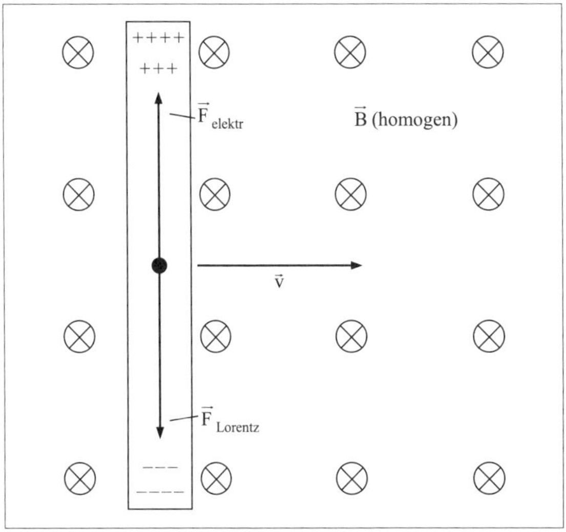

Abb. 5

Beachten Sie die üblichen Symbole für Vektorgrößen, die in die Zeichenebene hinein gehen (⊗) und die aus der Zeichenebene heraus kommen (⊙).

Spannungserzeugung

Der Kupferstab bewegt sich (vgl. Abbildung 5) mit der Geschwindigkeit v durch das (homogene) Magnetfeld der Stärke B. Auf jedes dabei mitbewegte Leitungselektron im Kupferstab wirkt die Lorentzkraft $F_L = e \cdot v \cdot B$. Die Lorentzkraft verschiebt die (frei beweglichen) Leitungselektronen, sodass es zu einer „Konzentration" von Elektronen an einem Stabende und zu einem „Elektronenmangel" am anderen Stabende kommt. Insgesamt entsteht dadurch ein elektrisches Feld der Stärke E und somit eine elektrische Spannung U zwischen den beiden Leiterenden.

Herleitung der Formel

Nimmt man näherungsweise an, dass es sich bei diesem Feld um ein homogenes Feld handelt, ergibt sich als Spannung zwischen den Stabenden

$$E = \frac{U}{L}.$$

Die Elektronen erfahren also eine elektrische Kraft $F_{elektr} = e \cdot E = e \cdot \frac{U}{L}$, die der Lorentzkraft entgegengesetzt gerichtet ist.

Wenn die elektrische Kraft so groß geworden ist, dass sie der Lorentzkraft das Gleichgewicht hält, gelangen keine weiteren Elektronen mehr an das eine Stabende. Dies geschieht in der Realität sehr schnell, fast sofort. Dann gilt betragsmäßig:

$$F_{\text{elektr.}} = F_{\text{Lorentz}} \quad \Leftrightarrow \quad e \cdot \frac{U}{L} = e \cdot v \cdot B \quad \Rightarrow \quad U = L \cdot v \cdot B$$

Wegen der zeitlichen Veränderlichkeit der Geschwindigkeit ist dann genauer:

$$\underline{\underline{U(t) = L \cdot v(t) \cdot B}}$$

Die Kraft auf bewegte elektrische Teilchen in Magnetfeldern sowie die Kraft auf (ruhende oder bewegte) elektrische Teilchen in elektrischen Feldern gehören zu den wenigen „physikalischen Vokabeln“, die Sie unbedingt auswendig angeben können sollten!

Ergänzende Frage: Warum sichert die Vorgabe der kleinen Auslenkungen deutliche Vereinfachungen zu? Warum wäre die Aufgabe viel schwerer zu bearbeiten, wenn die Leiterschaukel gar bis 90° ausschwingen dürfte?

b) Unter Berücksichtigung der angegebenen Zeitablenkung bzw. der Verstärkungsfaktoren entnimmt man dem Diagramm in Abbildung 2 die

- **Periodendauer:**

$$T = 7{,}1\text{ Kästchen} \cdot 0{,}2 \frac{\text{s}}{\text{Kästchen}} = \underline{\underline{1{,}42\text{ s}}}$$

- **Höhe der ersten Spannungsamplitude:**

$$U_0 = 3{,}6\text{ Kästchen} \cdot 2 \frac{\text{V}}{\text{Kästchen}} \cdot 10^{-4} = \underline{\underline{7{,}2 \cdot 10^{-4}\text{ V}}}$$

Der **allgemeine Funktionsterm** für eine sinusförmige Wechselspannung ist:

$$U(t) = U_0 \cdot \sin(\omega \cdot t) = \underline{\underline{U_0 \cdot \sin\left(\frac{2\pi}{T} \cdot t\right)}}$$

Durch Einsetzen der beiden zuerst ermittelten Werte ergibt sich **konkret**:

$$U(t) = 7{,}2 \cdot 10^{-4}\text{ V} \cdot \sin\left(\frac{2\pi}{1{,}42\text{ s}} \cdot t\right) = \underline{\underline{7{,}2 \cdot 10^{-4}\text{ V} \cdot \sin(4{,}42\text{ s}^{-1} \cdot t)}}$$

Bestimmung von v_0

Mithilfe der (angegebenen) Formel $U(t) = L \cdot v(t) \cdot B$ ergibt sich nach Umstellen:

$$v(t) = \frac{U(t)}{L \cdot B} = \frac{U_0 \cdot \sin(\omega \cdot t)}{L \cdot B} = \frac{U_0}{L \cdot B} \cdot \sin(\omega \cdot t)$$

Der Faktor $\frac{U_0}{L \cdot B}$ gibt die maximale Geschwindigkeit v_0 an, also erhält man:

$$v_0 = \frac{U_0}{L \cdot B} = \frac{7{,}2 \cdot 10^{-4}\text{ V}}{0{,}14\text{ m} \cdot 2 \cdot 10^{-2}\text{ T}} = \underline{\underline{0{,}26 \frac{\text{m}}{\text{s}}}}$$

Beachten Sie, dass in der Aufgabenstellung eine Umformung der Einheiten in der letzten Gleichung nicht verlangt ist. Es ist aber eine gute Übung, wenn Sie diese durchführen und zeigen, dass $1\,\frac{\text{V}}{\text{m} \cdot \text{T}} = 1\,\frac{\text{m}}{\text{s}}$ ist.
Seien Sie nicht allzu kritisch, wenn Sie leichte Unterschiede in der Skalierung von Rechts- und Hochachse feststellen – sie können am Ausdruck der Dateien liegen, gegebenenfalls sollten Sie während der Arbeit ruhig nachfragen, inwieweit von Ihnen vermutete Ungenauigkeiten in der Darstellung eines Diagramms gewollt oder ungewollt sind.

c) **Verzerrung und Nulldurchgänge**
Im ersten Fall befindet sich der bewegte Leiter stets zwischen den beiden Schenkeln des Hufeisenmagneten, also in einem Bereich, in dem die Stärke des Feldes relativ konstant ist, da das Magnetfeld in guter Näherung als homogen angesehen werden kann.
Im zweiten Fall bewegt sich der Leiter auch aus dem Raumbereich zwischen den Schenkeln heraus, also auch in einem Gebiet, in dem die Stärke des Magnetfeldes deutlich kleiner ist als zwischen den Schenkeln. Das Magnetfeld ist zudem dort stark inhomogen. Dies ist die Ursache für die Verzerrung des Kurvenverlaufs.

Die Spannung ist gleich null (Positionen c), wenn v(t) gerade gleich null ist (vgl. Teilaufgabe 1 a), wenn sich der Leiter/das Pendel also gerade in den Umkehrpunkten befindet.

Bewegung des Leiters
Da der **mit (f) benannte Kurvenabschnitt** deutlich verzerrt ist, muss sich der Leiter während dieser Phase im (stark) inhomogenen Teil des Magnetfeldes bewegt haben. Er wird sich also von der Ruhelage (Minimum der Induktionsspannung) vom Magneten weg bewegt haben, wobei die Geschwindigkeit und die Induktionsspannung dem Betrage nach abnehmen, um schließlich im Umkehrpunkt der Bewegung den Wert null zu erreichen. Danach nehmen die Geschwindigkeit des Leiters und die Induktionsspannung wieder zu, bis in der Nähe der Ruhelage das Maximum der Spannung erreicht wird.
Da der **mit (g) benannte Kurvenabschnitt** (nahezu) identisch zu dem entsprechenden Kurvenabschnitt der Abbildung 3 b ist, muss sich der Leiter während dieser Phase zwischen den Schenkeln des Magneten bewegt haben. Er wird sich also von der Ruhelage weiter in das Magnetfeld hinein bewegt haben, wobei die Geschwindigkeit und somit die Induktionsspannung bis zum Umkehrpunkt bis auf null abnehmen. Danach nehmen die Geschwindigkeit des Leiters und die Induktionsspannung dem Betrage nach wieder zu, bis beim Durchgang durch die Ruhelage das Minimum der Spannung erreicht wird.

Recht oft kommen in den zentral gestellten Abiturklausuren Fragen qualitativer Natur vor. Sie sollten daher sorgfältig üben, logisch einwandfreie und vollständige physikalische Argumentationen sprachlich zu formulieren, ohne diese jedoch ausschweifend darzustellen.

Ergänzende Aufgaben:

- Versuchen Sie, etwas detailliertere qualitative Aussagen über den sichtbaren Spannungsverlauf zu machen, indem Sie auch die Inhomogenität des Magnetfelds außerhalb des Magneten berücksichtigen; versuchen Sie also, die Art der Krümmung des verzerrten Kurvenstücks zu erläutern.
- Messen Sie in Kurve 4 b die Abstände zwischen Minimum und Maximum im Vergleich zu den Abständen zwischen Maximum und Minimum aus. Wie sind die Unterschiede zu erklären?

d) **Beobachtung:** Es stellt sich eine (deutlich) gedämpfte Schwingung der Leiterschaukel ein.

Begründung: Da das Messgerät einen sehr hohen Eingangswiderstand besitzt, fließt trotz der vorhandenen Induktionsspannung kein (oder nur ein sehr kleiner) Strom durch die Reihenschaltung aus Kupferleiter, Aufhängedrähten und Messgerät.

Wird aber die beschriebene Kabelverbindung hergestellt, kann aufgrund des dann sehr kleinen ohmschen Widerstandes ein nennenswerter Strom I fließen. Aufgrund dieses Stromflusses durch den Kupferleiter erfährt dieser eine magnetische Kraft

$$|\vec{F}_{mag}(t)| = B \cdot I(t) \cdot L,$$

wobei L die Länge des Leiters bezeichnet. Nach der **Drei-Finger-Regel** ergibt sich die Richtung dieser Kraft anhand der Skizze in Abbildung 6 (beachten Sie dabei, dass I in der technischen Stromrichtung angegeben ist).

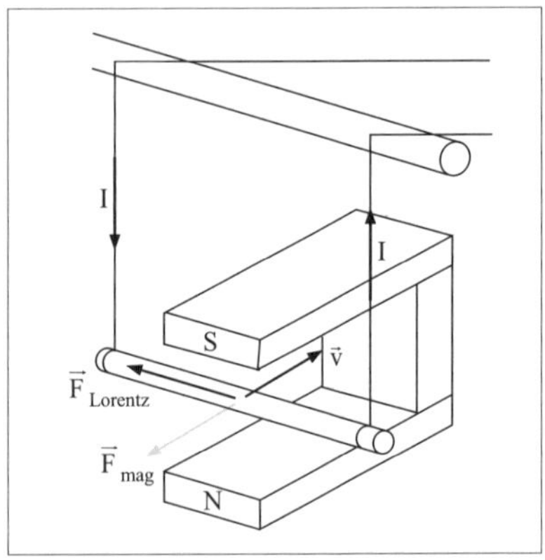

Abb. 6

Die aufgrund des „induzierten" Stroms auftretende magnetische Kraft ist der Geschwindigkeit der Leiterschaukel entgegen gerichtet, diese Geschwindigkeit wird also dadurch verringert, sodass sich die beobachtete gedämpfte Schwingung der Leiterschaukel einstellt.

Diese Aussage kann auch mithilfe der **Lenz'schen Regel** begründet werden bzw. bestätigt auch für diesen Vorgang die Allgemeingültigkeit dieser Regel:
Der Strom ist stets so gerichtet, dass seine „Wirkung", nämlich die Kraft $|\vec{F}_{mag}|$, der „Ursache", also der Bewegung des Leiters im Magnetfeld, entgegenwirkt.

Ergänzende Aufgabe: Geben Sie andere Beispiele an, bei denen die „bremsende" Wirkung eines induzierten Stromes zu beobachten ist.

Aufgabe 2

a) **Beschreibung der Umwandlungsprozesse**

α-Zerfall: Aussendung eines Teilstücks des Kerns, bestehend aus zwei Protonen und zwei Neutronen.

β⁻-Zerfall: Umwandlung eines Neutrons des Kerns in ein Proton und ein den Kern verlassendes Elektron.

Ergänzende Aufgaben: Was versteht man unter dem β^+-Zerfall? Beschreiben Sie allgemein beide Umwandlungen für ein beliebiges Isotop $^{n}_{z}X$.

Umwandlungsgleichungen für den Zerfall von U-238

α-Zerfall: $^{238}_{92}\mathrm{U} \rightarrow {}^{234}_{90}\mathrm{Th} + {}^{4}_{2}\mathrm{He}$

β⁻-Zerfall: $^{234}_{90}\mathrm{Th} \rightarrow {}^{234}_{91}\mathrm{Pa} + {}^{0}_{-1}\mathrm{e}$

Beim Betazerfall kommt auch noch ein (Anti-) Neutrino vor, dessen Nennung aber hier nicht unbedingt verlangt war.

Anzahl der Zerfälle in der gesamten Reihe
Die Massenzahl ändert sich insgesamt um 32, also finden 8 α-Zerfälle statt. Durch die Emission von 8 α-Teilchen würde die Ordnungszahl um 16 sinken. Tatsächlich erniedrigt sie sich aber nur um 10, also müssen 6 β^--Zerfälle vorkommen.

γ-Strahlung ist sehr energiereiche elektromagnetische Strahlung.

Ergänzende Aufgabe: Erinnern Sie sich an das unterschiedliche Durchdringungsvermögen für die drei Strahlenarten und die Art der Energieverteilung (diskret vs. kontinuierlich).

b) Die Halbwertszeit für den Zerfall von U-238 in Nuklid 2 ist etwa um den Faktor 10^4 größer als alle anderen Halbwertszeiten; im Verhältnis zu dieser Zeit ist die Gesamtheit der nachfolgenden Halbwertszeiten also vernachlässigbar klein. Wenn ein Kern U-238 in Nuklid 2 zerfallen ist, ist in diesem Zeitmaßstab praktisch „unmittelbar" danach ein Kern Pb-206 entstanden. Daher darf das vereinfachende Modell verwendet werden.

c) **Diagramm** (Abbildung 7, nächste Seite)

Jeweils nach der Halbwertszeit von $T_{1/2} = 4{,}47 \cdot 10^9$ a halbiert sich die Anzahl der Mutterkerne. Wenn diese anfangs für $t = 0$ die Anzahl $N_{M,0}$ ist, ergeben sich für die Anzahl der Mutterkerne die im Diagramm angegebenen Werte, die dort als Anteil der anfänglich vorhandenen Kerne dargestellt sind.

Sie können auf der Hochachse auch direkt die Anzahl der Mutterkerne darstellen, indem Sie den höchsten Wert für $t = 0$ mit $N_{M,0}$ benennen.

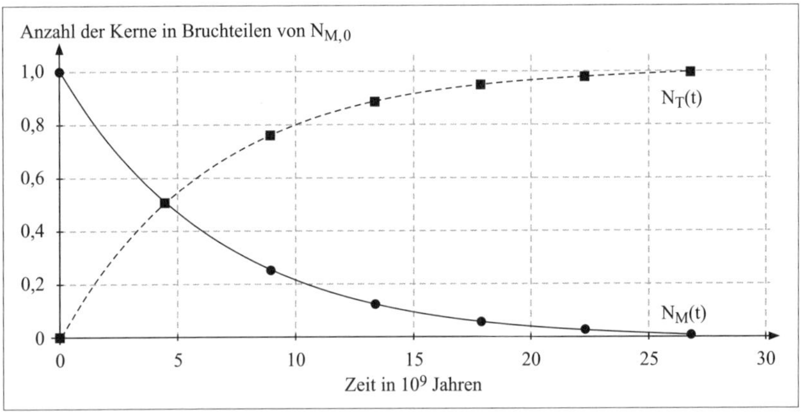

Abb. 7

Aus jedem Mutterkern entsteht genau ein Tochterkern, d. h., die Summe der Kerne von Mutter und Tochter ist konstant. Damit ergibt sich die Kurve für die Tochterkerne durch die Differenzbildung $N_T(t) = N_{M,0} - N_M(t)$.

Ihnen ist die letzte Gleichung sogar in der folgenden Teilaufgabe angegeben! Dass einzelne Lösungen in späteren Teilaufgaben versteckt zu finden sind, lässt sich aus der Sicht der Aufgabenkonstruktion nicht immer vollständig vermeiden – nutzen Sie diesen Umstand zu Ihrem Vorteil.

d) **Herleitung der Gleichung**

Es ist gegeben:

$$N_T(t) = N_{M,0} - N_M(t) \quad \Leftrightarrow \quad N_{M,0} = N_T(t) + N_M(t)$$

Setzt man die rechte Seite dieser Gleichung in das Zerfallsgesetz für $N_M(t)$ ein, folgt:

$$N_M(t) = N_{M,0} \cdot e^{-\lambda \cdot t} = \left(N_T(t) + N_M(t)\right) \cdot e^{-\lambda \cdot t}$$

Nach Division durch $N_M(t)$ auf beiden Seiten wird die Gleichung logarithmiert und nach t aufgelöst. Mit $\lambda = \frac{\ln 2}{T_{1/2}}$ ergibt sich der angegebene Term:

$$1 = \left(\frac{N_T(t) + N_M(t)}{N_M(t)}\right) \cdot e^{-\lambda \cdot t} \quad \Leftrightarrow \quad 1 = \left(\frac{N_T(t)}{N_M(t)} + 1\right) \cdot e^{-\lambda \cdot t}$$

$$\Rightarrow \; 0 = \ln\left(1 + \frac{N_T(t)}{N_M(t)}\right) - \lambda \cdot t \qquad \Rightarrow \; \lambda \cdot t = \ln\left(1 + \frac{N_T(t)}{N_M(t)}\right)$$

$$\Rightarrow \; \underline{\underline{t = \frac{T_{1/2}}{\ln 2} \cdot \ln\left(1 + \frac{N_T(t)}{N_M(t)}\right)}} \quad (*)$$

Alter der Erde
Man setzt die gegebenen Zahlenwerte ein und erhält:

$$t = \frac{4{,}7 \cdot 10^9\ \text{a}}{\ln 2} \cdot \ln(1 + 1{,}02) = \underline{\underline{4{,}53 \cdot 10^9\ \text{a}}}$$

Die Erde ist etwa 4,5 Milliarden Jahre alt.

e) **Fehler und Wirkung**
Durch die Verunreinigung mit Blei gelangen zusätzliche Pb-206-Atome in die Probe, die nicht Folgeprodukt des U-238 sind. Daher ändert sich das Verhältnis von Pb- und U-Atomen: Es wird größer, sodass die Probe daher älter erscheint (vgl. Gleichung (∗) in Teilaufgabe 2 d).

Fehlerkorrektur
Die eigentliche Aufgabe ist es, die Anzahl der Pb-206-Atome zu ermitteln. Wenn man die Anzahl Pb-204-Atome kennt, weiß man, dass das 17-Fache an Atomen Pb-206 durch die Verunreinigung hinzu gekommen ist. Diese Anzahl der Atome Pb-206 sind einfach von der gemessenen Gesamtzahl der Atome Pb-206 zu subtrahieren, um die Anzahl derjenigen Pb-206-Atome zu ermitteln, die ihren Ursprung im Zerfall von U-238 haben.

Aufgabe 1: Kräfte auf bewegte Ladungen in Leitern im Magnetfeld

Eine bewegte elektrische Ladung erfährt in Magnetfeldern bei geeigneten Bewegungsrichtungen eine Kraft, die sogenannte Lorentzkraft. Sie ist die Ursache für Kräfte auf stromdurchflossene Leiter. Dazu werden einige Aspekte untersucht.

a) In Abbildung 1 hängt ein Aluminiumleiter senkrecht an zwei Kupferfäden. Der Aluminiumleiter befindet sich in einem Magnetfeld eines waagerecht liegenden Helmholtz-Spulenpaares. Das homogene Magnetfeld mit der Stärke B dieses Spulenpaares ist senkrecht orientiert. Durchfließt ein Strom den Aluminiumleiter und die Kupferfäden, so erfährt der Aluminiumleiter eine kleine seitliche Auslenkung.
Erhöht man die Stromstärke im Aluminiumleiter, so vergrößert sich diese Auslenkung.

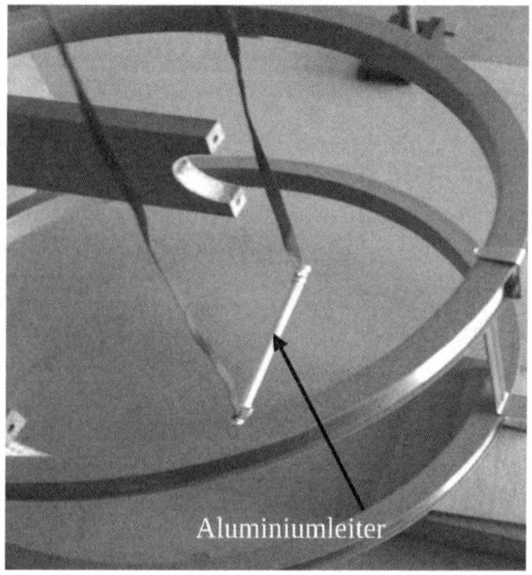

Abb. 1: Versuchsaufbau

Information:

$d_1 = 85$ mm (Länge des Aluminiumleiters)

$d_2 = 255$ mm (Länge der Kupferfäden, jeweils)

I_1: Stärke des Spulenstromes

I_2: Stromstärke im Aluminiumleiter und in den Kupferfäden

x = Auslenkung des Leiters

$m_{\text{Alu-Leiter}} = 21{,}5$ g (Masse des Aluminiumleiters)

Die Kupferfäden sind nahezu masselos.

Erläutern Sie den oben dargestellten Sachverhalt.

Zusätzlich zur Gewichtskraft G wirkt in diesem Experiment auf den Aluminiumleiter die Kraft F. Diese kann über den Winkel α zwischen der Vertikalen und den Kupferfäden gemäß der Beziehung

$$F = G \cdot \frac{x}{d_2}$$

bestimmt werden, wobei x die waagerechte seitliche Auslenkung des Aluminiumleiters aus der Senkrechten ist.

Stellen Sie die geschilderte experimentelle Situation der Auslenkung zeichnerisch dar.

Zeigen Sie die Gültigkeit der genannten Beziehung.

Begründen Sie, weshalb die Kräfte auf die beiden stromdurchflossenen Kupferfäden vernachlässigt werden können.

Um die Stärke des Magnetfelds B zu bestimmen, stellt man einen konstanten Spulenstrom I_1 ein. Der Aluminiumleiter wird von Gleichströmen I_2 der Stärke 1 A bis 10 A durchflossen.

Es ergeben sich folgende Daten:

I_2 in A	1	3	5	7	10
x in mm	0,3	1,0	1,7	2,2	3,3

Werten Sie die Daten in einem I_2-F-Diagramm aus.

Interpretieren Sie den gewonnenen Zusammenhang hinsichtlich der gegebenen Beziehung $F = B \cdot I_2 \cdot d_1$.

Berechnen Sie mit einem Datenpaar aus den vorliegenden Daten die Stärke des magnetischen Feldes B. (28 P)

b) In einem weiteren Versuch bringt man ein stromdurchflossenes Silberband (Breite b = 20 mm) gemäß Abbildung 2 in das Magnetfeld eines Hufeisenmagneten. Die magnetischen Feldlinien durchdringen das Silberband senkrecht. Eine Gleichspannungsquelle erzeugt Stromstärken I (bis ca. 20 A) in dem Silberband. Nehmen Sie an, dass die Elektronen sich alle mit der einheitlichen Geschwindigkeit v im Silberband bewegen.
Bei jeder Stromstärke I in dem Silberband kann man dann an zwei genau senkrecht übereinander angebrachten Kontakten P_1 und P_2 (vgl. Abbildung 2) mit einem Voltmeter eine kleine Spannung U (µV-Bereich) beobachten.

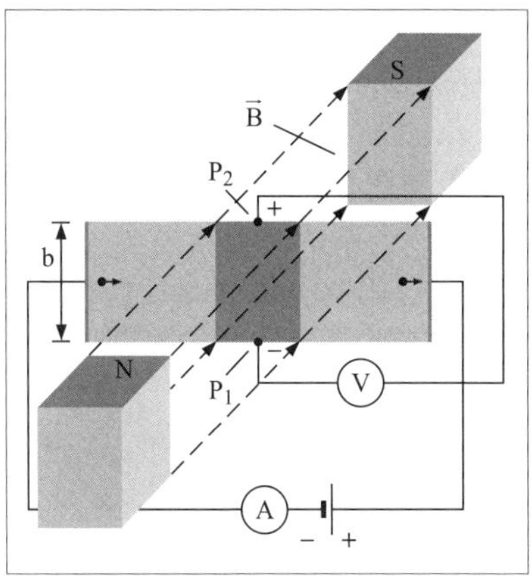

Abb. 2: Versuchsaufbau

Deuten Sie die Ablenkung der Elektronen über die Kraftwirkung im Magnetfeld.

Erläutern Sie die Entstehung der Spannung U.

Skizzieren Sie die Kraftwirkung auf ein sich bewegendes Elektron im Silberband. (9 P)

c) Man variiert nun die Stromstärke I und misst die entstehende Spannung U. Es ergeben sich die nachfolgenden Werte:

I in A	3	5	7	10	15	20
U in μV	22	26	35	47	70	98

Ermitteln Sie einen Zusammenhang zwischen I und U.

Deuten Sie die Steigung im I-U-Diagramm unter Berücksichtigung ihrer Maßeinheit.

Der obere und der untere Rand des Silberbandes können als Kondensatorplatten im Abstand b aufgefasst werden.
Leiten Sie her, dass dann für die entstehende Spannung U gilt: $U = b \cdot v \cdot B$, wobei B die Stärke des magnetischen Feldes des Hufeisenmagneten und v die Geschwindigkeit der Elektronen im Silberstreifen ist. Typischerweise beträgt die Stärke des magnetischen Feldes B solcher Hufeisenmagnete ca. 10^{-2} T.

Es sei $U = 10\ \mu V$.
Berechnen Sie mithilfe der angegebenen Beziehung die mittlere Geschwindigkeit v der Elektronen im Silberband. (13 P)

Aufgabe 2: Interferenzversuche mit Mikrowellen

Mikrowellen spielen in der Technik eine bedeutende Rolle. Sie sind elektromagnetische Wellen und zeigen bei Experimenten zu Reflexion, Beugung und Interferenz ein ähnliches Verhalten wie Röntgenstrahlung oder Licht. Ihre Wellenlänge ist wesentlich größer und liegt im Bereich von Zentimetern. Die Geschwindigkeit von Mikrowellen ist im Vakuum und in Luft identisch mit der Lichtgeschwindigkeit c. Abbildung 1 a zeigt einen experimentellen Aufbau zur Streuung von Mikrowellen an einem Kristallmodell.

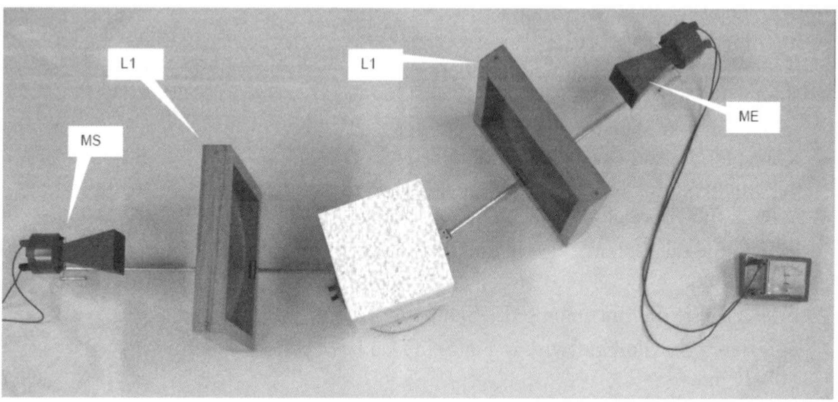

Abb. 1 a: Versuchsaufbau

Ein Mikrowellensender MS strahlt Mikrowellen einer Wellenlänge λ ab. Das Wellenbündel wird von einer Sammellinse L_1 parallelisiert. Die Mikrowellen treffen anschließend auf einen Styroporblock, der aus mehreren übereinander liegenden Styroporplatten besteht, in die Aluminiumkugeln eingesetzt worden sind (siehe Abbildung 1 b). Die Aluminiumkugeln bilden die gleiche Struktur wie ein Kristallgitter mit dem Netzebenenabstand $d = 4$ cm. Hinter dem Styroporwürfel werden die gestreuten Mikrowellen mithilfe einer Sammellinse L_2 gebündelt und von einem Mikrowellenempfänger ME registriert. Die Intensität der empfangenen Strahlung wird an einem Messgerät angezeigt. Der Styroporwürfel ist um seine z-Achse (senkrecht zur Tischplatte) um einen Winkel α drehbar. Der Mikrowellenempfänger ist gemeinsam mit der Linse L_2 um den Winkel β schwenkbar, sodass das gestreute Signal unter verschiedenen Winkeln registriert werden kann. Der Winkel β wird stets doppelt so groß wie der Winkel α eingestellt.

Abb. 1 b: Styroporplatten mit Aluminiumkugeln

Die nachfolgende Abbildung 2 zeigt eine vereinfachte Darstellung des Versuchs aus Richtung der z-Achse (von oben).

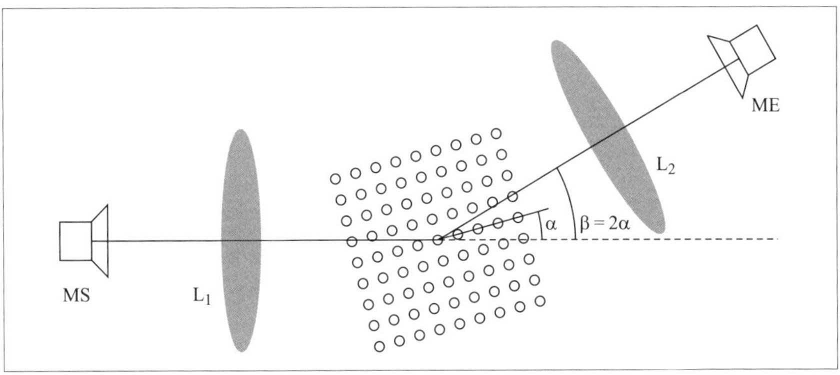

Abb. 2: Vereinfachte Darstellung des Versuchs

In einem ersten Versuch soll die Wellenlänge der verwendeten Mikrowellen bestimmt werden. Hierzu werden der Kristallwinkel α und der Detektorwinkel β schrittweise vergrößert. Die Intensität der gestreuten Mikrowellen wird jeweils registriert. Sie wird im Folgenden in Skalenteilen (Skt) angegeben. Die Messwerte sind im nachfolgenden α-I-Diagramm aufgetragen:

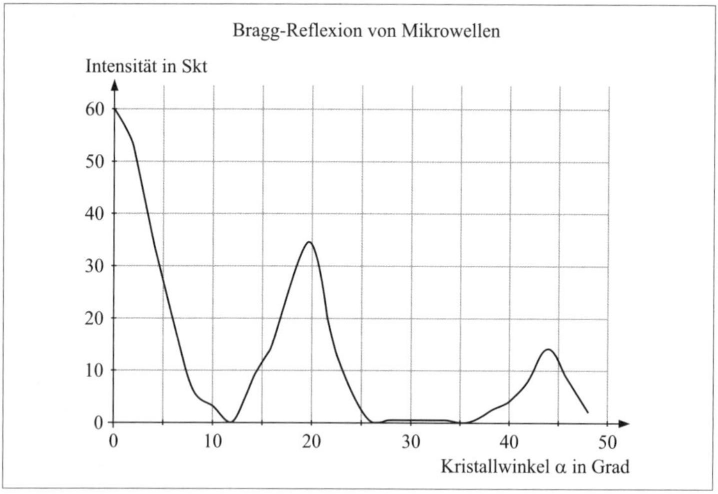

Abb. 3: α-I-Diagramm des Versuchs

a) Leiten Sie mithilfe der nachfolgenden Skizze die Bragg-Gleichung begründet her.

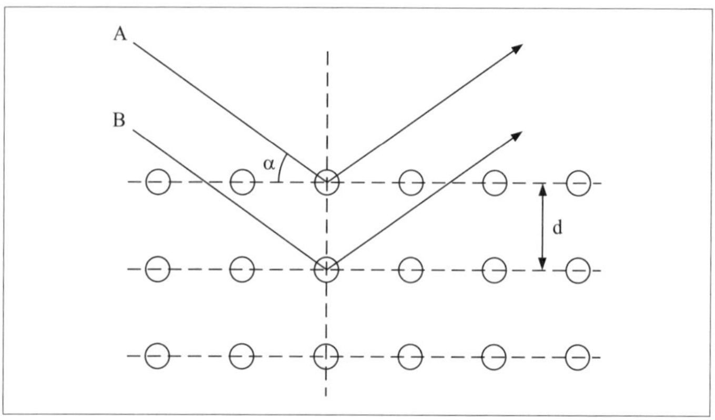

Abb. 4: Skizze zur Bragg-Gleichung

Zeichnen Sie dazu notwendige Konstruktionen in der Skizze ein.

Erläutern Sie Ihre Herleitung.

Erläutern Sie insbesondere die Bedeutung von n. (9 P)

b) Analysieren Sie den Verlauf des α-I-Diagramms, indem Sie dabei getrennt auf die Winkelintervalle [0°; 10°], [15°; 25°] und [35°; 45°] eingehen. (6 P)

c) Bestimmen Sie mithilfe des Diagramms unter Verwendung beider Interferenzmaxima die Wellenlänge der Mikrowellenstrahlung.
(Sollten Sie die Wellenlänge nicht bestimmen können, so gehen Sie bei den folgenden Aufgaben von einem Wert $\lambda = 2{,}8$ cm aus.) (4 P)

d) In einer zweiten Versuchsreihe soll die Ausbreitung von Mikrowellen untersucht werden. Hierzu werden der Mikrowellensender MS und der Mikrowellenempfänger ME gegenübergestellt. Es werden Plexiglasquader der Dicke $d = 2{,}5$ cm in den Strahlengang gebracht (siehe Abbildung 5).

Abb. 5: Versuchsaufbau zur zweiten Versuchsreihe

Es werden vier Versuche A – D durchgeführt, deren Aufbau in Abbildung 6 sehr vereinfacht dargestellt wird. Die Plexiglasquader sind dabei dunkelgrau eingezeichnet.

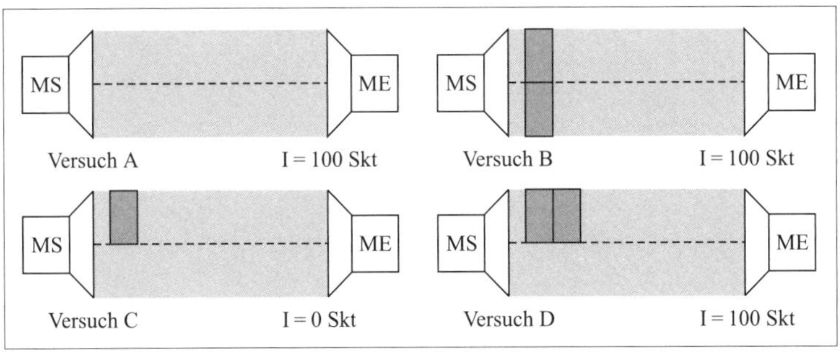

Abb. 6: Vereinfachte Darstellung der zweiten Versuchsreihe

Die Breite der Plexiglasquader ist so gewählt, dass das Mikrowellenbündel in zwei gleich große Teilbündel aufgeteilt wird, die parallel zueinander verlaufen und sich im Mikrowellenempfänger wieder überlagern. Die beiden Teilbündel sind hellgrau gezeichnet und zur besseren Anschauung durch eine gestrichelte Linie voneinander getrennt. Versuch B zeigt, dass die Intensität I der Strahlung, gemessen in Skalenteilen (Skt), durch Plexiglas nicht beeinflusst wird. Im Plexiglas breitet sich die Strahlung jedoch mit geringerer Geschwindigkeit aus.

Begründen Sie die Resultate der Versuche C und D. (12 P)

e) Abbildung 7 zeigt eine „Momentaufnahme" des Versuchs C, in der die beiden Wellenbündel schematisch in Form einer Sinusfunktion dargestellt sind. Die Dicke des Plexiglasquaders und die Wellenlänge sind nicht maßstäblich dargestellt.

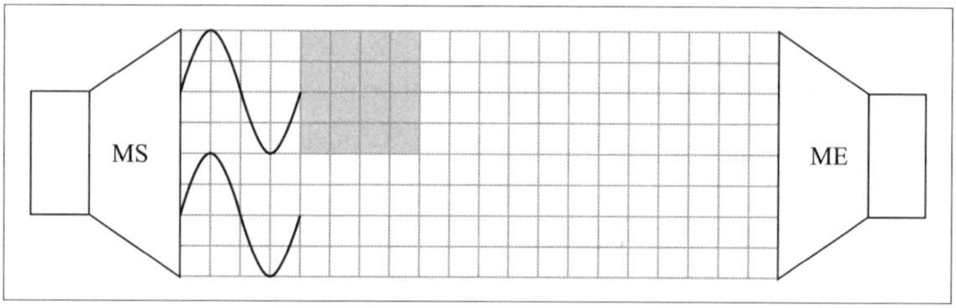

Abb. 7: Momentaufnahme

Zeichnen Sie in Abbildung 7 beide Teilbündel schematisch bis zum Empfänger.

Erläutern Sie Ihre Zeichnung.

Bestimmen Sie die Geschwindigkeit der im Experiment verwendeten Mikrowellen in Plexiglas.
(Benutzen Sie hierzu die Angaben aus der Versuchsreihe 2:
$d = 2{,}5$ cm, $\lambda = 2{,}8$ cm.) (19 P)

Tipps und Hinweise zur Lösung von Prüfungsaufgabe II

Tipps zu Aufgabe 1

Vorbemerkung: Kräfte auf stromdurchflossene Leiter gehören zu den Grundlagen der Elektrizitätslehre.

Teilaufgabe a

- Stören Sie sich nicht an den konkreten Materialbenennungen, da sie nicht relevant sind.
- Denken Sie an die Drei-Finger-Regel (für die rechte und gegebenenfalls für die linke Hand). Achten Sie dabei auf die Ladung der Elektronen.
- Achten Sie darauf, in welchen Teilen des gesamten Leiters sich die Elektronen senkrecht oder parallel zum Magnetfeld bewegen. Welche Auswirkung hat das auf das Auftreten der Lorentzkraft?
- Bei der Zeichnung für die Auslenkung sollten Sie recht kleine Auslenkungen einzeichnen, damit Sie erkennen, welche Näherungen gemacht werden können. Die Näherungen sind wichtig für die einfache Darstellung der Gleichungen.
- Beachten Sie bei Ihren Berechnungen, dass die Daten nicht in den SI-Grundeinheiten (kg, m) gegeben sind.
- Bei der Auswertung der experimentellen Daten müssen Sie das Standardverfahren der Auswertung einer Ursprungsgeraden anwenden: Wie stellen sich die zugehörigen Zusammenhänge in Form einer Gleichung dar, wie beschreibt man Proportionalitäten?

Teilaufgabe b

- Wenn Sie im Unterricht den Halleffekt besprochen haben, dann sollte Ihnen diese Aufgabe recht leicht fallen und der Prozess sehr vertraut vorkommen.
- Auch hier geht es um die Bewegung von Elektronen in einem Leiter, wenn sich diese – jetzt aufgrund einer angelegten Spannung – in der gegebenen Skizze von links nach rechts bewegen.
- Warum baut sich mit Beginn des Stromflusses nach dem Einschalten – in Gedanken: langsam, in Wirklichkeit: sehr schnell – ein elektrisches Feld in der Richtung von oben nach unten auf?
- Warum wird das elektrische Feld nicht immer größer werden? Warum gibt es letztlich einen Gleichgewichtszustand, welches ist seine Ursache?

Teilaufgabe c

- Versuchen Sie, einen Zusammenhang bereits anhand der gegebenen Daten der Tabelle zu „sehen".
- Es wird nicht explizit gefordert, dass Sie die Daten grafisch darstellen, dies kann aber immer eine Hilfe sein, um den Zusammenhang zu erkennen.
- Auch wenn Sie keinen Zusammenhang unmittelbar sehen, können Sie verschiedene fachmethodische Verfahren anwenden, um den ersten Aufgabenteil zu lösen.

- Wenn Sie in der vorherigen Teilaufgabe bereits das Sich-Einstellen eines Gleichgewichtszustands beschrieben haben, wird Ihnen die quantitative Angabe der zugehörigen Gleichungen nicht schwerfallen.
- Auch falls Sie bei einem der mittleren Arbeitsaufträge scheitern sollten, versuchen Sie die folgenden trotzdem zu lösen. In diesem Fall ist der letzte Auftrag der leichteste und ohne die vorangegangenen zu lösen.

Tipps zu Aufgabe 2

Vorbemerkung: Mikrowellen spielen für den Physikunterricht aus zwei verschiedenen Gründen eine wichtige Rolle:
Einerseits gibt es nur wenige Haushalte, in denen kein Mikrowellenofen existiert, sodass eine Auseinandersetzung mit diesem weit verbreiteten Gerät im Unterricht sinnvoll erscheint. Andererseits haben Mikrowellen (wie im Aufgabentext beschrieben) die gleichen Eigenschaften wie andere elektromagnetische Wellen, wie z. B. Licht oder Röntgenstrahlung. Die verhältnismäßig große Wellenlänge von Mikrowellen, die im Bereich von Zentimetern liegt, ermöglicht es, viele Phänomene und Verfahren anschaulich darzustellen. Die beim Licht benutzten Gitter oder bei der Röntgenstrahlung verwendeten Kristalle haben alle eine nicht mehr sichtbar kleine Struktur. Analoge Versuche mit Mikrowellen erlauben, diese Strukturen mit Modellen anschaulich zu visualisieren.

Teilaufgabe a

- Die Bragg-Reflexion ist Ihnen vermutlich von der Röntgenspektroskopie und der Elektronenbeugung bekannt. Sie können die Herleitung einfach übertragen.
- Beachten Sie, dass die Bragg-Gleichung für konstruktive Interferenz gilt.
- Nutzen Sie die Verfahren, die Ihnen z. B. vom optischen Gitter bekannt sind, um den Gangunterschied zu bestimmen.

Teilaufgaben b und c

- Die Bragg-Gleichung kann Ihnen helfen, das Diagramm zu analysieren. Welche Größen sind variabel und wo findet man diese im Diagramm wieder?
- Ihr berechneter Wert wird nicht exakt mit der Kontrolllösung übereinstimmen, sollte aber die gleiche Größenordnung haben.

Teilaufgabe d

- Berücksichtigen Sie die Bedingungen für konstruktive bzw. destruktive Interferenz.
- Stellen Sie sich vor, der eine Sender würde durch die gestrichelte Linie in zwei Sender (oder zwei Zentren von Elementarwellen) aufgeteilt.
- Beachten Sie, dass in der Aufgabenstellung erwähnt wird, dass sich die Strahlung in Plexiglas langsamer ausbreitet.

Teilaufgabe e

- Wenn es Ihnen nicht gelingt, die ganze Teilaufgabe zu lösen, sichern Sie sich Teilpunkte. Es ist äußerst einfach, die ungestörte Welle (also die untere) zu vervollständigen.
- Überlegen Sie sich die Beziehung zwischen den beiden Wellen am Empfänger. Zeichnen Sie dann die obere Welle, beginnend beim Empfänger, ein.
- Beachten Sie, dass sich die Frequenz beim Übergang in das Plexiglas nicht verändert.
- Beachten Sie, dass die Skizze nicht maßstabsgetreu ist. Verwenden Sie bei Ihren Rechnungen die Angaben aus der Klammer.

Lösungen zur Prüfungsaufgabe II

Aufgabe 1

a) **Erläuterung des Sachverhalts**

Der stromdurchflossene Leiter erfährt im Magnetfeld eine Kraft F, die ihre Ursache in der Lorentzkraft $F_L = q_{El} \cdot v \cdot B$ haben, die auf die sich bewegenden Elektronen einwirkt. Die Richtung der Kraft F ergibt sich anhand der Drei-Finger-Regel.

Beachten Sie, dass es
- sich hier um Elektronen, also negativ geladene Teilchen handelt.
- einen Unterschied macht, ob man von der Kraft F auf die Leiterschaukel spricht oder von der (viel kleineren) Lorentzkraft auf die sich in der Leiterschaukel befindlichen Elektronen.

Situation der Auslenkung

Aus der Zeichnung (Abbildung 3) erkennt man mit der dort angegebenen Näherung, die für kleine Winkel genutzt werden kann, dass wegen der Ähnlichkeit der Dreiecke gilt:

$$\frac{F}{G} = \frac{x}{d_2}$$

bzw.

$$\underline{\underline{F = \frac{x}{d_2} \cdot G}}$$

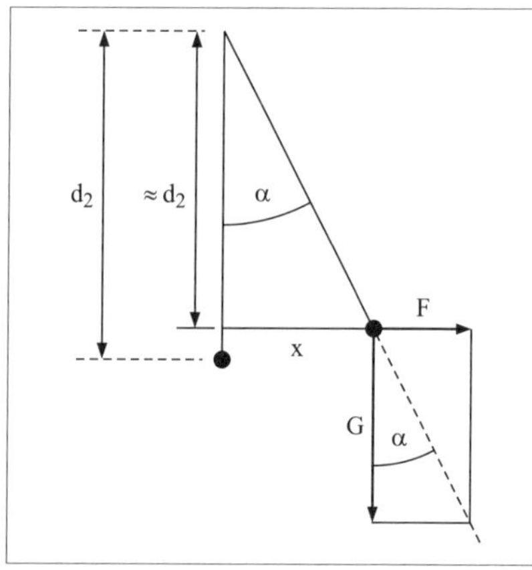

Abb. 3

In Abbildung 3 ist der Winkel α der Deutlichkeit wegen viel zu groß gezeichnet.

Alternativer Lösungsweg: Man kann hier auch formaler vorgehen, indem man zunächst im oberen Dreieck

$$\sin\alpha = \frac{x}{d_2}$$

und im unteren Dreieck

$$\tan\alpha = \frac{F}{G}$$

erkennt. Für kleine Winkel gibt es die Näherung $\sin\alpha \approx \tan\alpha$, damit folgt dann ebenso

$$\frac{F}{G} = \frac{x}{d_2}.$$

Einfluss der Zuleitungen

Bei dieser Anordnung der Stromzuführung zum Aluminiumleiter ist die Stromrichtung in den Kupferfäden nahezu parallel bzw. antiparallel zu den Feldlinien des Magnetfeldes. Daher ist die Lorentzkraft auf die in diesen Leitern bewegten Elektronen (nahezu) null.

Diese Argumentation trifft nicht auf die Kräfteverhältnisse bei der Stromwaage zu. Dort sind die vertikalen Leiterstücke auch senkrecht zum horizontal verlaufenden Magnetfeld, die Kräfte auf die beiden Leiterstücke sind aber entgegengesetzt und heben sich deshalb auf.

Auswertung der Messung

Aus der gegebenen Wertetabelle ergibt sich mit den gegebenen Daten und mithilfe der Gleichung $F = \frac{x}{d_2} \cdot G = \frac{x}{d_2} \cdot m \cdot g$:

I_2 in A	1	3	5	7	10
F in 10^{-4} N	2,48	8,27	14,1	18,2	27,3

Abbildung 4 zeigt das zugehörige I_2-F-Diagramm.

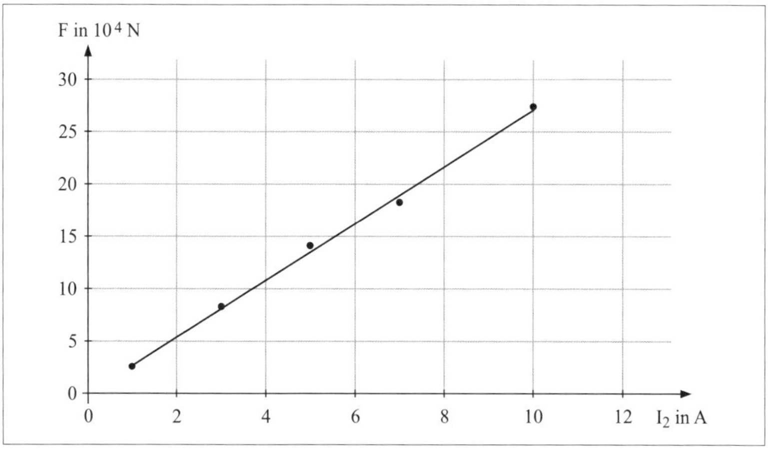

Abb. 4

Man erkennt, dass es sich in guter Näherung um eine **Ursprungsgerade** handelt, es ist also

$$F \sim I_2$$

bzw.

$$F = c \cdot I_2$$

mit einem Proportionalitätsfaktor c. Dies bestätigt die gegebene Beziehung $F = B \cdot I_2 \cdot d_1$, wobei dann gilt:

$$\underline{\underline{c = B \cdot d_1}}$$

Berechnung der magnetischen Feldstärke

Mit dem Wert von I aus dem (z. B.) dritten der gegebenen Zahlenpaare erhält man

$$c = \frac{F}{I_2} = \frac{14{,}1 \cdot 10^{-4}\ \text{N}}{5\ \text{A}} \approx 2{,}8 \cdot 10^{-4}\ \frac{\text{N}}{\text{A}}$$

und aus $c = B \cdot d_1$ umgestellt nach B:

$$B = \frac{c}{d_1} = \frac{2{,}8 \cdot 10^{-4}\ \frac{\text{N}}{\text{A}}}{85 \cdot 10^{-3}\ \text{m}} \approx 0{,}0033\ \frac{\text{N}}{\text{A} \cdot \text{m}} = \underline{\underline{3{,}3 \cdot 10^{-3}\ \text{T}}}$$

Ergänzende Aufgabe: Verwenden Sie auch einen anderen Messpunkt oder – noch besser – einen Punkt, den Sie auf der Ausgleichsgeraden ablesen. Führen Sie zudem die letzte Einheitenumformung $1\ \frac{\text{N}}{\text{A} \cdot \text{m}} = 1\ \text{T}$ explizit aus.

b) In den beiden Skizzen der Abbildung 5 ist der Prozess im Silberband dargestellt (zur einfacheren Darstellung befindet hier anders als bei Abbildung 2 in der Aufgabenstellung das gesamte Silberband im Magnetfeld).

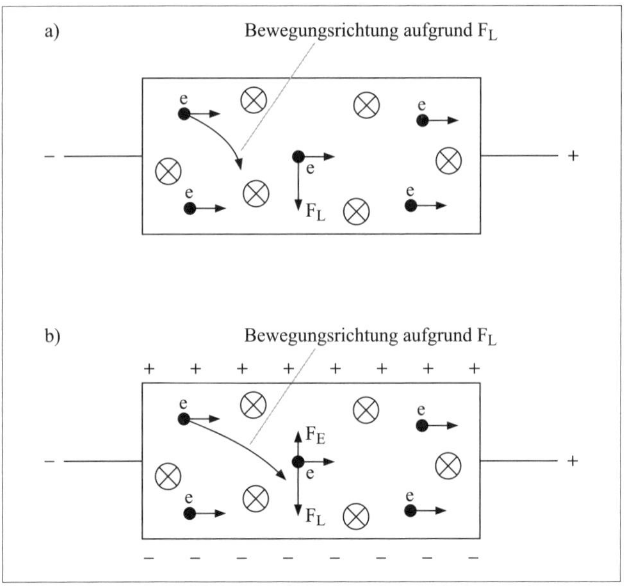

Abb. 5

a) Einschaltzeitpunkt (bevor sich also ein elektrisches Feld ausbildet)

b) Situation während der Ausbildung des elektrischen Feldes (dieser Prozess ist noch nicht abgeschlossen, noch gilt $|\vec{F}_E| < |\vec{F}_L|$.

Auf jedes sich nach rechts bewegende Elektron wirkt die Lorentzkraft gemäß der Drei-Finger-Regel. Die Kraft verursacht eine Ablenkung der Elektronen zum unteren Rand des Silberbandes, wo sich immer mehr Elektronen ansammeln und im Lauf der Zeit ein elektrisches Gegenfeld erzeugen, dessen Kraft der Lorentzkraft zunehmend entgegenwirkt. Letztlich werden, wenn $|\vec{F}_E| = |\vec{F}_L|$ ist, keine weiteren Elektronen mehr nach unten gelangen, sodass man ab dann eine kleine konstante Spannung messen kann, die sogenannte **Hallspannung**.

c) Man kann anhand der gegebenen Zahlenwerte in der Tabelle bereits vermuten, dass ein linearer Zusammenhang zwischen I und U besteht.

Überprüfungsmöglichkeit 1: Bilden der Quotienten der Wertepaare:

I in A	3	5	7	10	15	20
U in µV	22	26	35	47	70	98
$\frac{U}{I}$ in $10^{-6}\ \frac{V}{A}$	7,3	5,2	5,0	4,7	4,7	4,9

Der Quotient ist nahezu **konstant**, die Vermutung bestätigt.

Überprüfungsmöglichkeit 2: I-U-Diagramm (Abbildung 6)

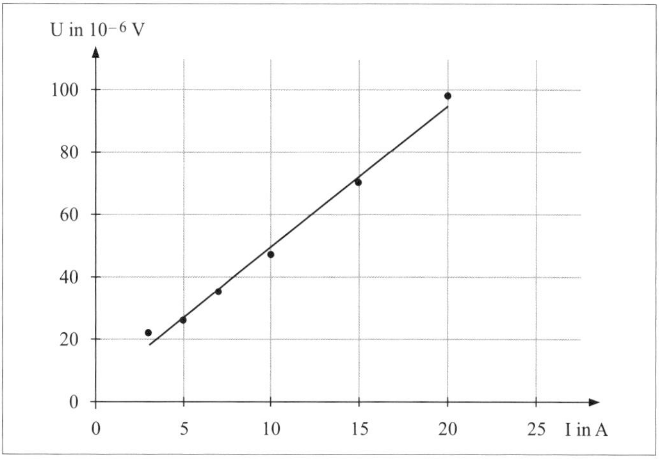

Abb. 6

Hier zeigt sich angenähert eine **Ursprungsgerade**, die den vermuteten linearen Zusammenhang ebenso bestätigt.

Deutung der Steigung

Die Steigung $\frac{\Delta U}{\Delta I}$ hat formal die Einheit $1\frac{V}{A}$, also die Einheit eines **Widerstands**.

Der ohmsche Widerstand ist definiert als $R := \frac{U}{I} \neq \frac{\Delta U}{\Delta I}$. $\overline{R} := \frac{\Delta U}{\Delta I}$ heißt *differenzieller* Widerstand.

Man sollte keinesfalls prinzipiell $\overline{R}$ und R gleichsetzen. Erinnern Sie sich – hierzu vergleichbar – an die Unterschiede zwischen der allgemeingültigen Definition der (mittleren) Geschwindigkeit $\overline{v} := \frac{\Delta s}{\Delta t}$ (für ein hinreichend kleines Zeitintervall Δt) und der Gesetzmäßigkeit $v := \frac{s}{t}$ für eine spezielle Bewegungsform, nämlich die geradlinig-gleichförmige Bewegung.

Herleitung der Gleichung

Bereits in Teilaufgabe c wurde das Zustandekommen eines stationären Zustands für $|\vec{F}_E| = |\vec{F}_L|$ beschrieben. Damit folgt sofort:

$$|\vec{F}_E| = e \cdot E = e \cdot v \cdot B = |\vec{F}_L|$$

$$\Rightarrow \quad E = v \cdot B$$

Mit $E = \frac{U}{b}$ in einem als homogen angenommenen elektrischen Feld folgt weiter:

$$\frac{U}{b} = v \cdot B \quad \Leftrightarrow \quad \underline{\underline{U = b \cdot v \cdot B}}$$

Berechnung der Geschwindigkeit der Elektronen

Durch Umstellung der Gleichung $U = b \cdot v \cdot B$ nach v erhält man:

$$v = \frac{U}{b \cdot B}$$

Setzt man die Zahlenwerte ein, ergibt sich:

$$v = \frac{10 \cdot 10^{-6}\,\text{V}}{20 \cdot 10^{-3}\,\text{m} \cdot 10^{-2}\,\text{T}} = 0{,}05\,\frac{\text{m}}{\text{s}} = \underline{\underline{5\,\frac{\text{cm}}{\text{s}}}}$$

Die Elektronen bewegen sich also, entgegen einer verbreiteten Vorstellung, recht langsam.

Aufgabe 2

a) Abbildung 8 zeigt die gegenüber Abbildung 4 ergänzte Skizze.
Die Strahlen A und B treten phasengleich in den Styroporblock ein und werden an den Aluminiumkugeln gestreut. Strahl B legt bis zur Aluminiumkugel einen um Δs_1 weiteren Weg, von der Aluminiumkugel bis zum Mikrowellenempfänger einen um Δs_2 weiteren Weg zurück.

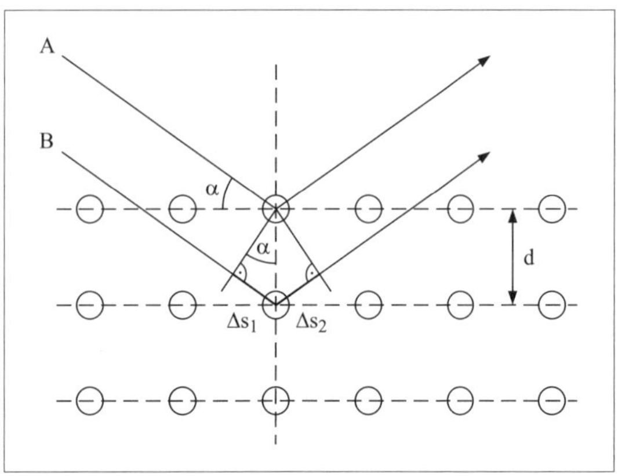

Abb. 8

Aufgrund der Symmetrie ist $\Delta s_1 = \Delta s_2$ und somit beträgt der gesamte Gangunterschied von Sender bis zum Empfänger $\Delta s = \Delta s_1 + \Delta s_2 = 2\Delta s_1$. Anhand der Skizze erkennt man, dass $\Delta s_1 = d \cdot \sin\alpha$ gilt, woraus folgt:

$$\Delta s = 2d \cdot \sin\alpha \qquad (1)$$

Wenn der Gangunterschied ein ganzzahliges Vielfaches der Wellenlänge λ, also

$$\Delta s = n \cdot \lambda \quad \text{mit } n \in \mathbb{N} \qquad (2)$$

beträgt, tritt konstruktive Interferenz zwischen den Strahlen A und B auf. Durch Gleichsetzen der beiden Gleichungen (1) und (2) ergibt sich die gesuchte **Bragg-Gleichung**:

$$\underline{\underline{2d \cdot \sin\alpha = n \cdot \lambda}}$$

Wie oben erwähnt, muss n positiv und ganzzahlig sein und gibt die **Ordnung des Maximums** an.

b) Das Diagramm zeigt im Intervall [0°; 10°] eine hohe Intensität, da ein Großteil des Mikrowellenbündels den Styroporblock **ohne Streuung** verlässt. Sender und Empfänger stehen sich bei $\alpha = 0°$ direkt gegenüber. Vergrößert sich der Winkel, so wird der Empfänger nicht mehr direkt getroffen. Dies führt zur Verringerung der Intensität.
Im Intervall [15°; 25°] steigt die Intensität, dort liegt das **Maximum 1. Ordnung** der Bragg-Reflexion vor. Ebenso steigt im Intervall [35°; 45°] die Intensität, da dort das **Maximum 2. Ordnung** der Bragg-Reflexion vorliegt.

c) Das Diagramm zeigt Maxima bei den Winkeln $\alpha_1 = 19°$ und $\alpha_2 = 43°$. Umformen der Bragg-Bedingung und Einsetzen der abgelesenen Werte ergibt:

$$\lambda = \frac{2d \cdot \sin\alpha}{n} \Rightarrow \begin{cases} \lambda_1 = \dfrac{2 \cdot 0{,}04\,\text{m} \cdot \sin 19°}{1} \approx 2{,}60\,\text{cm} & \text{für } n = 1 \\ \lambda_2 = \dfrac{2 \cdot 0{,}04\,\text{m} \cdot \sin 43°}{2} \approx 2{,}73\,\text{cm} & \text{für } n = 2 \end{cases}$$

Durch Mittelwertbildung erhält man für die Wellenlänge der verwendeten Mikrowellenstrahlung rund $\lambda \approx \underline{\underline{2{,}7\,\text{cm}}}$.

d) **Versuch C**
Da bei diesem Teilversuch eine verschwindend geringe Intensität gemessen wurde, müssen sich die beiden Teilbündel der Mikrowellenstrahlung destruktiv überlagern, d. h. sie schwingen beim Empfänger gegenphasig.
Damit dies möglich ist, muss das Teilbündel der Welle, das am Anfang des Plexiglasblocks noch phasengleich mit dem anderen war, am Ende um eine **halbe Wellenlänge phasenverschoben** sein, der Gangunterschied beträgt:

$$\Delta s = \frac{1}{2} \cdot \lambda \quad \left(\text{oder allgemein } \Delta s = \frac{2k+1}{2} \cdot \lambda,\ k \in \mathbb{N}_0\right)$$

Versuch D
Nun stehen zwei identische Plexiglasblöcke im Weg des oberen Teilbündels. Gemäß der Erklärung zu Versuch C ist das obere Teilbündel nach dem ersten Block um eine halbe Wellenlänge $\Delta s = \frac{1}{2} \cdot \lambda$ gegenüber dem unteren phasenverschoben, nach dem zweiten folglich um eine weitere halbe Wellenlänge.

Also gilt:

$$\Delta s = 2 \cdot \frac{1}{2} \cdot \lambda = \lambda$$

$$(\text{bzw. } \Delta s = 2 \cdot \frac{2k+1}{2} \cdot \lambda = (2k+1) \cdot \lambda = k^* \cdot \lambda, \; k \in \mathbb{N}_0, \; k^* \in \mathbb{N})$$

Insgesamt sind beide Teilbündel am Ende des zweiten Plexiglasblocks um eine **ganze Wellenlänge phasenverschoben** (bzw. ein ganzzahliges Vielfaches der Wellenlänge): Sie schwingen wieder in Phase und überlagern sich beim Empfänger konstruktiv, sodass die maximale Intensität gemessen wird.

Die **Ursache der Phasenverschiebung** liegt darin, dass sich die Mikrowellen innerhalb des Plexiglases mit einer geringeren Geschwindigkeit als in der Luft ausbreiten. Da sich die Frequenz nicht verändert, muss sich nach $c = \lambda \cdot f$ auch die Wellenlänge verringern.

e) Im Plexiglasquader verringert sich die Wellenlänge auf Grund der geringeren Geschwindigkeit der Welle. Hierdurch ergibt sich eine Phasenverschiebung zwischen den beiden Wellenbündeln. Wenn die Phasenverschiebung einer halben Wellenlänge entspricht, so resultiert eine gegenseitige Auslöschung der beiden Bündel im Empfänger (Abbildung 9).

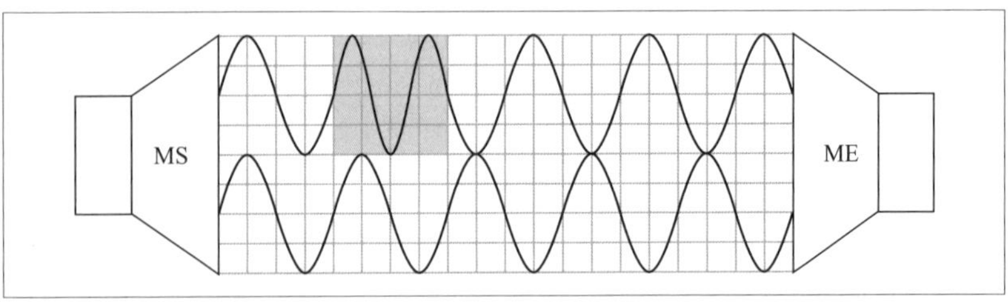

Abb. 9

Auch wenn es auf der auf dem Aufgabenblatt gegebenen Skizze so aussieht, als ob die Wellenlänge in Luft und die Dicke des Plexiglasquaders identisch sind, ist dies laut den Angaben in der Klammer nicht der Fall und Sie dürfen damit nicht rechnen.

Laut den Angaben hat der Plexiglasquader eine Dicke von 2,5 cm. Die entsprechend lange Luftstrecke von 2,5 cm enthält $\frac{2{,}5\text{ cm}}{2{,}8\text{ cm}} \lambda = 0{,}89\,\lambda$.

Um eine Phasenverschiebung von $0{,}5 \cdot \lambda$ zu erreichen, müssen im Plexiglasquader $0{,}89 \cdot \lambda_P + 0{,}5 \cdot \lambda_P = 1{,}39 \cdot \lambda_P$ auftreten. Also gilt $1{,}39 \cdot \lambda_P = 2{,}5$ cm und damit:

$$\lambda_P = \underline{\underline{1{,}8\text{ cm}}}$$

Da die Frequenz in Luft und im Plexiglas gleich ist, gilt:

$$f = \frac{c}{\lambda} = \frac{c_P}{\lambda_P} \;\Rightarrow\; c_P = c \cdot \frac{\lambda_P}{\lambda} = 3{,}0 \cdot 10^8\,\frac{\text{m}}{\text{s}} \cdot \frac{0{,}018\text{ m}}{0{,}028\text{ m}} \approx \underline{\underline{1{,}9 \cdot 10^8\,\frac{\text{m}}{\text{s}}}}$$

Abiturprüfung Physik 2009 (Nordrhein-Westfalen) – Leistungskurs
Prüfungsaufgabe I

Aufgabe 1: Induktionsspannungen an einer im Magnetfeld schwingenden Leiterschaukel

Ein Kupferstab der Länge $L = 14$ cm hängt wie in Abbildung 1 dargestellt an zwei sehr dünnen langen Kupferdrähten. Diese Leiterschaukel schwingt in einem homogenen Magnetfeld der Stärke $B = 2 \cdot 10^{-2}$ T. Die Längsachse des Kupferstabes steht stets senkrecht zu $\vec{B}$ und zum Geschwindigkeitsvektor $\vec{v}$. Außerdem gilt (in guter Näherung) $\vec{v} \perp \vec{B}$.

Der Versuch zeigt, dass zwischen den Enden des Kupferstabes eine Spannung auftritt. Diese Spannung wird nach Vorverstärkung durch einen Mikrovoltverstärker mit einem Digitalspeicheroszilloskop oder einem Messwerterfassungssystem aufgezeichnet. Die in den Abbildungen 2 und 3 dargestellten Graphen geben den zeitlichen Verlauf der auftretenden Spannung U(t) wieder.

Für beide Diagramme gilt:
Verstärkungsfaktor (Oszilloskop): 2 Volt pro Kästchen
Vorverstärkung (Mikrovoltverstärker): 10^4

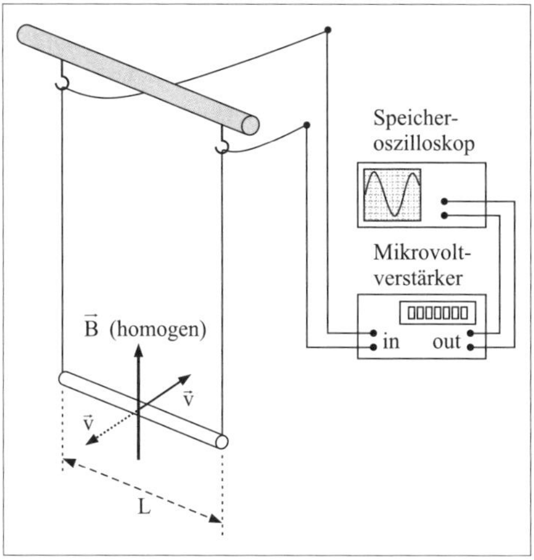

Abb. 1: Versuchsaufbau, Leiterschaukel im homogenen B-Feld

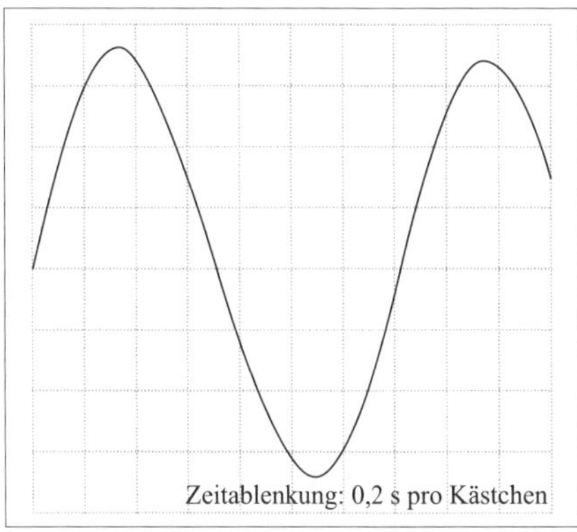

Abb. 2: Messdiagramm 1

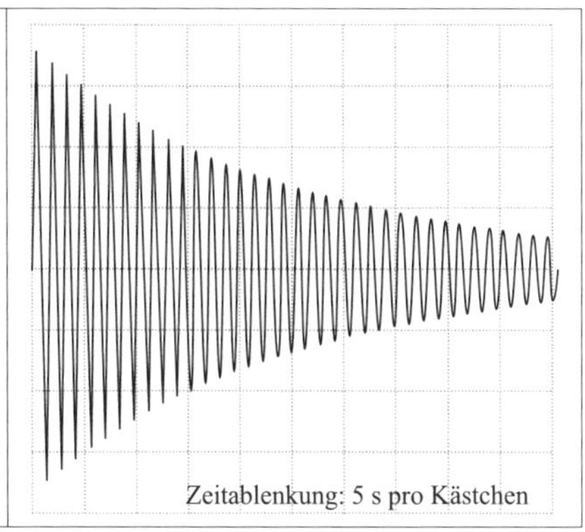

Abb. 3: Messdiagramm 2

a) Skizzieren Sie einen im Magnetfeld bewegten Leiter, indem Sie Abbildung 1 vereinfachen (zweidimensionale Prinzipskizze).

Erläutern Sie, wieso bei diesem Versuch eine Spannung U(t) zwischen den Enden des Leiters auftritt.

Leiten Sie (gegebenenfalls durch Ergänzung Ihrer Skizze) die hier gültige Beziehung $U(t) = L \cdot v(t) \cdot B$ her.
(L bezeichnet die Länge des Kupferstabes.) (13 P)

b) Sieht man zunächst noch von der Dämpfung ab, so verläuft U(t) in guter Näherung sinusförmig (siehe Abbildung 2). Bei der Bearbeitung der folgenden Aufgabe darf daher zunächst von einem rein sinusförmigen Verlauf von U(t) ausgegangen werden.

Bestimmen Sie aus dem Messdiagramm 1 (Abbildung 2) die Periodendauer T des Spannungssignals U(t).

Bestimmen Sie aus dem Messdiagramm 1 (Abbildung 2) die Höhe der (ersten) Amplitude U_0 des Spannungssignals U(t).

Geben Sie einen allgemeinen Funktionsterm für U(t) an.

Geben Sie den Funktionsterm für U(t) mit den konkreten Größen für den hier vorliegenden Fall an.

Bestimmen Sie die Geschwindigkeit v_0, mit der die Leiterschaukel durch die Ruhelage, also durch den tiefsten Punkt der Bewegung schwingt.
($L = 14$ cm; $|\vec{B}| = 2 \cdot 10^{-2}$ T) (13 P)

c) Das Oszillogramm in Abbildung 3 zeigt, dass die reale Schwingung gedämpft ist. Die Amplituden nehmen mit fortschreitender Zeit ab. Diese gedämpfte Schwingung kann durch eine Funktion der Form

$$U(t) = U_A \cdot e^{-k \cdot t} \cdot \sin\left(\frac{2\pi}{T} \cdot t\right)$$

beschrieben werden.

Beschreiben Sie (rein qualitativ) ein Verfahren, mit dem Sie nachweisen könnten, dass die Abnahme der Amplituden exponentiell erfolgt.

Hinweis: Die Anwendung des beschriebenen Verfahrens ist nicht verlangt.

Annahme: Die Amplitudenabnahme erfolgt exponentiell, das Zeit-Spannung-Diagramm wird also durch einen Funktionsterm der oben genannten Form beschrieben.

Leiten Sie mit der genannten Annahme einen Term zur Bestimmung des Dämpfungsfaktors k her.

Bestimmen Sie einen Wert für k.

Hinweis: Der Vorfaktor U_A ist nicht bekannt, er entspricht auch *nicht* der Höhe der 1. Amplitude. (Kontrollergebnis: $k \approx 0{,}04 \cdot s^{-1}$) (14 P)

d) Wie in Abbildung 4 a dargestellt, soll der Kupferstab im Magnetfeld eines großen Hufeisenmagneten schwingen. **Dabei befindet sich der Leiter zunächst im Raumgebiet zwischen den beiden Schenkeln des Magneten.** Das Oszilloskop zeigt den in Abbildung 4 b wiedergegebenen Spannungsverlauf.

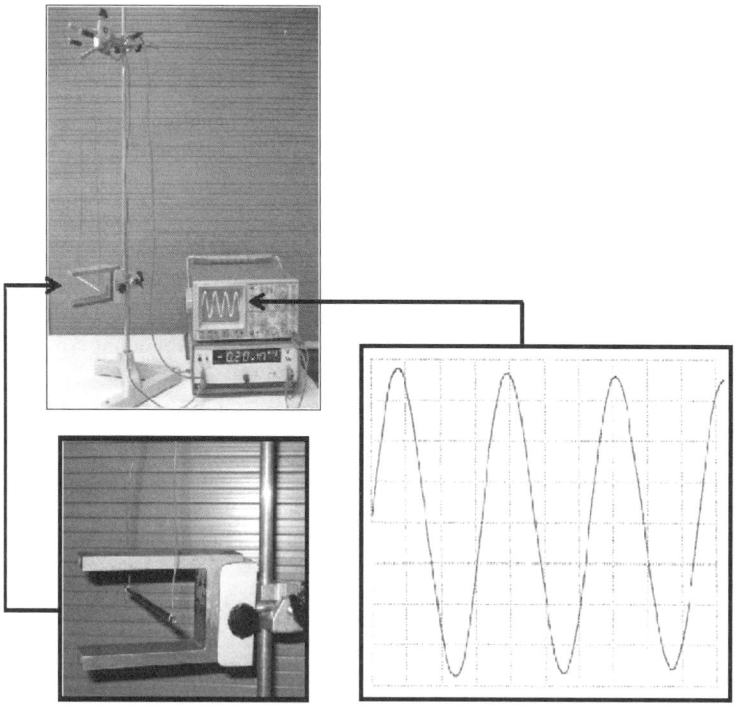

Abb. 4 a: Versuchsaufbau mit Hufeisenmagnet, der Kupferstab befindet sich in der Ruhelage.

Abb. 4 b: Zeitlicher Verlauf der Induktionsspannung

Die Leiterschaukel und der Magnet werden neu ausgerichtet. Wenn der Kupferstab **durch die Ruhelage schwingt, befindet er sich gerade noch zwischen den Schenkeln des Hufeisenmagneten (siehe Abbildung 5 a)**. Das Oszilloskop zeigt nun den in Abbildung 5 b wiedergegebenen zeitlichen Verlauf der Spannung an.

Abb. 5 a: Versuchsaufbau mit Hufeisenmagnet, der Kupferstab befindet sich in der Ruhelage.

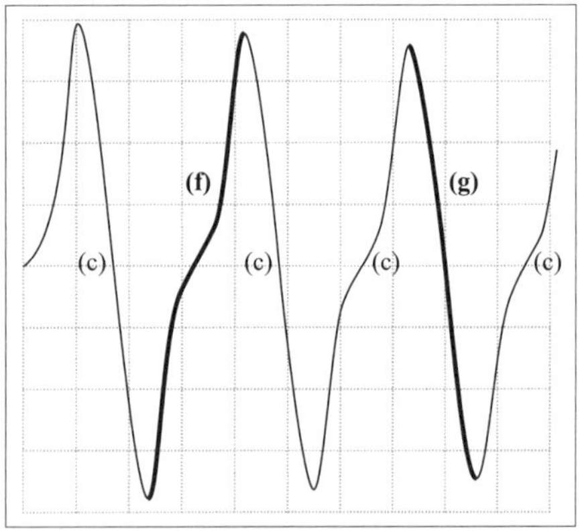

Abb. 5 b: Zeitlicher Verlauf der Induktionsspannung

Erklären Sie, warum das Zeit-Spannung-Diagramm im zweiten Fall (Abbildung 5 b) gegenüber dem Kurvenverlauf im ersten Fall (Abbildung 4 b) deutlich „verzerrt" ist.

Erklären Sie, an welchen Stellen (seiner Bahnkurve) sich der Leiter jeweils im Magnetfeld befunden haben muss, als die Nulldurchgänge (c) geschrieben wurden.

Erläutern Sie, wie sich der Leiter (relativ zum Magneten) bewegt haben muss, damit die mit (f) bzw. (g) benannten und „fett" markierten Kurvenabschnitte des Zeit-Spannung-Diagramms geschrieben werden konnten. (11 P)

e) Werden die beiden Aufhängungsdrähte der Leiterschaukel nicht mit dem (hochohmigen) Messgerät, sondern einfach mit einem Kabel (also Leiter) miteinander verbunden, wirkt auf die Leiterschaukel außer der Rückstellkraft und von der Aufhängung und dem Luftwiderstand verursachten Dämpfungskräften auch noch eine weitere Kraft

$$F_x = \frac{L^2 \cdot B^2}{R_{LS}} \cdot v(t).$$

Dabei ist R_{LS} der elektrische Widerstand der Leiterschaukel, bestehend aus dem Kupferstab und den beiden Aufhängedrähten sowie dem Verbindungskabel.

Erläutern Sie Ursache, Richtung und Wirkung dieser Kraft.

Leiten Sie den angegebenen Term her. (13 P)

Aufgabe 2: Radioaktiver Zerfall von Uran und das Alter der Erde

In dieser Aufgabe geht es um die Bestimmung des Alters der Erde mit der Uran-Blei-Methode.

a) **Allgemeines zum radioaktiven Zerfall**
Das natürlich vorkommende Uran-Isotop U-238 zerfällt über mehrere Zwischenprodukte in das stabile Blei-Isotop Pb-206. Uran-238 zerfällt in einem α-Zerfall, das erste Tochterelement zerfällt in einem β^--Zerfall.

Beschreiben Sie die beim α-Zerfall und β^--Zerfall im Atomkern stattfindenden Umwandlungsprozesse.

Geben Sie die Umwandlungsgleichungen für den Zerfall von U-238 und den Zerfall des ersten Tochterelements an.

Geben Sie an, wie viele α-Zerfälle in der Zerfallsreihe von ${}^{238}_{92}U$ bis ${}^{206}_{82}Pb$ stattfinden, und bestimmen Sie dann die Anzahl der β^--Zerfälle.

Begründen Sie jeweils die Anzahl der Zerfälle. (14 P)

b) **Ein vereinfachtes Modell für den Zerfall von U-238 in Pb-206**
Bei der Bestimmung des Alters der Erde geht man von einem vereinfachten Modell aus, in dem diese Zerfallsreihe durch einen einzigen Zerfall vom Mutterelement U-238 in das Tochterelement Pb-206 mit einer Halbwertszeit von $T_{1/2} = 4{,}47 \cdot 10^9$ a beschrieben wird.

Begründen Sie anhand der Tabelle 1, dass dieses Modell zulässig ist. (4 P)

Nuklid	Mutternuklid U-238	Nuklid 2	Nuklid 3	Nuklid 4	Nuklid 5	Nuklid 6
$T_{1/2}$	$4{,}47 \cdot 10^9$ a	24,10 d	6,7 h	$2{,}46 \cdot 10^5$ a	$7{,}54 \cdot 10^4$ a	$1{,}60 \cdot 10^3$ a

Nuklid	Nuklid 7	Nuklid 8	Nuklid 9	Nuklid 10	Nuklid 11	Nuklid 12
$T_{1/2}$	3,83 d	3,05 m	26,8 m	19,9 m	0,2 s	22,3 a

Nuklid	Nuklid 13	Nuklid 14	Endnuklid Pb-206
$T_{1/2}$	5,01 d	138 d	stabil

Tab. 1: Halbwertszeiten $T_{1/2}$ der Nuklide in der Zerfallsreihe von U-238 in Pb-206
a: Jahre, d: Tage, m: Minuten, s: Sekunden

c) **Grafische Darstellung des Zerfalls im vereinfachten Modell**
Stellen Sie in einem Diagramm den Graphen $N_M(t)$, d. h. die Anzahl der Mutterkerne U-238 in Abhängigkeit von der Zeit, dar, wenn zum Zeitpunkt $t = 0$ die Anzahl $N_{M,0}$ vorliegt.

Begründen Sie Ihr Vorgehen.

Zeichnen Sie zusätzlich in dieses Diagramm den Graphen für $N_T(t)$, d. h. die Anzahl der Tochterkerne Pb-206 in Abhängigkeit von der Zeit, unter der Voraussetzung ein, dass zum Zeitpunkt $t = 0$ keine Tochterkerne vorhanden waren.

Begründen Sie Ihr Vorgehen. (9 P)

d) **Verfahren zur Berechnung des Alters der Erde**

Gehen Sie bei der Bearbeitung dieser Aufgabe davon aus, dass bei der Bildung der festen Erdkruste Gesteine entstanden, die Uran, aber kein Blei enthielten.
Man kann die seit dem Zeitpunkt der Entstehung der Gesteine (t = 0) vergangene Zeit, d. h. das Alter der Gesteinsprobe, dann aus dem Verhältnis der Kerne U-238 und Pb-206 in Proben dieser Gesteine ermitteln.
Die Anzahl der Kerne des Mutterelements Uran nimmt ab nach der Beziehung

$$N_M(t) = N_{M,0} \cdot e^{-\lambda \cdot t},$$

wobei λ die Zerfallskonstante ist.

Leiten Sie daraus folgende Gleichung für das Alter der Gesteinsprobe her:

$$t = \frac{T_{1/2}}{\ln 2} \cdot \ln\left(1 + \frac{N_T(t)}{N_M(t)}\right)$$

Das Alter der ältesten gefundenen Gesteinsprobe kann man in etwa mit dem Alter der Erde gleichsetzen. In einer solchen Probe wurde für das Verhältnis der Anzahl der Kerne von Pb-206 und U-238 der Wert

$$\frac{N_{Pb\text{-}206}}{N_{U\text{-}238}} = 1{,}02$$

bestimmt.

Berechnen Sie das Alter der Erde. (9 P)

e) **Prüfung, ob eine Probe verunreinigt ist**

Eine sehr große Fehlerquelle bei der Altersbestimmung ist die „Verunreinigung“ der Proben durch Blei, sobald man sie Umwelteinflüssen aussetzt.

Erläutern Sie, warum das Hinzukommen von Blei aus der Umwelt zu einem Fehler bei der Altersbestimmung führt.

Begründen Sie, ob die Probe dadurch älter oder jünger erscheint, als sie tatsächlich ist.

Das in der Umwelt vorkommende Blei besteht aus mehreren Isotopen, unter anderen aus Pb-206 und Pb-204. Diese beiden Isotope treten stets etwa im gleichen Verhältnis (17 : 1) auf.
Um herauszufinden, ob eine Probe verunreinigt ist, analysiert man, ob die Probe das Isotop Pb-204 enthält, da dieses in der Zerfallsreihe von U-238 nicht vorkommt.

Beschreiben Sie den Rechenweg, wie man das Alter eines uranhaltigen Gesteins möglichst genau bestimmen kann, auch wenn man eine bestimmte Menge Pb-204 in der untersuchten Probe gefunden hat. (9 P)

f) **Bestimmung der Halbwertszeit von sehr langlebigen Nukliden**
Es soll die Halbwertszeit eines Nuklids bestimmt werden, die im Bereich von sehr vielen Jahren liegt. Die experimentelle Bestimmung ist auf der Grundlage der Beziehung $A(t) = \lambda \cdot N(t)$ möglich, wobei A(t) die Aktivität zum Zeitpunkt t bedeutet.

Leiten Sie die Beziehung für die Aktivität

$$A(t) = \frac{\ln 2}{T_{1/2}} \cdot N(t)$$

aus dem Zerfallsgesetz begründet her.

Eine Probe besteht nur aus Mutter- und Tochterelement. Zur Ermittlung von N(t) – d. h. der Anzahl der noch nicht zerfallenen Mutterkerne – wird ein kleiner Teil der Probe mithilfe eines Massenspektrometers analysiert. Zusätzlich steht eine Präzisionswaage zur Verfügung.

Beschreiben Sie, wie man dadurch zu einem Wert für N(t) der Probe gelangt.

Mit einem Zählrohr wird für eine radioaktive Probe eine bestimmte Zählrate ermittelt.

Begründen Sie, warum über diese Zählrate die Aktivität nicht unmittelbar nur durch Anwendung der angegebenen Beziehung bestimmt werden kann.

Geben Sie drei Faktoren an, die man berücksichtigen muss, wenn man aus der Zählrate die Aktivität bestimmen will. (15 P)

Tipps und Hinweise zur Lösung von Prüfungsaufgabe I

Tipps zu Aufgabe 1

Vorbemerkung: Die genannte Schwingung dient lediglich dazu, dass Sie einen sich in einem Magnetfeld unterschiedlich schnell hin und her bewegenden Leiter haben, in dem aufgrund seiner Bewegung an seinen Enden eine Spannung hervorgerufen wird.

Teilaufgabe a

- Was darf (hinsichtlich der gegenseitigen Positionen/Ausrichtungen) vereinfachend angenommen werden? Beachten Sie hierzu auch den einleitenden Aufgabentext.
- Prüfen Sie, ob Sie allgemein vektoriell vorgehen müssen oder ob aufgrund der Vorgaben betragsmäßige Formulierungen und Darstellungen ausreichen.
- Denken Sie an die Kraft, die bewegte elektrische Teilchen in Magnetfeldern erfahren.
- Wann immer man (in der Schule) von Spannungen in elektrischen Feldern spricht, sollte man unbedingt an einen bestimmten (für homogene Felder einfachen) Zusammenhang zwischen der elektrischen Feldstärke und der Spannung denken.

Teilaufgabe b

- Beachten Sie die angegebenen Maßstäbe im Angabentext bzw. in Abbildung 2.
- Beachten Sie, dass das Signal durch einen Mikrovoltverstärker vorverstärkt wurde.
- Denken Sie daran, dass Ihnen in Teilaufgabe 1 a bereits eine Gleichung für die Geschwindigkeit angegeben worden ist.

Teilaufgabe c

- Hier stehen Ihnen aus fachmethodischer Sicht mehrere Möglichkeiten zur Verfügung.
- Denken Sie daran, dass k durch das Verhältnis der ablesbaren Amplituden bestimmt ist.
- Berechnen Sie das Verhältnis zweier aufeinander folgender Amplituden – oder besser: Verhältnis von Amplituden, die mehrere Schwingungsdauern voneinander entfernt sind.

Teilaufgabe d

- Erinnern Sie sich an die Gestalt des Magnetfelds eines Hufeisenmagneten – innerhalb und außerhalb seiner beiden Schenkel.
- Denken Sie daran, dass Ihnen der Kurvenabschnitt (g) bereits in Abbildung 4 b begegnet ist.
- Auffällig ist insbesondere die Form der „Verzerrung“ – danach ist aber nicht gefragt.

Teilaufgabe e

- „Hochohmig" bedeutet inhaltlich, dass praktisch kein Strom fließt.
- Es geht um Stromfluss durch einen Leiter mit dem Widerstand R. Daher kann man U und I miteinander verknüpfen, da Strom und Spannung in einem Leiter über dessen ohmschen Widerstand miteinander verbunden sind.
- Die magnetische Kraft auf einen stromdurchflossenen Leiter entsteht aufgrund der Lorentzkraft, daher können Sie eine Gleichung nutzen, mit der sich die Kraft auf einen stromdurchflossenen Leiter berechnen lässt.
- Denken Sie an die Lenz'sche Regel.

Tipps zur Aufgabe 2

Vorbemerkung: Sie haben sicherlich im Unterricht ein Verfahren zu einer Altersbestimmung behandelt; eines der bekanntesten dürfte die C14-Methode sein zur Altersbestimmung gewisser archäologischer Funde.
Denken Sie zunächst daran, dass und wie ein radioaktives Isotop eines chemischen Elements im Verlaufe der Zeit mengenmäßig abnimmt, indem es durch Aussendung gewisser Objekte in ein Isotop eines anderen chemischen Elements übergeht.

Teilaufgabe a

- Die beiden ersten Teilaufgaben verlangen Wissen um die Umwandlungsprozesse beim radioaktiven Zerfall.
- Achten Sie darauf, dass – lediglich – der β^--Zerfall verlangt ist.
- Die Differenz der Massenzahlen von U und Pb finden Sie bereits in den Angaben der Aufgabenstellung, Sie können sie aber auch Ihrer Nuklidkarte entnehmen.
- Da ein Betazerfall nicht die Massenzahl ändert, kann die Änderung der Massenzahl nur durch Alphazerfälle realisiert sein. Beachten Sie den daraus folgenden Schluss für die Anzahl der Betazerfälle.

Teilaufgabe b

- Vergleichen Sie die angegebenen Halbwertszeiten miteinander. Welche ist die für die Gesamtzerfallszeit praktisch allein bestimmende?
- Beachten Sie auch für die weiteren Teilaufgaben, dass ab jetzt ein vereinfachtes Modell aus einer (einzigen) Muttersubstanz und einer (einzigen) Tochtersubstanz angenommen wird.

Teilaufgabe c

- Beachten Sie, dass die Summe der Anzahlen aus Mutter- und Tochterkernen immer konstant ist.
- Die Aufgabenstellung verlangt eine quantitative Darstellung, also beachten Sie die Halbwertzeit der Muttersubstanz und skalieren Sie Ihr Diagramm entsprechend.

Teilaufgabe d

- Lassen Sie sich durch den etwas „länglichen" angegebenen Term für t nicht irritieren.
- Die Gleichung für den zeitlichen Verlauf der Anzahl der Mutterkerne ist angegeben: Wenn also $N_M(t)$ die Anzahl der Mutterkerne zu einem Zeitpunkt t darstellt, was weiß man dann über die Anzahl der Tochterkerne $N_T(t)$?
- Sie können das Verhältnis $\frac{N_T(t)}{N_M(t)}$ nutzen.
- Nutzen Sie Ihre Formelsammlung. Welche Beziehung über die Zerfallskonstante λ und der Halbwertszeit finden Sie dort (vermutlich)?

Teilaufgabe e

- Die Verunreinigungen erhöhen den Anteil des Bleis in der Probe. Daraus kann man ohne Rechnung bereits schließen, dass die Probe … erscheint.
- Achten Sie bei der letzten Teilfrage darauf, dass lediglich der Rechenweg beschrieben werden soll.
- Denken Sie daran, dass mit einer gewissen Menge Pb-204 immer das 17-Fache an Pb-206 hinzukommt, das nicht bei der Altersbestimmung berücksichtigt werden darf.

Teilaufgabe f

- Beachten Sie die Aufgabenstellung, die gesuchte Beziehung soll aus dem Zerfallsgesetz hergeleitet(!) werden. Ein Ersetzen von λ durch eine bekannte Beziehung z. B. aus der Formelsammlung reicht nicht aus.
- Gehen Sie von der Definition der Aktivität $A(t) = -\dot{N}(t)$ aus; beachten Sie dabei insbesondere auch das auftretende Minuszeichen.
- Beachten Sie, dass beim zweiten Teilauftrag lediglich ein Verfahren beschrieben werden muss.
- Denken Sie daran, dass die Zählrate eines Detektors lediglich einen gewissen Anteil der tatsächlich stattfindenden Zerfallsprozesse angibt.

Lösungen zur Prüfungsaufgabe I

Aufgabe 1

a) Im Folgenden wird von rechten Winkeln zwischen den drei Größen Magnetfeldstärke, Geschwindigkeit und Kraft ausgegangen.

Prinzipskizze (siehe Abbildung 6)

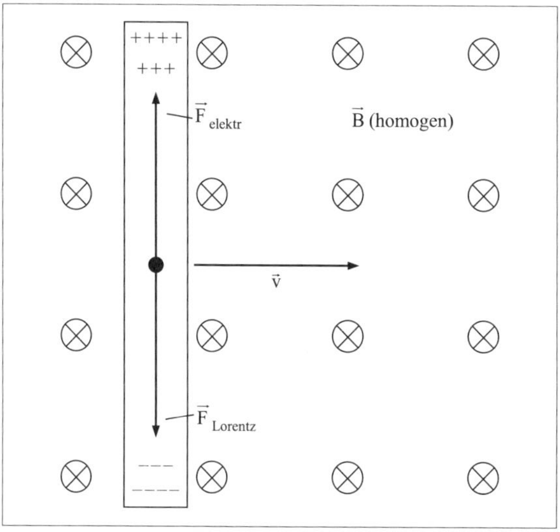

Abb. 6

Beachten Sie die üblichen Symbole für Vektorgrößen, die in die Zeichenebene hinein gehen (⊗) und die aus der Zeichenebene heraus kommen (⊙).

Spannungserzeugung

Der Kupferstab bewegt sich (vgl. Abbildung 6) mit der Geschwindigkeit v durch das (homogene) Magnetfeld der Stärke B. Auf jedes dabei mitbewegte Leitungselektron im Kupferstab wirkt die Lorentzkraft $F_L = e \cdot v \cdot B$. Die Lorentzkraft verschiebt die (frei beweglichen) Leitungselektronen, sodass es zu einer „Konzentration" von Elektronen an einem Stabende und zu einem „Elektronenmangel" am anderen Stabende kommt. Insgesamt entsteht dadurch ein elektrisches Feld der Stärke E und somit eine elektrische Spannung U zwischen den beiden Leiterenden.

Herleitung der Formel

Nimmt man näherungsweise an, dass es sich bei diesem Feld um ein homogenes Feld handelt, ergibt sich als Spannung zwischen den Stabenden

$$E = \frac{U}{L}.$$

Die Elektronen erfahren also eine elektrische Kraft $F_{elektr} = e \cdot E = e \cdot \frac{U}{L}$, die der Lorentzkraft entgegengesetzt gerichtet ist.

Wenn die elektrische Kraft so groß geworden ist, dass sie der Lorentzkraft das Gleichgewicht hält, gelangen keine weiteren Elektronen mehr an das eine Stabende. Dies geschieht in der Realität sehr schnell, fast sofort. Dann gilt betragsmäßig:

$$F_{elektr.} = F_{Lorentz} \quad \Leftrightarrow \quad e \cdot \frac{U}{L} = e \cdot v \cdot B \quad \Rightarrow \quad U = L \cdot v \cdot B$$

Wegen der zeitlichen Veränderlichkeit der Geschwindigkeit ist dann genauer:

$$\underline{\underline{U(t) = L \cdot v(t) \cdot B}}$$

Die Kraft auf bewegte elektrische Teilchen in Magnetfeldern sowie die Kraft auf (ruhende oder bewegte) elektrische Teilchen in elektrischen Feldern gehören zu den wenigen „physikalischen Vokabeln", die Sie unbedingt auswendig angeben können sollten!

Ergänzende Frage: Warum sichert die Vorgabe der kleinen Auslenkungen deutliche Vereinfachungen zu? Warum wäre die Aufgabe viel schwerer zu bearbeiten, wenn die Leiterschaukel gar bis 90° ausschwingen dürfte?

b) Unter Berücksichtigung der angegebenen Zeitablenkung bzw. der Verstärkungsfaktoren entnimmt man dem Diagramm in Abbildung 2 die

- **Periodendauer:**

$$T = 7{,}1 \text{ Kästchen} \cdot 0{,}2 \frac{\text{s}}{\text{Kästchen}} = \underline{\underline{1{,}42 \text{ s}}}$$

- **Höhe der ersten Spannungsamplitude:**

$$U_0 = 3{,}6 \text{ Kästchen} \cdot 2 \frac{\text{V}}{\text{Kästchen}} \cdot 10^{-4} = \underline{\underline{7{,}2 \cdot 10^{-4} \text{ V}}}$$

Der **allgemeine Funktionsterm** für eine sinusförmige Wechselspannung ist:

$$U(t) = U_0 \cdot \sin(\omega \cdot t) = \underline{\underline{U_0 \cdot \sin\left(\frac{2\pi}{T} \cdot t\right)}}$$

Durch Einsetzen der beiden zuerst ermittelten Werte ergibt sich **konkret**:

$$U(t) = 7{,}2 \cdot 10^{-4} \text{ V} \cdot \sin\left(\frac{2\pi}{1{,}42 \text{ s}} \cdot t\right) = \underline{\underline{7{,}2 \cdot 10^{-4} \text{ V} \cdot \sin(4{,}42 \text{ s}^{-1} \cdot t)}}$$

Bestimmung von v_0

Mithilfe der (angegebenen) Formel $U(t) = L \cdot v(t) \cdot B$, die man nach $v(t)$ umstellt, ergibt sich:

$$v(t) = \frac{U(t)}{L \cdot B} = \frac{U_0 \cdot \sin(\omega \cdot t)}{L \cdot B} = \frac{U_0}{L \cdot B} \cdot \sin(\omega \cdot t)$$

Der Faktor $\frac{U_0}{L \cdot B}$ gibt die maximale Geschwindigkeit v_0 an, also erhält man:

$$v_0 = \frac{U_0}{L \cdot B} = \frac{7{,}2 \cdot 10^{-4} \text{ V}}{0{,}14 \text{ m} \cdot 2 \cdot 10^{-2} \text{ T}} = \underline{\underline{0{,}26 \frac{\text{m}}{\text{s}}}}$$

Beachten Sie, dass in der Aufgabenstellung eine Umformung der Einheiten in der letzten Gleichung nicht verlangt ist. Es ist aber eine gute Übung, wenn Sie diese durchführen und zeigen, dass $1\,\frac{V}{m \cdot T} = 1\,\frac{m}{s}$ ist.
Seien Sie nicht allzu kritisch, wenn Sie leichte Unterschiede in der Skalierung von Rechts- und Hochachse feststellen – sie können am Ausdruck der Dateien liegen, gegebenenfalls sollten Sie während der Arbeit ruhig nachfragen, inwieweit von Ihnen vermutete Ungenauigkeiten in der Darstellung eines Diagramms gewollt oder ungewollt sind.

c) Für beispielsweise zehn oder zwölf unmittelbar aufeinander folgende Amplituden kann man aus dem Diagramm in Abbildung 3 der Aufgabe die „Amplitudenhöhen" entnehmen.

Die Darstellung der Amplituden in einem Diagramm sieht dann folgendermaßen aus:

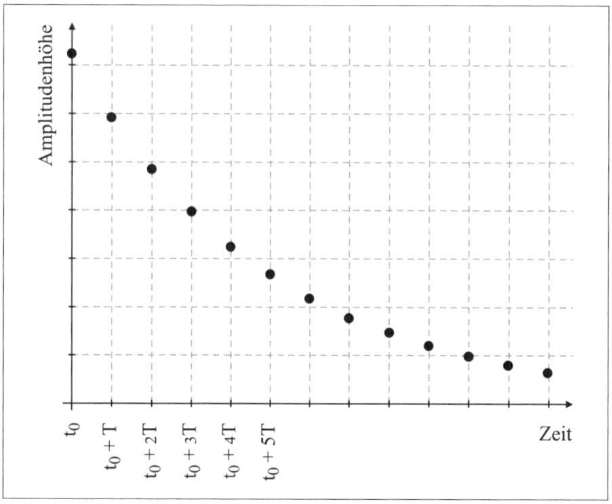

Abb. 7

Beachten Sie, dass Sie hier keinesfalls eine durchgezogene Linie durch die Messpunkte zeichnen dürfen!

Nachweisverfahren für exponentielle Abnahme

- Prüfung, ob die Amplituden nach der festen Zeit T jeweils auf den gleichen Prozentsatz abfallen – die **Quotientengleichheit** aufeinanderfolgender Werte ist charakteristisch für das Vorliegen einer exponentiellen Ab- oder Zunahme.
- **logarithmische Auftragung der Amplitudenhöhen:** bei exponentieller Veränderung muss sich als Kurve eine **Gerade** ergeben (ln und e sind Umkehrfunktionen zueinander).
- Feststellung einer **Halbwertszeit**

Natürlich ist gemäß Aufgabenstellung nur ein Verfahren zu beschreiben. Führen Sie zur Übung mindestens eins, besser alle drei Verfahren durch.
Machen Sie sich mit diesen wesentlichen Nachweismethoden vertraut, sie sind in den bisherigen Zentralabitur-Aufgaben mehrfach verlangt worden.

Herleitung eines Terms zur Berechnung von k
Da laut Aufgabenstellung ein exponentieller Abfall jetzt angenommen werden darf, wird Verfahren 1 genutzt, wobei nicht zwei unmittelbar aufeinander folgende Amplituden berücksichtigt werden, sondern aufgrund der verbesserten Genauigkeit weiter auseinander liegende Amplituden. Gegeben ist:

$$U(t) = U_A \cdot e^{-k \cdot t} \cdot \sin\left(\frac{2\pi}{T} \cdot t\right)$$

Der Quotient zweier Amplituden im zeitlichen Abstand $n \cdot T$ voneinander lautet:

$$\frac{U(t_0)}{U(t_0 + n \cdot T)} = \frac{U_A \cdot e^{-k \cdot t_0} \cdot \sin\left(\frac{2\pi}{T} \cdot t_0\right)}{U_A \cdot e^{-k \cdot (t_0 + n \cdot T)} \cdot \sin\left(\frac{2\pi}{T} \cdot (t_0 + n \cdot T)\right)}$$

$$= \frac{U_A \cdot e^{-k \cdot t_0} \cdot \sin\left(\frac{2\pi}{T} \cdot t_0\right)}{U_A \cdot e^{-k \cdot t_0} \cdot e^{-k \cdot n \cdot T} \cdot \sin\left(\frac{2\pi}{T} \cdot (t_0 + n \cdot T)\right)} = \frac{1}{e^{-k \cdot n \cdot T}}$$

In dem vorletzten Bruchterm kann man neben U_A und $e^{-k \cdot t_0}$ auch $\sin\left(\frac{2\pi}{T} \cdot t_0\right)$ gegen $\sin\left(\frac{2\pi}{T} \cdot (t_0 + n \cdot T)\right)$ kürzen, da sich beide Argumente um das n-Fache der vollen Periode unterscheiden und somit denselben Sinuswert ergeben. Durch Logarithmieren des verbleibenden, deutlich vereinfachten Terms erhält man:

$$k \cdot n \cdot T = \ln\left(\frac{U(t_0)}{U(t_0 + n \cdot T)}\right) \quad \Rightarrow \quad \underline{\underline{k = \frac{1}{n \cdot T} \cdot \ln\left(\frac{U(t_0)}{U(t_0 + n \cdot T)}\right)}} \qquad (*)$$

Bestimmung von k
Für die Schwingungsdauer liest man aus Abbildung 3 $T \approx 1{,}4$ s ab, für die 4. und 24. Amplitude $(n = 20)$ $U(t_0) = 3$ Einheiten und $U(t_0 + 20 \cdot T) = 1$ Einheit. Eingesetzt in (*) folgt:

$$k = \frac{1}{20 \cdot 1{,}4\ \text{s}} \cdot \ln\frac{3}{1} \approx \underline{\underline{0{,}04\ \text{s}^{-1}}}$$

Ergänzende Aufgabe: Versuchen Sie auch, alternative Lösungswege zu finden. Beispielsweise kann man nach Ermittlung der Halbwertszeit mittels des Zusammenhangs $k \cdot T_{1/2} = \ln 2$ die Konstante k ermitteln.

d) **Verzerrung und Nulldurchgänge**
Im ersten Fall befindet sich der bewegte Leiter stets zwischen den beiden Schenkeln des Hufeisenmagneten, also in einem Bereich, in dem die Stärke des Feldes relativ konstant ist, da das Magnetfeld in guter Näherung als homogen angesehen werden kann.

Im zweiten Fall bewegt sich der Leiter auch aus dem Raumbereich zwischen den Schenkeln heraus, also auch in einem Gebiet, in dem die Stärke des Magnetfeldes deutlich kleiner ist als zwischen den Schenkeln. Das Magnetfeld ist zudem dort stark inhomogen. Dies ist die Ursache für die Verzerrung des Kurvenverlaufs.

Die Spannung ist gleich null (Positionen c), wenn v(t) gerade gleich null ist (vgl. Teilaufgabe 1 a), wenn sich der Leiter/das Pendel also gerade in den Umkehrpunkten befindet.

Bewegung des Leiters
Da der **mit (f) benannte Kurvenabschnitt** deutlich verzerrt ist, muss sich der Leiter während dieser Phase im (stark) inhomogenen Teil des Magnetfeldes bewegt haben. Er wird sich also von der Ruhelage (Minimum der Induktionsspannung) vom Magneten weg bewegt haben, wobei die Geschwindigkeit und die Induktionsspannung dem Betrage nach abnehmen, um schließlich im Umkehrpunkt der Bewegung den Wert null zu erreichen. Danach nehmen die Geschwindigkeit des Leiters und die Induktionsspannung wieder zu, bis in der Nähe der Ruhelage das Maximum der Spannung erreicht wird.
Da der **mit (g) benannte Kurvenabschnitt** (nahezu) identisch zu dem entsprechenden Kurvenabschnitt der Abbildung 4 b ist, muss sich der Leiter während dieser Phase zwischen den Schenkeln des Magneten bewegt haben. Er wird sich also von der Ruhelage weiter in das Magnetfeld hinein bewegt haben, wobei die Geschwindigkeit und somit die Induktionsspannung bis zum Umkehrpunkt bis auf null abnehmen. Danach nehmen die Geschwindigkeit des Leiters und die Induktionsspannung dem Betrage nach wieder zu, bis beim Durchgang durch die Ruhelage das Minimum der Spannung erreicht wird.

Recht oft kommen in den zentral gestellten Abiturklausuren Fragen qualitativer Natur vor. Sie sollten daher sorgfältig üben, logisch einwandfreie und vollständige physikalische Argumentationen sprachlich zu formulieren, ohne diese jedoch ausschweifend darzustellen.

Ergänzende Aufgaben:
- Versuchen Sie, etwas detailliertere qualitative Aussagen über den sichtbaren Spannungsverlauf zu machen, indem Sie auch die Inhomogenität des Magnetfelds außerhalb des Magneten berücksichtigen; versuchen Sie also, die Art der Krümmung des verzerrten Kurvenstücks zu erläutern.
- Messen Sie in Kurve 5 b die Abstände zwischen Minimum und Maximum im Vergleich zu den Abständen zwischen Maximum und Minimum aus. Wie sind die Unterschiede zu erklären?

e) Da das Messgerät einen sehr hohen Eingangswiderstand besitzt, fließt trotz der vorhandenen Induktionsspannung kein (oder nur ein sehr kleiner) Strom durch die Reihenschaltung aus Kupferleiter, Aufhängedrähten und Messgerät. Wird aber die beschriebene Kabelverbindung hergestellt, kann aufgrund des dann sehr kleinen ohmschen Widerstandes ein nennenswerter Strom I fließen.

Aufgrund dieses Stromflusses durch den Kupferleiter erfährt dieser eine magnetische Kraft

$$|\vec{F}_{mag}(t)| = B \cdot I(t) \cdot L, \quad (**)$$

wobei L die Länge des Leiters bezeichnet. Nach der **Drei-Finger-Regel** ergibt sich die Richtung dieser Kraft anhand der Skizze in Abbildung 8 (beachten Sie dabei, dass I in der technischen Stromrichtung angegeben ist). Die aufgrund des „induzierten" Stroms auftretende magnetische Kraft ist der Geschwindigkeit der Leiterschaukel entgegen gerichtet, diese Geschwindigkeit wird also dadurch verringert, sodass sich eine insgesamt (deutlich) gedämpfte Schwingung der Leiterschaukel einstellt.

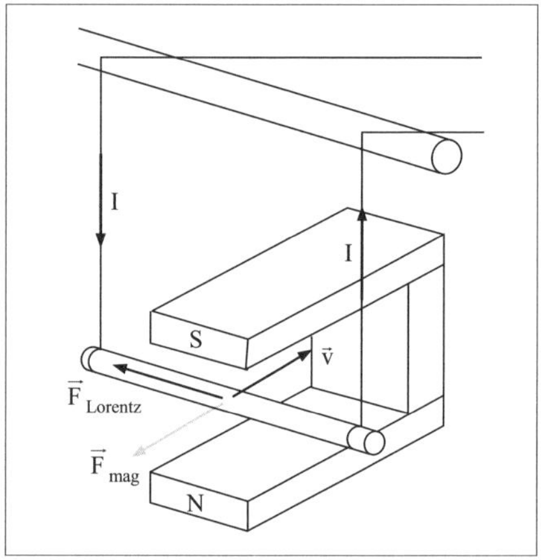

Abb. 8

Diese Aussage kann auch mithilfe der **Lenz'schen Regel** begründet werden bzw. bestätigt auch für diesen Vorgang die Allgemeingültigkeit dieser Regel:
Der Strom ist stets so gerichtet, dass seine „Wirkung", nämlich die Kraft $|\vec{F}_{mag}|$, der „Ursache", also der Bewegung des Leiters im Magnetfeld, entgegenwirkt.

Herleitung des Kraftterms

Die Stromstärke I selbst ist gemäß der Definition des ohmschen Widerstands

$$I(t) = \frac{U(t)}{R_{LS}}.$$

Nach Einsetzen in (**) erhält man mit dem angegebenen Term $U(t) = L \cdot v(t) \cdot B$ für die induzierte Spannung:

$$|\vec{F}_{mag}(t)| = B \cdot I(t) \cdot L = B \cdot \frac{U(t)}{R_{LS}} \cdot L = B \cdot \frac{L \cdot v(t) \cdot B}{R_{LS}} \cdot L = \underline{\underline{\frac{B^2 \cdot L^2}{R_{LS}} \cdot v(t)}}$$

Ergänzende Aufgabe: Geben Sie andere Beispiele an, bei denen die „bremsende" Wirkung eines induzierten Stromes zu beobachten ist.

Aufgabe 2

a) **Beschreibung der Umwandlungsprozesse**

α-Zerfall: Aussendung eines Teilstücks des Kerns, bestehend aus zwei Protonen und zwei Neutronen.

β^--Zerfall: Umwandlung eines Neutrons des Kerns in ein Proton und ein den Kern verlassendes Elektron.

Ergänzende Aufgaben: Was versteht man unter dem β^+-Zerfall? Beschreiben Sie allgemein beide Umwandlungen für ein beliebiges Isotop $^{n}_{Z}X$.

Umwandlungsgleichungen für den Zerfall von U-238

α-Zerfall: $^{238}_{92}U \rightarrow {}^{234}_{90}Th + {}^{4}_{2}He$

β^--Zerfall: $^{234}_{90}Th \rightarrow {}^{234}_{91}Pa + {}^{0}_{-1}e$

Beim Betazerfall kommt auch noch ein (Anti-) Neutrino vor, dessen Nennung aber hier nicht unbedingt verlangt war.

Anzahl der Zerfälle in der gesamten Reihe
Die Massenzahl ändert sich insgesamt um 32, also finden 8 α-Zerfälle statt. Durch die Emission von 8 α-Teilchen würde die Ordnungszahl um 16 sinken. Tatsächlich erniedrigt sie sich aber nur um 10, also müssen 6 β^--Zerfälle vorkommen.

b) Die Halbwertszeit für den Zerfall von U-238 in Nuklid 2 ist etwa um den Faktor 10^4 größer als alle anderen Halbwertszeiten; im Verhältnis zu dieser Zeit ist die Gesamtheit der nachfolgenden Halbwertszeiten also vernachlässigbar klein. Wenn ein Kern U-238 in Nuklid 2 zerfallen ist, ist in diesem Zeitmaßstab praktisch „unmittelbar" danach ein Kern Pb-206 entstanden. Daher darf das vereinfachende Modell verwendet werden.

c) **Diagramm** (Abbildung 9)

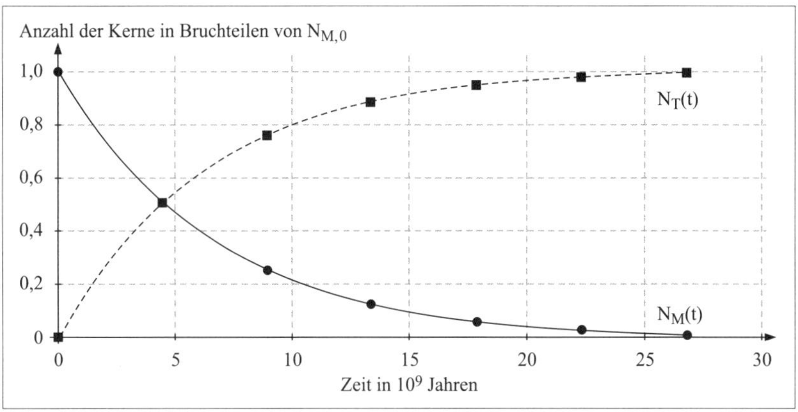

Abb. 9

Jeweils nach der Halbwertszeit von $T_{1/2} = 4{,}47 \cdot 10^9$ a halbiert sich die Anzahl der Mutterkerne. Wenn diese anfangs für $t = 0$ die Anzahl $N_{M,0}$ ist, ergeben sich für die Anzahl der Mutterkerne die im Diagramm angegebenen Werte, die dort als Anteil der anfänglich vorhandenen Kerne dargestellt sind.

Sie können auf der Hochachse auch direkt die Anzahl der Mutterkerne darstellen, indem Sie den höchsten Wert für $t=0$ mit $N_{M,0}$ benennen.

Aus jedem Mutterkern entsteht genau ein Tochterkern, d. h., die Summe der Kerne von Mutter und Tochter ist konstant. Damit ergibt sich die Kurve für die Tochterkerne durch die Differenzbildung $N_T(t)=N_{M,0}-N_M(t)$.

d) **Herleitung der Gleichung**
Da davon ausgegangen wird, dass alle Kerne des Mutterelements sofort in Kerne des Tochterelements übergehen, gilt:

$$N_T(t)=N_{M,0}-N_M(t) \quad \Leftrightarrow \quad N_{M,0}=N_T(t)+N_M(t)$$

Setzt man die rechte Seite dieser Gleichung in das Zerfallsgesetz für $N_M(t)$ ein, folgt:

$$\begin{aligned} N_M(t) &= N_{M,0}\cdot e^{-\lambda\cdot t} \\ &= \left(N_T(t)+N_M(t)\right)\cdot e^{-\lambda\cdot t} \end{aligned}$$

Nach Division durch $N_M(t)$ auf beiden Seiten wird die Gleichung logarithmiert und nach t aufgelöst. Mit $\lambda=\frac{\ln 2}{T_{1/2}}$ ergibt sich der angegebene Term:

$$1=\left(\frac{N_T(t)+N_M(t)}{N_M(t)}\right)\cdot e^{-\lambda\cdot t}$$

$$1=\left(\frac{N_T(t)}{N_M(t)}+1\right)\cdot e^{-\lambda\cdot t}$$

$$0=\ln\left(1+\frac{N_T(t)}{N_M(t)}\right)-\lambda\cdot t$$

$$\lambda\cdot t=\ln\left(1+\frac{N_T(t)}{N_M(t)}\right)$$

$$\underline{\underline{t=\frac{T_{1/2}}{\ln 2}\cdot\ln\left(1+\frac{N_T(t)}{N_M(t)}\right)}} \qquad (*)$$

Alter der Erde
Man setzt die gegebenen Zahlenwerte ein und erhält:

$$t=\frac{4{,}7\cdot 10^9\text{ a}}{\ln 2}\cdot\ln(1+1{,}02)=\underline{\underline{4{,}53\cdot 10^9\text{ a}}}$$

Die Erde ist etwa 4,5 Milliarden Jahre alt.

e) **Fehler und Wirkung**
Durch die Verunreinigung mit Blei gelangen zusätzliche Pb-206-Atome in die Probe, die nicht Folgeprodukt des U-238 sind. Daher ändert sich das Verhältnis von Pb- und U-Atomen: Es wird größer, sodass die Probe daher älter erscheint (vgl. Gleichung (∗) in Teilaufgabe 2 d).

Fehlerkorrektur

Die eigentliche Aufgabe ist es, die Anzahl der Pb-206-Atome zu ermitteln. Wenn man die Anzahl Pb-204-Atome kennt, weiß man, dass das 17-Fache an Atomen Pb-206 durch die Verunreinigung hinzu gekommen ist. Diese Anzahl der Atome Pb-206 sind einfach von der gemessenen Gesamtzahl der Atome Pb-206 zu subtrahieren, um die Anzahl derjenigen Pb-206-Atome zu ermitteln, die ihren Ursprung im Zerfall von U-238 haben.

f) **Herleitung der Beziehung zwischen A(t) und N(t)**

Setzt man das Zerfallsgesetz

$$N(t) = N_0 \cdot e^{-\lambda \cdot t}$$

in die Definitionsgleichung der Aktivität A(t) ein, ergibt sich:

$$A(t) = -\dot{N}(t) = \frac{d}{dt}\left(N_0 \cdot e^{-\lambda \cdot t}\right) = -\lambda \cdot N_0 \cdot e^{-\lambda \cdot t} = -\lambda \cdot N(t) \qquad (**)$$

Um die Zerfallskonstante durch die Halbwertszeit auszudrücken, setzt man

$$\frac{1}{2} N_0 = N(T_{1/2}) = N_0 \cdot e^{-\lambda \cdot T_{1/2}}$$

an, kürzt N_0, logarithmiert die Gleichung und stellt nach λ um:

$$\frac{1}{2} = e^{-\lambda \cdot T_{1/2}} \quad \Rightarrow \quad -\ln 2 = -\lambda \cdot T_{1/2} \quad \Rightarrow \quad \lambda = \frac{\ln 2}{T_{1/2}}$$

Dies eingesetzt in (**) führt auf:

$$\underline{\underline{A(t) = -\frac{\ln 2}{T_{1/2}} \cdot N(t)}}$$

Bestimmung von N(t)

Mit einem Massenspektrometer erhält man Messwerte und damit Aussagen über die relative Häufigkeit der in der Teilprobe enthaltenen Isotope (hier Mutter und Tochter). Man setzt voraus, dass dieses Verhältnis in der Gesamtprobe vorliegt, bestimmt deren Masse und berechnet N(t).

Bestimmung der Aktivität mithilfe der Zählrate

Die gemessene Zählrate entspricht nicht unmittelbar der Anzahl der tatsächlich stattgefundenen Zerfälle. Zu berücksichtigen ist insbesondere der „Geometriefaktor“ des Zählrohrs, da ein Zählrohr nur einen bestimmten – meist kleinen – Anteil der in alle Richtungen ausgesandten Strahlung registriert.

Weiterhin müssen beispielsweise noch berücksichtigt werden:

- Nulleffekt
- Totzeit des Zählrohrs
- Ansprechwahrscheinlichkeit des Detektors
- Absorption von Strahlung im Detektorfenster
- Aktivität von Tochterelementen
- Absorption von Strahlung im Präparat selbst

Abiturprüfung Physik 2009 (Nordrhein-Westfalen) – Leistungskurs
Prüfungsaufgabe II

Aufgabe 1: Untersuchung der Frauenhofer'schen Linien im Sonnenspektrum

1814 fand der deutsche Physiker Joseph von Fraunhofer **schwarze Linien im Spektrum des Sonnenlichts**, von denen er 500 genauer beschrieb. Ein Spektrum des Sonnenlichts ist in Abbildung 2 b dargestellt. Die Linien sind mit Buchstaben gekennzeichnet. Etwa ab 1817 befasste sich Fraunhofer auch mit dem Phänomen der Beugung und stellte ein **optisches Gitter** her, mit dem es gelang, eine absolute Wellenlängenmessung von Spektrallinien durchzuführen.

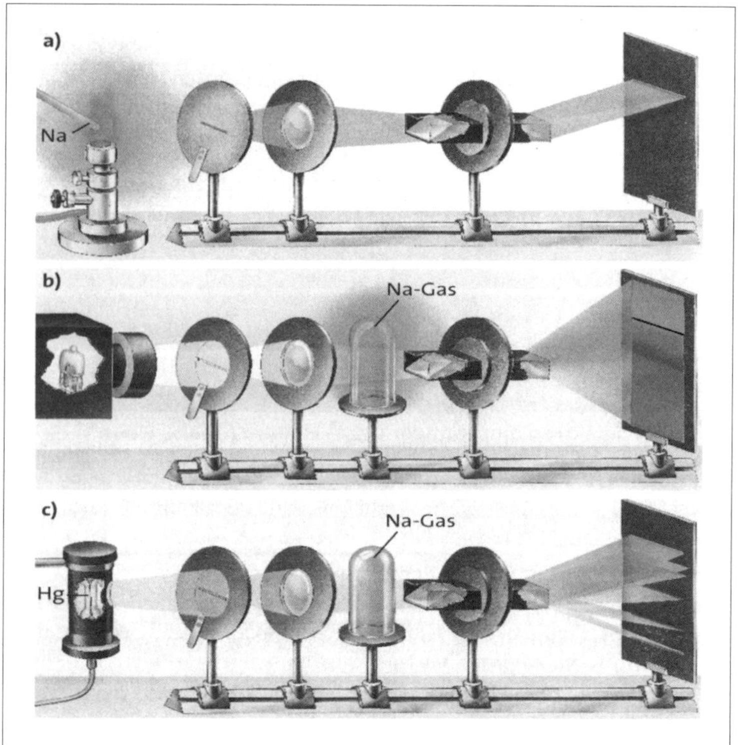

Abb. 1: Darstellung der Experimente (aus Metzler Physik, Schroedel-Verlag, 3. Aufl.)

Hinweise zur Abbildung 1: Im oberen Experiment wird Natriumchlorid (NaCl) in die Flamme gehalten. Der dann beobachtete Effekt ist allerdings nur auf den Natriumanteil zurückzuführen. Im mittleren Experiment dient eine Halogenlampe als Weißlichtquelle. Im unteren Experiment wird eine Quecksilberdampflampe (Hg) verwendet. Zum Erzeugen der Spektren werden Prismen verwendet.

a) Zur Erklärung der Fraunhofer'schen Linien werden nun die drei schematisch dargestellten Experimente (Abbildung 1) betrachtet. (Beachten Sie die Hinweise, die die Fachlehrkraft dazu angegeben hat; siehe unten.)

Beschreiben Sie die Beobachtungen in den drei Experimenten.

Erklären Sie die Entstehung der drei dargestellten Spektren, wobei Sie insbesondere die Entstehung der dunklen Linie im gelben Spektralbereich des zweiten Experiments in der Mitte begründen.

Begründen Sie, warum im unteren dritten Experiment das Natriumgas nicht aufleuchtet. (16 P)

Mündliche Zusatzinformationen der Fachlehrkraft

Versuch 1 a: Es wird Kochsalz (NaCl) in die Gasbrennerflamme gehalten. Dabei kann man eine deutliche Gelbfärbung der Flamme beobachten. Dieses gelbe Licht wird mit einem Prisma spektral zerlegt und man erkennt nur eine einzige Linie im optischen Spektrum.

Versuch 1 b: Das Licht einer Halogenlampe/Glühlampe passiert vor dem Prisma einen Glaskolben, in dem sich aufgeheiztes Natriumgas („Natriumfluoreszenzröhre") befindet. Im Spektrum auf dem Schirm hinter dem Prisma ist eine dunkle Linie im gelben Bereich zu erkennen. Diese dunkle Linie („Absorptionslinie", „Fraunhofer-Linie") liegt genau an der Stelle, an der im Versuch 1a die gelbe Spektrallinie liegt. Außerdem ist zu beobachten, dass das Natriumgas im Glaskolben gelb aufleuchtet.

Versuch 1 c: Statt der Halogenlampe wird nun eine Quecksilberdampflampe verwendet. Das Natriumgas leuchtet nicht auf.

Hinweis: In den Experimenten der Abbildung 1 ist jeweils ein Prisma dargestellt, das das Spektrum erzeugt. In den Aufgabenteilen h und i wird aber an Stelle des Prismas ein optisches Gitter betrachtet.

b) Betrachten Sie nun die Abbildung 2.

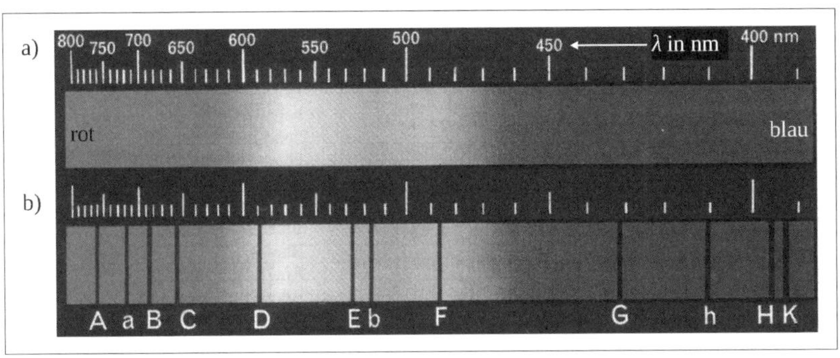

Abb. 2: Weißlichtspektrum und Sonnenspektrum (aus Dorn; Bader: Physik, Gymnasium Sek II 12/13, Schroedel Verlag, Hannover 2000)

Hierin sind zwei Spektren (in Graustufen) dargestellt. Spektrum a ist ein Spektrum von weißem Licht, Spektrum b ist ein Ausschnitt des Sonnenlichtspektrums mit einigen Fraunhofer'schen Linien in demselben Spektralbereich wie a.

Hinweis: Die Wellenlängenskala aus a gilt auch für b. Sie verläuft nicht linear. Die blaue Grenze liegt rechts, die rote Grenze links.

Werten Sie das Sonnenspektrum in Abbildung 2 b aus, indem Sie für die Fraunhofer'schen Linien A, B, C, D, F, G, a und h die zugehörigen Wellenlängen λ aus dem Spektrum ermitteln. (4 P)

c) Das weiße Sonnenlicht entsteht in der „Photosphäre“ der Sonne, einer inneren Schicht der Sonnenatmosphäre. Die Sonnenatmosphäre enthält hauptsächlich Gase in Form freier Atome (unter vielen anderen Wasserstoff und Natrium).

Deuten Sie damit die Entstehung der Fraunhofer'schen Linien im Sonnenspektrum. (3 P)

d) Die Fraunhofer'sche D-Linie kann dem Element Natrium zugeordnet werden. Wenn das Sonnenspektrum vom Weltraum außerhalb unserer Erdatmosphäre aus aufgenommen wird, verschwinden die Linien A, B und a, die durch andere Elemente erzeugt werden.

Interpretieren Sie diese beiden Befunde. (6 P)

e) Jeder Stern emittiert ein Lichtspektrum, das je nach Stern Absorptionslinien in unterschiedlicher Anzahl und Wellenlängen enthält.

Deuten Sie diese Tatsache im Hinblick auf ihren Informationsgehalt über den Sternenaufbau. (3 P)

f) Im Jahre 1885 entdeckte der Schweizer Mathematiker Johann Jakob Balmer, dass die später nach ihm benannte Spektralserie des Emissionsspektrums von Wasserstoff im sichtbaren Bereich durch eine „Serienformel“ wie der folgenden beschrieben wird:

$$\frac{1}{\lambda} = R_y \left(\frac{1}{2^2} - \frac{1}{n^2} \right) \quad \text{(Balmer-Formel)}$$

Hierin sind

$$R_y = \frac{m_e \cdot e^4}{8\varepsilon_0^2 \cdot h^3 \cdot c_0} \approx 1{,}10 \cdot 10^7 \text{ m}^{-1},$$

λ die Wellenlänge des Lichts der Spektrallinie, c_0 die Lichtgeschwindigkeit im Vakuum, m_e die Masse des Elektrons, e die Elementarladung, ε_0 die elektrische Feldkonstante und h das Planck'sche Wirkungsquantum. Zur Erklärung des Wasserstoffspektrums wird das Bohr'sche Atommodell herangezogen.

Die Energie des gebundenen Elektrons im Wasserstoffatom ergibt sich danach zu

$$W_n = -\frac{m_e \cdot e^4}{8\varepsilon_0^2 \cdot h^2} \cdot \frac{1}{n^2} = -13{,}6 \cdot \frac{1}{n^2}\,\text{eV}.$$

Damit werden nun die Fraunhofer'schen Linien betrachtet, die von Wasserstoffgas erzeugt werden.

Berechnen Sie mithilfe der Balmer-Formel, welche der Fraunhofer'schen Linien A, B, C, D, F, G, a und h zur Balmer-Serie des Wasserstoffspektrums gehören. (7 P)

g) Berechnen Sie die Energiewerte der ersten fünf Energiezustände des Wasserstoffatoms in der Einheit eV.

Zeichnen Sie das zugehörige Energieniveauschema.

Zeichnen Sie drei Übergänge der Balmer-Serie in das Energieniveauschema ein. (8 P)

h) In der Abbildung 1 wurde zur Spektralzerlegung des Lichts ein Prisma verwendet. Aus dem Unterricht ist Ihnen das optische Gitter bekannt, das wie ein Prisma das Licht ebenfalls spektral zerlegt. Ein solches optisches Gitter wird im Folgenden betrachtet.

Erläutern Sie Beugung und Interferenz von Licht am optischen Gitter.

Skizzieren Sie Beugung und Interferenz von Licht am optischen Gitter.

Leiten Sie mithilfe der Skizze die Gleichung

$$\sin \alpha_n = \frac{n \cdot \lambda}{g}$$

her, wobei g die Gitterkonstante, λ die Wellenlänge, α_n der Beugungswinkel und $n \in \mathbb{N}_0$ ist.

Beschreiben Sie, was Sie bei Beleuchtung des Gitters mit monochromatischem und mit weißem Licht beobachten. (11 P)

i) Ein optisches Gitter mit der Gitterkonstante $g = 1{,}75 \cdot 10^{-6}$ m wird mit Licht der Fraunhofer'schen D-Linie (siehe Abbildung 2 b) beleuchtet.

Berechnen Sie, wie weit diese Fraunhofer'sche Linie in der ersten Ordnung vom Hauptmaximum (liegt in der optischen Achse) entfernt liegt, wenn der Beobachtungsschirm 3 m vom Gitter entfernt ist. (3 P)

j) Die Spektren der Abbildung 2 wurden mit einem Prisma erzeugt. Wenn man das Prisma aus dem Strahlengang entnimmt, trifft das Licht auf eine Stelle links neben den Spektren (zum roten Ende hin).

Beschreiben Sie, was zu beobachten ist, wenn man ein optisches Gitter in den Strahlengang stellt.

Begründen Sie die von Ihnen beschriebene Beobachtung. (5 P)

Aufgabe 2: Hochenergetische Elektronen (β^--Teilchen)

Bei bestimmten radioaktiven Zerfallsprozessen entstehen Elektronen, sogenannte β^--Teilchen. Mit einer speziellen Ablenkkammer und einem Detektor können die Geschwindigkeit v, die spezifische Ladung $\frac{e}{m}$ und letztlich auch die Masse m der β^--Teilchen bestimmt werden.
Abbildung 1 zeigt den Aufbau der Ablenkkammer. In einem evakuierbaren Behälter EB befindet sich das radioaktive Präparat RP. Die β^--Teilchen durchlaufen einen Plattenkondensator K (Plattenabstand d = 0,9 mm) mit der angelegten Spannung U_1. Das resultierende elektrische Feld mit der Stärke $\vec{E}_1$ steht senkrecht auf einem variablen magnetischen Feld der Stärke $\vec{B}_1$.
Die β^--Teilchen treten danach durch das Austrittsfenster A aus und können mit einem Detektor (Zählrohr) Z nachgewiesen werden.

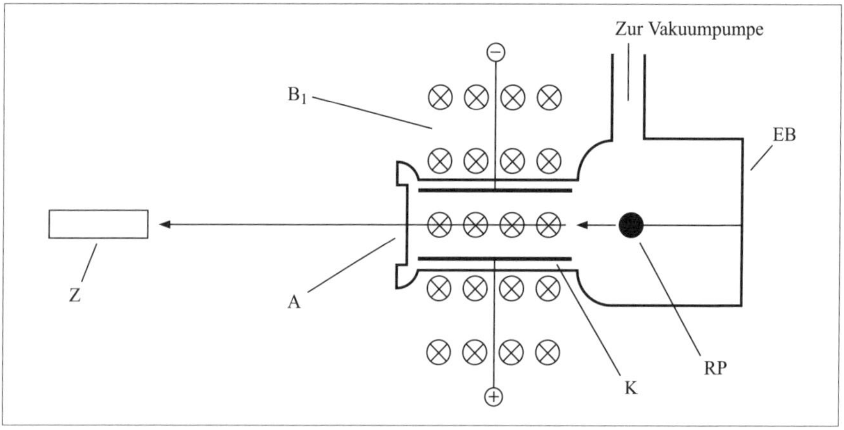

Abb. 1

a) Mit den gekreuzten Feldern $\vec{E}_1$ und $\vec{B}_1$ können geladene Teilchen einer bestimmten Geschwindigkeit aussortiert werden (Geschwindigkeitsfilter).

Skizzieren Sie die Richtung und Orientierung der aus Abbildung 1 hervorgehenden Feldstärke- und Kraftvektoren.

Zeigen Sie damit, dass Teilchen der Geschwindigkeit $v = \frac{E_1}{B_1}$ nicht abgelenkt werden.

Begründen Sie, dass dieses Geschwindigkeitsfilter sowohl für positiv als auch für negativ geladene Teilchen eingesetzt werden kann.

Die Vorrichtung zur Erzeugung des magnetischen Feldes B_1 ist (kurzzeitig) ausgeschaltet.

Skizzieren Sie für diesen Fall die Bahnkurve der β^--Teilchen innerhalb des Kondensators.

Ermitteln Sie die Gleichung der Bahnkurve in einem geeigneten Koordinatensystem. (17 P)

b) In der Ablenkkammer ist ein Sr-90-Präparat installiert, aus dem die β^--Teilchen emittiert werden. Bei konstanter Kondensatorspannung $U_1 = 3150$ V wird mit dem Zählrohr Z die in der Tabelle angegebene Zählrate R in Abhängigkeit von der Stärke des magnetischen Feldes B_1 registriert.

B_1 in mT	R in 1/min
23,2	75
17,0	152
15,0	248
14,0	360
13,4	436
13,0	482
12,7	470
12,5	435
12,3	380
12,1	262
12,0	167
11,9	92
11,8	20

Werten Sie die experimentellen Daten aus, indem Sie ein B_1-R-Diagramm erstellen.

Beschreiben Sie den Verlauf der Kurve.

Üblicherweise wird ein v-R-Diagramm zur Darstellung der Geschwindigkeitsverteilung erstellt.

Berechnen Sie für die in der Tabelle grau markierten B_1-Werte die Geschwindigkeiten der β^--Teilchen.

Zeichnen Sie damit den Kurvenverlauf in einem v-R-Diagramm.

Analysieren Sie den Kurvenverlauf hinsichtlich der Verteilung der Geschwindigkeiten und kinetischen Energien der β^--Teilchen, die von dem Sr-90-Präparat emittiert werden. (17 P)

c) Wenn man links von A (siehe Abbildung 1) ein zweites Magnetfeld B_2 parallel zu den magnetischen Feldlinien B_1 erzeugt, lässt sich die Masse m der β^--Teilchen bestimmen.

Erläutern Sie, warum sich die β^--Teilchen im Magnetfeld B_2 auf einer Kreisbahn mit dem Radius r bewegen.

Leiten Sie die Gleichung $m = \frac{e \cdot r \cdot B_1 \cdot B_2}{E_1}$ für die Massebestimmung der β^--Teilchen her.

Prüfen Sie die Übereinstimmung der Einheiten auf den beiden Seiten der Gleichung (Einheitenbetrachtung). (10 P)

d) In der erweiterten experimentellen Anordnung werden folgende Einstellungen vorgenommen: $E_1 = 3{,}50\ \frac{\text{MV}}{\text{m}}$, $B_1 = 12{,}65$ mT, $B_2 = 120$ mT. Damit wird ein Bahnradius $r = 3{,}3$ cm gemessen.

Bestimmen Sie die Geschwindigkeit und die Masse dieser β^--Teilchen.

Deuten Sie die Diskrepanz zur Ruhemasse der β^--Teilchen (Elektronen).

Berechnen Sie mit dieser Kenntnis und den Messdaten die Ruhemasse und vergleichen Sie das Ergebnis mit dem Literaturwert.

Ermitteln Sie für diese Werte die Gesamtenergie und die kinetische Energie der β^--Teilchen in der Einheit MeV. (16 P)

Tipps und Hinweise zur Lösung von Prüfungsaufgabe II

Tipps zu Aufgabe 1

Vorbemerkung: Diese Aufgabe gibt Ihnen einen Einblick in eine von Wissenschaftlern oft angewendete Methode. Sie zeigt, wie man durch die Analyse des Lichts der Sterne indirekt sehr viele Informationen über die Sterne gewinnen kann.
In dieser Aufgabe sind vor allem zwei Sachgebiete der Oberstufenphysik zentral: die Wellenoptik und die Atomphysik. Die Spektralanalyse ist ein typisches Anwendungsgebiet, die diese beiden Gebiete miteinander verknüpft und zu dem es zahlreiche weitere Aufgaben gibt (z. B. Abiturprüfung 2008 – Prüfungsaufgabe I).

Teilaufgabe a

- Beachten Sie bei der Beschreibung Ihrer Beobachtungen, dass zwei Bereiche zu beobachten sind: Der Glaskolben mit dem Natriumgas und der Schirm.
- Falls Sie Natrium aus dem Unterricht nicht kennen: Die entscheidenden atomaren Vorgänge in der Atomhülle sind identisch wie bei den Ihnen vermutlich bekannten Elementen Wasserstoff oder Quecksilber.
- Beim ersten Experiment wird durch die Wärme den Natriumatomen Energie zugeführt.
- Beachten Sie die Lage der Natriumlinie im ersten Experiment und der dunklen Absorptionslinie im zweiten Experiment.

Teilaufgabe b

- Die Aufgabe klingt kompliziert, verlangt ist nur ein Ablesen der Werte.
- Lesen Sie die Aufgabenstellung genau, es wird nur nach einem Teil der Linien gefragt.
- Beachten Sie, dass die Skala für die angegebenen Wellenlängen von rechts nach links verläuft, die Werte werden also von links nach rechts kleiner.
- Berücksichtigen Sie, dass Sie beim Ablesen nicht einfach linear interpolieren dürfen.

Teilaufgabe c

- Beachten Sie Ihre Beobachtungen und Erklärungen aus Teilaufgabe a.
- Suchen Sie den analogen Versuch in Teilaufgabe a, dieser hilft Ihnen das Phänomen zu erklären. Welche Lichtquelle bei den drei Versuchen entspricht am ehesten dem Sonnenlicht und was könnte im Versuch der Sonnenatmosphäre entsprechen?

Teilaufgabe d

- Übertragen Sie die Informationen über die Sonnenatmosphäre aus Teilaufgabe c auf die Erdatmosphäre.
- Lesen Sie den Arbeitsauftrag genau, es wird nach zwei Befunden gefragt.
- Der Aufgabentext sagt es nicht explizit aus, aber es wird hier unterstellt, dass die Fraunhofer'sche D-Linie auch außerhalb der Erdatmosphäre nachgewiesen wird.

Teilaufgabe e

- Gehen Sie davon aus, dass ein Stern weißes Licht ähnlich dem unserer Sonne emittiert.
- Betrachten Sie die Versuche aus Teilaufgabe a. Wie könnten Sie begründen, dass sich beim zweiten Versuch Natrium im Glaskolben befindet? Übertragen Sie diese Überlegung auf die Lichtspektren der Sterne.

Teilaufgabe f

- Arbeiten Sie ökonomisch und überlegen Sie sich, welche Größe Sie besser mit der Balmer Formel berechnen und welche Sie dann vergleichen.
- Nutzen Sie Ihre Ergebnisse dieser Teilaufgabe auch, um sie mit denen aus Teilaufgabe b zu vergleichen. Korrigieren Sie dabei Ihnen eventuell unterlaufene Ablesefehler.

Teilaufgabe g

- In Ihrer Formelsammlung finden Sie die Definition der Einheit Elektronenvolt (eV).
- Beachten Sie die Vorzeichen beim Zeichnen des Energieniveauschemas.
- Das Niveau des Endzustands der Übergänge ist in der Balmer-Formel bereits vorgegeben.

Teilaufgabe h

- Verwenden Sie in Ihrer Skizze und in Ihren Erklärungen die gleichen Variablen wie in der Aufgabenstellung.
- Überladen Sie Ihre Skizze nicht, sondern fertigen Sie gegebenenfalls mehrere Skizzen an, sodass man die wesentlichen Aspekte gut erkennen kann.
- Beachten Sie, dass entscheidende geometrische Eigenschaften (Parallelität, rechte Winkel) in der Skizze eindeutig zu erkennen sind.
- Überlegen Sie, durch welche physikalischen Größen sich Licht unterschiedlicher Farbe unterscheidet und welche Auswirkungen dies bei der in der Aufgabe angegebenen Formel hat.

Teilaufgabe i

- Die Wellenlänge können Sie mithilfe des gegebenen Spektrums bestimmen.
- Benutzen Sie die Formeln, die in den vorangegangenen Teilaufgaben gegeben wurden.

Teilaufgabe j

- In den Teilaufgaben h und i haben Sie sich mit spektralen Zerlegung am Gitter beschäftigt. Übertragen Sie diese Überlegungen auf diese Fragestellung.
- Beachten Sie die Bedeutung der Angabe „ … trifft das Licht auf eine Stelle links neben den Spektren (zum roten Ende hin)“ hinsichtlich der Ablenkung von Licht unterschiedlicher Farbe.
- Informationen über die Wellenlängen verschiedener Farben finden Sie in Ihrer Formelsammlung.

Tipps zu Aufgabe 2

Vorbemerkung: Die Untersuchung von Bewegungen von Elektronen bzw. geladenen Teilchen in elektrischen und magnetischen Feldern ist ein zentraler Inhalt der Oberstufenphysik, der in vielen Aufgaben Anwendung findet. Typische Lösungsmuster sind bei vielen Aufgaben identisch. Häufig werden in diesen Aufgaben auch Teilchen mit sehr hohen Geschwindigkeiten betrachtet, sodass relativistische Effekte nicht vernachlässigt werden dürfen.

Teilaufgabe a

- Ein Geschwindigkeitsfilter (Wien-Filter) ist Ihnen vermutlich aus dem Unterricht bekannt. Sie können den Rest der Apparatur für diese Teilaufgabe vernachlässigen und sich nur auf diesen Teil konzentrieren.
- Ergänzen Sie Ihre Skizze durch einige erklärende Worte, sodass die wesentlichen Aspekte deutlich werden.
- Die angegebene Formel hilft Ihnen zu begründen, dass der Geschwindigkeitsfilter sowohl für positive als auch für negative Teilchen eingesetzt werden kann.
- Zur Herleitung der Gleichung der Bahnkurve beachten Sie die Teilbewegungen in x- und y-Richtung.
- Überlegen Sie sich, welche Bewegungsformen jeweils in beide Richtungen vorliegen, und notieren Sie die entsprechenden Bewegungsgleichungen. Begründen Sie kurz die Bewegungsformen in beiden Richtungen. Kombinieren Sie diese so, dass die nicht messbaren Größen wegfallen.

Teilaufgabe b

- Die entscheidende Formel zur Berechnung der Geschwindigkeiten finden Sie in Teilaufgabe a.
- Betrachten Sie auch die absoluten Werte der Geschwindigkeiten, insbesondere die obere Grenze, die sich im geforderten Diagramm klar erkennen lässt.
- Beachten Sie, dass Sie bei den Berechnungen die SI-Basiseinheiten (m, T) verwenden.

Teilaufgabe c

- Ergänzen Sie die Skizze um den in der Aufgabe verbal beschriebenen Sachverhalt, um sich das Problem zu visualisieren.
- Vermutlich kennen Sie Bewegungen in Magnetfeldern aus vielen anderen Zusammenhängen, z. B. vom Fadenstrahlrohr. Übertragen Sie Ihr Wissen auf diesen Sachverhalt.
- Nutzen Sie die Ihnen aus eben genannten Zusammenhängen bekannten Rechenansätze auch hier und ergänzen diese mit den neuen Erkenntnissen aus dieser Aufgabe.
- Führen Sie bei der Einheitenbetrachtung die angegebenen Größen auf die Grundeinheiten zurück.

Teilaufgabe d

- Betrachten Sie den Betrag der erreichten Geschwindigkeiten.
- Das Wort „Ruhemasse“ gibt Ihnen einen entscheidenden Hinweis.

Lösungen zur Prüfungsaufgabe II

Aufgabe 1

a) **Beobachtungen**
Im ersten Experiment sieht man eine diskrete gelbe Linie, die Natriumlinie.

Im zweiten Experiment erkennt man auf dem Schirm das kontinuierliche Spektrum einer Halogenlampe, in dem eine dunklere Linie im gelben Bereich zu erkennen ist. Diese Linie liegt an genau der Stelle, an der im ersten Experiment die gelbe Natriumlinie zu sehen war. Gleichzeitig kann man beobachten, dass das Natriumgas im Glaskolben leuchtet.

Im dritten Experiment kann man auf dem Schirm das diskrete Spektrum von Quecksilber mit den typischen 6 Spektrallinien erkennen. Das Natriumgas leuchtet in diesem Experiment nicht.

Erklärungen
Im ersten Experiment werden die Natriumatome durch Wärmezufuhr in der Flamme angeregt. Die aufgenommene Energie geben die Atome beim Übergang in einen energetisch niedrigeren Zustand in Form von Photonen ab, die als charakteristische Natriumlinie zu erkennen sind. Weitere Linien im sichtbaren Spektralbereich sind nicht zu sehen.

Die von der Halogenlampe ausgesendeten Photonen decken den gesamten Energiebereich des sichtbaren Spektralbereichs ab. Die Photonen im Spektrum, die genau die Anregungsenergie für den im ersten Experiment betrachteten Natriumübergang besitzen, werden zunächst von den Natriumatomen im Glaskolben absorbiert. Beim Übergang in den energetisch niedrigeren Zustand werden diese Photonen in alle Richtungen emittiert. Hierdurch leuchtet einerseits das Natriumgas, andererseits ist damit der Anteil dieser Photonen in Richtung des Beobachtungsschirms deutlich schwächer, weshalb diese Linie im Spektrum deutlich dunkler (oder für das Auge nicht mehr erkennbar) ist.

Im dritten Experiment erkennt man 6 Spektrallinien des Quecksilbers, deren Photonenenergien nicht mit der charakteristischen Energie für den Natriumatomübergang übereinstimmen. Deshalb werden diese nicht von den Natriumatomen absorbiert und können keinen Quantensprung bewirken. Daher leuchtet das Natrium nicht, die Quecksilberlinien werden nicht beeinflusst.

b) Mithilfe der angegebenen Skala kann man folgende Werte für die Fraunhofer'schen Linien ablesen:

Linie	A	B	C	D	F	G	a	h
λ in nm	759	687	656	589	486	431	718	410

Angegeben sind die Literaturwerte; bei dem in der Aufgabe angegebenen Maßstab wird eine größere Ableseungenauigkeit toleriert.

c) Das Licht, das in der Photosphäre entsteht, durchläuft die Sonnenatmosphäre. Dort werden von den darin enthaltenen Molekülen und Atomen Photonenenergien absorbiert, die zu den möglichen Übergängen in diesen Atomen/Molekülen „passen“. Dadurch, dass diese Photonenenergien und die ihnen zugeordneten Wellenlängen dem kontinuierlichen Gesamtspektrum der Sonne durch die Anregung von Atomen (oder Molekülen) entzogen werden und dann von diesen punktförmigen Quellen in alle Richtungen ausgesandt werden, sind sie weniger stark im Spektrum enthalten bzw. fehlen darin.

Im analogen Experiment der Teilaufgabe a entspricht die Sonne der Halogenlampe und der Glaskolben mit dem Natriumgas der Sonnenatmosphäre. Auf der Erde bzw. auf dem Schirm beobachtet man die fehlenden Linien.

d) **Befund 1:** Verschwinden der Linien A, B und a
Da diese Linien außerhalb der Erdatmosphäre sichtbar sind, ist das zugehörige Licht dort vorhanden, es kann daher allein durch die Erdatmosphäre „verschluckt“ werden, d. h. Atome bzw. Moleküle der Erdatmosphäre absorbieren die Photonen dieser Linien.

Befund 2: D-Linie kann dem Element Natrium zugeordnet werden.
Da die Fraunhofer'sche D-Linie auch außerhalb der Erdatmosphäre beobachtet werden kann, wird die Linie schon durch die Sonnenatmosphäre absorbiert, d. h., dass in der Sonnenatmosphäre Natrium vorkommen muss.

Aus diesen Befunden kann man nicht schließen, dass sich in der Erdatmosphäre kein Natrium vorkommt, da ja kein entsprechendes Licht dort ankommt, sondern bereits vorher absorbiert wird.

e) Aus den jeweils im Sternenspektrum enthaltenen Absorptionslinien kann man rückschließen, welche Atome in der Sternatmosphäre enthalten sind, da sie das Licht absorbieren. Dazu müssen auf der Erde im Labor die Emissionsspektren aller Elemente gemessen und ausgewertet werden, um sie mit den schwarzen Linien zu vergleichen.

f) Mithilfe der gegebenen Balmer-Formel kann man die Wellenlängen der sichtbaren Wasserstofflinien berechnen. Diese vergleicht man mit den Wellenlängen der Fraunhofer'schen Linien.

n	3	4	5	6	7
λ in nm	655	485	433	409	396
entsprechende Linie	C	F	G	h	–

Es sind also die Linien **C**, **F**, **G** und **h**, die dem Wasserstoff entstammen.
Die Linie mit der Wellenlänge 396 nm kann keiner Linie aus der Teilaufgabe b zugeordnet werden.

g) **Energiezustände des Wasserstoffatoms**
Die Energien können mithilfe der gegebenen Gleichung $W_n = -13{,}6 \cdot \frac{1}{n^2}$ eV berechnet werden:

n	1	2	3	4	5
W_n in eV	−13,6	−3,4	−1,51	−0,85	−0,54

Hieraus ergibt sich das entsprechende Energieniveauschema. Die Übergänge gehen von den entsprechenden höheren Energieniveaus auf das Energieniveau n = 2 (Abbildung 3).

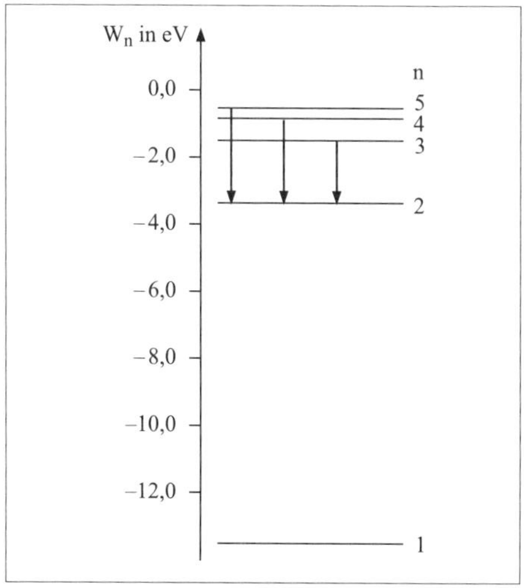

Abb. 3

h) **Beugung und Interferenz**
Ein Gitter kann man sich als Abfolge sehr vieler lichtdurchlässiger Spalte und lichtundurchlässiger Stege aufgebaut denken. Es interferieren die Elementarwellen, die von den Spalten ausgehen. Die vom Gitter zum Interferenzpunkt P gelangenden Strahlen können als parallel angesehen werden, wenn P weit entfernt ist. Maximale Verstärkung liegt vor, wenn der Gangunterschied Δs zwischen benachbarten Wellenstrahlen $n \cdot \lambda$ beträgt ($n \in \mathbb{N}_0$).
In Abbildung 4 ist ein vergrößerter Gitterausschnitt skizziert.

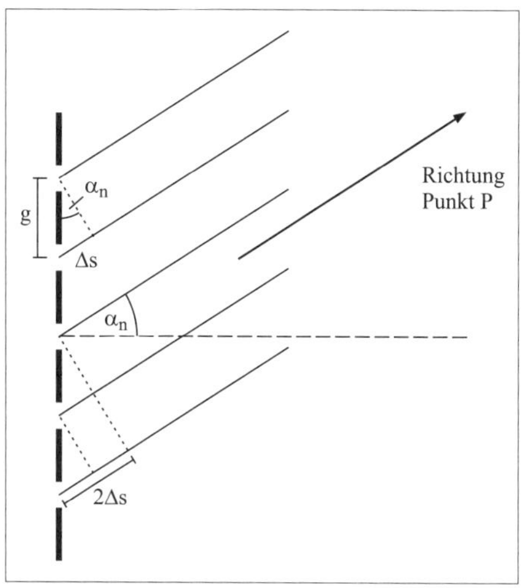

Abb. 4

Da der Weg zum Raumpunkt P von jeder Gitteröffnung unterschiedlich ist, entsteht zwischen den einzelnen Wellen ein Gangunterschied bis zum Punkt P. Wie in der Zeichnung zu erkennen ist, ist der Weg von obersten Spalt zum Punkt P am kürzesten, vom Spalt darunter ist der Weg um Δs länger. Den Gangunterschied zwischen nicht benachbarten Spalten kann man auch leicht ermitteln, vergleicht man z. B. den Weg vom mittleren Spalt mit dem unteren Spalt, so sieht man leicht, dass sich diese um $2 \cdot \Delta s$ unterscheiden. Wenn also die Interferenzbedingung $\Delta s = n \cdot \lambda$ bei zwei benachbarten Spalten erfüllt ist, ist sie bei zwei nicht benachbarten Spalten auch erfüllt.

Beugungswinkel bei konstruktiver Interferenz
Aus der geometrischen Betrachtung zweier benachbarter Wellenstrahlen und dem Beugungswinkel α_n folgt der Zusammenhang:

$$\sin \alpha_n = \frac{\Delta s}{g}$$

Mit der oben genannten Bedingung für konstruktive Interferenz $\Delta s = n \cdot \lambda$ ergibt sich die gesuchte Beziehung:

$$\underline{\underline{\sin \alpha_n = \frac{n \cdot \lambda}{g}, \quad n \in \mathbb{N}_0}}$$

Wird das Gitter mit **monochromatischem Licht** beleuchtet, so ist das Interferenzbild aus einzelnen hellen Maxima aufgebaut, die durch breitere Dunkelbereiche getrennt sind.
Wird das Gitter mit **weißem Licht** beleuchtet, liegen die Maxima für die unterschiedlichen Farben an verschiedenen Stellen, da sich deren Wellenlänge unterscheidet. Somit besteht das Interferenzbild aus kontinuierlichen Spektren (Regenbogenfarben), die sich zum Teil auch überlagern können.

i) Der Beugungswinkel kann mithilfe der in Teilaufgabe h gegebenen Beziehung berechnet werden. Laut Aufgabenstellung gilt $n = 1$ und $g = 1{,}75 \cdot 10^{-6}$ m. Die Wellenlänge der D-Linie wird der Abbildung 2 entnommen zu $\lambda = 589$ nm.
Man erhält:

$$\sin \alpha_1 = \frac{1 \cdot 589 \cdot 10^{-9}\ \text{m}}{1{,}75 \cdot 10^{-6}\ \text{m}} = 0{,}3366 \quad \Rightarrow \quad \alpha_1 = 19{,}67°$$

Gemäß der Skizze in Abbildung 5 ergibt sich für die Lage des ersten Maximums

$$\tan \alpha_1 = \frac{a_1}{e},$$

woraus man die Entfernung der Linie erster Ordnung vom Hauptmaximum berechnen kann:

$$\begin{aligned} a_1 &= e \cdot \tan \alpha_1 \\ &= 3\ \text{m} \cdot \tan 19{,}67° = \underline{\underline{1{,}07\ \text{m}}} \end{aligned}$$

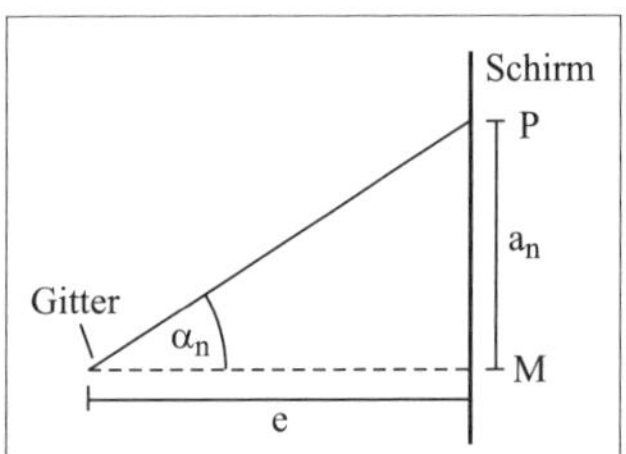

Abb. 5

j) Aus der Angabe in der Aufgabenstellung kann geschlossen werden, dass rotes (längerwelliges) Licht **beim Prisma schwächer abgelenkt** wird als blaues (kürzerwelliges) Licht.
Beim **optischen Gitter** hingegen wird rotes Licht anders als beim Prisma **stärker abgelenkt** als blaues Licht, da die Wellenlänge vom roten Licht größer ist als die vom blauen. Somit ergibt sich wegen $\sin\alpha_n \sim \lambda$ (Teilaufgabe h) für rotes Licht ein größerer Beugungswinkel als für blaues Licht.

Die Ursache für die unterschiedliche Ablenkung beim Prisma sind die leicht unterschiedlichen Geschwindigkeiten des Lichts unterschiedlicher Farbe in Glas. Gemäß Brechungsgesetz gilt:

$$\frac{\sin\alpha_{\text{Einfall, Luft}}}{\sin\alpha_{\text{Brechung, Glas}}} = \frac{c_{1,\text{ Luft}}}{c_{1,\text{ Glas}}}$$

Aufgabe 2

a) **Bedingung für Geschwindigkeitsfilter (elektrisches und magnetisches Feld aktiv)**
Die Skizze der Abbildung 2 verdeutlicht, dass für den abgebildeten Fall ($\vec{E}_1 \perp \vec{B}_1$) die Kraftvektoren der elektrischen Kraft $\vec{F}_E$ und der Lorentzkraft $\vec{F}_L$ entgegengesetzt gerichtet sind (Skizze für negativ geladene Teilchen, bei positiv geladenen Teilchen zeigen beide Kraftvektoren in die jeweils entgegengesetzte Richtung). Damit die Teilchen nicht abgelenkt werden, müssen die **Beträge** der entgegengesetzt gerichteten elektrischen Kraft $\vec{F}_E$ und der Lorentzkraft $\vec{F}_L$ **gleich groß** sein, sodass sich die Kräfte kompensieren:

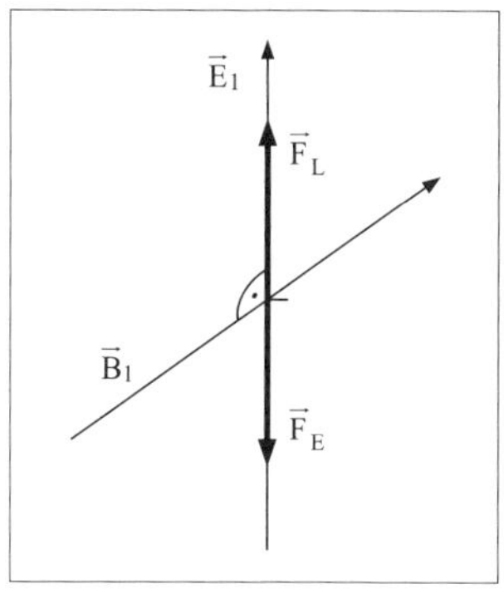

Abb. 2

$$F_E = F_L \quad \Leftrightarrow \quad q \cdot E_1 = q \cdot v \cdot B_1 \quad \Leftrightarrow \quad E_1 = v \cdot B_1 \quad \Leftrightarrow \quad \underline{\underline{v = \frac{E_1}{B_1}}}$$

Die Geschwindigkeit, mit der die Teilchen den Geschwindigkeitsfilter passieren, hängt, wie die hergeleitete Formel zeigt, nur von der eingestellten elektrischen und magnetischen Feldstärke ab. Der Geschwindigkeitsfilter kann sowohl für positiv als auch für negativ geladene Teilchen eingesetzt werden. Wie oben erwähnt, verändert sich mit dem Vorzeichen der Ladung die Richtung **beider** Kräfte, sodass diese sowohl für positive als auch für negative Ladungen entgegengesetzt gerichtet sind.

Wie die Formel zeigt, spielt auch der Betrag der Ladung keine Rolle. Dies ist klar, da sowohl die elektrischen Kraft $\vec{F}_E$ als auch die Lorentzkraft $\vec{F}_L$ proportional zur Ladung q ist. D. h. beide Kräfte wachsen gleichermaßen mit einer größeren Ladung.

Bahnkurve (nur elektrisches Feld aktiv)

Das β^--Teilchen bewegt sich auf einer nach unten geöffneten **Parabelbahn** durch den Kondensator. Das gewählte Koordinatensystem ist in der Skizze eingezeichnet.

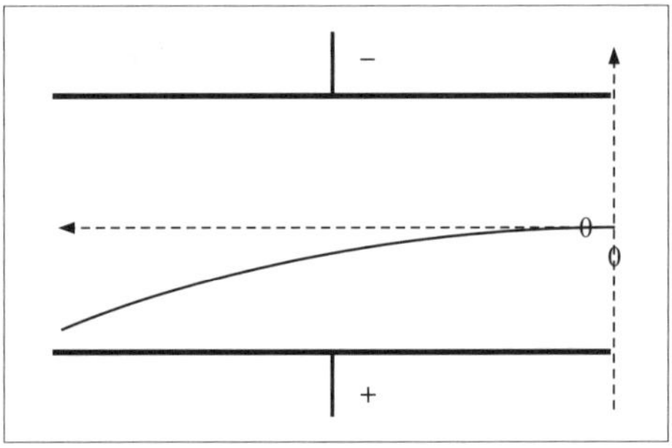

Abb. 3

In x-Richtung bewegen sich die β^--Teilchen gleichförmig, die Bewegung kann durch die Bewegungsgleichung

$$x = v \cdot t \qquad (1)$$

beschrieben werden. In y-Richtung werden die β^--Teilchen durch die konstante elektrische Kraft F_E gleichmäßig beschleunigt. Die Gleichung

$$y = -\frac{a_E}{2} \cdot t^2 \qquad (2)$$

beschreibt (bei geeigneter Wahl des Koordinatenursprungs, vgl. Abbildung 3) die Bewegung in y-Richtung.

Durch Auflösen der Gleichung (1) nach t und Einsetzen in Gleichung (2) eliminiert man die beide Gleichungen verbindende und nicht direkt messbare Größe t und kombiniert beide Bewegungen:

$$t = \frac{x}{v} \;\Rightarrow\; t^2 = \frac{x^2}{v^2} \;\overset{(2)}{\Rightarrow}\; y = -\frac{a_E}{2} \cdot \frac{x^2}{v^2} \qquad (3)$$

Die Beschleunigung kann mithilfe der wirkenden Kraft

$$F_E = a_E \cdot m \qquad (4)$$

bestimmt werden. Für die Kraft ergibt sich aus den Beziehungen $F_E = E_1 \cdot q$ und $E_1 = \frac{U}{d}$:

$$F_E = \frac{U}{d} \cdot q \qquad (5)$$

Durch Einsetzen von Gleichung (5) in Gleichung (4) ergibt sich:

$$a_E = \frac{F_E}{m} = \frac{U \cdot q}{d \cdot m}$$

Einsetzen in Gleichung (3) liefert die Bahngleichung:

$$\underline{\underline{y = -\frac{U \cdot q}{2d \cdot m \cdot v^2} \cdot x^2}}$$

b) **B_1-R-Diagramm** (Abbildung 4)

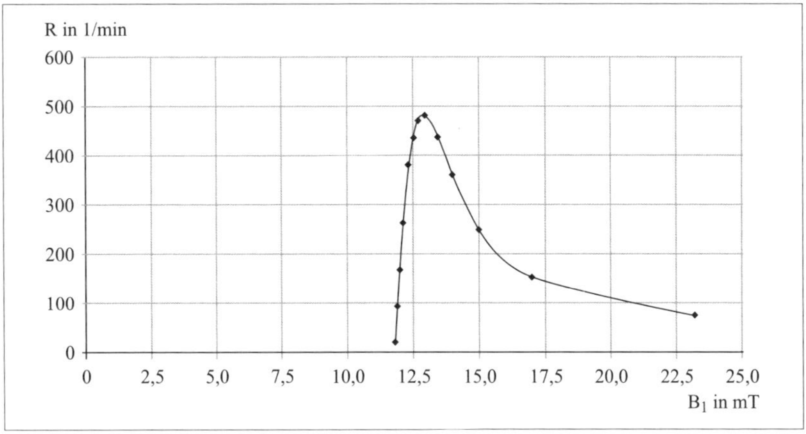

Abb. 4

Die Zählrate nimmt ab einer Stärke des magnetischen Feldes von 11,8 mT stark zu bis zu einem (absoluten) Maximum bei ca. 13 mT. Ab diesem Wert nimmt sie wieder ab, allerdings ist die Änderung weniger stark als bei der Zunahme vorher.

v-R-Diagramm

Da die β^--Teilchen den Geschwindigkeitsfilter passiert haben, ist ihre Geschwindigkeit durch

$$v = \frac{E_1}{B_1}$$

festgelegt. Mit den angegebenen Daten ($U_1 = 3150$ V und $d = 0{,}9$ mm) ergibt sich:

$$E_1 = \frac{U_1}{d} = \frac{3150\ \text{V}}{0{,}9 \cdot 10^{-3}\ \text{m}} = 3{,}5 \cdot 10^6\ \frac{\text{V}}{\text{m}}$$

Für die markierten Werte errechnen sich damit folgende Geschwindigkeiten:

B_1 in mT	v in $10^8\ \frac{\text{m}}{\text{s}}$
23,2	1,51
15,0	2,33
13,0	2,69
11,8	2,97

Abbildung 5 zeigt das zugehörige v-R-Diagramm. Die Zählraten zwischen den Randstellen steigen und fallen ähnlich wie im B_1-R-Diagramm. Offenbar haben die β^--Teilchen unterschiedliche Geschwindigkeiten und somit unterschiedliche kinetische Energien (Geschwindigkeits- und Energiespektrum). Es existiert ein Geschwindigkeitswert, der sehr häufig vorkommt (maximale Zählrate), und ein maximaler Geschwindigkeitswert, der selten vorkommt (minimale Zählrate). Dieser liegt nahe der Lichtgeschwindigkeit und entspricht der maximalen kinetischen Energie der β^--Teilchen des verwendeten Präparats.

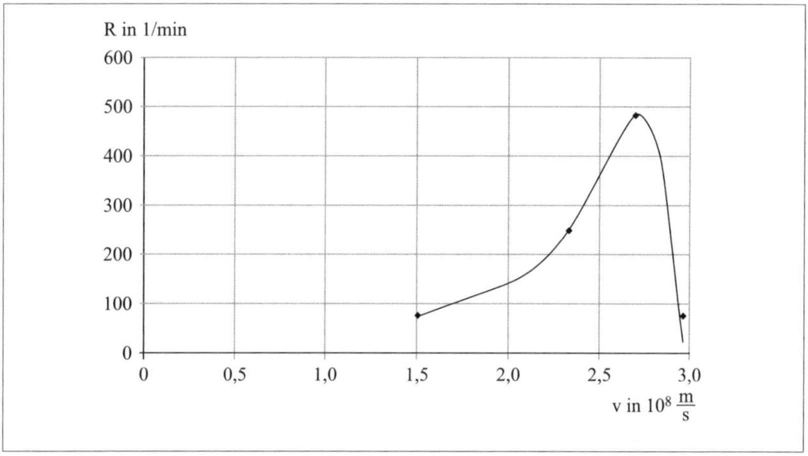

Abb. 5

Beachten Sie, dass das Energiespektrum der Betastrahlung, anders als das der Alphastrahlung. kontinuierlich verteilt ist. Welches sind die Ursachen hierfür (Stichwort: Neutrino)?

c) **Erklärung der Kreisbahn**

Die β^--Teilchen bewegen sich senkrecht zu den magnetischen Feldlinien, wodurch nach der Drei-Finger-Regel eine Lorentzkraft entsteht, die immer senkrecht zur Bewegungsrichtung steht. Dadurch wirkt diese Lorentzkraft F_L als Zentripetalkraft F_Z und zwingt die Teilchen auf eine Kreisbahn mit dem Radius r.

Gleichung zur Massebestimmung

Aus $F_L = F_Z$ folgt:

$$e \cdot v \cdot B_2 = \frac{m \cdot v^2}{r}$$

$$\Rightarrow \quad m = \frac{e \cdot r \cdot B_2}{v} \qquad (1)$$

Diejenigen β^--Teilchen, die den Geschwindigkeitsfilter passiert haben, haben eine einheitliche Geschwindigkeit von $v = E_1 \cdot (B_1)^{-1}$. Eingesetzt in (1) ergibt sich die gesuchte Gleichung:

$$\underline{\underline{m = \frac{e \cdot r \cdot B_1 \cdot B_2}{E_1}}}$$

Überprüfung der Einheiten

$$\left[\frac{e\cdot r\cdot B_1\cdot B_2}{E_1}\right]=1\,\frac{As\cdot m\cdot T\cdot T}{\frac{V}{m}}=1\,\frac{As\cdot m^2\cdot V^2\cdot s^2}{V\cdot m^4}=1\,\frac{A\cdot s^3\cdot V}{m^2}$$

$$=1\,\frac{A\cdot s^3\cdot kg\cdot m^2}{m^2\cdot s^3\cdot A}=1\,kg$$

d) **Geschwindigkeit und Masse der β^--Teilchen**

Die gegebenen Zahlenwerte werden in die hergeleiteten Formeln eingesetzt:

$$v=\frac{E_1}{B_1}=\frac{3{,}50\cdot10^6\,\frac{V}{m}}{12{,}65\cdot10^{-3}\,T}\approx\underline{\underline{2{,}77\cdot10^8\,\frac{m}{s}}}$$

$$m=\frac{e\cdot r\cdot B_1\cdot B_2}{E_1}=\frac{1{,}60\cdot10^{-19}\,C\cdot0{,}033\,m\cdot12{,}65\cdot10^{-3}\,T\cdot0{,}120\,T}{3{,}50\cdot10^6\,\frac{V}{m}}$$

$$\approx\underline{\underline{2{,}29\cdot10^{-30}\,kg}}$$

Diese Masse ist wesentlich größer als die Ruhemasse des Elektrons (Literaturwert $m_e=9{,}1\cdot10^{-31}$ kg). Die Diskrepanz lässt sich auf die relativistische Massenzunahme zurückführen, die sich aus der hohen Geschwindigkeit der Teilchen ergibt ($v\approx0{,}92\,c$). Bestimmt wurde die **dynamische Masse** m.

Die **Ruhemasse** m_0 ergibt sich nach Umformung der Einstein'schen Massenformel zu

$$m_0=m\cdot\sqrt{1-\frac{v^2}{c^2}}\approx2{,}29\cdot10^{-30}\,kg\cdot\sqrt{1-\left(\frac{2{,}77\cdot10^8\,\frac{m}{s}}{3{,}0\cdot10^8\,\frac{m}{s}}\right)^2}\approx\underline{\underline{8{,}8\cdot10^{-31}\,kg}}$$

Dieser Wert stimmt sehr gut mit dem Literaturwert überein und weicht davon nur um

$$\frac{m-m_{Lit}}{m_{Lit}}\approx\underline{\underline{3\,\%}}$$

ab.

Die **Gesamtenergie** ergibt sich aus der Äquivalenz zur dynamischen Masse:

$$E=m\cdot c^2=2{,}06\cdot10^{-13}\,J\approx\underline{\underline{1{,}29\,MeV}}$$

Die **kinetische Energie** erhält man aus $E_{kin}=E-E_0$, also

$$E_{kin}=1{,}29\,MeV-0{,}511\,MeV\approx\underline{\underline{0{,}78\,MeV}}$$

Punkte

Aufgabe 1: Das Fadenstrahlrohr – ausgewählte Experimente und Überlegungen

Im Fadenstrahlrohr (siehe Abbildung 1) wird mithilfe einer Elektronenkanone ein scharf gebündelter Elektronenstrahl erzeugt. Die Bahnkurve, auf der sich die Elektronen im Fadenstrahlrohr bewegen, ist als blau leuchtende Kurve sichtbar. Mit einem Helmholtzspulenpaar kann ein Magnetfeld zur Ablenkung des Elektronenstrahls erzeugt werden. Bei geeigneter Justierung des Systems bewegen sich die Elektronen auf einer Kreisbahn (siehe Abbildung 2).

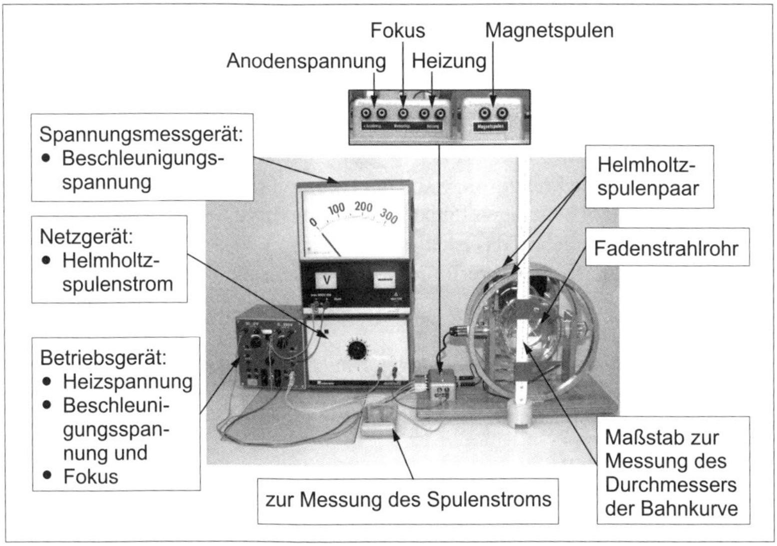

Abb. 1: Versuchsaufbau zur Bestimmung der spezifischen Ladung des Elektrons

1.1 a) Skizzieren Sie den Aufbau des Fadenstrahlrohres, insbesondere der Elektronenkanone, mit der entsprechenden elektrischen Schaltung.

Hinweis: Die Helmholtzspulen sowie deren Stromversorgung sollen nicht skizziert werden.

b) Erläutern Sie, wie der Elektronenstrahl erzeugt wird.

c) Erläutern Sie, warum die Bahnkurve, auf der sich die Elektronen bewegen, sichtbar ist. 14

Abb. 2: Fotografisch registrierte kreisförmige Bahnkurve im Fadenstrahlrohr

1.2 Die Abbildung 2 zeigt die Fotografie einer Bahnkurve, auf der sich Elektronen im Fadenstrahlrohr durch das homogene magnetische Feld des Helmholtzspulenpaares bewegen.

a) Skizzieren Sie eine kreisförmige Bahnkurve und für ein einzelnes Elektron in einem beliebigen Punkt dieser Bahnkurve den Geschwindigkeitsvektor $\vec{v}$, die auf das Elektron wirkende Zentripetalkraft $\vec{F}_z$ sowie das für die Kreisbahn erforderliche magnetische Feld.

b) Begründen Sie, warum der Betrag der Geschwindigkeit konstant ist.

c) Begründen Sie, warum sich eine kreisförmige Bahnkurve ergibt. 12

1.3 Der Radius r der kreisförmigen Bahnkurve kann gemäß

$$r = \frac{1}{B} \cdot \sqrt{\frac{2m \cdot U_B}{e}}$$

berechnet werden. (e bezeichnet die Elementarladung, m die Masse des Elektrons, U_B die Beschleunigungsspannung und B die Stärke des magnetischen Feldes.)

Leiten Sie diese Formel unter Benutzung der Beziehung

$$v_0 = \sqrt{2 \cdot \frac{e}{m} \cdot U_B}$$

her und erläutern Sie Ihren Ansatz.

Hinweis: v_0 ist die Geschwindigkeit, mit der die Elektronen die Elektronenkanone verlassen, U_B ist die Beschleunigungsspannung. 11

1.4 In einem Experiment ermittelt man bei einer Beschleunigungsspannung von $U_B = 200$ V den Radius r der kreisförmigen Bahnkurve der Elektronen in Abhängigkeit von der Stärke B des magnetischen Feldes. Die Abbildung 3 zeigt ein Diagramm, in dem die Abhängigkeit des Kreisbahnradius r vom Kehrwert der Stärke B des magnetischen Feldes dargestellt wird.

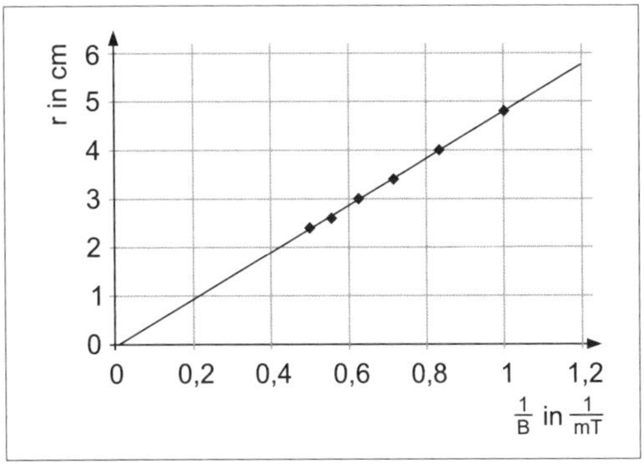

Abb. 3: Grafische Darstellung der Werte für $\frac{1}{B}$ und r bei $U_B = 200$ V

a) Bestimmen Sie anhand der Auswertung des Diagramms und der in Teilaufgabe 1.3 angegebenen Beziehung

$$r = \frac{1}{B} \cdot \sqrt{\frac{2m \cdot U_B}{e}}$$

einen Wert für die spezifische Ladung $\frac{e}{m}$ des Elektrons.

b) Überprüfen Sie die Übereinstimmung der Einheiten auf beiden Seiten der in Aufgabenteil a angegebenen Formel. 13

Aufgabe 2: Entstehung und Analyse von Röntgenstrahlung – das Röntgenspektrum nach der Bragg-Reflexion

Mit einem Schulröntgengerät wird ein Röntgenspektrum erzeugt. Abbildung 1 zeigt ein solches Spektrum, bei dem die Zählrate R in Abhängigkeit von der Wellenlänge λ der Strahlung aufgetragen ist.
Für die Messung wird der in Abbildung 2 schematisch skizzierte Aufbau benutzt, bei dem eine Röntgenanode aus Molybdän ($Z = 42$) und ein NaCl-Einkristall (Netzebenenabstand $d = 282$ pm) verwendet wurde. Die Zählrate R wird mit einem Geiger-Müller-Zählrohr gemessen, die Kollimatoren dienen lediglich der Bündelung des Röntgenstrahls.

2.1 Zunächst geht es um den Entstehungsprozess der Röntgenstrahlung.

a) Beschreiben Sie den Aufbau der Röntgenröhre und ergänzen Sie die Abbildung 2 durch die elektrische Beschaltung der Röhre.

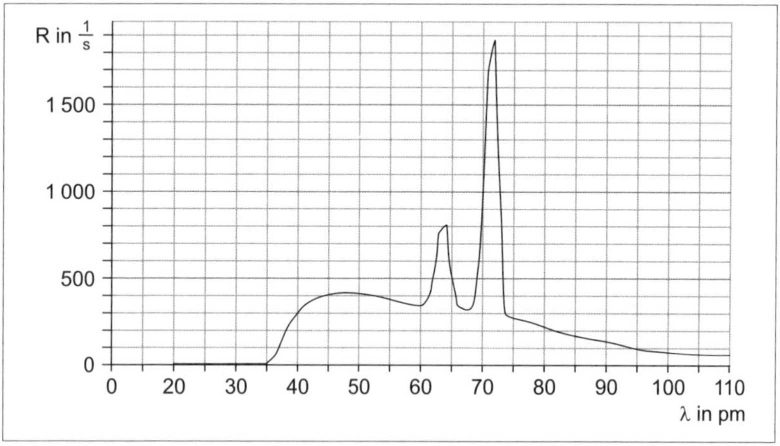

Abb. 1: Röntgenspektrum

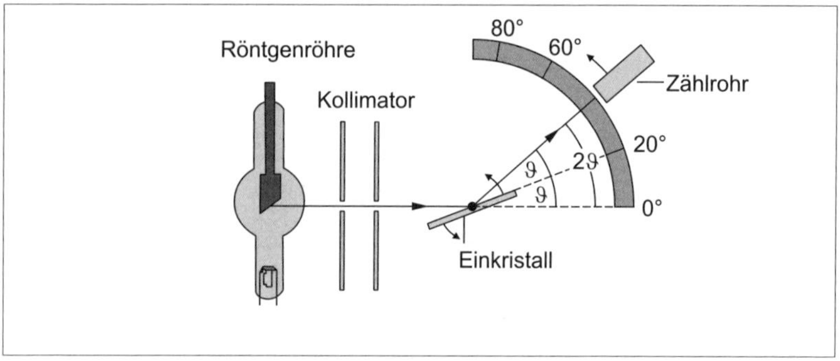

Abb. 2: Aufbau zur Aufnahme des Röntgenspektrums

b) Erläutern Sie die Wechselwirkungsprozesse in der Anode, die zur Entstehung der Röntgenstrahlung beitragen.

c) Geben Sie begründet an, welches der beiden ausgeprägten Maxima in Abbildung 1 zur K_α- und welches zur K_β-Strahlung gehört. 17

2.2 Die Aufnahme des Spektrums erfolgt durch die Drehung des Einkristalls um den Winkel ϑ bei gleichzeitiger Drehung des Zählrohrs um den Winkel 2ϑ (siehe Abbildung 2).

a) Erläutern Sie diese Methode, indem Sie auf die Beugung an den Netzebenen des Einkristalls („Bragg-Reflexion") eingehen.

b) Leiten Sie mit einer geeigneten Skizze die Bragg-Beziehung $n \cdot \lambda = 2 \cdot d \cdot \sin\vartheta$ her ($n = 1, 2, \ldots$; d: Netzebenenabstand; ϑ: der in Abbildung 2 vorkommende Drehwinkel (Glanzwinkel)). 10

2.3 Aus den Wellenlängenangaben der charakteristischen Maxima in Abbildung 1 lassen sich die zugehörigen Strahlungsenergien und mithilfe der Bragg-Beziehung die Glanzwinkel ϑ ermitteln.

a) Geben Sie Wellenlängenwerte der beiden Maxima anhand der grafischen Auswertung an und berechnen Sie damit die Strahlungsenergien in der Einheit keV.
(Zwischenergebnis: $E_1 \approx 19{,}6$ keV und $E_2 \approx 17{,}5$ keV)

b) Bestimmen Sie diejenigen Glanzwinkel, die zu den beiden Maxima im Wellenlängenspektrum führen, in der 1. und 2. Ordnung.

c) Skizzieren Sie das Winkelspektrum (ϑ auf der x-Achse) bis einschließlich der 3. Beugungsordnung und benennen Sie (in der Skizze) die Maxima. 14

2.4 Für drei verschiedene Anodenspannungen in der Röhre nimmt man im kurzwelligen Bereich das in Abbildung 3 dargestellte Spektrum auf. Die Werte der Anodenspannungen sind in dem Diagramm angegeben.

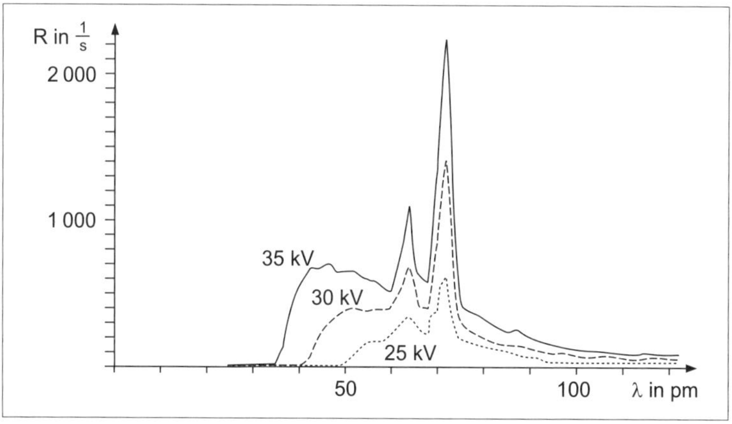

Abb. 3: Kurzwelliges Ende des Spektrums mit verschiedenen Anodenspannungen

a) Deuten Sie die kurzwellige Grenze des Spektrums im Photonenmodell.

b) Begründen Sie, warum die charakteristischen Maxima stets an derselben Stelle (bei derselben Wellenlänge) entstehen.

c) Ermitteln Sie anhand des Diagramms die Grenzwellenlänge für die drei Anodenspannungen.

d) Bestimmen Sie mit diesen Wellenlängenwerten und den zugehörigen Anodenspannungen den Wert der Planck'schen Konstanten h. 14

Tipps und Hinweise zur Lösung von Prüfungsaufgabe I

Tipps zu Aufgabe 1

Vorbemerkung: Das eigentliche inhaltliche Thema dieser Aufgabe „Bewegung von elektrisch geladenen Teilchen in elektrischen und magnetischen Feldern" gehört zu *den* zentralen Themen, auf die man immer gut für die Abiturprüfungen vorbereitet sein muss.
Das Fadenstrahlrohr stellt einen der wichtigsten Versuche der Oberstufenphysik dar. In Kombination mit dem Millikanversuch kann man wichtige Eigenschaften (Ladung und Masse) eines Elektrons bestimmen.

Teilaufgabe 1.1 a

- Es wird eine Skizze (keine Zeichnung) verlangt, aus der insbesondere die Beschleunigungsstrecke für die Elektronen gut erkennbar sein muss.

Teilaufgabe 1.1 b

- Wenn Sie den der Fokussierung dienenden sog. Wehnelt-Zylinder nicht im Unterricht behandelt haben, brauchen Sie ihn auch nicht zu erwähnen.
- Denken Sie daran, dass die Elektronen zunächst aus dem Draht freigesetzt werden müssen (wie erreicht man das?), bevor sie danach durch ein elektrisches Feld beschleunigt werden können.
- Warum kehren die Elektronen nach Verlassen der Beschleunigungsstrecke eigentlich nicht wieder von oben zur Anode zurück? Denken Sie an das elektrische Feld, das die Elektronen innerhalb und außerhalb der Beschleunigungsstrecke „verspüren".

Teilaufgabe 1.1 c

- Die Bahnkurve wird als bläulich leuchtende Spur sichtbar. Im Inneren der Röhre befindet sich Wasserstoffgas unter geringem Druck.

Teilaufgabe 1.2 a

- In der Skizze müssen ein Elektron, das Magnetfeld und die verlangten physikalischen Größen zu erkennen sein. Denken Sie ggf. bei der Kreisbewegung an den Hammerwerfer, der seinen Hammer anfangs um sich herumdreht.

Teilaufgabe 1.2 b

- Bei einer gleichförmigen Kreisbewegung stehen Zentripetalkraft und Geschwindigkeit senkrecht zueinander.
- Überlegen Sie, welchen Einfluss diese Tatsache auf den Betrag der Geschwindigkeit hat.
- Überlegen Sie, inwiefern die Zentripetalkraft den Geschwindigkeitsvektor verändert. (Ein Vektor hat einen Betrag und eine Richtung!)

Teilaufgabe 1.2 c

- Berücksichtigen Sie, dass sich mit der Richtungdes Geschwindigkeitsvektors auch die Richtung der auf das Elektron wirkende Lorentzkraft ändert.

Teilaufgabe 1.3

- Jetzt müssen die Vorüberlegungen der beiden vorangehenden Aufgaben zusammengeführt werden, wobei alles quantitativ, also mit Formeln, dargestellt wird.
- Notieren Sie insbesondere die Ansätze mit einer kurzen textlichen Begründung.

Teilaufgabe 1.4

- Hier wird von Ihnen eine konkrete Auswertung des Experiments zur Bestimmung der spezifischen Elementarladung $\frac{e}{m}$ gefordert, wie Sie sie mit Sicherheit im Unterricht behandelt haben.
- Beachten Sie, dass es in dem gegebenen Diagramm um eine Auftragung des Radius in Abhängigkeit von $\frac{1}{B}$ handelt. Warum wird gerade $\frac{1}{B}$ auf der Rechtsachse verwendet?

Teilaufgabe 1.4 a

- Beachten Sie den Hinweis auf die in Teilaufgabe 1.3 gegebene Formel, die jetzt genutzt werden soll.
- *Allgemeiner Hinweis:* Es kommt in den Zentralabituraufgaben recht häufig vor, dass Sie Lösungsansätze aufgrund der Angaben in früheren Teilaufgaben finden können. Die Ursache dafür ist u. A. darin zu suchen, dass die Konstruktion der Abituraufgaben die weitestgehende Unabhängigkeit der Teilaufgaben voneinander erfordert. Dies ist Ihr Vorteil – denken Sie immer daran!
- Aus der Formel ersehen Sie: $r \sim \frac{1}{B}$.
- Zu einer Geraden in einem Diagramm kann man auf recht einfache Art und Weise die Steigung ermitteln.
- Wenn Sie die Steigung ermittelt haben, können Sie $\frac{e}{m}$ anhand des gegebenen Steigungsterms in der Formel durch geeignetes Umstellen ermitteln.
- Man könnte für die Auswertung auch einfach r gegen B auftragen. Dann aber erhalten Sie eine Hyperbel, die auf die antiproportionale Beziehung hindeutet. Wie weist man eine Antiproportionalität rechnerisch nach? Warum ist dieser Weg zwar möglich, aber umständlicher? Führen Sie ihn zur Übung einmal aus.

Teilaufgabe 1.4 b

- Die Einheit des Radius r sollte Ihnen keine Schwierigkeit bereiten.
- Weisen Sie durch Einsetzen der bekannten Einheiten für B, m, U und e nach, dass auch auf der rechten Seite sich insgesamt dieselbe Einheit ergibt wie auf der linken.
- Die Definitionsgleichungen für U und B sind hinsichtlich der Arbeit mit den elektrischen Größen wichtige Gleichungen, die Sie auswendig wissen sollten. Damit können Sie auch die Einheiten von U und B geeignet umformen, sodass sich insgesamt die Einheit von r ergibt.

Tipps zu Aufgabe 2

Vorbemerkung: Der Sachaspekt „Röntgenstrahlung" dieser Aufgabe ist im Jahr 2010 zum ersten Mal in den zentralen Abituraufgaben vorgekommen. Sie müssen in Bezug auf Röntgenstrahlung wissen:

- Entstehung von Röntgenstrahlung und der Zusammenhang zwischen Elektronenenergie und Energie der abgestrahlten Röntgenquanten,
- Bremsspektrum und Zusammenhang zum Planck'schen Wirkungsquantum,
- charakteristisches Spektrum mit dem Zusammenhang zum Atommodell Bohrs,
- Bragg-Gleichung für die Bestimmung der Wellenlängen und
- das Moseley'sche Gesetz.

In dieser Aufgabe kommt, bis auf das Moseley'sche Gesetz, all dieses vor. Die Kristallanalyse durch Röntgenspektroskopie gehört neben dem Einsatz in der Medizin zu einem wichtigen Anwendungsgebiet der Röntgenstrahlung. Neben der in der Aufgabe bearbeiteten Drehkristallmethode gibt es in der Röntgenspektroskopie noch weitere Verfahren, von denen auch das von Debye-Scherrer für die Schule aufgrund seiner Analogie zur Elektronenbeugungsröhre besonders wichtig ist.

Teilaufgabe 2.1 a

Unterhalb der Abbildung 2 ist etwas Platz gelassen, damit Sie die verlangten Ergänzungen hier eintragen können.

Denken Sie an Aufgabe 1: Der Prozess der Freisetzung und Beschleunigung der Elektronen ist sehr ähnlich.

Teilaufgabe 2.1 b

Es treten zwei verschiedene Prozesse im Anodenmaterial auf, die für das Zustandekommen der charakteristischen Strahlung und des Bremsspektrums verantwortlich sind.

Teilaufgabe 2.1 c

Die gesamte Kurve hat drei Maxima, hier sind die beiden „herausragenden" Maxima, die sogenannten Peaks, gemeint.

Im Röntgenspektrum wird der Übergang von $m = 2$ nach $n = 1$ (erstes angeregtes Niveau in den Grundzustand) mit K_α und von $m = 3$ nach $n = 1$ (zweites angeregtes Niveau in den Grundzustand) mit K_β bezeichnet.

Teilaufgabe 2.2 a

Abbildung 2 lässt die Technik der (Mess-) Methode erkennen; beachten Sie besonders die beiden eingezeichneten Winkel ϑ und den doppelten Winkel 2ϑ.

Warum beträgt der Winkel zwischen Zählrohr und Einfallsrichtung immer exakt 2ϑ?

Achten Sie auf fachsprachliche Genauigkeit. Der Winkel ϑ heißt Glanzwinkel und ist nicht der Einfallswinkel.

Teilaufgabe 2.2 b

Die Herleitung der Bragg-Gleichung gehört zum Standardunterrichtsstoff in jedem Kurs. Der wesentliche Gedanke besteht in der Beschreibung eines gewissen Gangunterschieds zwischen benachbarten Strahlen der ankommenden Wellenfront nach dem Verlassen des Einkristalls.

- Achten Sie in der Skizze darauf, dass wesentliche geometrische Eigenschaften (Parallelität, rechte Winkel, …) eindeutig zu erkennen sind.
- Beachten Sie, dass sich der gesamte Gangunterschied hier aus der Summe von zwei Teilstücken (bis zur Reflexionsebene und ab der Reflexionsebene) zusammensetzt.

Teilaufgabe 2.3 a

- Es muss eine Beziehung zwischen der Energie der Röntgenquanten und ihrer zugeordneten Wellenlänge hergestellt werden.
- Sie brauchen zwei Gleichungen: eine für die allgemeine Angabe der Energie von Quanten und eine zweite, die die Größen Wellenlänge und Frequenz miteinander verknüpft.

Teilaufgabe 2.3 b

- Hier müssen Sie einen Zusammenhang zwischen einem Winkel (dem Glanzwinkel) und der Wellenlänge aufstellen.
- Denken Sie dabei an die Bragg-Gleichung, die Ihnen in Aufgabe 2.2 b gegeben ist. *Allgemeiner Hinweis:* Auch hier kann man wieder ein zuvor angegebenes Ergebnis nutzen (vgl. oben)!

Teilaufgabe 2.3 c

- Beachten Sie, dass in der Bragg'schen Gleichung die Ordnung n vorkommt. Man kann also bei ganzzahligen Vielfachen der Wellenlängen konstruktive Interferenz – und damit Maxima – erhalten.
- Sie brauchen „nur" eine Skizze anzugeben, die die drei Winkelpaare erkennen lässt, unter denen die Maxima nachgewiesen werden. Sie brauchen nicht quantitativ zu rechnen.

Teilaufgabe 2.4

- Beachten Sie das gegebene Diagramm (Abbildung 3) ganz genau: Wie verändern sich für die drei gegebenen Anodenspannungen die kurzwelligen Grenzen der Bremsspektren und wie die Lage der ausgeprägten Maxima?

Teilaufgabe 2.4 a

- Überlegen Sie, warum es überhaupt ein kurzwelliges Ende des Bremsspektrums gibt.
- Ersetzen Sie die Skalierung der Rechtsachse durch die dazugehörigen Energien. Wie würden sich diese von links nach rechts entwickeln?
- Welche Bedeutung hat dieses Ende bezüglich der vorkommenden Energien?

Teilaufgabe 2.4 b

- Die Ursache für die charakteristischen (ausgeprägten) Maxima liefert unmittelbar die Begründung für ihre feste Position.

Teilaufgabe 2.4 c

- Die „Grenzwellenlänge" ist diejenige Wellenlänge, die zum kurzwelligen Ende des Bremsspektrums gehört.

Teilaufgabe 2.4 d

- Hier sollten Sie ganz ähnlich wie in Teilaufgabe 2.3 a vorgehen können.

Lösungen zur Prüfungsaufgabe I

Aufgabe 1

1.1 a) Die Skizze in Abbildung 4 zeigt den (prinzipiellen) Aufbau des Fadenstrahlrohres mit der darin im linken Teil befindlichen „Elektronenkanone" samt Anschlüssen.

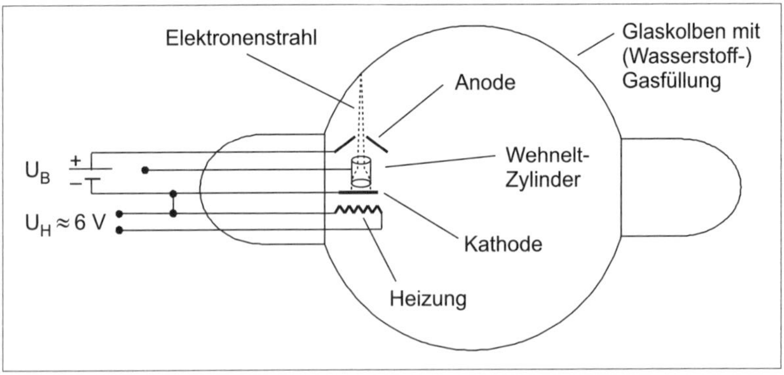

Abb. 4

b) Ein Netzgerät liefert die Heizspannung, die Spannung für die Bündelung des Elektronenstrahls sowie die Anodenspannung für die Beschleunigung der Elektronen. Durch die Heizung wird die (Metall-) Kathode zum Glühen gebracht, dadurch treten Elektronen aus der Kathode aus **(glühelektrischer Effekt)**, wobei die aus der Kathode ausgetretenen Elektronen anfangs eine vernachlässigbar kleine Geschwindigkeit $v_{Kathode} \approx 0$ haben.
Im (homogen angenommenen) elektrischen Feld zwischen (negativer) Kathode und (positiver) Anode werden die Elektronen beschleunigt, sie fliegen also wegen der **konstanten Beschleunigungskraft im elektrischen Feld** mit zunehmender Geschwindigkeit auf die Anode zu. Auf dem Weg von der Kathode zur Anode werden die Elektronen durch einen negativen Hohlzylinder, den sog. **Wehnelt-Zylinder**, auf der Mittelachse der Anordnung konzentriert. Wegen dieser Richtungsfokussierung sowie ihrer erreichten Geschwindigkeit „fliegen" die Elektronen durch die Anodenbohrung hindurch und verlassen als eng gebündelter, sich geradlinig bewegender Elektronenstrahl die Elektronenkanone. Nach dem Passieren des Lochs in der Anode kehren sie nicht von oben zur Anode zurück, da sie außerhalb der Beschleunigungsstrecke praktisch kein elektrisches Feld mehr „verspüren".

c) In dem evakuierten Glaskolben befindet sich Wasserstoffgas unter geringem Druck. Die Gasmoleküle werden durch die Elektronen des Elektronenstrahls mittels **Stoßanregung** (unelastischer Stoß) zum Leuchten gebracht. Dadurch wird die Bahn der Elektronen sichtbar.

1.2 a)

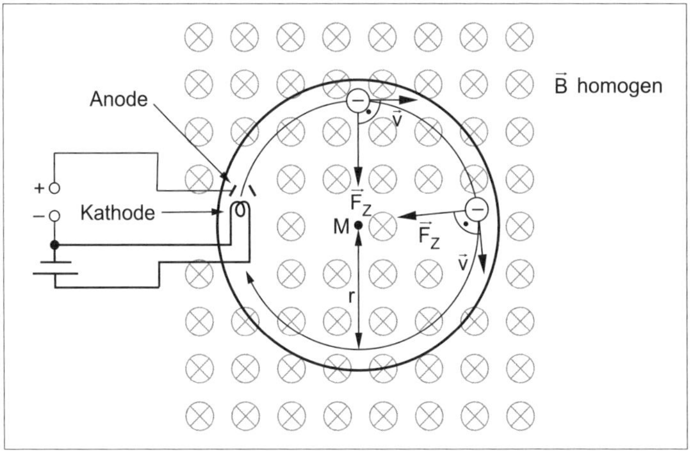

Abb. 5

b) Auf Elektronen, die sich in einem Magnetfeld bewegen, wirkt die Lorentzkraft, für die gilt:

$$\vec{F}_{Lorentz} = e \cdot \vec{v} \times \vec{B} \quad \text{bzw.} \quad F_{Lorentz} = e \cdot v \cdot B \quad \text{wegen } \vec{v} \perp \vec{B}$$

Die Lorentzkraft steht stets senkrecht zur Geschwindigkeit der Elektronen (und zur Richtung des Magnetfelds) ist, also gilt:

$$\vec{F}_{Lorentz} \perp \vec{v}$$

D. h. die Elektronen werden in Bewegungsrichtung weder beschleunigt noch abgebremst, daher bleibt der Betrag ihrer Geschwindigkeit konstant.

Denn: Die Energie (Skalarprodukt aus Kraft und Weg), die pro Zeit zugeführt wird, ist zu jedem Zeitpunkt null.

c) Wegen $|\vec{B}| = \text{const.}$ ist gemäß $|F_{Lorentz}| = e \cdot v \cdot B$ auch $|\vec{F}_{Lorentz}| = \text{const.}$

Wirkt eine dem Betrag nach konstante Kraft auf ein Teilchen und steht diese Kraft stets senkrecht zum Geschwindigkeitsvektor, so bewegt sich das Teilchen auf einer **Kreisbahn** (mit konstantem Betrag der Geschwindigkeit).

1.3 Die vom Betrag konstante **Lorentzkraft** wirkt **als Zentripetalkraft** des Betrags

$$|\vec{F}_Z| = \frac{m \cdot v^2}{r}$$

auf die Elektronen, die sich daher auf einer Kreisbahn bewegen. Es gilt also:

$$|\vec{F}_Z| = |\vec{F}_{Lorentz}| \quad \Leftrightarrow \quad \frac{m \cdot v^2}{r} = e \cdot v \cdot B$$

$$\frac{m \cdot v}{r} = e \cdot B \qquad (1)$$

Da die Geschwindigkeit der Elektronen auf ihrer Kreisbahn konstant bleibt, ist v gleich der angegebenen Geschwindigkeit v_0, mit der die Elektronen die Elektronenkanone verlassen:

$$v = v_0 = \sqrt{2 \cdot \frac{e}{m} \cdot U_B}$$

Setzt man den Wurzelterm in Gleichung (1) ein, folgt für den **Kreisbahnradius**:

$$\frac{m \cdot \sqrt{2 \cdot \frac{e}{m} \cdot U_B}}{r} = e \cdot B$$

$$\frac{m^2 \cdot 2 \cdot \frac{e}{m} \cdot U_B}{r^2} = e^2 \cdot B^2$$

$$\frac{m \cdot 2 \cdot U_B}{r^2} = e \cdot B^2 \quad \Rightarrow \quad \underline{\underline{r = \frac{1}{B} \cdot \sqrt{\frac{2m \cdot U_B}{e}}}} \qquad (2)$$

1.4 a) Im Diagramm der Abbildung 3 ist der Radius r gegen den Kehrwert $\frac{1}{B}$ der Stärke des Magnetfelds aufgetragen ist. Der Graph ist (näherungsweise) eine Ursprungsgerade und entspricht damit genau dem proportionalen Zusammenhang (2) der beiden Größen, wie er in Teilaufgabe 1.3 hergeleitet wurde. Dabei gibt der Wurzelterm die **Steigung der Geraden** an. Indem man diese grafisch ermittelt,

$$\frac{4{,}8\,\text{cm}}{1\,\frac{1}{\text{mT}}} = 4{,}8\,\text{mT} \cdot \text{cm} = 4{,}8 \cdot 10^{-5}\,\text{T} \cdot \text{m},$$

lässt sich der Wert der **spezifischen Ladung** bestimmen:

$$\sqrt{\frac{2m \cdot U_B}{e}} = 4{,}8 \cdot 10^{-5}\,\text{Tm}$$

$$\Rightarrow \quad \frac{2m \cdot U_B}{e} = (4{,}8 \cdot 10^{-5}\,\text{Tm})^2$$

$$\frac{e}{m} = \frac{2U_B}{(4{,}8 \cdot 10^{-5}\,\text{Tm})^2} = \frac{2 \cdot 200\,\text{V}}{(4{,}8 \cdot 10^{-5}\,\text{Tm})^2} \approx \underline{\underline{1{,}7 \cdot 10^{11}\,\frac{\text{C}}{\text{kg}}}}$$

b) Auf der **linken Seite** von (2) steht die Einheit Meter. Diese erhält man nach einigen Umformungen auch auf der **rechten Seite**:

$$\left[\frac{1}{B} \cdot \sqrt{\frac{2m \cdot U_B}{e}}\right] = \frac{1}{T} \cdot \sqrt{\frac{\text{kg} \cdot \text{V}}{\text{C}}} = \frac{1}{\frac{\text{N}}{\text{A} \cdot \text{m}}} \cdot \sqrt{\frac{\text{kg} \cdot \frac{\text{Nm}}{\text{C}}}{\text{C}}} = \frac{\text{Am}}{\text{N}} \cdot \sqrt{\frac{\text{kg} \cdot \text{Nm}}{\text{C}^2}}$$

$$= \frac{\text{Am}}{\text{N}} \cdot \sqrt{\frac{\text{kg} \cdot \frac{\text{kg} \cdot \text{m}}{\text{s}^2} \cdot \text{m}}{\text{C}^2}} = \frac{\text{C} \cdot \text{m}}{\text{s} \cdot \text{N}} \cdot \sqrt{\frac{\text{kg}^2 \cdot \text{m}^2}{\text{s}^2 \cdot \text{C}^2}} = \frac{\text{C} \cdot \text{m}}{\text{s} \cdot \text{N}} \cdot \frac{\text{kg} \cdot \text{m}}{\text{s} \cdot \text{C}} = \frac{\text{C} \cdot \text{m} \cdot \text{N}}{\text{N} \cdot \text{C}} = \text{m}$$

Aufgabe 2

2.1 a) Eine **Röntgenröhre** besteht aus einer (abgeschrägten) Anode A (unterschiedlichen Materials) und einer beheizbaren Kathode K. Eine Heizspannung U_H bringt die Kathode zum Glühen, sodass aus dieser Elektronen austreten. Zwischen A und K wird eine Hochspannung U_A angelegt, wodurch die Elektronen zur Anode beschleunigt werden.
Abbildung 4 zeigt die ergänzte **elektrische Beschaltung** der Röhre.

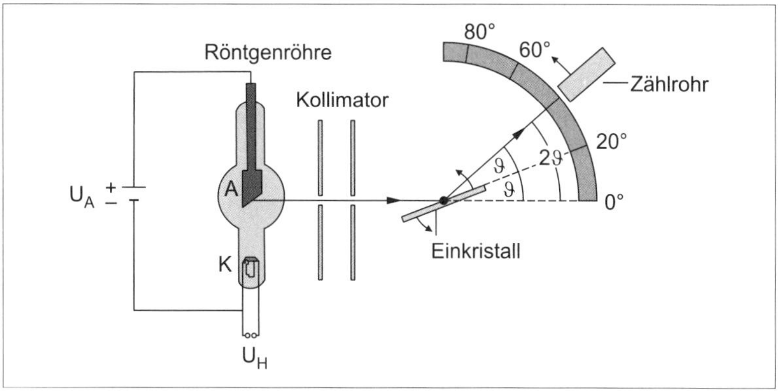

Abb. 4

b) Die beschleunigten Elektronen dringen in die Anode ein und verursachen im Anodenmaterial zwei verschiedene Wechselwirkungsprozesse.

1. Coulomb-Wechselwirkung: Die Elektronen werden im Coulombfeld der Atomhülle und der Atomkerne des Anodenmaterials mehr oder weniger stark gebremst und geben wegen dieser (negativen) Beschleunigung unterschiedliche Strahlungsenergien ab; dadurch entsteht ein **kontinuierliches** Wellenlängenspektrum von einer kürzesten Wellenlänge hin zu immer längeren. Es handelt sich dabei um die sogenannte **Bremsstrahlung**.

Das Verhalten der Elektronen in der Materie kann man mit dem eines Skifahrers vergleichen, wodurch auch deutlich wird, warum die Bremsstrahlung ein Spektrum abdeckt: Der Skifahrer (Elektron) erkennt ein Hindernis (Atomkern) und fährt um dieses herum. Beim Ausweichen (Ablenkung durch Coulombwechselwirkung) wirbelt dieser Schnee auf (Röntgenstrahlung) und verliert dadurch Energie. Je enger die Kurve ist (je näher das Elektron am Atomkern vorbeifliegt), desto mehr Schnee wird aufgewirbelt bzw. desto weiter fliegt dieser, die übertragende Energie wird also größer. Analog ist die Energie des Röntgenquants größer und dadurch seine Wellenlänge kleiner.

2. Charakteristische Strahlung: Die auf die Anode auftreffenden Elektronen schlagen Elektronen (vorwiegend) aus der K-Schale (innerste Schale) heraus. Die dadurch entstandene Lücke wird gefüllt durch Übergänge aus den höheren Schalen. Dadurch entstehen **diskrete** Strahlungsenergien, die vom atomaren Aufbau der Anode abhängen und daher für das Kathodenmaterial charakteristisch sind. Zugehörige Wellenlängen werden im Spektrum als deutliche Peaks registriert.

Unter http://phys23p.sl.psu.edu/phys_anim/mod/indexer_mod.html finden Sie zwei gelungene Videos, die die Entstehung der charakteristischer Röntgenstrahlung (Video „K X Ray Production“) und die Entstehung der Bremsstrahlung (Video „Bremsstrahlung X-Ray Production“) veranschaulichen.

c) Das linke ausgeprägte Maximum im Spektrum entspricht der K_β-Strahlung, das rechte der K_α-Strahlung. Das linke Maximum hat die kürzere Wellenlänge und damit wegen $E = h \cdot f = \frac{h \cdot c}{\lambda}$ die höhere Strahlungsenergie. Diese gehört zu dem Übergang mit größerer Energiedifferenz, also hier von der M- zur K-Schale (m = 3 nach n = 1).

2.2 a) Der gebündelte Röntgenstrahl fällt unter dem Winkel ϑ auf die Kristalloberfläche parallel zur Netzebene. Ist die Bragg-Bedingung erfüllt, findet eine Bragg-Reflexion statt und die Strahlen werden unter dem gleich großen Winkel ϑ, der in diesem Fall als **Glanzwinkel** bezeichnet wird, reflektiert. Kristall und Zählrohr werden von der Vorrichtung so gedreht, dass das Zählrohr stets die Zählrate der reflektierten Strahlung misst; das Zählrohr dreht sich daher exakt um den doppelten Glanzwinkel gegen die Einfallsrichtung.

Denken Sie daran, dass der Einfallwinkel φ bei der Reflexion definitionsgemäß komplementär zum Glanzwinkel ϑ ist: φ ist der Winkel zwischen Strahl und Einfallslot, ϑ der Winkel zwischen Strahl und Netzebene; beide Winkel ergänzen sich zu 90°.

b) Einfallende Röntgenstrahlen werden als Wellen gedeutet, die an den Atomen des Einkristalls gestreut werden und dabei sich in alle Raumrichtungen Elementarwellen ausbreitende erzeugen (Huygens'sches Prinzip).

Wie die schematische Zeichnung in Abbildung 5 zeigt, ergibt sich in der Richtung des doppelten Ablenkungswinkels (gegenüber dem ankommenden Strahl) bei „Reflexion“ an benachbarten Netzebenenatomen ein Gangunterschied von 2x. Damit entstehen Interferenzmaxima (konstruktive Interferenz) für $n \cdot \lambda = 2x$, wobei n die Ordnung beschreibt (n = 1, 2, …). Mit $x = d \cdot \sin \vartheta$ ergibt sich die **Bragg-Beziehung**:

$$\underline{\underline{n \cdot \lambda = 2d \cdot \sin \vartheta}}$$

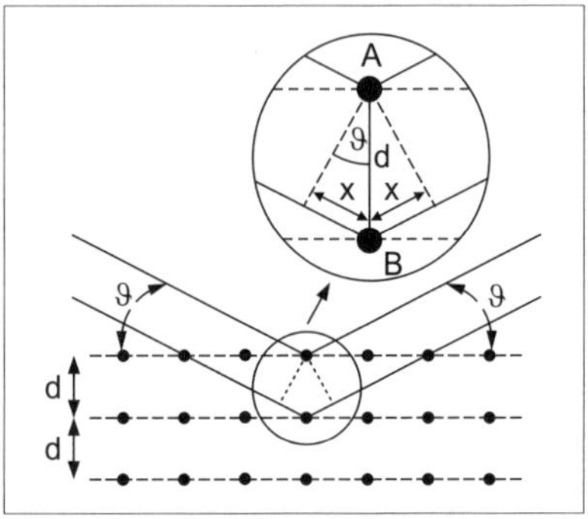

Abb. 5

2.3 a) Man liest aus dem gegebenen Diagramm für die beiden Peaks die zugehörigen Wellenlängenwerte $\lambda_1 \approx 63{,}5$ pm und $\lambda_2 \approx 71{,}5$ pm ab. Damit ergeben sich die Strahlungsenergien:

$$E = h \cdot f = h \cdot \frac{c}{\lambda} \quad \rightarrow \quad \begin{cases} E_{K_\alpha} = 4{,}126 \cdot 10^{-15}\,\text{eVs} \cdot \dfrac{3{,}0 \cdot 10^8\,\frac{\text{m}}{\text{s}}}{71{,}5 \cdot 10^{-12}\,\text{m}} \approx \underline{\underline{17{,}4\,\text{eV}}} \\ E_{K_\beta} = 4{,}126 \cdot 10^{-15}\,\text{eVs} \cdot \dfrac{3{,}0 \cdot 10^8\,\frac{\text{m}}{\text{s}}}{63{,}5 \cdot 10^{-12}\,\text{m}} \approx \underline{\underline{19{,}6\,\text{eV}}} \end{cases}$$

Je nachdem, wie genau Sie ablesen, können die Energiewerte sich im Bereich der Nachkommastellen vom angegebenen Zwischenergebnis abweichen. Sie müssen aber durchaus möglichst genau beim Ablesen vorgehen, d. h. Fehler z. B. durch Interpolieren minimieren.

b) Aus der Bragg-Beziehung ergibt sich für den Glanzwinkel:

$$\sin\vartheta = \frac{n \cdot \lambda}{2d} \quad \Rightarrow \quad \vartheta = \arcsin\left(\frac{n \cdot \lambda}{2d}\right)$$

Mit arcsin (Arkussinus) wird die Umkehrfunktion des Sinus bezeichnet, bei der man zu gegebenem Sinuswert den Winkel erhält.

Damit erhält man mit $d = 282$ pm für

- $n = 1$: $\vartheta_{K_\beta} = \underline{\underline{6{,}5°}}$ und $\vartheta_{K_\alpha} = \underline{\underline{7{,}3°}}$
- $n = 2$: $\vartheta_{K_\beta} = \underline{\underline{13{,}0°}}$ und $\vartheta_{K_\alpha} = \underline{\underline{14{,}7°}}$

c) Abbildung 6 zeigt das **Winkelspektrum**, wobei in den jeweiligen Ordnungen die linken Maxima der K_β-, die rechten Maxima der K_α-Strahlung entsprechen.

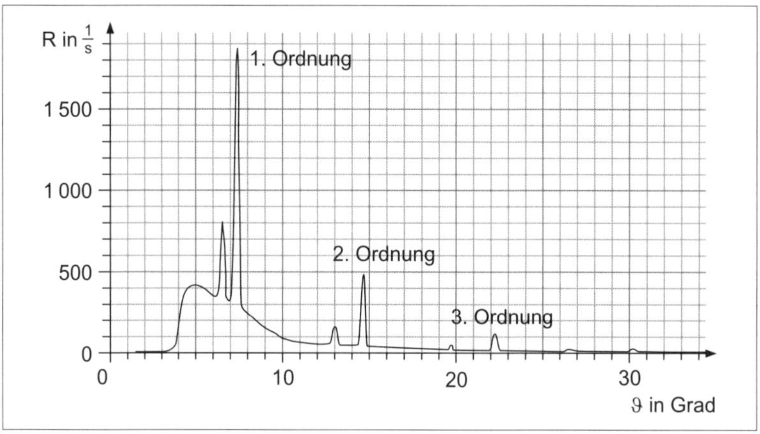

Abb. 6

In diesem Aufgabenteil ist lediglich eine Skizze erwartet. Daher brauchen die genauen Lagen der Maxima nicht angegeben zu werden, aus denen beispielsweise deutlich würde, dass die Abstände zwischen den Winkeln mit zunehmender Ordnung größer werden. Man erkennt in der hier dargestellten Messkurve sogar noch das Maximum vierter Ordnung.

2.4 a) Für die Entstehung derjenigen Bremsstrahlung, die am kurzwelligen Ende des Spektrums registriert wird, sind diejenigen Elektronen verantwortlich, die beim Eintritt in die Anode so stark abgebremst werden, dass sie ihre kinetische Energie **komplett** abgeben und diese in Photonenenergie $h \cdot f$ umwandeln. Daher gibt es eine größte Frequenz und somit eine kürzeste Wellenlänge.

b) Da die charakteristischen Maxima ihren Ursprung in den Übergängen der Hüllelektronen im Anodenmaterial haben, sind diese Linien unabhängig von der Anodenspannung (sofern die Energie der ankommenden Elektronen überhaupt groß genug ist, diese Übergänge zu erzeugen).

c) Im Diagramm liest man die Wellenlängewerte der Grenzwellenlängen als „Berührstellen" der Kurven (oder besser als Schnittstellen der Ausgleichsgeraden an die Kurven mit der λ-Achse) ab. Folgende Werte ergeben sich:

- $\lambda_{G,1} \approx \underline{\underline{49\ \text{pm}}}$ (25 kV)
- $\lambda_{G,2} \approx \underline{\underline{40\ \text{pm}}}$ (30 kV)
- $\lambda_{G,3} \approx \underline{\underline{34\ \text{pm}}}$ (35 kV)

d) Die **Planck'sche Konstante** h kann man anhand der Bedingungsgleichung für die Grenzwellenlänge ermitteln:

$$h \cdot \frac{c}{\lambda_G} = e \cdot U \quad \Leftrightarrow \quad h = \frac{e \cdot U \cdot \lambda_G}{c}$$

Setzt man die drei Werte aus Teilaufgabe 2.4 c ein, erhält man daraus als Mittelwert:

$$h_1 = \frac{1{,}6 \cdot 10^{-19}\ \text{C} \cdot 25 \cdot 10^3\ \text{V} \cdot 49 \cdot 10^{-12}\ \text{m}}{3{,}0 \cdot 10^8\ \frac{\text{m}}{\text{s}}} = 6{,}533\ldots \cdot 10^{-34}\ \text{Js}$$

$$h_2 = \frac{1{,}6 \cdot 10^{-19}\ \text{C} \cdot 30 \cdot 10^3\ \text{V} \cdot 40 \cdot 10^{-12}\ \text{m}}{3{,}0 \cdot 10^8\ \frac{\text{m}}{\text{s}}} = 6{,}4 \cdot 10^{-34}\ \text{Js}$$

$$h_3 = \frac{1{,}6 \cdot 10^{-19}\ \text{C} \cdot 35 \cdot 10^3\ \text{V} \cdot 34 \cdot 10^{-12}\ \text{m}}{3{,}0 \cdot 10^8\ \frac{\text{m}}{\text{s}}} = 6{,}346\ldots \cdot 10^{-34}\ \text{Js}$$

$$\Rightarrow \quad h \approx \underline{\underline{6{,}4 \cdot 10^{-34}\ \text{Js}}}$$

Punkte

Aufgabe: Energieniveaus im Quecksilberatom

Das Bohr'sche Atommodell war für die Entwicklung der Vorstellung über Atome von großer Bedeutung. Wesentliche Aussagen der Bohr'schen Postulate sollen im Folgenden dazu genutzt werden, die Beobachtung aus den beiden nachfolgend genannten Versuchen 1 und 2 zu erklären.

Versuch 1 (siehe Abbildung 1):
Demonstration des Spektrums einer Quecksilberdampflampe (Hg-Dampflampe) mithilfe eines Gitters

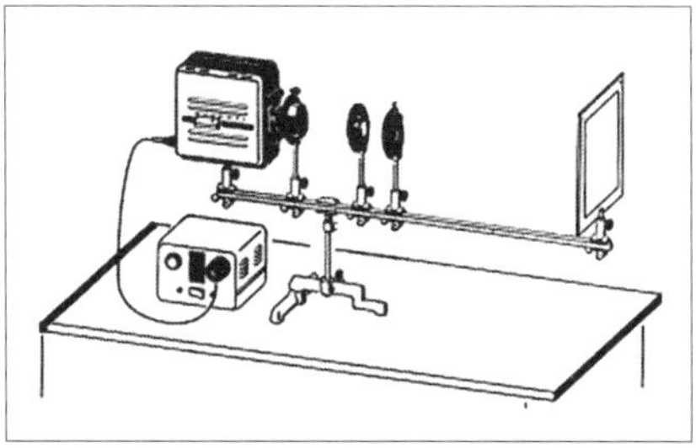

Abb. 1: Erzeugung des **Gitterspektrums** der Hg-Dampflampe mithilfe eines Gitters

Versuch 2 (siehe Abbildung 2):
Kochsalz (NaCl) wird in die Flamme eines Bunsenbrenners gebracht und über Kreuz mit dem Licht einer Hg-Dampflampe und dem einer Natriumdampflampe (Na-Dampflampe) beleuchtet.

Abb. 2: **Kreuzprojektion** von verdampfendem NaCl (Hg-Dampflampe vorne links, Na-Dampflampe vorne rechts)

1 **Versuch 1: Gitterspektrum**

1.1 a) Beschreiben Sie unter Anfertigung einer Skizze den Versuchsaufbau und die Versuchsdurchführung des Versuchs 1 zur Erzeugung des Spektrums der Hg-Dampflampe.

b) Zeigen Sie unter Bezug auf die Abbildung 3, dass die Wellenlänge λ des Lichts einer Spektrallinie allgemein mithilfe der Gleichung $n \cdot \lambda = g \cdot \sin\alpha_n$ bestimmt werden kann, wobei g die Gitterkonstante ist.

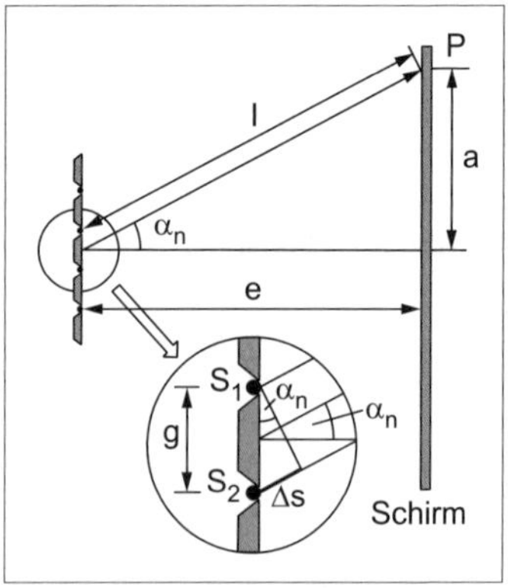

Abb. 3: Zur Erklärung der Interferenz am Gitter.
Nach: Metzler Physik, Grehn, J., Krause, J.; Auflage 1998, Seite 295; Bildungshaus Schulbuchverlage Westermann Schroedel; Diesterweg Schöningh Winklers GmbH; www.schroedel.de

c) Geben Sie an, was man unter n und α_n versteht. 18

1.2 Für die Ermittlung der Wellenlängen des Hg-Lichts auf einem Zinksulfid-Schirm in Versuch 1 wurden die Werte in Tabelle 1 festgehalten:

Gitter: 570 Striche pro mm
Abstand e zwischen Gitter und Schirm: $e = 1{,}00$ m

Farbe	Abstand a der Linien 1. Ordnung zum Maximum 0. Ordnung in cm	Ablenkwinkel α in Grad	Wellenlänge λ in nm
Gelb	34,9		
Grün	32,7	18,11	545
Blau	23,7	13,33	405
Ultraviolett 1	14,6	8,31	253
Ultraviolett 2	10,6	6,05	185

Tab. 1

Berechnen Sie aus dem Abstand der gelben Linie den Ablenkwinkel α und ihre Wellenlänge (Kontrollergebnis: 578 nm). 5

1.3 a) Erläutern Sie qualitativ die beiden wesentlichen Aussagen des Bohr'schen Atommodells.

b) Erklären Sie das Auftreten von Linien im Spektrum des Hg-Lichts unter der Annahme, dass man die Aussagen des Bohr'schen Atommodells auch auf Hg anwenden kann.

c) Berechnen Sie anhand der Beziehung $E = h \cdot f$ die Photonenenergie in der Einheit eV, die der Wellenlänge der gelben Linie aus dem Hg-Spektrum entspricht.
(Kontrollergebnis: 2,15 eV)

Für die anderen Linien ergeben sich die Werte: 2,28 eV; 3,07 eV; 4,90 eV und 6,71 eV.

d) Bestimmen Sie für jede der fünf Linien im Hg-Spektrum die Energieniveaus, zwischen denen die Elektronen des Hg-Atoms bei Aussendung dieser Strahlung wechseln (Abbildung 4), und zeichnen Sie diese Übergänge (mit Kennzeichnung) in das Termschema ein.

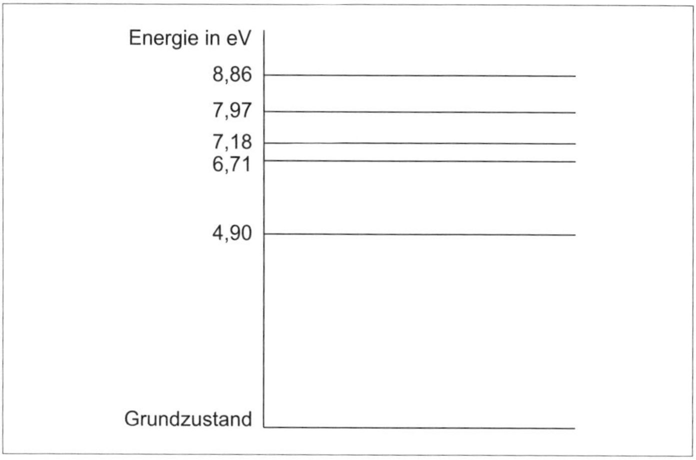

Abb. 4: Stark vereinfachte Darstellung des Termschemas für das Hg-Atom 23

2 Versuch 2: Kreuzprojektion

2.1 Beschreiben Sie den Versuchsaufbau und die Durchführung des Versuchs. 3

2.2 Beschreiben Sie Ihre Beobachtung auf den beiden Schirmen. 3

2.3 Erklären Sie die Beobachtung auf den beiden Schirmen mithilfe wesentlicher Aussagen des Bohr'schen Atommodells. Erklären Sie dabei insbesondere, warum in einem Fall ein „Schatten" der Flamme zu sehen ist und im anderen Fall nicht. 8

3 Der Franck-Hertz-Versuch

Eine Bestätigung der wesentlichen Aussagen des Bohr'schen Atommodells bildeten die Ergebnisse des Franck-Hertz-Versuchs, der im Folgenden genauer untersucht wird.

3.1 Abbildung 5 zeigt den Aufbau des Franck-Hertz-Versuchs.

a) Erläutern Sie die Funktion der einzelnen Bauelemente und die Bedeutung der Spannungen U_1 und U_2.

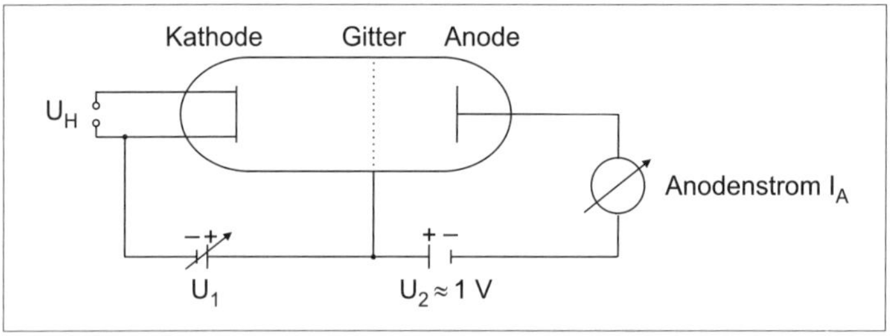

Abb. 5: Versuchsaufbau des Franck-Hertz-Versuchs

b) Der Kolben des Franck-Hertz-Versuchs enthält Hg-Dampf. Skizzieren Sie den Verlauf des Anodenstroms I_A in Abhängigkeit von der Spannung U_1 (Franck-Hertz-Diagramm).

c) Erläutern Sie die Ergebnisse des Franck-Hertz-Versuchs mit Aussagen des Bohr'schen Atommodells. 20

3.2 Führt man den Franck-Hertz-Versuch mit Hg-Dampf quantitativ durch, findet man in der U_1-I_A-Darstellung Maxima im Abstand von $\Delta U_1 = 4{,}90$ V.

a) Berechnen Sie die Wellenlänge λ_{FH} der Strahlung, die dieser Anregung entspricht.
(Kontrollergebnis: $\lambda_{FH} = 253$ nm)

b) Das Spektrum der Hg-Dampflampe in Versuch 1 zeigt neben der $\lambda_{FH} = 253$-nm-Linie auch Linien, die zu größeren Wellenlängen gehören.
Erläutern Sie mithilfe des Termschemas in Abbildung 4, warum die entsprechenden Anregungsenergien der Hg-Atome in der U_1-I_A-Kurve des Franck-Hertz-Diagramms nicht nachgewiesen werden. 10

4 **Anregung der Hg-Atome mit Licht**

Verwendet man für die Röhre des Franck-Hertz-Versuchs UV-durchlässiges Quarz-Glas, kann man die Hg-Atome im Inneren der Röhre auch von außen mit Photonen beschießen.

4.1 Erläutern Sie auf der Grundlage des Termschemas in Abbildung 4 das Absorptionsverhalten der Hg-Atome, wenn Photonen jeder gewünschten Energie zwischen 5 eV und 6 eV zur Verfügung stehen. 5

4.2 Erläutern Sie auf der Grundlage des Termschemas in Abbildung 4 das Absorptionsverhalten der Hg-Atome, wenn Photonen jeder gewünschten Energie zwischen 6 eV und 7 eV zur Verfügung stehen. 5

Tipps und Hinweise zur Lösung von Prüfungsaufgabe II

Tipps zu Aufgabe 1

Vorbemerkung: Diese Aufgabe verknüpft in typischer Weise das Sachgebiet „elektromagnetische Wellen“ mit dem Schwerpunkt Interferenz und das Sachgebiet „Atomphysik“. Die Wellenlehre liefert die Auswertungsmethoden, um (Linien-)Spektren zu untersuchen; in der Atomphysik werden Modelle entwickelt, mit denen die beobachteten Phänomene erklärt werden können.
Der Franck-Hertz-Versuch ist einer der wichtigsten Versuche der modernen Physik. Vom ihm gibt es mehrere leicht unterschiedliche Varianten, wobei der wesentlichste Unterschied in der Wahl des Gases, mit dem der Kolben gefüllt ist, besteht. Die entscheidenden physikalischen Erkenntnisse sind bei allen Varianten identisch, lediglich die quantitativen Berechnungen unterscheiden sich leicht.

Teilaufgabe 1.1 a

- Berücksichtigen Sie Abbildung 1, diese stellt die wesentlichen Teile des Versuchsaufbaus dar.
- Beachten Sie, dass Sie Versuchsaufbau und Versuchsdurchführung beschreiben müssen.
- Achten Sie auf die richtige Reihenfolge der eingesetzten Versuchsmaterialien.

Teilaufgabe1.1 b

- Verwenden Sie in Ihrer Skizze und in Ihren Erklärungen die gleichen Variablen wie in der Aufgabenstellung.

Teilaufgabe 1.1 c

- Lesen Sie immer zunächst alle Aufgabenstellungen. Oft findet man bei den folgenden Teilaufgaben Hinweise auf die Lösung. Die gesuchten Begriffe werden in der nächsten Teilaufgabe verwendet.

Teilaufgabe 1.2

- Beachten Sie, dass nicht nur die Wellenlänge, sondern auch der Ablenkwinkel gesucht ist.
- Beachten Sie, dass Sie bei den gegebenen Dimensionen nicht die Näherung für kleine Winkel benutzen dürfen.

Teilaufgabe 1.3 a

- Die wesentlichen Aussagen des Bohr'schen Atommodells werden durch die beiden Bohr'schen Postulate beschrieben.
- Beachten Sie auch die Aufgabentexte der folgenden Teilaufgaben. Diese geben deutliche Hinweise auf die gesuchten Eigenschaften.
- Überlegen Sie, was neu am Bohr'schen Atommodell gegenüber dem Kern-Hülle-Modell war und welche Annahmen Bohr deshalb machen musste.

Teilaufgabe 1.3 b

- Überlegen Sie, was das Besondere des Spektrums des Hg-Lichts im Vergleich zum Spektrum einer Glühlampe ist.
- Linienspektren konnten mit den Atommodellen vor Bohr nicht erklärt werden. Überlegen Sie, wieso die beiden Bohr'schen Postulate zu diskreten Linienspektren führen.

Teilaufgabe 1.3 c

- Berücksichtigen Sie die Werte, die bei der Teilaufgabe 1.2 gegeben wurden.
- Beachten Sie die gesuchte Einheit.
- Nutzen Sie den bekannten Zusammenhang zwischen Frequenz und Wellenlänge.

Teilaufgabe 1.3 d

- Beachten Sie, dass für den Grundzustand (anders als in den meisten Schulbüchern) die Energie E = 0 eV gesetzt wurde.
- Berücksichtigen Sie die Richtung der Übergänge (Emission).
- Beachten Sie, dass zwei Teilleistungen von Ihnen gefordert sind und notiert werden müssen: Die Bestimmung der Energieniveaus und das Einzeichnen der Übergänge.

Teilaufgabe 2.1

- Verwenden Sie die vorne gegebenen Informationen. Wesentliche Teile der Lösung dieser Teilaufgabe sind in den Informationen vor Aufgabe 1 angegeben.

Teilaufgabe 2.2

- Beschreiben Sie auch, was man *nicht* sieht, um beide Beobachtungen abzugrenzen.
- Berücksichtigen Sie den Aufgabentext zur nächsten Teilaufgabe 2.3.
- Es ist nur nach den Beobachtungen auf den Schirmen gefragt. Die Beschreibung von weiteren Beobachtungen, z. B. in der Flamme, ist nicht gefordert.

Teilaufgabe 2.3

- Beachten Sie das 2. Bohr'sche Postulat.
- Berücksichtigen Sie, dass Photonen beim unelastischen Stoß mit den Atomen ihre Energie nur vollständig (oder gar nicht) abgeben können.
- Bedenken Sie, aus welcher Richtung die Photonen, die einen unelastischen Stoß ausführen, kommen und in welche Richtung(en) Photonen, die beim Übergang der Hüllelektronen vom angeregten Zustand in den Grundzustand entstanden sind, ausgesandt werden können.
- Berücksichtigen Sie auch, dass die angeregten Zustände instabil sind. Erklären Sie was beim Übergang in den Grundzustand passiert und warum dies keinen Einfluss auf den beobachteten Schatten hat.

Teilaufgabe 3.1 a

- Erklären Sie die Funktion *aller* Bauelemente und nicht nur derer, die Ihnen besonders wichtig erscheinen.

Teilaufgabe 3.1 b

- In späteren Aufgabenteilen finden Sie Hinweise zum Verlauf.
- Skizzieren Sie so genau wie möglich, d. h. die wesentlichen Eigenschaften des Verlaufs müssen eindeutig zu erkennen sein. Ggf. kann Ihnen eine ungefähre Skalierung der x-Achse dabei helfen.

Teilaufgabe 3.1 c

- Überlegen Sie, welchen qualitativen Verlauf der Kurve im Franck-Hertz Diagramm man klassisch erwartet hätte.
- Überlegen Sie, was neu am Bohr'schen Atommodell war und wie man dies für die Erklärung des regelmäßigen Absinkens nach den Maxima in der Kurve nutzen kann.

Teilaufgabe 3.2 a

- Überlegen Sie, welche Energie den Elektronen bei Beschleunigung mit $U_1 = 4{,}9\ V$ zugeführt wird.
- Überlegen Sie, was im Atom nach der Energieübertragung durch den unelastischen Stoß mit dem angeregten Hüllelektron passiert. Beachten Sie hierbei das 2. Bohr'sche Postulat.
- Die Strahlung besteht aus Photonen, deren Energie Sie mit bekannten Formeln leicht berechnen können.

Teilaufgabe 3.2 b

- Identifizieren Sie zunächst im Termschema den Übergang, der zu der 253 nm-Linie gehört. Untersuchen Sie, wodurch sich alle anderen Übergänge von diesem unterscheiden.
- Überlegen Sie, welcher Zustand, ausgehend vom Grundzustand, am leichtesten zu erreichen ist.
- Berücksichtigen Sie, dass die angeregten Zustände instabil sind und die Atome schnell wieder in den Grundzustand übergehen.

Teilaufgabe 4.1 und 4.2

- Beachten Sie die Beobachtungen und Ergebnisse von Aufgabe 3.
- Überlegen Sie, welche Unterschiede es bei Stößen mit Elektronen bzw. mit Photonen gibt.

Lösungen zur Prüfungsaufgabe II

1 Versuch 1: Gitterspektrum

1.1 a) Skizze des Versuchsaufbaus

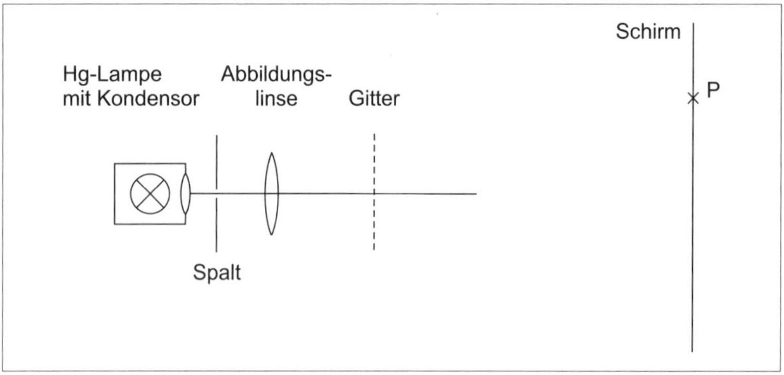

Abb. 6: Die Abstände und Größen der einzelnen Bauteile sind nicht maßstabsgetreu dargestellt.

Versuchsdurchführung
Das Licht einer Quecksilberdampflampe fällt durch einen Spalt und wird mithilfe einer Sammellinse scharf auf dem Schirm abgebildet. In den (nahezu parallel verlaufenden) Strahlengang nach der Linse wird das Gitter gebracht.

b) Das Licht der Quecksilberdampflampe wird am Gitter gebeugt. Die Gitteröffnungen können als Ausgangspunkte phasengleicher Elementarwellen aufgefasst werden (Huygens'sches Prinzip). Im Raumpunkt P kommt es zur Überlagerung und Interferenz von den Elementarwellen. Maximale Verstärkung liegt vor, wenn der **Gangunterschied Δs** zwischen benachbarten Wellenstrahlen $n \cdot \lambda$ $(n = 0, 1, 2, \ldots)$ beträgt. Da die Entfernung zum Schirm im Verhältnis zum Abstand der Spalte sehr groß ist, können die benachbarten Strecken von den Spalten zum Punkt P als annähernd parallel angenommen werden. Da der Weg zum Raumpunkt P von jeder Gitteröffnung unterschiedlich ist, entsteht zwischen den einzelnen Wellen ein Gangunterschied, wenn sie Punkt P erreichen.
Wie in Abbildung 3 der Aufgabenstellung zu erkennen ist, ist der Weg vom unteren Spalt zum Punkt P um den Weg Δs länger als vom Spalt darüber. Aus der **geometrischen Betrachtung** der beiden benachbarten Wellenstrahlen und dem Beugungswinkel α_n folgt der Zusammenhang:

$$\sin \alpha_n = \frac{\Delta s}{g}$$

Mit der oben genannten Bedingung für konstruktive Interferenz $\Delta s = n \cdot \lambda$ ergibt sich die gesuchte Beziehung:

$$\sin \alpha_n = \frac{n \cdot \lambda}{g} \quad \Leftrightarrow \quad \underline{\underline{n \cdot \lambda = g \cdot \sin \alpha_n}} \quad (n = 0, 1, 2, \ldots)$$

c) n ist die **Ordnungszahl** des jeweiligen Maximums. α_n ist der **Ablenkwinkel** (Beugungswinkel), unter dem das jeweilige Maximum n-ter Ordnung zu sehen ist.

1.2 Der **Ablenkwinkel** ergibt sich gemäß Abbildung 3:

$$\tan \alpha_{1,\,gelb} = \frac{a_{1,\,gelb}}{e} = \frac{0{,}349 \text{ m}}{1{,}00 \text{ m}} = 0{,}349$$

$$\Rightarrow \quad \alpha_{1,\,gelb} = 19{,}238\ldots^\circ \approx \underline{\underline{19{,}2^\circ}}$$

Die **Wellenlänge** berechnet sich mit der Gitterkonstanten $g = \frac{1}{570}$ mm aus der in Teilaufgabe 1.1 b hergeleiteten Beugungsbedingung zu:

$$\lambda_{gelb} = \frac{g \cdot \sin \alpha_1}{1}$$

$$= \frac{10^{-3}\text{ m}}{570} \cdot \sin 19{,}238\ldots^\circ \approx 5{,}78 \cdot 10^{-7}\text{ m} = \underline{\underline{578 \text{ nm}}}$$

1.3 a) **1. Aussage (1. Bohr'sches Postulat):** Der positiv geladene Atomkern wird von Elektronen auf diskreten konzentrischen Kreisbahnen ohne Abgabe von Energie, also strahlungsfrei, umrundet.

2. Aussage (2. Bohr'sches Postulat): Beim Übergang der Elektronen zwischen zwei Zuständen (Bahnen) wird elektromagnetische Strahlung absorbiert bzw. emittiert. Die Energie E der absorbierten bzw. emittierten Photonen entspricht der Energiedifferenz der beiden Energiezustände und es gilt die Planck'sche Beziehung $E = h \cdot f$ (f: Frequenz des Photons; h: Planck'sches Wirkungsquantum).

b) Laut 1. Bohr'schen Postulat können die Elektronen in der Hülle der Atome nur ganz bestimmte – diskrete – Energieniveaus annehmen. Das 2. Bohr'sche Postulat besagt, dass beim Übergang von einem höheren zu einem niedrigeren Energieniveau die Energiedifferenz in Form eines Photons abgegeben wird. Da nur diskrete Energieniveaus existieren, kann die Energie und damit verbunden die Wellenlänge der emittierten Photonen nicht jeden beliebigen, sondern nur diskrete Werte annehmen. Deshalb kann man kein kontinuierliches Spektrum, sondern nur die zu bestimmten Wellenlängen gehörenden **Linien** beobachten.

c) Aus der Formel für die Photonenenergie $E = h \cdot f$ und der Beziehung zwischen Wellenlänge und Frequenz $\lambda \cdot f = c$ ergibt sich mit dem Ergebnis aus Teilaufgabe 1.2:

$$E_{Ph} = h \cdot f = h \cdot \frac{c}{\lambda}$$

$$E_{Ph,\,gelb} = 6{,}626 \cdot 10^{-34}\,\text{Js} \cdot \frac{3{,}00 \cdot 10^{8}\,\frac{\text{m}}{\text{s}}}{5{,}78 \cdot 10^{-7}\,\text{m}} \approx 3{,}44 \cdot 10^{-19}\,\text{J} \approx \underline{\underline{2{,}15\,\text{eV}}}$$

d) Wie man an der Beziehung $E_{Ph} = h \cdot f = h \cdot \frac{c}{\lambda}$ erkennt, sind Photonenenergie und Wellenlänge zueinander antiproportional, d. h. mit wachsender Energie nimmt die Wellenlänge ab. So kann man den im Aufgabentext angeführten Energien leicht die entsprechenden Farben zuordnen. Durch Differenzbildung der im Termschema gegebenen Werte für die einzelnen Energieniveaus erhält man die zugehörigen Photonenenergien:

Energie	Farbe	Übergang
2,15 eV	gelb	8,86 eV → 6,71 eV
2,28 eV	grün	7,18 eV → 4,90 eV
3,07 eV	blau	7,97 eV → 4,90 eV
4,90 eV	UV1	4,90 eV → 0 eV
6,71 eV	UV2	6,71 eV → 0 eV

Die Lösung der Aufgabe ist unabhängig davon, wo an der y-Achse das Niveau $E = 0$ gesetzt wird (wie hier für den Grundzustand oder, wie häufig zu finden, am oberen Ende der Achse, sodass den Zuständen negative Energien zugeordnet werden). Da hier nur die Differenzen zwischen den Energien der verschiedenen Zustände entscheidend sind, ist die Lage des Nullniveaus unbedeutend.

Abbildung 7 zeigt das ergänzte Termschema.

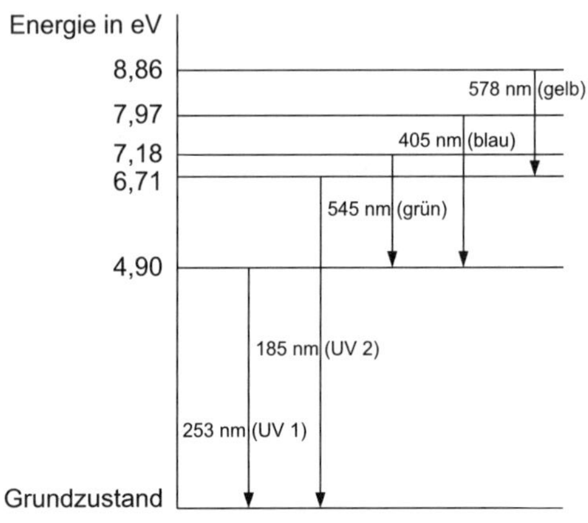

Abb. 7

2.1 **Beschreibung des Versuchsaufbaus**
Eine Hg- und Na-Dampflampe beleuchten über Kreuz eine Flamme, in der Kochsalz (NaCl) verdampft wird. Auf zwei verschiedenen Schirmen wird das Licht beider Lampen nach Durchgang durch die Flamme aufgefangen.

2.2 **Beschreibung der Beobachtung**
- Beobachtung auf dem Schirm, der von der Na-Lampe beleuchtet wird: Es ist ein Schatten der Flamme zu erkennen.
- Beobachtung auf dem Schirm, der von der Hg-Lampe beleuchtet wird: Es ist nichts zu erkennen, insbesondere kein Schatten der Flamme.

2.3 Gemäß dem 2. Bohr'schen Postulat können die Na-Atome nur Energiemengen absorbieren, die der Energiedifferenz zwischen zwei Energieniveaus entspricht (Anregungsenergie).
Die **Hg-Dampflampe** sendet nur Licht aus, das zu den (errechneten) Hg-Linien gehört, und keine dieser Wellenlängen bzw. keine der zugehörigen Photonenenergie stimmt mit der Anregungsenergie des Na überein. Weil die Photonen bei einem unelastischen Stoß mit den Hg-Atomen ihre Energie aber nur vollständig oder gar nicht abgeben können, tritt keine Wechselwirkung zwischen den Photonen des Hg-Lichts und den Elektronen der Na-Atomhülle auf; die Energie der von der Hg-Lampe ausgesandten Photonen ist entweder zu groß oder zu klein.
Die **Na-Dampflampe** sendet solches Licht mit exakt derjenigen Energie aus, die die Elektronen der Na-Atomhülle dazu anregen können, auf höhere Bahnen (gemäß Bohr) zu wechseln. Ein Teil der eingestrahlten Na-Lichts wird also dazu genutzt, die Na-Atome im verdampfenden NaCl anzuregen. Diese Photonen fehlen später auf dem Schirm.
Die angeregten Hüllelektronen des Na-Atoms kehren wieder in den Grundzustand zurück: Sie senden dabei zwar auch wieder Licht exakt der zuvor absorbierten Wellenlänge aus, aber dieses Licht wird in alle Raumrichtungen emittiert, sodass auf dem Schirm das dort fehlende Licht nicht vollständig ersetzt wird. Daher entsteht hinter der Flamme ein dunklerer Bereich, ein „Schatten".

Das helle gelbe Leuchten der Flamme entsteht hauptsächlich durch *thermische* Anregung der beim Verdampfen des Kochsalzes frei werdenden Na-Atome, d. h. das Überführen der Hüllelektronen in einen höheren (instabilen) Energiezustand erfolgt hier durch die wärmebedingten Stöße der Na-Atome untereinander. Bei der Rückkehr in den Grundzustand werden Photonen ausgesandt, deren Wellenlänge gerade im gelben Spektralbereich liegt.

3.1 a) **Erläuterung der Bauelemente**
- Die **Glühkathode** erzeugt die zu beschleunigenden Elektronen.
- Das **Gitter** sorgt aufgrund der anliegenden Spannung U_1 für die Beschleunigung der Elektronen und ermöglicht ihren Durchgang hin zur Anode.
- An der **Anode** werden die dort ankommenden Elektronen aufgefangen.
- Mit dem **Anodenstrommessgerät** lässt sich die Anodenstromstärke I_A bestimmen, die angibt, wie viele Elektronen die Anode erreichen.

Bedeutung der Spannungen

U_H: Heizspannung, mit der die Kathode zum Glühen gebracht wird

U_1: Beschleunigungsspannung für die Elektronen zwischen Kathode und Gitter

U_2: Die Gegenspannung bewirkt, dass durch unelastische Stöße abgeschwächte Elektronen die Anode dann nicht erreichen, wenn die Beschleunigungsspannung nur wenig oberhalb der für eine Anregung nötigen Spannung liegt.

b) 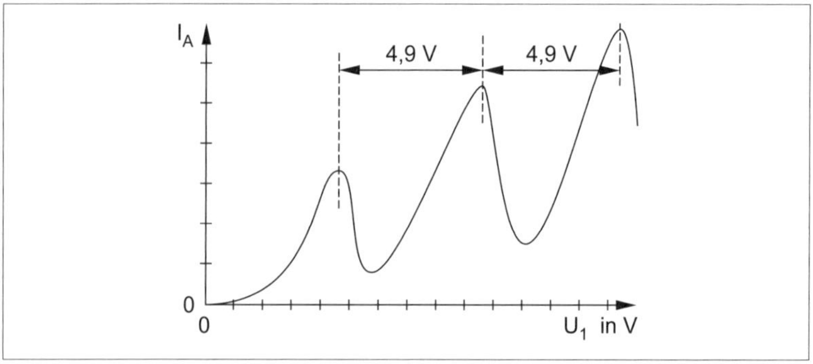

Abb. 8

c) Bei sehr niedriger Beschleunigungsspannung ($U_1 < U_2$) werden die Elektronen nicht ausreichend beschleunigt, um das Gegenfeld überwinden zu können. Darum wird zu Beginn keine Stromstärke gemessen.
Mit wachsender Beschleunigungsspannung erreichen (zunächst) immer mehr Elektronen pro Zeit die Anode, d. h. die Stromstärke steigt an. Die Elektronen stoßen zwar mit den Hg-Atomen zusammen, allerdings treten bei niedrigen Beschleunigungsspannungen nur elastische Stöße auf und die Elektronen geben (praktisch) keine kinetische Energie ab.
Bei einem bestimmten Wert der Beschleunigungsspannung U_1 nimmt die gemessene Stromstärke I_A plötzlich ab. Hier haben die Elektronen eine ausreichend große kinetische Energie erreicht, um mit den Hg-Atomen einen unelastischen Stoß auszuführen, d. h.: Die kinetische Energie der Elektronen entspricht (mindestens) der Anregungsenergie der Hg-Atome, also der Energiedifferenz zwischen dem Grundzustand und dem ersten angeregten Zustand. Da die Elektronen ihre Energie an die Hg-Atome übertragen haben, beträgt ihre kinetische Energie annähernd null und sie können das Gegenfeld nicht mehr überwinden.
Danach steigt die gemessene Stromstärke mit Erhöhung der Beschleunigungsspannung wieder an. Da die Beschleunigungsspannung nun höher ist, haben die Elektronen schon früher (d. h. weiter von dem Gitter entfernt) ausreichend Energie, um einen unelastischen Stoß mit den Hg-Atomen auszuführen. Die Potenzialdifferenz zwischen diesem Ort und dem Gitter reicht aus, um die Elektronen noch einmal so stark zu beschleunigen, dass sie die Gegenspan-

nung überwinden können und es erreichen mit wachsender Beschleunigungsspannung mehr Elektronen pro Zeitintervall die Anode, wodurch die gemessene Stromstärke wieder steigt.
Bei weiterer Steigerung der Beschleunigungsspannung wächst die kinetische Energie der Elektronen nach dem Stoß vor dem Gitter erneut so weit, dass sie einen zweiten unelastischen Stoß durchführen können. Dabei geben sie wieder annähernd ihre gesamte kinetische Energie ab und können die Gegenspannung nicht mehr überwinden.
Auf diese Weise können die Elektronen auf ihrem Weg zur Anode gleich zwei- oder mehrmals ihre Energie an Hg-Atome abgeben. So erklärt sich das Auftreten mehrerer Minima in der Spannung-Stromstärke-Kurve.
Geht man von diskreten Energieniveaus in der Hülle des Hg-Atoms aus, dann zeigt dieser Versuch: Nur wenn die kinetische Energie eines Elektrons der Differenz zweier atomarer Energieniveaus entspricht, kann sie durch das Hg-Atom aufgenommen werden. Ankommende Elektronen und die „getroffenen" Atome sind nicht in der Lage, beliebige Energien auszutauschen.

3.2 a) Dem Spannungsabstand $\Delta U_A = 4{,}90\ \text{V}$ entspricht eine Energieabgabe der Elektronen von

$$\Delta E = e \cdot U_A = e \cdot 4{,}90\ \text{V} = 1{,}602 \cdot 10^{-19} \cdot 4{,}90\ \text{J} = 7{,}85 \cdot 10^{-19}\ \text{J}.$$

Wegen $\Delta E = E_{Ph}$ und $E_{Ph} = h \cdot f$ ergibt sich:

$$\Delta E = h \cdot f = h \cdot \frac{c}{\lambda_{FH}} \quad \Rightarrow \quad \lambda_{FH} = h \cdot \frac{c}{\Delta E}$$

$$\lambda_{FH} = 6{,}626 \cdot 10^{-34}\ \text{Js} \cdot \frac{3{,}00 \cdot 10^8\ \frac{\text{m}}{\text{s}^2}}{7{,}85 \cdot 10^{-19}\ \text{J}} \approx \underline{\underline{253\ \text{nm}}}$$

b) Aus dem Termschema ergibt sich, dass langwelligere Strahlung erst dann emittiert werden kann, wenn zuvor Anregungen von mindestens 6,71 eV auftreten, da die langwelligere Strahlung erst bei Übergängen zwischen den „höheren" Energieniveaus vorkommen. Der Prozess der Anregung auf das 6,71 eV-Niveau ist aber sehr unwahrscheinlich, da die anregenden Elektronen ab einer Energie von 4,90 eV bereits ihre Energie mit hoher Wahrscheinlichkeit an die Hüllelektronen abgeben, die diese dann beim „Rücksprung" in den Grundzustand als 253 nm-Linie abgeben.

4.1 Photonen können bei Wechselwirkung mit der Atomhülle – im Gegensatz zu Elektronen – ihre Energie nur vollständig oder gar nicht abgeben. Beim Beschuss der Hg-Atome mit Photonen der Energie zwischen 5 eV und 6 eV tritt **keine Anregung** der Hg-Atome auf, da die Energiedifferenzen zwischen dem Grundzustand und allen anderen Niveaus nicht innerhalb des Intervalls von 5 eV–6 eV liegt.

4.2 Bei dem Beschuss der Hg-Atome mit Photonen der Energie zwischen 6 eV und 7 eV **tritt Anregung** der Hg-Atome **auf**, weil 6,71 eV ein Anregungsniveau im Termschema des Hg ist.

Punkte

Aufgabe 1: Das Fadenstrahlrohr – ausgewählte Experimente und Überlegungen

Im Fadenstrahlrohr (siehe Abbildung 1) wird mithilfe einer Elektronenkanone ein scharf gebündelter Elektronenstrahl erzeugt. Die Bahnkurve, auf der sich die Elektronen im Fadenstrahlrohr bewegen, ist als blau leuchtende Kurve sichtbar. Mit einem Helmholtzspulenpaar kann ein Magnetfeld zur Ablenkung des Elektronenstrahls erzeugt werden. Bei geeigneter Justierung des Systems bewegen sich die Elektronen auf einer Kreisbahn (siehe Abbildung 2).

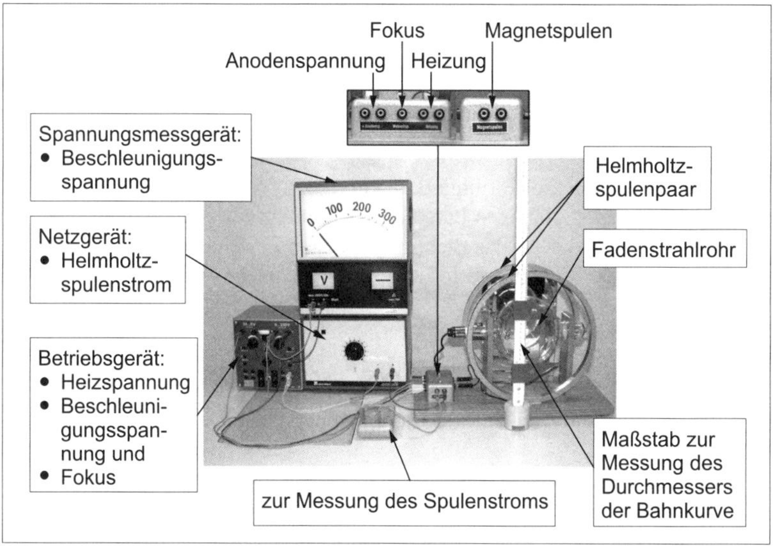

Abb. 1: Versuchsaufbau zur Bestimmung der spezifischen Ladung des Elektrons

1.1 a) Skizzieren Sie den Aufbau des Fadenstrahlrohres, insbesondere der Elektronenkanone, mit der entsprechenden elektrischen Schaltung.

Hinweis: Die Helmholtzspulen sowie deren Stromversorgung sollen nicht skizziert werden.

b) Erläutern Sie, wie der Elektronenstrahl erzeugt wird.

c) Erläutern Sie, warum die Bahnkurve, auf der sich die Elektronen bewegen, sichtbar ist. 13

Abb. 2: Fotografisch registrierte kreisförmige Bahnkurve im Fadenstrahlrohr

1.2 Die Abbildung 2 zeigt die Fotografie einer Bahnkurve, auf der sich Elektronen im Fadenstrahlrohr durch das homogene magnetische Feld des Helmholtzspulenpaares bewegen.

a) Skizzieren Sie eine kreisförmige Bahnkurve und für ein einzelnes Elektron in einem beliebigen Punkt dieser Bahnkurve den Geschwindigkeitsvektor $\vec{v}$, die auf das Elektron wirkende Zentripetalkraft $\vec{F}_z$ sowie das für die Kreisbahn erforderliche magnetische Feld.

b) Begründen Sie, warum der Betrag der Geschwindigkeit konstant ist.

c) Begründen Sie, warum sich eine kreisförmige Bahnkurve ergibt. 10

1.3 Der Radius r der kreisförmigen Bahnkurve kann gemäß $r = \frac{1}{B} \cdot \sqrt{\frac{2m \cdot U_B}{e}}$ berechnet werden.
(e bezeichnet die Elementarladung, m die Masse des Elektrons, U_B die Beschleunigungsspannung und B die Stärke des magnetischen Feldes.)

Leiten Sie diese Formel her und erläutern Sie Ihren Ansatz. 11

1.4 a) Überprüfen Sie, unter welchen Randbedingungen die sachliche Richtigkeit der folgenden Aussagen zur Bewegung von Elektronen im Fadenstrahlrohr gegeben ist.

(1) „Wird die Beschleunigungsspannung U_B vergrößert, so wird die Geschwindigkeit v_0, mit der die Elektronen die Elektronenkanone verlassen, größer."

(2) „Wenn v_0 größer wird, dann wird auch die auf die Elektronen wirkende Lorentzkraft F_L größer."

(3) „Wenn die Lorentzkraft F_L größer wird, wird der Kreisbahnradius r kleiner."

b) Werden die Aussagen (1) bis (3) des Aufgabenteils a hintereinander gelesen, so legen sie (insgesamt) den folgenden Schluss nahe:
(1)–(3) $\rightarrow$ „Eine Vergrößerung der Beschleunigungsspannung U_B hat eine Verkleinerung des Kreisbahnradius r zur Folge."
Diskutieren Sie, warum diese Schlussfolgerung falsch ist. 11

1.5 In einem Experiment ermittelt man bei einer Beschleunigungsspannung von $U_B = 200$ V den Radius r der kreisförmigen Bahnkurve der Elektronen in Abhängigkeit von der Stärke B des magnetischen Feldes. Es ergeben sich folgende Messwerte:

B in mT	1,0	1,2	1,4	1,6	1,8	2,0
r in cm	4,8	4,0	3,4	3,0	2,6	2,4

a) Ermitteln Sie anhand der Messwerte den Zusammenhang zwischen dem Kreisbahnradius r und der Stärke B des magnetischen Feldes, indem Sie diese in ein geeignetes Diagramm eintragen und auswerten.

b) Bestimmen Sie anhand der Auswertung der Messwerte und der in Teilaufgabe 1.3 angegebenen Beziehung einen Wert für die spezifische Ladung $\frac{e}{m}$ des Elektrons. 13

1.6 Zeigen Sie, dass die Umlaufzeit T der Elektronen im Fadenstrahlrohr gemäß

$$T = \frac{2\pi \cdot m}{e \cdot B}$$

berechnet werden kann und somit unabhängig von der Geschwindigkeit v der Elektronen ist. 6

Aufgabe 2: Entstehung und Analyse von Röntgenstrahlung – das Röntgenspektrum nach der Bragg-Reflexion

Mit einem Schulröntgengerät wird ein Röntgenspektrum erzeugt. Abbildung 1 zeigt ein solches Spektrum, bei dem die Zählrate R in Abhängigkeit von der Wellenlänge λ der Strahlung aufgetragen ist.
Für die Messung wird der in Abbildung 2 schematisch skizzierte Aufbau benutzt, bei dem eine Röntgenanode aus Molybdän ($Z = 42$) und ein NaCl-Einkristall (Netzebenenabstand $d = 282$ pm) verwendet wurde. Die Zählrate R wird mit einem Geiger-Müller-Zählrohr gemessen, die Kollimatoren dienen lediglich der Bündelung des Röntgenstrahls.

2.1 Zunächst geht es um den Entstehungsprozess der Röntgenstrahlung.

a) Beschreiben Sie den Aufbau der Röntgenröhre und ergänzen Sie die Abbildung 2 durch die elektrische Beschaltung der Röhre.

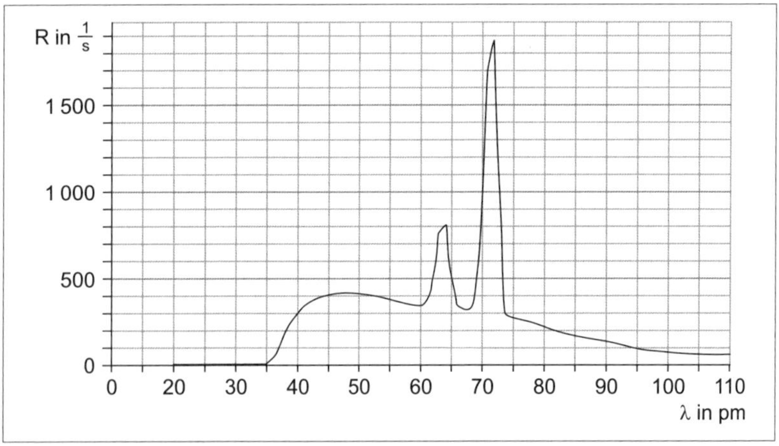

Abb. 1: Röntgenspektrum

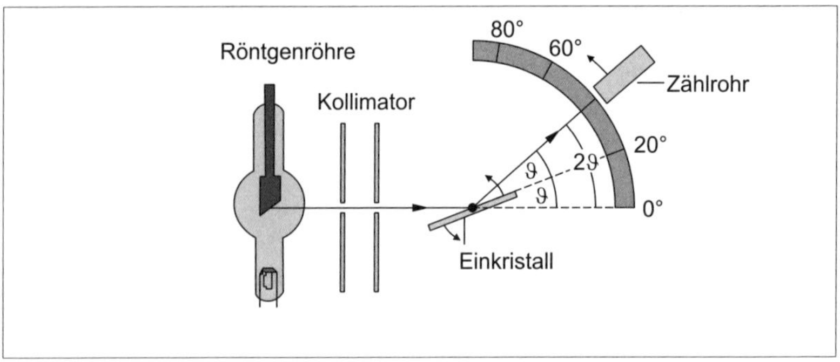

Abb. 2: Aufbau zur Aufnahme des Röntgenspektrums

b) Erläutern Sie die Wechselwirkungsprozesse in der Anode, die zur Entstehung der Röntgenstrahlung beitragen.

c) Geben Sie begründet an, welches der beiden ausgeprägten Maxima in Abbildung 1 zur K_α- und welches zur K_β-Strahlung gehört. 15

2.2 Die Aufnahme des Spektrums erfolgt durch die Drehung des Einkristalls um den Winkel ϑ bei gleichzeitiger Drehung des Zählrohrs um den Winkel 2ϑ (siehe Abbildung 2).

a) Erläutern Sie diese Methode, indem Sie auf die Beugung an den Netzebenen des Einkristalls („Bragg-Reflexion“) eingehen.

b) Leiten Sie mit einer geeigneten Skizze die Bragg-Beziehung $n \cdot \lambda = 2d \cdot \sin\vartheta$ her ($n = 1, 2, \ldots$; d: Netzebenenabstand; ϑ: der in Abbildung 2 vorkommende Drehwinkel (Glanzwinkel)). 10

2.3 Aus den Wellenlängenangaben der charakteristischen Maxima in Abbildung 1 lassen sich die zugehörigen Strahlungsenergien und mithilfe der Bragg-Beziehung die Glanzwinkel ϑ ermitteln.

a) Geben Sie Wellenlängenwerte der beiden Maxima anhand der grafischen Auswertung an und berechnen Sie damit die Strahlungsenergien in der Einheit keV.
(Zwischenergebnis: $E_1 \approx 19{,}6$ keV und $E_2 \approx 17{,}5$ keV)

b) Bestimmen Sie diejenigen Glanzwinkel, die zu den beiden Maxima im Wellenlängenspektrum führen, in der 1. bis 3. Ordnung.

c) Begründen Sie, warum die Winkelunterschiede zwischen den Maxima in den verschiedenen Ordnungen nicht konstant sind. 13

2.4 Für drei verschiedene Anodenspannungen in der Röhre nimmt man im kurzwelligen Bereich das in Abbildung 3 dargestellte Spektrum auf. Die Werte der Anodenspannungen sind in dem Diagramm angegeben.

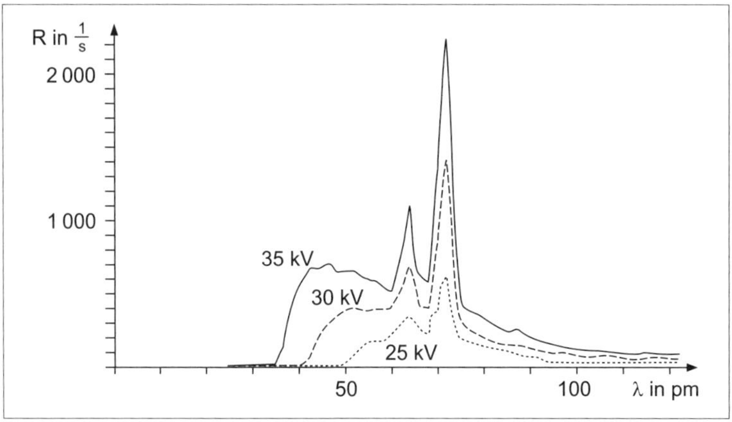

Abb. 3: Kurzwelliges Ende des Spektrums mit verschiedenen Anodenspannungen

a) Deuten Sie die kurzwellige Grenze des Spektrums im Photonenmodell.

b) Begründen Sie, warum die charakteristischen Maxima stets an derselben Stelle (bei derselben Wellenlänge) entstehen.

c) Ermitteln Sie anhand des Diagramms die Grenzwellenlänge für die drei Anodenspannungen.

d) Bestimmen Sie mit diesen Wellenlängenwerten und den zugehörigen Anodenspannungen den Wert der Planck'schen Konstanten h. 13

2.5 M. G. J. Moseley untersuchte 1913 die charakteristische Röntgenstrahlung von verschiedenen Anodenmaterialien (Kernladungszahl Z). Er stellte dabei unter Einbeziehung des Bohr'schen Atommodells folgende Gesetzmäßigkeit auf, die näherungsweise für die Energie ΔE der Strahlungsübergänge zwischen den Niveaus mit den Hauptquantenzahlen m und n $(m > n)$ gilt:

$$\Delta E = 13{,}6\ \text{eV} \cdot (Z - a)^2 \cdot \left(\frac{1}{n^2} - \frac{1}{m^2} \right)$$

Die Zahl a, um die die Kernladungszahl Z reduziert wird, heißt „Abschirmkonstante".

a) Wir betrachten zunächst das Wasserstoffatom mit $Z = 1$ und $a = 0$, also

$$\Delta E = 13{,}6\ \text{eV} \cdot \left(\frac{1}{n^2} - \frac{1}{m^2} \right).$$

Erläutern Sie die physikalische Bedeutung der Formel.

b) Bei anderen Atomen kann für Übergänge von $m = 2$ und $m = 3$ nach $n = 1$ in guter Näherung $a = 1$ gesetzt werden.
Bestimmen Sie mit dieser Voraussetzung die Energie der K_α- und K_β-Strahlung von Molybdän und ermitteln Sie die prozentuale Abweichung von den experimentell ermittelten Werten aus Aufgabenteil 2.3 a.
Interpretieren Sie, warum für Mehrelektronenatome die Einführung der Konstanten $a > 0$ sinnvoll ist, insbesondere $a = 1$ für den Übergang nach $n = 1$. 12

Tipps und Hinweise zur Lösung von Prüfungsaufgabe I

Tipps zu Aufgabe 1

Vorbemerkung: Das eigentliche inhaltliche Thema dieser Aufgabe „Bewegung von elektrisch geladenen Teilchen in elektrischen und magnetischen Feldern" gehört zu *den* zentralen Themen, auf die man immer gut für die Abiturprüfungen vorbereitet sein muss.
Das Fadenstrahlrohr stellt einen der wichtigsten Versuche der Oberstufenphysik dar. In Kombination mit dem Millikanversuch kann man wichtige Eigenschaften (Ladung und Masse) eines Elektrons bestimmen.

Teilaufgabe 1.1 a

- Es wird eine Skizze (keine Zeichnung) verlangt, aus der insbesondere die Beschleunigungsstrecke für die Elektronen gut erkennbar sein muss.

Teilaufgabe 1.1 b

- Wenn Sie den der Fokussierung dienenden sog. Wehnelt-Zylinder nicht im Unterricht behandelt haben, brauchen Sie ihn auch nicht zu erwähnen.
- Denken Sie daran, dass die Elektronen zunächst aus dem Draht freigesetzt werden müssen (wie erreicht man das?), bevor sie danach durch ein elektrisches Feld beschleunigt werden können.
- Warum kehren die Elektronen nach Verlassen der Beschleunigungsstrecke eigentlich nicht wieder von oben zur Anode zurück? Denken Sie an das elektrische Feld, das die Elektronen innerhalb und außerhalb der Beschleunigungsstrecke „verspüren".

Teilaufgabe 1.1 c

- Die Bahnkurve wird als bläulich leuchtende Spur sichtbar. Im Inneren der Röhre befindet sich Wasserstoffgas unter geringem Druck.

Teilaufgabe 1.2 a

- In der Skizze müssen ein Elektron, das Magnetfeld und die verlangten physikalischen Größen zu erkennen sein. Denken Sie ggf. bei der Kreisbewegung an den Hammerwerfer, der seinen Hammer anfangs um sich herumdreht.

Teilaufgabe 1.2 b

- Bei einer gleichförmigen Kreisbewegung stehen Zentripetalkraft und Geschwindigkeit senkrecht zueinander.
- Überlegen Sie, welchen Einfluss diese Tatsache auf den Betrag der Geschwindigkeit hat.
- Überlegen Sie, inwiefern die Zentripetalkraft den Geschwindigkeitsvektor verändert. (Ein Vektor hat einen Betrag und eine Richtung!)

Teilaufgabe 1.2 c

- Berücksichtigen Sie, dass sich mit der Richtung des Geschwindigkeitsvektors auch die Richtung der auf das Elektron wirkende Lorentzkraft ändert.

Teilaufgabe 1.3

Jetzt müssen die Vorüberlegungen der beiden vorangehenden Aufgaben zusammengeführt werden, wobei alles quantitativ, also mit Formeln, dargestellt wird.

Notieren Sie insbesondere die Ansätze mit einer kurzen textlichen Begründung.

Teilaufgabe 1.4

Sie müssen unbedingt beide Teilaufgaben zusammen beachten: Die ersten drei Teilfragen dieser Aufgabe sollen die in Teil b genannte – vermeintliche – Schlussfolgerung plausibel machen.

Teilaufgabe 1.4 a

Sie sollten daran denken, dass Sie für alle angesprochenen Vorgänge Formeln zur Verfügung haben, aus denen Sie die entsprechenden Zusammenhänge erkennen und argumentativ darstellen können.

Teilaufgabe 1.4 b

Hier werden die Zusammenhänge zwischen der Zentripetalkraft und der Geschwindigkeit sowie zwischen der Lorentzkraft und der Geschwindigkeit zusammengeführt.

Berücksichtigen Sie die Potenzen, die beim jeweiligen Vorkommen der Geschwindigkeit auftreten.

Beachten Sie: Hier wird eine erläuternde „Diskussion“ verlangt.

Teilaufgabe 1.5

Hier wird von Ihnen eine konkrete Auswertung des Experiments zur Bestimmung der spezifischen Elementarladung $\frac{e}{m}$ gefordert, wie Sie sie mit Sicherheit im Unterricht behandelt haben.

Teilaufgabe 1.5 a

Beachten Sie: In Teilaufgabe 1.3 ist Ihnen eine Formel angegeben, die Sie nutzen sollten.
Allgemeiner Hinweis: Es kommt in den Zentralabituraufgaben recht häufig vor, dass Sie Lösungsansätze aufgrund der Angaben in früheren Teilaufgaben finden können. Die Ursache dafür ist u. A. darin zu suchen, dass die Konstruktion der Abituraufgaben die weitestgehende Unabhängigkeit der Teilaufgaben voneinander erfordert. Dies ist Ihr Vorteil – denken Sie immer daran!

Aus der Formel ersehen Sie: $r \sim \frac{1}{B}$. Dies sollten Sie für die „geeignete“ grafische Darstellung nutzen können.

Sie können auch einfach r gegen B auftragen. Dann aber erhalten Sie eine Hyperbel, die auf die antiproportionale Beziehung hindeutet. Wie weist man eine Antiproportionalität rechnerisch nach? Warum ist dieser Weg zwar möglich, aber umständlicher?

Teilaufgabe 1.5 b

Wenn Sie in der vorangegangenen Teilaufgabe r gegen $\frac{1}{B}$ aufgetragen haben, können Sie für die damit erhaltene Gerade deren Steigung ermitteln. Die Formel in Teilaufgabe 1.3 zeigt Ihnen, wie Sie damit $\frac{e}{m}$ errechnen können.

Achten Sie darauf, beim Einsetzen der konkreten Größenwerte die Einheiten richtig zu notieren.

Teilaufgabe 1.6 a

Beachten Sie, dass der Betrag der Geschwindigkeit der Elektronen auf ihrer Kreisbahn konstant ist (warum?).

Für die konstante Geschwindigkeit v gilt: $v = \frac{2\pi \cdot r}{T}$.

Stellen Sie die Gleichung nach T um und ersetzen Sie v mithilfe einer der bereits oben verwendeten Gleichungen.

Tipps zu Aufgabe 2

Vorbemerkung: Der Sachaspekt „Röntgenstrahlung" dieser Aufgabe ist im Jahr 2010 zum ersten Mal in den zentralen Abituraufgaben vorgekommen. Sie müssen in Bezug auf Röntgenstrahlung wissen:

- Entstehung von Röntgenstrahlung und der Zusammenhang zwischen Elektronenenergie und Energie der abgestrahlten Röntgenquanten,
- Bremsspektrum und Zusammenhang zum Planck'schen Wirkungsquantum,
- charakteristisches Spektrum mit dem Zusammenhang zum Bohr'schen Atommodell,
- Bragg-Gleichung für die Bestimmung der Wellenlängen und
- das Moseley'sche Gesetz.

Das alles kommt in dieser Aufgabe vor. Die Kristallanalyse durch Röntgenspektroskopie gehört neben dem Einsatz in der Medizin zu einem wichtigen Anwendungsgebiet der Röntgenstrahlung. Neben der in der Aufgabe bearbeiteten Drehkristallmethode gibt es in der Röntgenspektroskopie noch weitere Verfahren, von denen auch das von Debye-Scherrer für die Schule aufgrund seiner Analogie zur Elektronenbeugungsröhre besonders wichtig ist.

Teilaufgabe 2.1 a

Unterhalb der Abbildung 2 ist etwas Platz gelassen, damit Sie die verlangten Ergänzungen hier eintragen können.

Denken Sie an Aufgabe 1: Der Prozess der Freisetzung und Beschleunigung der Elektronen ist sehr ähnlich.

Teilaufgabe 2.1 b

Es treten zwei verschiedene Prozesse im Anodenmaterial auf, die für das Zustandekommen der charakteristischen Strahlung und des Bremsspektrums verantwortlich sind.

Teilaufgabe 2.1 c

Die gesamte Kurve hat drei Maxima, hier sind die beiden „herausragenden" Maxima, die sogenannten Peaks, gemeint.

Im Röntgenspektrum wird der Übergang von $m = 2$ nach $n = 1$ (erstes angeregtes Niveau in den Grundzustand) mit K_α und von $m = 3$ nach $n = 1$ (zweites angeregtes Niveau in den Grundzustand) mit K_β bezeichnet.

Teilaufgabe 2.2 a

Abbildung 2 lässt die Technik der (Mess-) Methode erkennen; beachten Sie besonders die beiden eingezeichneten Winkel ϑ und den doppelten Winkel 2ϑ.

Warum beträgt der Winkel, den das Zählrohr mit der Einfallsrichtung bildet, immer exakt 2ϑ?

Achten Sie auf fachsprachliche Genauigkeit. Der Winkel ϑ heißt Glanzwinkel und ist nicht der Einfallswinkel.

Teilaufgabe 2.2 b

Die Herleitung der Bragg-Gleichung gehört zum Standardunterrichtsstoff in jedem Kurs. Der wesentliche Gedanke besteht in der Beschreibung eines gewissen Gangunterschieds zwischen benachbarten Strahlen der ankommenden Wellenfront nach dem Verlassen des Einkristalls.

Achten Sie in der Skizze darauf, dass wesentliche geometrische Eigenschaften (Parallelität, rechte Winkel, …) eindeutig zu erkennen sind.

Beachten Sie, dass sich der gesamte Gangunterschied hier aus der Summe von zwei Teilstücken (bis zur Reflexionsebene und ab der Reflexionsebene) zusammensetzt.

Teilaufgabe 2.3 a

Es muss eine Beziehung zwischen der Energie der Röntgenquanten und ihrer zugeordneten Wellenlänge hergestellt werden.

Sie brauchen zwei Gleichungen: eine für die allgemeine Angabe der Energie von Quanten und eine zweite, die die Größen Wellenlänge und Frequenz miteinander verknüpft.

Teilaufgabe 2.3 b

Hier müssen Sie einen Zusammenhang zwischen einem Winkel (dem Glanzwinkel) und der Wellenlänge aufstellen.

Denken Sie dabei an die Bragg-Gleichung, die Ihnen in Teilaufgabe 2.2 b gegeben ist.
Allgemeiner Hinweis: Auch hier kann man wieder ein zuvor angegebenes Ergebnis nutzen (vgl. oben)!

Teilaufgabe 2.3 c

Auch hier liefert die Bragg-Gleichung den Ansatz für die Begründung, da sie Winkel und Wellenlängen miteinander verknüpft.

Teilaufgabe 2.4

Beachten Sie das gegebene Diagramm (Abbildung 3) ganz genau: Wie verändern sich für die drei gegebenen Anodenspannungen die kurzwelligen Grenzen der Bremsspektren und wie die Lage der ausgeprägten Maxima?

Teilaufgabe 2.4 a

Überlegen Sie, warum es überhaupt ein kurzwelliges Ende des Bremsspektrums gibt.

Ersetzen Sie die Skalierung der Rechtsachse durch die dazugehörigen Energien.
Wie würden sich diese von links nach rechts entwickeln?

Welche Bedeutung hat dieses Ende bezüglich der vorkommenden Energien?

Teilaufgabe 2.4 b

- Die Ursache für die charakteristischen (ausgeprägten) Maxima liefert unmittelbar die Begründung für ihre feste Position.

Teilaufgabe 2.4 c

- Die „Grenzwellenlänge“ ist diejenige Wellenlänge, die zum kurzwelligen Ende des Bremsspektrums gehört.

Teilaufgabe 2.4 d

- Hier sollten Sie ganz ähnlich wie in Teilaufgabe 2.3 a vorgehen können.

Teilaufgabe 2.5

- Bei diesem Aufgabenteil geht es in Bezug auf die Anwendung des Bohr'schen Atommodells darum, dass die Kerne der Atome realer Anodenmaterialien mehr als eine positive Ladung (Protonen) enthalten und somit die Schalen der Atome auch mit entsprechenden Elektronen besetzt sind.

Teilaufgabe 2.5 a

- Hier wird von Ihnen die Bedeutung des für Wasserstoff anwendbaren Bohr'schen Atommodells erwartet.
- Sie müssen Aussagen machen zur Energie desjenigen Quants, das dann ausgesandt wird, nachdem das Elektron in der Hülle des Wasserstoffatoms in einen angeregten Zustand versetzt worden ist.

Teilaufgabe 2.5 b

- Der erste Teil dieser Aufgabe besteht im Wesentlichen im Einsetzen gegebener Größenwerte in die Größen der angegebenen Gleichung für ΔE.
- Beachten Sie bei der Bestimmung der prozentualen Abweichung auf den richtig zu wählenden Grundwert (Prozentrechnung!).
- Der zweite Teil der Aufgabe verlangt physikalische Erläuterungen.
- Ein wesentlicher Gedanke besteht in der teilweisen elektrischen Abschirmwirkung durch das zweite Elektron auf der innersten „Bahn“ um den Atomkern. Diesen Abschirmeffekt bzgl. der Protonenladung im Atomkern „spürt“ ein äußeres Elektron, das in den Grundzustand übergeht, nachdem das andere innerste Elektron herausgeschlagen worden ist.

Lösungen zur Prüfungsaufgabe I

Aufgabe 1

1.1 a) Die Skizze in Abbildung 3 zeigt den (prinzipiellen) Aufbau des Fadenstrahlrohres mit der darin im linken Teil befindlichen „Elektronenkanone" samt Anschlüssen.

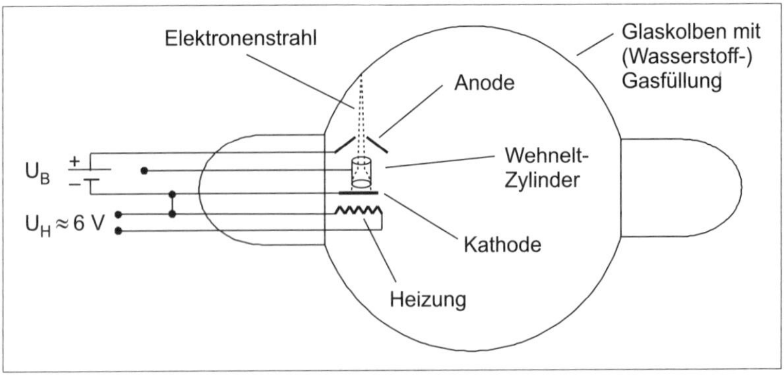

Abb. 3

b) Ein Netzgerät liefert die Heizspannung, die Spannung für die Bündelung des Elektronenstrahls sowie die Anodenspannung für die Beschleunigung der Elektronen. Durch die Heizung wird die (Metall-) Kathode zum Glühen gebracht, dadurch treten Elektronen aus der Kathode aus **(glühelektrischer Effekt)**, wobei die aus der Kathode ausgetretenen Elektronen anfangs eine vernachlässigbar kleine Geschwindigkeit $v_{Kathode} \approx 0$ haben.
Im (homogen angenommenen) elektrischen Feld zwischen (negativer) Kathode und (positiver) Anode werden die Elektronen beschleunigt, sie fliegen also wegen der **konstanten Beschleunigungskraft im elektrischen Feld** mit zunehmender Geschwindigkeit auf die Anode zu. Auf dem Weg von der Kathode zur Anode werden die Elektronen durch einen negativen Hohlzylinder, den sog. **Wehnelt-Zylinder**, auf der Mittelachse der Anordnung konzentriert. Wegen dieser Richtungsfokussierung sowie ihrer erreichten Geschwindigkeit „fliegen" die Elektronen durch die Anodenbohrung hindurch und verlassen als eng gebündelter, sich geradlinig bewegender Elektronenstrahl die Elektronenkanone. Nach dem Passieren des Lochs in der Anode kehren sie nicht von oben zur Anode zurück, da sie außerhalb der Beschleunigungsstrecke praktisch kein elektrisches Feld mehr „verspüren".

c) In dem evakuierten Glaskolben befindet sich Wasserstoffgas unter geringem Druck. Die Gasmoleküle werden durch die Elektronen des Elektronenstrahls mittels **Stoßanregung** (unelastischer Stoß) zum Leuchten gebracht. Dadurch wird die Bahn der Elektronen sichtbar.

1.2 a)

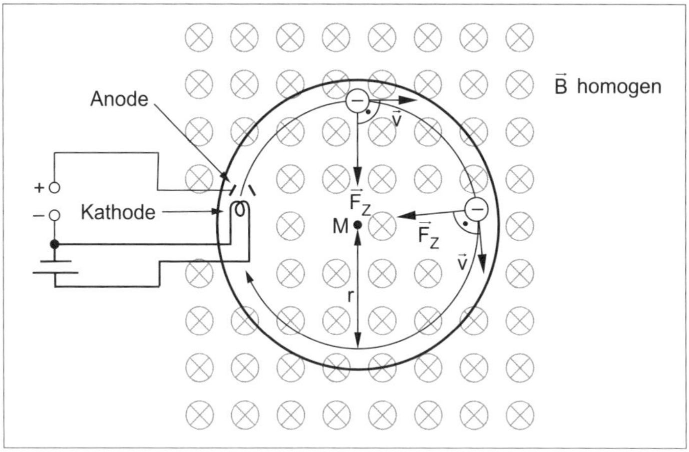

Abb. 4

b) Auf Elektronen, die sich in einem Magnetfeld bewegen, wirkt die Lorentzkraft, für die gilt:

$$\vec{F}_{Lorentz} = e \cdot \vec{v} \times \vec{B} \quad \text{bzw.} \quad F_{Lorentz} = e \cdot v \cdot B \quad \text{wegen } \vec{v} \perp \vec{B}$$

Die Lorentzkraft steht stets senkrecht zur Geschwindigkeit der Elektronen (und zur Richtung des Magnetfelds) ist, also gilt:

$$\vec{F}_{Lorentz} \perp \vec{v}$$

D. h. die Elektronen werden in Bewegungsrichtung weder beschleunigt noch abgebremst, daher bleibt der Betrag ihrer Geschwindigkeit konstant.

Denn: Die Energie (Skalarprodukt aus Kraft und Weg), die pro Zeit zugeführt wird, ist zu jedem Zeitpunkt null.

c) Wegen $|\vec{B}| = \text{const.}$ ist gemäß $|F_{Lorentz}| = e \cdot v \cdot B$ auch $|\vec{F}_{Lorentz}| = \text{const.}$

Wirkt eine dem Betrag nach konstante Kraft auf ein Teilchen und steht diese Kraft stets senkrecht zum Geschwindigkeitsvektor, so bewegt sich das Teilchen auf einer **Kreisbahn** (mit konstantem Betrag der Geschwindigkeit).

1.3 Die vom Betrag konstante **Lorentzkraft** wirkt **als Zentripetalkraft** des Betrags

$$|\vec{F}_Z| = \frac{m \cdot v^2}{r}$$

auf die Elektronen, die sich daher auf einer Kreisbahn bewegen. Es gilt also:

$$|\vec{F}_Z| = |\vec{F}_{Lorentz}| \iff \frac{m \cdot v^2}{r} = e \cdot v \cdot B$$

$$\frac{m \cdot v}{r} = e \cdot B \qquad (1)$$

Da die Geschwindigkeit der Elektronen auf ihrer Kreisbahn konstant bleibt, ist v gleich der Geschwindigkeit v_0, mit der die Elektronen die Elektronenkanone verlassen. Diese zunächst unbekannte Geschwindigkeit kann mithilfe einer Energiebetrachtung ermittelt werden, da die Elektronen aufgrund der Beschleunigung in der Beschleunigungsstrecke eine kinetische Energie durch das elektrische Feld erlangen. Mithilfe des Energieerhaltungssatzes ergibt sich aus dem Ansatz

$$E_{kin} = E_{el} \quad \Leftrightarrow \quad \frac{1}{2} m \cdot v_0^2 = e \cdot U_B$$

durch Umstellen die Geschwindigkeit:

$$v_0 = \sqrt{2 \cdot \frac{e}{m} \cdot U_B}$$

Setzt man (mit $v = v_0$) dieses Ergebnis in die Beziehung (1) ein, folgt für den **Radius** der Kreisbahn:

$$\frac{m \cdot \sqrt{2 \cdot \frac{e}{m} \cdot U_B}}{r} = e \cdot B$$

$$\frac{m^2 \cdot 2 \cdot \frac{e}{m} \cdot U_B}{r^2} = e^2 \cdot B^2$$

$$\frac{m \cdot 2 \cdot U_B}{r^2} = e \cdot B^2 \quad \Rightarrow \quad \underline{\underline{r = \frac{1}{B} \cdot \sqrt{\frac{2m \cdot U_B}{e}}}} \qquad (2)$$

1.4 a) **Aussage 1:** Diese Aussage ist gemäß $v_0 = \sqrt{2 \cdot \frac{e}{m} \cdot U_B}$ (ohne Einschränkung) richtig.

Diese Aussage ist selbst für hohe Geschwindigkeiten richtig, wenn relativistisch gerechnet werden muss.

Aussage 2: Verändert man die Stärke B des Magnetfelds nicht, dann ist auch diese Aussage gemäß $F_{Lorentz} = e \cdot v \cdot B$ richtig.

Aussage 3: Weil die Lorentzkraft hier die Zentripetalkraft darstellt, ist diese Aussage gemäß $|\vec{F}_{Lorentz}| = \frac{m \cdot v^2}{r}$ richtig, solange m und v sich nicht ändern (bzw. solange das Produkt $m \cdot v^2$ nicht „stärker" wächst als die Lorentzkraft).

b) Die Schlussfolgerung ist falsch, denn gemäß des Ergebnisses (2) aus Teilaufgabe 1.3 wird r mit wachsendem U_B größer.

Diskussion: Mit der Vergrößerung von U_B wird zwar tatsächlich v_0 und damit auch $F_{Lorentz}$ größer, es ist aber gemäß $|\vec{F}_Z| = \frac{m \cdot v^2}{r}$ auch eine größere Zentripetalkraft erforderlich, um das Elektron mit der erhöhten Geschwindigkeit auf die (gleiche) Kreisbahn zu zwingen. Wichtig: Da F_Z *quadratisch* mit v wächst, $F_{Lorentz}$ aber nur *linear* mit v wächst, kann die schneller anwachsende erforderliche Zentripetalkraft nicht mehr von der weniger stark gewachsenen Lorentzkraft gestellt werden; der Kreisbahnradius wird also größer.

Hier wird eine Diskussion von Ihnen verlangt, daher ist die bloße Angabe der Formel und der unmittelbaren Schlussfolgerung ohne die zusätzliche Erläuterung der Abhängigkeiten nicht ausreichend.

1.5 a) Die in Teilaufgabe 1.3 erhaltene Formel (2) legt die Anfertigung eines $\frac{1}{B}$-r-Diagramms nahe. Man erhält dann eine **Ursprungsgerade** (Abbildung 5), es gilt:

$$r \sim \frac{1}{B}$$

Die Steigung der Ausgleichsgeraden beträgt

$$\frac{4{,}8\ \text{cm}}{1\ \frac{1}{\text{mT}}} = 4{,}8\ \text{mT} \cdot \text{cm}$$
$$= 4{,}8 \cdot 10^{-5}\ \text{T} \cdot \text{m},$$

also gilt:

$$\underline{\underline{r = 4{,}8 \cdot 10^{-5}\ \text{Tm} \cdot \frac{1}{B}}}$$

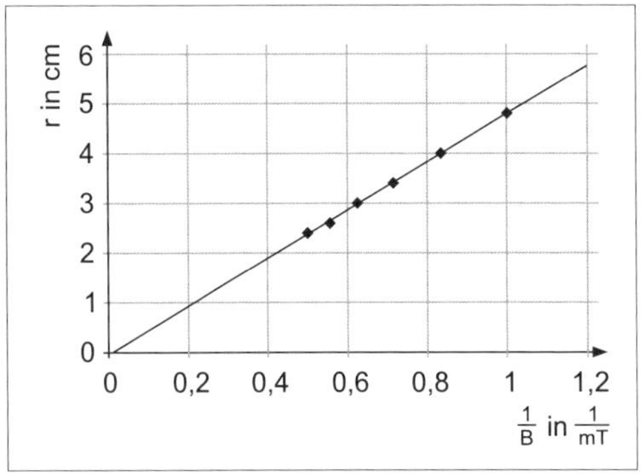

Abb. 5

Es ist laut Aufgabenstellung ein „geeignetes" Diagramm zu erstellen. Das in Abbildung 5 gewählte Diagramm ist deswegen geeignet, da es bei Auftragung von r gegen $\frac{1}{B}$ eine Gerade ergibt (Linearisierung), deren Steigung man auf bekanntem Wege ermitteln kann. Diese Steigung erlaubt anschließend unmittelbar die Angabe des (antiproportionalen) Zusammenhangs zwischen r und B. Alternative Lösungswege, wie beispielsweise das Anfertigen eines B-r-Diagramms, das Vermuten des Vorliegens einer Hyperbel, das Prüfen der Antiproportionalität mithilfe der Produktgleichheit der Messwertepaare und die anschließende Weiterverwendung des Mittelwerts der Produkte sind ebenso möglich.

b) Der in Teilaufgabe 1.3, Gleichung (2) gefundene Term für die **Steigung** der Ursprungsgeraden wird gleich dem in Teilaufgabe 1.5 a bestimmten Wert gesetzt und daraus die **spezifische Ladung** berechnet:

$$\sqrt{\frac{2m \cdot U_B}{e}} = 4{,}8 \cdot 10^{-5}\ \text{Tm}$$

$$\Rightarrow \quad \frac{2m \cdot U_B}{e} = (4{,}8 \cdot 10^{-5}\ \text{Tm})^2$$

$$\frac{e}{m} = \frac{2U_B}{(4{,}8 \cdot 10^{-5}\ \text{Tm})^2} = \frac{2 \cdot 200\ \text{V}}{(4{,}8 \cdot 10^{-5}\ \text{Tm})^2} \approx \underline{\underline{1{,}7 \cdot 10^{11}\ \frac{\text{C}}{\text{kg}}}}$$

1.6 Weil das Elektron bei seinem Umlauf auf einem Kreis eine gleichförmige (!) Kreisbewegung ausführt, kann die **Umlaufdauer T** gemäß

$$T = \frac{2\pi \cdot r}{v}$$

berechnet werden. Mit Gleichung (1) der Lösung zu Teilaufgabe 1.3 folgt

$$\frac{m \cdot v}{r} = e \cdot B \quad \Leftrightarrow \quad v = \frac{r \cdot e \cdot B}{m}$$

und damit:

$$T = \frac{2\pi \cdot r}{\frac{r \cdot e \cdot B}{m}} = \underline{\underline{\frac{2\pi \cdot m}{e \cdot B}}}$$

Aufgabe 2

2.1 a) Eine **Röntgenröhre** besteht aus einer (abgeschrägten) Anode A (unterschiedlichen Materials) und einer beheizbaren Kathode K. Eine Heizspannung U_H bringt die Kathode zum Glühen, sodass aus dieser Elektronen austreten. Zwischen A und K wird eine Hochspannung U_A angelegt, wodurch die Elektronen zur Anode beschleunigt werden.
Abbildung 4 zeigt die ergänzte **elektrische Beschaltung** der Röhre.

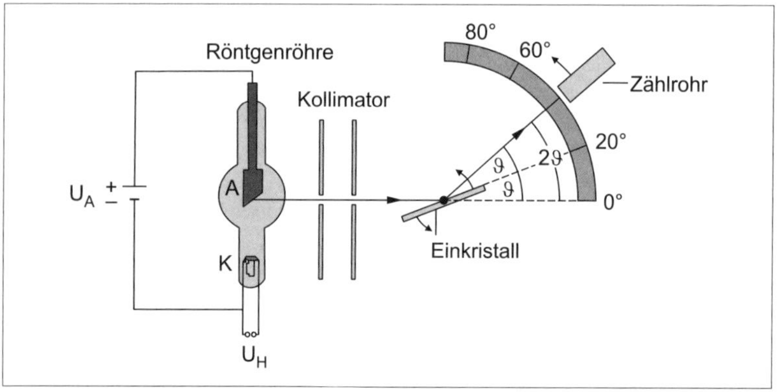

Abb. 4

b) Die beschleunigten Elektronen dringen in die Anode ein und verursachen im Anodenmaterial zwei verschiedene Wechselwirkungsprozesse.

1. Coulomb-Wechselwirkung: Die Elektronen werden im Coulombfeld der Atomhülle und der Atomkerne des Anodenmaterials mehr oder weniger stark gebremst und geben wegen dieser (negativen) Beschleunigung unterschiedliche Strahlungsenergien ab; dadurch entsteht ein **kontinuierliches** Wellenlängenspektrum von einer kürzesten Wellenlänge hin zu immer längeren. Es handelt sich dabei um die sogenannte **Bremsstrahlung**.

Das Verhalten der Elektronen in der Materie kann man mit dem eines Skifahrers vergleichen, wodurch auch deutlich wird, warum die Bremsstrahlung ein Spektrum abdeckt: Der Skifahrer (Elektron) erkennt ein Hindernis (Atomkern) und fährt um dieses herum. Beim Ausweichen (Ablenkung durch Coulombwechselwirkung) wirbelt dieser Schnee auf (Röntgenstrahlung) und verliert dadurch Energie. Je enger die Kurve ist (je näher das Elektron am Atomkern vorbeifliegt), desto mehr Schnee wird aufgewirbelt bzw. desto weiter fliegt dieser, die übertragende Energie wird also größer. Analog ist die Energie des Röntgenquants größer und dadurch seine Wellenlänge kleiner.

2. Charakteristische Strahlung: Die auf die Anode auftreffenden Elektronen schlagen Elektronen (vorwiegend) aus der K-Schale (innerste Schale) heraus. Die dadurch entstandene Lücke wird gefüllt durch Übergänge aus den höheren Schalen. Dadurch entstehen **diskrete** Strahlungsenergien, die vom atomaren Aufbau der Anode abhängen und daher für das Kathodenmaterial charakteristisch sind. Zugehörige Wellenlängen werden im Spektrum als deutliche Peaks registriert.

Unter http://phys23p.sl.psu.edu/phys_anim/mod/indexer_mod.html finden Sie zwei gelungene Videos, die die Entstehung der charakteristischer Röntgenstrahlung (Video „K X Ray Production") und die Entstehung der Bremsstrahlung (Video „Bremsstrahlung X-Ray Production") veranschaulichen.

c) Das linke ausgeprägte Maximum im Spektrum entspricht der K_β-Strahlung, das rechte der K_α-Strahlung. Das linke Maximum hat die kürzere Wellenlänge und damit wegen $E = h \cdot f = \frac{h \cdot c}{\lambda}$ die höhere Strahlungsenergie. Diese gehört zu dem Übergang mit größerer Energiedifferenz, also hier von der M- zur K-Schale (m = 3 nach n = 1).

2.2 a) Der gebündelte Röntgenstrahl fällt unter dem Winkel ϑ auf die Kristalloberfläche parallel zur Netzebene. Ist die Bragg-Bedingung erfüllt, findet eine Bragg-Reflexion statt und die Strahlen werden unter dem gleich großen Winkel ϑ, der in diesem Fall als **Glanzwinkel** bezeichnet wird, reflektiert. Kristall und Zählrohr werden von der Vorrichtung so gedreht, dass das Zählrohr stets die Zählrate der reflektierten Strahlung misst; das Zählrohr dreht sich daher exakt um den doppelten Glanzwinkel gegen die Einfallsrichtung.

Denken Sie daran, dass der Einfallwinkel φ bei der Reflexion definitionsgemäß komplementär zum Glanzwinkel ϑ ist: φ ist der Winkel zwischen Strahl und Einfallslot, ϑ der Winkel zwischen Strahl und Netzebene; beide Winkel ergänzen sich zu 90°.

b) Einfallende Röntgenstrahlen werden als Wellen gedeutet, die an den Atomen des Einkristalls gestreut werden und dabei sich in alle Raumrichtungen Elementarwellen ausbreitende erzeugen (Huygens'sches Prinzip).
Wie die schematische Zeichnung in Abbildung 5 zeigt, ergibt sich in der Richtung des doppelten Ablenkungswinkels (gegenüber dem ankommenden

Strahl) bei „Reflexion" an benachbarten Netzebenenatomen ein Gangunterschied von 2x. Damit entstehen Interferenzmaxima (konstruktive Interferenz) für $n \cdot \lambda = 2x$, wobei n die Ordnung beschreibt (n = 1, 2, ...). Mit $x = d \cdot \sin\vartheta$ ergibt sich die **Bragg-Beziehung**:

$$\underline{\underline{n \cdot \lambda = 2d \cdot \sin\vartheta}}$$

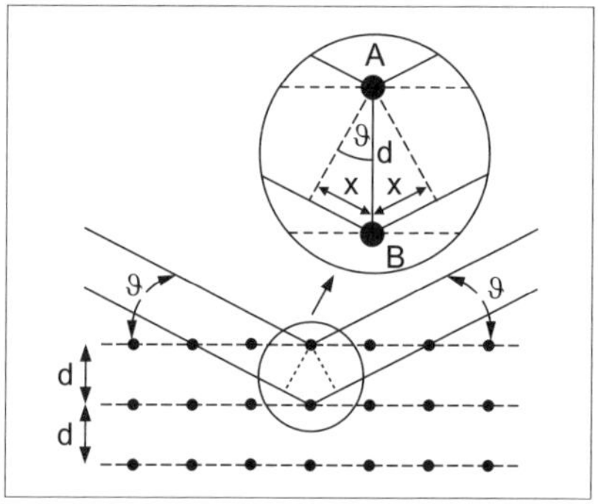

Abb. 5

2.3 a) Man liest aus dem gegebenen Diagramm für die beiden Peaks die zugehörigen Wellenlängenwerte $\lambda_1 \approx 63{,}5$ pm und $\lambda_2 \approx 71{,}5$ pm ab. Damit ergeben sich die Strahlungsenergien:

$$E = h \cdot f = h \cdot \frac{c}{\lambda} \rightarrow \begin{cases} E_{K_\alpha} = 4{,}126 \cdot 10^{-15}\,\text{eVs} \cdot \dfrac{3{,}0 \cdot 10^8\,\frac{m}{s}}{71{,}5 \cdot 10^{-12}\,m} \approx \underline{\underline{17{,}4\,\text{eV}}} \\ E_{K_\beta} = 4{,}126 \cdot 10^{-15}\,\text{eVs} \cdot \dfrac{3{,}0 \cdot 10^8\,\frac{m}{s}}{63{,}5 \cdot 10^{-12}\,m} \approx \underline{\underline{19{,}6\,\text{eV}}} \end{cases}$$

Je nachdem, wie genau Sie ablesen, können die Energiewerte sich im Bereich der Nachkommastellen vom angegebenen Zwischenergebnis abweichen. Sie müssen aber durchaus möglichst genau beim Ablesen vorgehen, d. h. Fehler z. B. durch Interpolieren minimieren. In jedem Fall ist es sinnvoll, in den folgenden Teilaufgaben ggf. mit den angegeben Werten weiterzurechnen.

b) Aus der Bragg-Beziehung ergibt sich

$$\vartheta = \arcsin\left(\frac{n \cdot \lambda}{2d}\right)$$

Damit erhält man mit d = 282 pm für

- n = 1: $\vartheta_{K_\beta} = \underline{\underline{6{,}5^\circ}}$ und $\vartheta_{K_\alpha} = \underline{\underline{7{,}3^\circ}}$
- n = 2: $\vartheta_{K_\beta} = \underline{\underline{13{,}0^\circ}}$ und $\vartheta_{K_\alpha} = \underline{\underline{14{,}7^\circ}}$
- n = 3: $\vartheta_{K_\beta} = \underline{\underline{19{,}7^\circ}}$ und $\vartheta_{K_\alpha} = \underline{\underline{22{,}3^\circ}}$

c) Zwischen Winkel und Wellenlänge besteht wegen der Bragg-Beziehung ein nichtlinearer (nämlich sinusförmiger) Zusammenhang, deswegen können die Winkelunterschiede nicht konstant sein.

Für (hinreichend) kleine Winkel erhält man mit der Näherung $\vartheta \approx \sin\vartheta$ aus der Bragg'schen Beziehung $n \cdot \lambda = 2d \cdot \sin\vartheta \approx 2d \cdot \vartheta$ bzw. $\vartheta = \frac{n \cdot \lambda}{2d}$, also eine Proportionalität, woraus für die Änderung $\Delta\vartheta$ in Abhängigkeit von $\Delta\lambda$ folgt:

$$\Delta\vartheta = \frac{n}{2d} \cdot \Delta\lambda$$

Also wächst die Winkeldifferenz (bei hinreichend kleinen Winkeln) äquidistant mit der Ordnung n.

2.4 a) Für die Entstehung derjenigen Bremsstrahlung, die am kurzwelligen Ende des Spektrums registriert wird, sind diejenigen Elektronen verantwortlich, die beim Eintritt in die Anode so stark abgebremst werden, dass sie ihre kinetische Energie **komplett** abgeben und diese in Photonenenergie $h \cdot f$ umwandeln. Daher gibt es eine größte Frequenz und somit eine kürzeste Wellenlänge.

b) Da die charakteristischen Maxima ihren Ursprung in den Übergängen der Hüllelektronen im Anodenmaterial haben, sind diese Linien unabhängig von der Anodenspannung (sofern die Energie der ankommenden Elektronen überhaupt groß genug ist, diese Übergänge zu erzeugen).

c) Im Diagramm liest man die Wellenlängewerte der Grenzwellenlängen als „Berührstellen" der Kurven (oder besser als Schnittstellen der Ausgleichsgeraden an die Kurven mit der λ-Achse) ab. Folgende Werte ergeben sich:

- $\lambda_{G,1} \approx \underline{\underline{49\ \text{pm}}}$ (25 kV)
- $\lambda_{G,2} \approx \underline{\underline{40\ \text{pm}}}$ (30 kV)
- $\lambda_{G,3} \approx \underline{\underline{34\ \text{pm}}}$ (35 kV)

d) Die **Planck'sche Konstante** h kann man anhand der Bedingungsgleichung für die Grenzwellenlänge ermitteln:

$$h \cdot \frac{c}{\lambda_G} = e \cdot U \quad \Leftrightarrow \quad h = \frac{e \cdot U \cdot \lambda_G}{c}$$

Setzt man die drei Werte aus Teilaufgabe 2.4 c ein, erhält man daraus als Mittelwert:

$$h_1 = \frac{1{,}6 \cdot 10^{-19}\,\text{C} \cdot 25 \cdot 10^3\,\text{V} \cdot 49 \cdot 10^{-12}\,\text{m}}{3{,}0 \cdot 10^8\,\frac{\text{m}}{\text{s}}} = 6{,}533\ldots \cdot 10^{-34}\,\text{Js}$$

$$h_2 = \frac{1{,}6 \cdot 10^{-19}\,\text{C} \cdot 30 \cdot 10^3\,\text{V} \cdot 40 \cdot 10^{-12}\,\text{m}}{3{,}0 \cdot 10^8\,\frac{\text{m}}{\text{s}}} = 6{,}4 \cdot 10^{-34}\,\text{Js}$$

$$h_3 = \frac{1{,}6 \cdot 10^{-19}\,\text{C} \cdot 35 \cdot 10^3\,\text{V} \cdot 34 \cdot 10^{-12}\,\text{m}}{3{,}0 \cdot 10^8\,\frac{\text{m}}{\text{s}}} = 6{,}346\ldots \cdot 10^{-34}\,\text{Js}$$

$$\Rightarrow \quad h \approx \underline{\underline{6{,}4 \cdot 10^{-34}\,\text{Js}}}$$

2.5 a) Die Formel gibt an, welche Energiedifferenz in Form von Strahlungsenergie von dem Wasserstoffatom emittiert wird, wenn das Elektron des Wasserstoffatoms von einem angeregten Zustand mit der Energie E_m in einen weniger angeregten Zustand oder den Grundzustand mit der Energie E_n übergeht (wobei $n, m \in N$, $m > n$ die Hauptquantenzahlen sind).

b) **Bestimmung der Energien der K_α- und der K_β-Strahlung**

- Energie der K_α-Strahlung: Für $n = 1$, $m = 2$, $Z = 42$ und $a = 1$ ergibt sich:

$$\Delta E_\alpha = 13{,}6\,\text{eV} \cdot (42-1)^2 \cdot \left(\frac{1}{1^2} - \frac{1}{2^2}\right) \approx \underline{\underline{17{,}1\,\text{keV}}}$$

Die prozentuale Abweichung vom experimentellen Wert beträgt

$$\frac{|E_2 - \Delta E_\alpha|}{\Delta E_\alpha} = \frac{|17{,}5\,\text{keV} - 17{,}1\,\text{keV}|}{17{,}1\,\text{keV}} \approx 0{,}023 = \underline{\underline{2{,}3\,\%}}.$$

- Energie der K_β-Strahlung: Für $n = 1$, $m = 3$ $Z = 42$ und $a = 1$ ergibt sich:

$$\Delta E_\beta = 13{,}6\,\text{eV} \cdot (42-1)^2 \cdot \left(\frac{1}{1^2} - \frac{1}{3^2}\right) \approx \underline{\underline{20{,}3\,\text{keV}}}$$

Die prozentuale Abweichung vom experimentellen Wert beträgt

$$\frac{|E_1 - \Delta E_\beta|}{\Delta E_\beta} = \frac{|19{,}6\,\text{keV} - 20{,}3\,\text{keV}|}{20{,}3\,\text{keV}} \approx 0{,}034 = \underline{\underline{3{,}4\,\%}}.$$

Konstante bei Mehrelektronensystemen

Bei Mehrelektronensystemen sind weitere Elektronen in den inneren Schalen vorhanden, sodass das „herabfallende“ Elektron nicht von der gesamten Kernladung Z beeinflusst wird, sondern eine „effektive“ Kernladungszahl gewählt werden muss, die entsprechend kleiner ist als Z.

Auf der K-Schale befinden sich zwei Elektronen. Ist ein Elektron befreit, wirkt auf das „herabfallende“ Elektron bei der Coulomb-Anziehung eine Kernladung weniger, das bedeutet eine Reduktion der „effektiven“ Kernladungszahl Z um 1.

Punkte

Aufgabe: Energieniveaus im Quecksilberatom

Das Bohr'sche Atommodell war für die Entwicklung der Vorstellung über Atome von großer Bedeutung. Wesentliche Aussagen der Bohr'schen Postulate sollen im Folgenden dazu genutzt werden, die Beobachtung aus den beiden nachfolgend genannten Versuchen 1 und 2 zu erklären.

Versuch 1 (siehe Abbildung 1): Demonstration des Spektrums einer Quecksilberdampflampe (Hg-Dampflampe) mithilfe eines Gitters

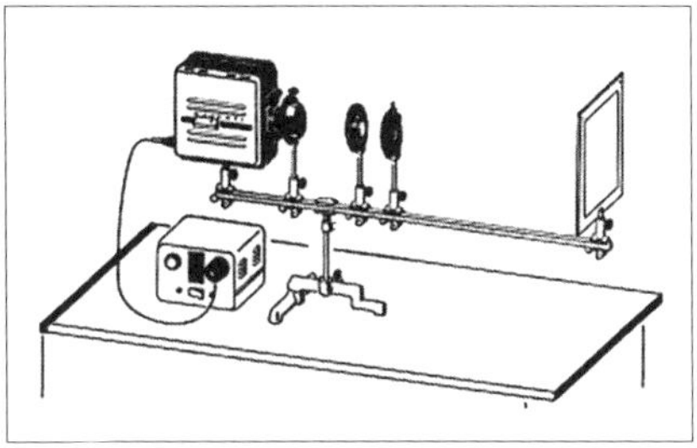

Abb. 1: Erzeugung des **Gitterspektrums** der Hg-Dampflampe mithilfe eines Gitters

Versuch 2 (siehe Abbildung 2): Kochsalz (NaCl) wird in die Flamme eines Bunsenbrenners gebracht und über Kreuz mit dem Licht einer Hg-Dampflampe und dem einer Natriumdampflampe (Na-Dampflampe) beleuchtet.

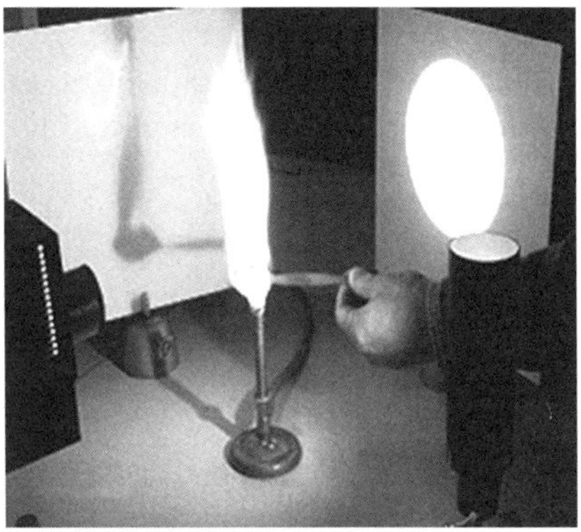

Abb. 2: **Kreuzprojektion** von verdampfendem NaCl (Hg-Dampflampe vorne links, Na-Dampflampe vorne rechts)

1 Versuch 1: Gitterspektrum

1.1 a) Beschreiben Sie unter Anfertigung einer Skizze den Versuchsaufbau und die Versuchsdurchführung des Versuchs 1 zur Erzeugung des Spektrums der Hg-Dampflampe.

b) Zeigen Sie unter Anfertigung einer geeigneten Skizze, dass die Wellenlänge λ des Lichts einer Spektrallinie allgemein mithilfe der Gleichung $n \cdot \lambda = g \cdot \sin\alpha_n$ bestimmt werden kann, wobei g die Gitterkonstante ist.

c) Geben Sie an, was man unter n und α_n versteht. 18

1.2 Für die Ermittlung der Wellenlängen des Hg-Lichts auf einem Zinksulfid-Schirm in Versuch 1 wurden die Werte in Tabelle 1 festgehalten:

Gitter: 570 Striche pro mm
Abstand e zwischen Gitter und Schirm: e = 1,00 m

Farbe	Abstand a der Linien 1. Ordnung zum Maximum 0. Ordnung in cm	Ablenkwinkel α in Grad	Wellenlänge λ in nm
Gelb	34,9		
Grün	32,7	18,11	545
Blau	23,7	13,33	405
Ultraviolett 1	14,6	8,31	253
Ultraviolett 2	10,6	6,05	185

Tab. 1

a) Berechnen Sie aus dem Abstand der gelben Linie den Ablenkwinkel α und ihre Wellenlänge (Kontrollergebnis: 578 nm).

b) Das verwendete Gitter besteht aus sehr vielen nebeneinander liegenden Einzelspalten. Jeder dieser Einzelspalte für sich erzeugt das für einen Einzelspalt typische Interferenzmuster. Die nebenstehende Abbildung 3 zeigt die Intensitätsverteilungen eines Einzelspalts und eines aus 8 solcher Einzelspalte bestehenden Gitters für ein und dieselbe Wellenlänge.

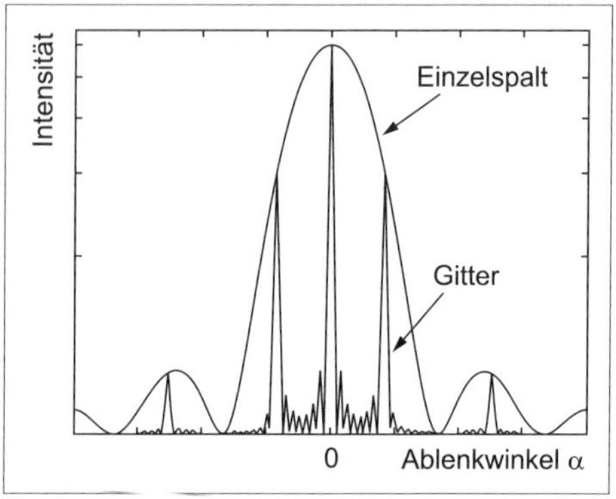

Abb. 3: Intensitätsverteilungen bei einem Einzelspalt und bei einem Gitter

Begründen Sie, warum bei diesem Gitter ein Maximum 2. Ordnung nicht auftritt. 11

1.3 a) Erläutern Sie qualitativ die beiden wesentlichen Aussagen des Bohr'schen Atommodells.

b) Erklären Sie das Auftreten von Linien im Spektrum des Hg-Lichts unter der Annahme, dass man die Aussagen des Bohr'schen Atommodells auch auf Hg anwenden kann.

c) Berechnen Sie anhand der Beziehung $E = h \cdot f$ die Photonenenergie in der Einheit eV, die der Wellenlänge der gelben Linie aus dem Hg-Spektrum entspricht.
(Kontrollergebnis: 2,15 eV)

Für die anderen Linien ergeben sich die Werte: 2,28 eV; 3,07 eV; 4,90 eV und 6,71 eV.

d) Bestimmen Sie für jede der fünf Linien im Hg-Spektrum die Energieniveaus, zwischen denen die Elektronen des Hg-Atoms bei Aussendung dieser Strahlung wechseln (Abbildung 4), und zeichnen Sie diese Übergänge (mit Kennzeichnung) in das Termschema ein.

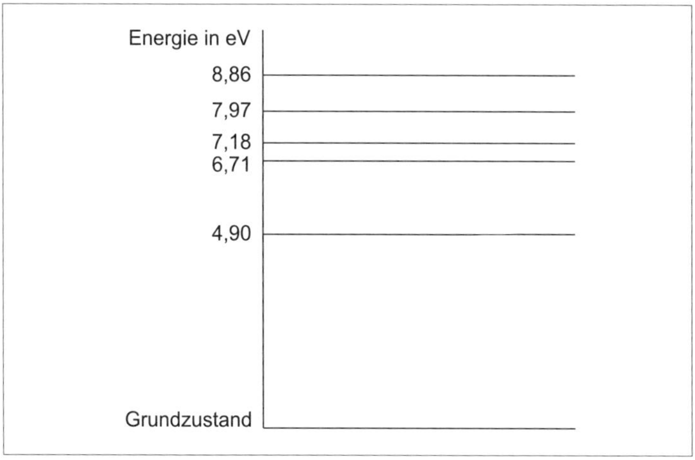

Abb. 4: Stark vereinfachte Darstellung des Termschemas für das Hg-Atom 23

2 Versuch 2: Kreuzprojektion

2.1 Beschreiben Sie den Versuchsaufbau und die Durchführung des Versuchs. 3

2.2 Beschreiben Sie Ihre Beobachtung auf den beiden Schirmen. 3

2.3 Erklären Sie die Beobachtung auf den beiden Schirmen mithilfe wesentlicher Aussagen des Bohr'schen Atommodells. Erklären Sie dabei insbesondere, warum in einem Fall ein „Schatten" der Flamme zu sehen ist und im anderen Fall nicht. 8

3 **Der Franck-Hertz-Versuch**
Eine Bestätigung der wesentlichen Aussagen des Bohr'schen Atommodells bildeten die Ergebnisse des Franck-Hertz-Versuchs, der im Folgenden genauer untersucht wird.

3.1 Abbildung 5 zeigt den Aufbau des Franck-Hertz-Versuchs.

a) Erläutern Sie die Funktion der einzelnen Bauelemente und die Bedeutung der Spannungen U_1 und U_2.

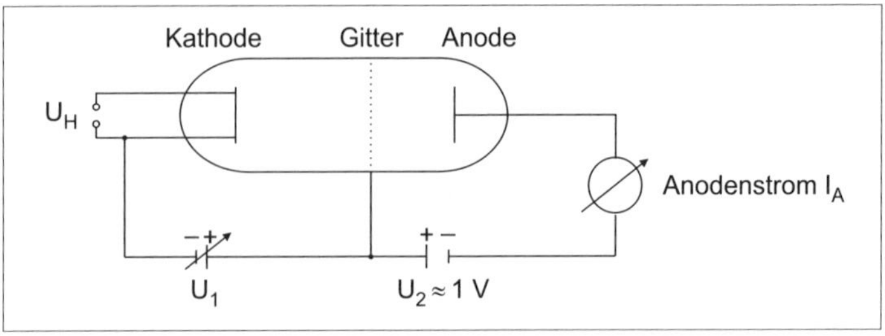

Abb. 5: Versuchsaufbau des Franck-Hertz-Versuchs

b) Der Kolben des Franck-Hertz-Versuchs enthält Hg-Dampf. Skizzieren Sie den Verlauf des Anodenstroms I_A in Abhängigkeit von der Spannung U_1 (Franck-Hertz-Diagramm).

c) Erläutern Sie die Ergebnisse des Franck-Hertz-Versuchs mit Aussagen des Bohr'schen Atommodells. 19

3.2 Führt man den Franck-Hertz-Versuch mit Hg-Dampf quantitativ durch, findet man in der U_1-I_A-Darstellung Maxima im Abstand von $\Delta U_1 = 4{,}90$ V.

a) Berechnen Sie die Wellenlänge λ_{FH} der Strahlung, die dieser Anregung entspricht.
(Kontrollergebnis: $\lambda_{FH} = 253$ nm)

b) Das Spektrum der Hg-Dampflampe in Versuch 1 zeigt neben der $\lambda_{FH} = 253$-nm-Linie auch Linien, die zu größeren Wellenlängen gehören.
Erläutern Sie mithilfe des Termschemas in Abbildung 4, warum die entsprechenden Anregungsenergien der Hg-Atome in der U_1-I_A-Kurve des Franck-Hertz-Diagramms nicht nachgewiesen werden.

c) Theoretisch erwartet man bei jedem Spannungsabstand $U_1 = 4{,}90$ V ein scharfes Abfallen des Anodenstroms bis auf den Wert null.
Erklären Sie, warum der Anodenstrom nach dem Erreichen eines Maximums weder scharf abfällt noch genau auf null zurückgeht. 16

4 Eine Modifikation des Franck-Hertz-Versuchs

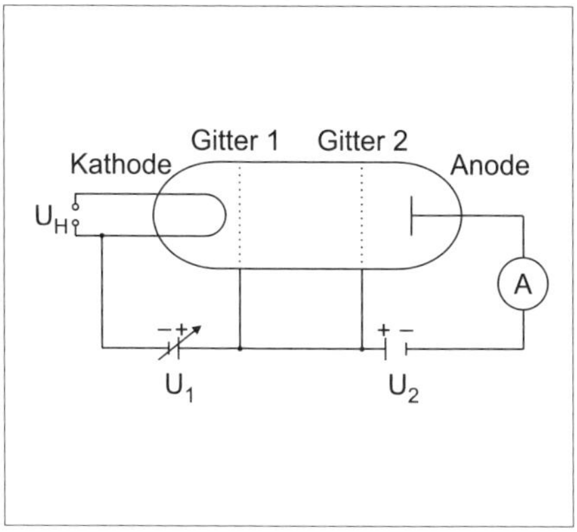

Abb. 6: Versuchsaufbau nach Franck und Knipping

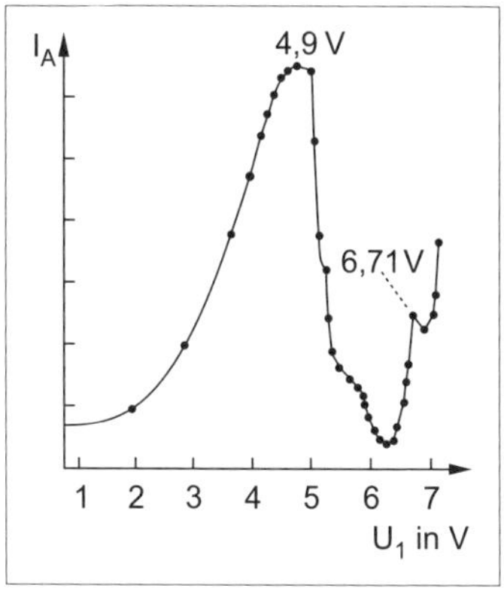

Abb. 7: Messkurve beim Franck-Knipping-Experiment (Das Maximum bei $U_A = 6{,}71$ V ist der Deutlichkeit wegen leicht überhöht dargestellt.)

Die Abbildung 6 zeigt eine Modifikation des ursprünglichen Franck-Hertz-Versuchs durch James Franck und Paul Knipping, bei dem die Beschleunigungsstrecke der Elektronen von der Reaktionsstrecke mit den Hg-Atomen räumlich getrennt ist. Die Elektronen werden zunächst mit der Spannung U_1 beschleunigt; der Abstand zwischen Kathode und Gitter 1 ist dabei so klein, dass in diesem Bereich praktisch keine Stöße der Elektronen mit den Hg-Atomen auftreten.
Gitter 1 und Gitter 2 liegen auf demselben Potenzial. Auf dieser Strecke zwischen Gitter 1 und Gitter 2 kann es nun zu den Stößen mit den Hg-Atomen kommen. Zwischen Gitter 2 und der Anode liegt wieder eine Gegenspannung $U_2 \approx 1$ V an. Die Versuchsdurchführung ist identisch mit der des klassischen Franck-Hertz-Versuchs. Enthält das Franck-Knipping-Rohr wieder Hg-Dampf, erhält man für Beschleunigungsspannungen bis $U_1 = 7$ V das in Abbildung 7 dargestellte Franck-Knipping-Diagramm.

4.1 Beschreiben Sie die Messkurve des Franck-Knipping-Versuchs (Abbildung 7) und vergleichen Sie diese Messkurve mit der Messkurve des Franck-Hertz-Versuchs. 4

4.2 Erläutern Sie, welchen Vorteil die räumliche Trennung von Beschleunigungs- und Reaktionsstrecke beim Franck-Knipping-Versuch im Gegensatz zum klassischen Franck-Hertz-Versuch hat. 6

4.3 Interpretieren sie das Auftreten eines zusätzlichen Maximums (beachte die kleine abfallende Flanke) des Anodenstroms bei einer Spannung von $U_1 = 6{,}71$ V. 4

5 **Anregung der Hg-Atome mit Licht**
Verwendet man für die Röhre des Franck-Hertz-Versuchs UV-durchlässiges Quarz-Glas, kann man die Hg-Atome im Inneren der Röhre auch von außen mit Photonen beschießen.

5.1 Erläutern Sie auf der Grundlage des Termschemas in Abbildung 4 das Absorptionsverhalten der Hg-Atome, wenn Photonen jeder gewünschten Energie zwischen 5 eV und 6 eV zur Verfügung stehen. 3

5.2 Erläutern Sie auf der Grundlage des Termschemas in Abbildung 4 das Absorptionsverhalten der Hg-Atome, wenn Photonen jeder gewünschten Energie zwischen 6 eV und 7 eV zur Verfügung stehen. 2

Tipps und Hinweise zur Lösung von Prüfungsaufgabe II

Tipps zu Aufgabe 1

Vorbemerkung: Diese Aufgabe verknüpft in typischer Weise das Sachgebiet „elektromagnetische Wellen“ mit dem Schwerpunkt Interferenz und das Sachgebiet „Atomphysik“. Die Wellenlehre liefert die Auswertungsmethoden, um (Linien-)Spektren zu untersuchen; in der Atomphysik werden Modelle entwickelt, mit denen die beobachteten Phänomene erklärt werden können.
Der Franck-Hertz-Versuch ist einer der wichtigsten Versuche der modernen Physik. Vom ihm gibt es mehrere leicht unterschiedliche Varianten, wobei der wesentlichste Unterschied in der Wahl des Gases, mit dem der Kolben gefüllt ist, besteht. Die entscheidenden physikalischen Erkenntnisse sind bei allen Varianten identisch, lediglich die quantitativen Berechnungen unterscheiden sich leicht.

Teilaufgabe 1.1 a

- Berücksichtigen Sie Abbildung 1, diese stellt die wesentlichen Teile des Versuchsaufbaus dar.
- Beachten Sie, dass Sie Versuchsaufbau und Versuchsdurchführung beschreiben müssen.
- Achten Sie auf die richtige Reihenfolge der eingesetzten Versuchsmaterialien.

Teilaufgabe 1.1 b

- Verwenden Sie in Ihrer Skizze und in Ihren Erklärungen die gleichen Variablen wie in der Aufgabenstellung.
- Überladen Sie Ihre Skizze nicht, sondern fertigen Sie ggf. mehrere Skizzen an, sodass man die wesentlichen Aspekte gut erkennen kann.
- Beachten Sie, dass entscheidende geometrische Eigenschaften (Parallelität, rechte Winkel) in der Skizze eindeutig zu erkennen sind.

Teilaufgabe 1.1 c

- Lesen Sie immer zunächst alle Aufgabenstellungen. Oft findet man bei den folgenden Teilaufgaben Hinweise auf die Lösung. Die gesuchten Begriffe werden in der nächsten Teilaufgabe verwendet.

Teilaufgabe 1.2 a

- Beachten Sie, dass nicht nur die Wellenlänge, sondern auch der Ablenkwinkel gesucht ist.
- Beachten Sie, dass Sie bei den gegebenen Dimensionen nicht die Näherung für kleine Winkel benutzen dürfen.

Teilaufgabe 1.2 b

- Beachten Sie, dass sich Abbildung 3 nicht auf das vorgeführte Experiment bezieht, sondern dass hierfür ein anderes Gitter benutzt wurde.
- Beachten Sie, dass das Hauptmaximum das Maximum 0. Ordnung ist.
- Berücksichtigen Sie, dass die Beugung an den Einzelspalten nicht zu verhindern ist.
- Überlegen Sie, wo in der Abbildung 3 das 2. Maximum des Gitterinterferenzbildes liegen müsste.

Teilaufgabe 1.3 a

- Die wesentlichen Aussagen des Bohr'schen Atommodells werden durch die beiden Bohr'schen Postulate beschrieben.
- Beachten Sie auch die Aufgabentexte der folgenden Teilaufgaben. Diese geben deutliche Hinweise auf die gesuchten Eigenschaften.
- Überlegen Sie, was neu am Bohr'schen Atommodell gegenüber dem Kern-Hülle-Modell war und welche Annahmen Bohr deshalb machen musste.

Teilaufgabe 1.3 b

- Überlegen Sie, was das Besondere des Spektrums des Hg-Lichts im Vergleich zum Spektrum einer Glühlampe ist.
- Linienspektren konnten mit den Atommodellen vor Bohr nicht erklärt werden. Überlegen Sie, wieso die beiden Bohr'schen Postulate zu diskreten Linienspektren führen.

Teilaufgabe 1.3 c

- Berücksichtigen Sie die Werte, die bei der Teilaufgabe 1.2 gegeben wurden.
- Beachten Sie die gesuchte Einheit.
- Nutzen Sie den bekannten Zusammenhang zwischen Frequenz und Wellenlänge.

Teilaufgabe 1.3 d

- Beachten Sie, dass für den Grundzustand (anders als in den meisten Schulbüchern) die Energie $E = 0$ eV gesetzt wurde.
- Berücksichtigen Sie die Richtung der Übergänge (Emission).
- Beachten Sie, dass zwei Teilleistungen von Ihnen gefordert sind und notiert werden müssen: Die Bestimmung der Energieniveaus und das Einzeichnen der Übergänge.

Teilaufgabe 2.1

- Wesentliche Teile der Lösung dieser Teilaufgabe sind in den Informationen vor Aufgabe 1 angegeben.

Teilaufgabe 2.2

- Beschreiben Sie auch, was man *nicht* sieht, um beide Beobachtungen abzugrenzen.
- Berücksichtigen Sie den Aufgabentext zur nächsten Teilaufgabe 2.3.
- Es ist nur nach den Beobachtungen auf den Schirmen gefragt. Die Beschreibung von weiteren Beobachtungen, z. B. in der Flamme, ist nicht gefordert.

Teilaufgabe 2.3

- Beachten Sie das 2. Bohr'sche Postulat.
- Berücksichtigen Sie, dass Photonen beim unelastischen Stoß mit den Atomen ihre Energie nur vollständig (oder gar nicht) abgeben können.
- Bedenken Sie, aus welcher Richtung die Photonen, die einen unelastischen Stoß ausführen, kommen und in welche Richtung(en) Photonen, die beim Übergang der Hüllelektronen vom angeregten Zustand in den Grundzustand entstanden sind, ausgesandt werden können.
- Berücksichtigen Sie auch, dass die angeregten Zustände instabil sind. Erklären Sie was beim Übergang in den Grundzustand passiert und warum dies keinen Einfluss auf den beobachteten Schatten hat.

Teilaufgabe 3.1 a

- Erklären Sie die Funktion *aller* Bauelemente und nicht nur derer, die Ihnen besonders wichtig erscheinen.

Teilaufgabe 3.1 b

- In späteren Aufgabenteilen finden Sie Hinweise zum Verlauf.
- Skizzieren Sie so genau wie möglich, d. h. die wesentlichen Eigenschaften des Verlaufs müssen eindeutig zu erkennen sein. Ggf. kann Ihnen eine ungefähre Skalierung der x-Achse dabei helfen.

Teilaufgabe 3.1 c

- Überlegen Sie, welchen qualitativen Verlauf der Kurve im Franck-Hertz-Diagramm man klassisch erwartet hätte.
- Überlegen Sie, was neu am Bohr'schen Atommodell war und wie man dies für die Erklärung des regelmäßigen Absinkens nach den Maxima in der Kurve nutzen kann.

Teilaufgabe 3.2 a

- Überlegen Sie, welche Energie den Elektronen bei Beschleunigung mit $U_1 = 4{,}9\ \text{V}$ zugeführt wird.
- Überlegen Sie, was im Atom nach der Energieübertragung durch den unelastischen Stoß mit dem angeregten Hüllelektron passiert. Beachten Sie hierbei das 2. Bohr'sche Postulat.
- Die Strahlung besteht aus Photonen, deren Energie Sie mit bekannten Formeln leicht berechnen können.

Teilaufgabe 3.2 b

- Identifizieren Sie zunächst im Termschema den Übergang, der zu der 253 nm-Linie gehört. Untersuchen Sie, wodurch sich alle anderen Übergänge von diesem unterscheiden.
- Überlegen Sie, welcher Zustand, ausgehend vom Grundzustand, am leichtesten zu erreichen ist.
- Berücksichtigen Sie, dass die angeregten Zustände instabil sind und die Atome schnell wieder in den Grundzustand übergehen.

Teilaufgabe 3.2 c

- Beachten Sie, dass nur ein geringer Gasdruck vorliegt.
- Beachten Sie, welche vereinfachenden Annahmen üblicherweise bei der Auswertung des Experiments gemacht werden.
- Beachten Sie, dass die Hg-Atome nach der Anregung zwar schnell, aber nicht sofort wieder in den Grundzustand übergehen.

Teilaufgabe 4.1

- Beachten Sie, dass zu einem Vergleich nicht nur die Darstellung von Unterschieden, sondern auch die Beschreibung von wesentlichen Gemeinsamkeiten gehört.

Teilaufgabe 4.2

- Beachten Sie die Unterschiede, die sie eben beschrieben haben.
- In Teilaufgabe 3.2 c wurden Beobachtungen genannt, die man theoretisch anders hätte erwarten können. Prüfen Sie, ob diese theoretisch erwarteten Beobachtungen in Abbildung 7 besser zutreffen, und suchen Sie mögliche Erklärungen dafür.

Teilaufgabe 4.3

- Suchen Sie den zu $U_1 = 6{,}71$ V passenden Wert im Termschema.
- Berücksichtigen Sie die Vorteile der räumlichen Trennung von Beschleunigungs- und Reaktionsstrecke, die Sie eben beschrieben haben.

Teilaufgabe 5.1 und 5.2

- Beachten Sie die Beobachtungen und Ergebnisse von Aufgabe 3.
- Überlegen Sie, welche Unterschiede es bei Stößen mit Elektronen bzw. mit Photonen gibt.

Lösungen zur Prüfungsaufgabe II

1 **Versuch 1: Gitterspektrum**

1.1 a) **Skizze des Versuchsaufbaus**

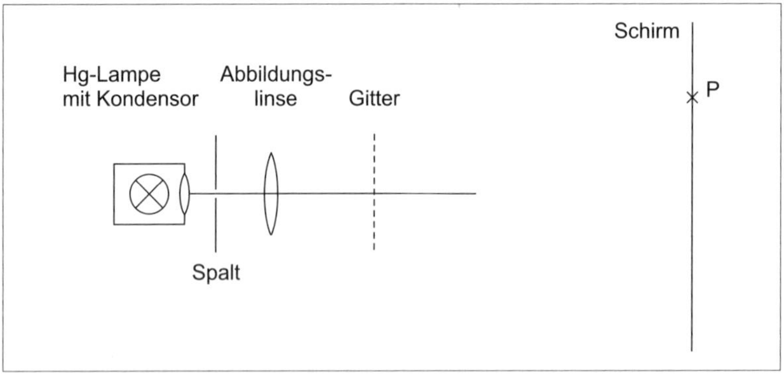

Abb. 8: Die Abstände und Größen der einzelnen Bauteile sind nicht maßstabsgetreu dargestellt.

Versuchsdurchführung
Das Licht einer Quecksilberdampflampe fällt durch einen Spalt und wird mithilfe einer Sammellinse scharf auf dem Schirm abgebildet. In den (nahezu parallel verlaufenden) Strahlengang nach der Linse wird das Gitter gebracht.

b) Das Licht der Quecksilberdampflampe wird am Gitter gebeugt. Die Gitteröffnungen können als Ausgangspunkte phasengleicher Elementarwellen aufgefasst werden (Huygens'sches Prinzip). Im Raumpunkt P kommt es zur Überlagerung und Interferenz von den Elementarwellen. Maximale Verstärkung liegt vor, wenn der **Gangunterschied Δs** zwischen benachbarten Wellenstrahlen $n \cdot \lambda$ $(n = 0, 1, 2, \ldots)$ beträgt. Weil die Entfernung zum Schirm im Verhältnis zum Abstand der Spalte sehr groß ist, können die benachbarten Strecken von den Spalten zum Punkt P als annähernd parallel angenommen werden. Da der Weg zum Raumpunkt P von jeder Gitteröffnung unterschiedlich ist, entsteht zwischen den einzelnen Wellen ein Gangunterschied, wenn sie Punkt P erreichen.

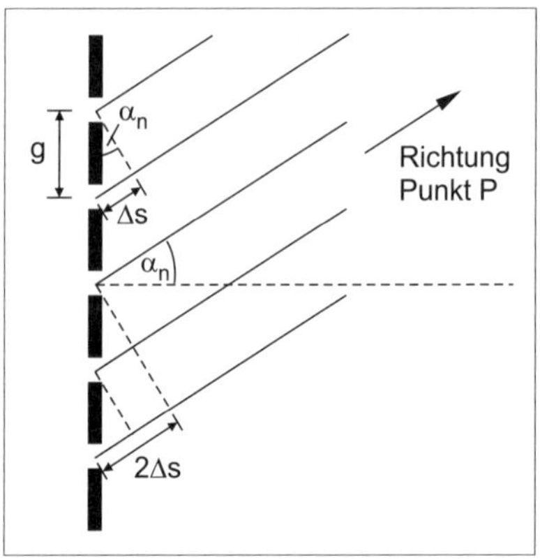

Abb. 9

Wie in Abbildung 9 zu erkennen ist, ist der Weg vom obersten Spalt zum Punkt P um die Strecke Δs länger als der Weg vom unmittelbar darunter befindlichen Spalt. Den Gangunterschied zwischen nicht benachbarten Spalten kann man auch leicht ermitteln: Vergleicht man z. B. den Weg von mittleren Spalt mit dem unteren Spalt, sieht man leicht, dass sich diese um $2\Delta s$ unterscheiden. Wenn also die Interferenzbedingung $\Delta s = n \cdot \lambda$ bei zwei benachbarten Spalten erfüllt ist, ist sie bei zwei nicht benachbarten Spalten auch erfüllt – der Wert für n ist einfach entsprechend größer.
Aus der **geometrischen Betrachtung** zweier benachbarter Wellenstrahlen und dem Beugungswinkel α_n folgt der Zusammenhang:

$$\sin\alpha_n = \frac{\Delta s}{g}$$

Mit der oben genannten Bedingung für konstruktive Interferenz $\Delta s = n \cdot \lambda$ ergibt sich die gesuchte Beziehung:

$$\sin\alpha_n = \frac{n \cdot \lambda}{g} \quad \Leftrightarrow \quad \underline{\underline{n \cdot \lambda = g \cdot \sin\alpha_n}} \qquad (n = 0, 1, 2, \ldots)$$

c) n ist die **Ordnungszahl** des jeweiligen Maximums. α_n ist der **Ablenkwinkel** (Beugungswinkel), unter dem das jeweilige Maximum n-ter Ordnung zu sehen ist.

1.2 a) Der **Ablenkwinkel** ergibt sich gemäß Abbildung 10:

$$\tan\alpha_{1,\,gelb} = \frac{a_{1,\,gelb}}{e} = \frac{0{,}349\ \text{m}}{1{,}00\ \text{m}} = 0{,}349$$

$$\Rightarrow \quad \alpha_{1,\,gelb} = 19{,}238\ldots° \approx \underline{\underline{19{,}2°}}$$

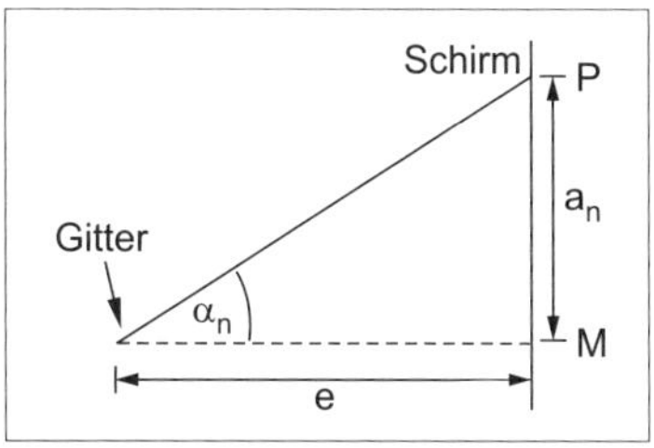

Abb. 10

Die **Wellenlänge** berechnet sich mit der Gitterkonstanten $g = \frac{1}{570}$ mm aus der in Teilaufgabe 1.1 b hergeleiteten Beugungsbedingung zu:

$$\lambda_{gelb} = \frac{g \cdot \sin\alpha_1}{1} = \frac{10^{-3}\ \text{m}}{570} \cdot \sin 19{,}238\ldots° \approx 5{,}78 \cdot 10^{-7}\ \text{m} = \underline{\underline{578\ \text{nm}}}$$

b) Bei der Herleitung der Lage der Interferenzmaxima des Gitters geht man vereinfachend davon aus, dass jede Gitteröffnung Ausgangspunkt genau einer Elementarwelle ist. Die Beugung und Interferenz am Einzelspalt wird bei dieser vereinfachenden Annahme außer Acht gelassen. Bei der Interferenz eines Einzelspalts geht man davon aus, dass durch diesen einzelnen Spalt unendlich viele Elementarwellen treten.

Wie man in Abbildung 3 der Aufgabenstellung deutlich erkennen kann, stellt die Intensitätsverteilung bei dem Einzelspalt eine Einhüllende der Intensitätsverteilung des Gitters dar, d. h: Die Intensitäten der Maxima des Gitters können nicht höher sein, als es die Intensitäten des Einzelspalts an den entsprechenden Stellen zulassen.
Man kann sich vorstellen, dass durch die Interferenz am Einzelspalt die Amplituden der Elementarwellen an den Gitteröffnungen bestimmt werden, von den man vereinfachend bei der Erklärung der Interferenz am Gitter ausgeht. Für das gegebene Beispiel bedeutet dies, dass an der Stelle, an der beim Gitter das 2. Maximum liegen müsste, das Minimum des Einzelspalts liegt. Wegen der Interferenz am Einzelspalt beträgt also die Amplitude der Wellen, die sich durch Gitterinterferenz konstruktiv überlagern würden, null. Somit ist auch die Gesamtintensität an dieser Stelle null.

Vertiefung: Bei bekannten Spaltbreite d und bekanntem Spaltabstand g kann man auch leicht berechnen, welche Gittermaxima durch die Einzelspaltminima ausgelöscht werden. Durch Gleichsetzen der Beugungsbedingung für Minima am Einzelspalt $\sin\alpha_k = \frac{k \cdot \lambda}{d}$ (k: Ordnung des Minimums) und der Bedingung für Maxima am Gitter $\sin\alpha_n = \frac{n \cdot \lambda}{g}$ erhält man für gleiche Lagen am Schirm $\alpha_k = \alpha_n$:

$$\frac{k \cdot \lambda}{d} = \frac{n \cdot \lambda}{g} \quad \Rightarrow \quad n = \frac{g}{d} \cdot k$$

Ist z. B. der Gitterabstand g doppelt so groß ist wie die Spaltbreite d, wird jedes zweite Gittermaximum durch ein Einzelspaltminimum ausgelöscht.

1.3 a) **1. Aussage (1. Bohr'sches Postulat):** Der positiv geladene Atomkern wird von Elektronen auf diskreten konzentrischen Kreisbahnen ohne Abgabe von Energie, also strahlungsfrei, umrundet.

2. Aussage (2. Bohr'sches Postulat): Beim Übergang der Elektronen zwischen zwei Zuständen (Bahnen) wird elektromagnetische Strahlung absorbiert bzw. emittiert. Die Energie E der absorbierten bzw. emittierten Photonen entspricht der Energiedifferenz der beiden Energiezustände und es gilt die Planck'sche Beziehung $E = h \cdot f$ (f: Frequenz des Photons; h: Planck'sches Wirkungsquantum).

b) Laut 1. Bohr'schen Postulat können die Elektronen in der Hülle der Atome nur ganz bestimmte – diskrete – Energieniveaus annehmen. Das 2. Bohr'sche Postulat besagt, dass beim Übergang von einem höheren zu einem niedrigeren Energieniveau die Energiedifferenz in Form eines Photons abgegeben wird. Da nur diskrete Energieniveaus existieren, kann die Energie und damit verbunden die Wellenlänge der emittierten Photonen nicht jeden beliebigen, sondern nur diskrete Werte annehmen. Deshalb kann man kein kontinuierliches Spektrum, sondern nur die zu bestimmten Wellenlängen gehörenden **Linien** beobachten.

c) Aus der Formel für die Photonenenergie $E = h \cdot f$ und der Beziehung zwischen Wellenlänge und Frequenz $\lambda \cdot f = c$ ergibt sich mit dem Ergebnis aus Teilaufgabe 1.2 a:

$$E_{Ph} = h \cdot f = h \cdot \frac{c}{\lambda}$$

$$E_{Ph,\,gelb} = 6{,}626 \cdot 10^{-34}\,\text{Js} \cdot \frac{3{,}00 \cdot 10^{8}\,\frac{m}{s}}{5{,}78 \cdot 10^{-7}\,m} \approx 3{,}44 \cdot 10^{-19}\,\text{J} \approx \underline{\underline{2{,}15\,\text{eV}}}$$

d) Wie man an der Beziehung $E_{Ph} = h \cdot f = h \cdot \frac{c}{\lambda}$ erkennt, sind Photonenenergie und Wellenlänge zueinander antiproportional, d. h. mit wachsender Energie nimmt die Wellenlänge ab. So kann man den im Aufgabentext angeführten Energien leicht die entsprechenden Farben zuordnen. Durch Differenzbildung der im Termschema gegebenen Werte für die einzelnen Energieniveaus erhält man die zugehörigen Photonenenergien:

Energie	Farbe	Übergang
2,15 eV	gelb	8,86 eV → 6,71 eV
2,28 eV	grün	7,18 eV → 4,90 eV
3,07 eV	blau	7,97 eV → 4,90 eV
4,90 eV	UV1	4,90 eV → 0 eV
6,71 eV	UV2	6,71 eV → 0 eV

Die Lösung der Aufgabe ist unabhängig davon, wo an der y-Achse das Niveau $E = 0$ gesetzt wird (wie hier für den Grundzustand oder, wie häufig zu finden, am oberen Ende der Achse, sodass den Zuständen negative Energien zugeordnet werden). Da hier nur die Differenzen zwischen den Energien der verschiedenen Zustände entscheidend sind, ist die Lage des Nullniveaus unbedeutend.

Abbildung 11 zeigt das ergänzte Termschema.

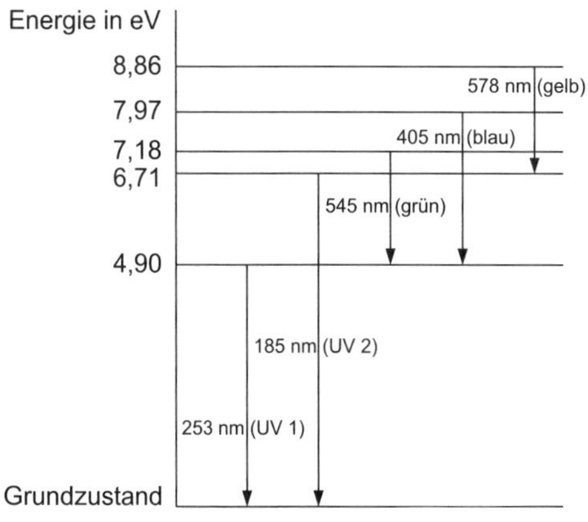

Abb. 11

2.1 **Beschreibung des Versuchsaufbaus**
Eine Hg- und Na-Dampflampe beleuchten über Kreuz eine Flamme, in der Kochsalz (NaCl) verdampft wird. Auf zwei verschiedenen Schirmen wird das Licht beider Lampen nach Durchgang durch die Flamme aufgefangen.

2.2 **Beschreibung der Beobachtung**
- Beobachtung auf dem Schirm, der von der Na-Lampe beleuchtet wird: Es ist ein Schatten der Flamme zu erkennen.
- Beobachtung auf dem Schirm, der von der Hg-Lampe beleuchtet wird: Es ist nichts zu erkennen, insbesondere kein Schatten der Flamme.

2.3 Gemäß dem 2. Bohr'schen Postulat können die Na-Atome nur Energiemengen absorbieren, die der Energiedifferenz zwischen zwei Energieniveaus entspricht (Anregungsenergie).
Die **Hg-Dampflampe** sendet nur Licht aus, das zu den (errechneten) Hg-Linien gehört, und keine dieser Wellenlängen bzw. keine der zugehörigen Photonenenergie stimmt mit der Anregungsenergie des Na überein. Weil die Photonen bei einem unelastischen Stoß mit den Hg-Atomen ihre Energie aber nur vollständig oder gar nicht abgeben können, tritt keine Wechselwirkung zwischen den Photonen des Hg-Lichts und den Elektronen der Na-Atomhülle auf; die Energie der von der Hg-Lampe ausgesandten Photonen ist entweder zu groß oder zu klein.
Die **Na-Dampflampe** sendet solches Licht mit exakt derjenigen Energie aus, die die Elektronen der Na-Atomhülle dazu anregen können, auf höhere Bahnen (gemäß Bohr) zu wechseln. Ein Teil der eingestrahlten Na-Lichts wird also dazu genutzt, die Na-Atome im verdampfenden NaCl anzuregen. Diese Photonen fehlen später auf dem Schirm.
Die angeregten Hüllelektronen des Na-Atoms kehren wieder in den Grundzustand zurück: Sie senden dabei zwar auch wieder Licht exakt der zuvor absorbierten Wellenlänge aus, aber dieses Licht wird in alle Raumrichtungen emittiert, sodass auf dem Schirm das dort fehlende Licht nicht vollständig ersetzt wird. Daher entsteht hinter der Flamme ein dunklerer Bereich, ein „Schatten".

Das helle gelbe Leuchten der Flamme entsteht hauptsächlich durch *thermische* Anregung der beim Verdampfen des Kochsalzes frei werdenden Na-Atome, d. h. das Überführen der Hüllelektronen in einen höheren (instabilen) Energiezustand erfolgt hier durch die wärmebedingten Stöße der Na-Atome untereinander. Bei der Rückkehr in den Grundzustand werden Photonen ausgesandt, deren Wellenlänge gerade im gelben Spektralbereich liegt.

3.1 a) **Erläuterung der Bauelemente**
- Die **Glühkathode** erzeugt die zu beschleunigenden Elektronen.
- Das **Gitter** sorgt aufgrund der anliegenden Spannung U_1 für die Beschleunigung der Elektronen und ermöglicht ihren Durchgang hin zur Anode.
- An der **Anode** werden die dort ankommenden Elektronen aufgefangen.
- Mit dem **Anodenstrommessgerät** lässt sich die Anodenstromstärke I_A bestimmen, die angibt, wie viele Elektronen die Anode erreichen.

Bedeutung der Spannungen

U_H: Heizspannung, mit der die Kathode zum Glühen gebracht wird

U_1: Beschleunigungsspannung für die Elektronen zwischen Kathode und Gitter

U_2: Die Gegenspannung bewirkt, dass durch unelastische Stöße abgeschwächte Elektronen die Anode dann nicht erreichen, wenn die Beschleunigungsspannung nur wenig oberhalb der für eine Anregung nötigen Spannung liegt.

b)

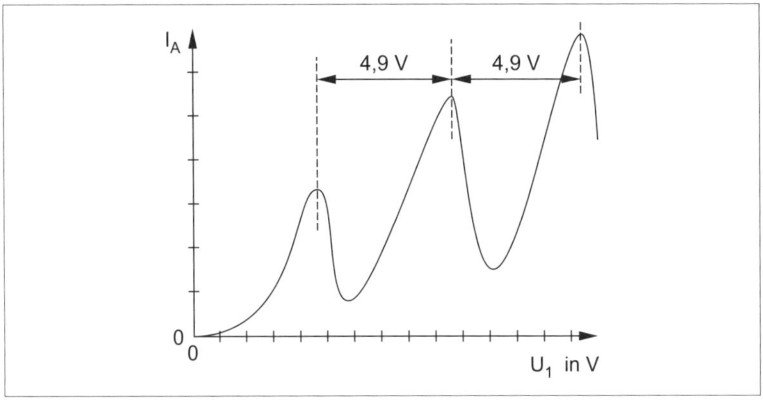

Abb. 12

c) Bei sehr niedriger Beschleunigungsspannung ($U_1 < U_2$) werden die Elektronen nicht ausreichend beschleunigt, um das Gegenfeld überwinden zu können. Darum wird zu Beginn keine Stromstärke gemessen.
Mit wachsender Beschleunigungsspannung erreichen (zunächst) immer mehr Elektronen pro Zeit die Anode, d. h. die Stromstärke steigt an. Die Elektronen stoßen zwar mit den Hg-Atomen zusammen, allerdings treten bei niedrigen Beschleunigungsspannungen nur elastische Stöße auf und die Elektronen geben (praktisch) keine kinetische Energie ab.
Bei einem bestimmten Wert der Beschleunigungsspannung U_1 nimmt die gemessene Stromstärke I_A plötzlich ab. Hier haben die Elektronen eine ausreichend große kinetische Energie erreicht, um mit den Hg-Atomen einen unelastischen Stoß auszuführen, d. h.: Die kinetische Energie der Elektronen entspricht (mindestens) der Anregungsenergie der Hg-Atome, also der Energiedifferenz zwischen dem Grundzustand und dem ersten angeregten Zustand. Da die Elektronen ihre Energie an die Hg-Atome übertragen haben, beträgt ihre kinetische Energie annähernd null und sie können das Gegenfeld nicht mehr überwinden.
Danach steigt die gemessene Stromstärke mit Erhöhung der Beschleunigungsspannung wieder an. Da die Beschleunigungsspannung nun höher ist, haben die Elektronen schon früher (d. h. weiter von dem Gitter entfernt) ausreichend Energie, um einen unelastischen Stoß mit den Hg-Atomen auszuführen. Die

Potenzialdifferenz zwischen diesem Ort und dem Gitter reicht aus, um die Elektronen noch einmal so stark zu beschleunigen, dass sie die Gegenspannung überwinden können und es erreichen mit wachsender Beschleunigungsspannung mehr Elektronen pro Zeitintervall die Anode, wodurch die gemessene Stromstärke wieder steigt.
Bei weiterer Steigerung der Beschleunigungsspannung wächst die kinetische Energie der Elektronen nach dem Stoß vor dem Gitter erneut so weit, dass sie einen zweiten unelastischen Stoß durchführen können. Dabei geben sie wieder annähernd ihre gesamte kinetische Energie ab und können die Gegenspannung nicht mehr überwinden.
Auf diese Weise können die Elektronen auf ihrem Weg zur Anode gleich zwei- oder mehrmals ihre Energie an Hg-Atome abgeben. So erklärt sich das Auftreten mehrerer Minima in der Spannung-Stromstärke-Kurve.
Geht man von diskreten Energieniveaus in der Hülle des Hg-Atoms aus, dann zeigt dieser Versuch: Nur wenn die kinetische Energie eines Elektrons der Differenz zweier atomarer Energieniveaus entspricht, kann sie durch das Hg-Atom aufgenommen werden. Ankommende Elektronen und die „getroffenen“ Atome sind nicht in der Lage, beliebige Energien auszutauschen.

3.2 a) Dem Spannungsabstand $\Delta U_A = 4{,}90\ \text{V}$ entspricht eine Energieabgabe der Elektronen von

$$\Delta E = e \cdot U_A = e \cdot 4{,}90\ \text{V} = 1{,}602 \cdot 10^{-19} \cdot 4{,}90\ \text{J} = 7{,}85 \cdot 10^{-19}\ \text{J}.$$

Wegen $\Delta E = E_{Ph}$ und $E_{Ph} = h \cdot f$ ergibt sich:

$$\Delta E = h \cdot f = h \cdot \frac{c}{\lambda_{FH}} \quad \Rightarrow \quad \lambda_{FH} = h \cdot \frac{c}{\Delta E}$$

$$\lambda_{FH} = 6{,}626 \cdot 10^{-34}\ \text{Js} \cdot \frac{3{,}00 \cdot 10^8\ \frac{\text{m}}{\text{s}^2}}{7{,}85 \cdot 10^{-19}\ \text{J}} \approx \underline{\underline{253\ \text{nm}}}$$

b) Aus dem Termschema ergibt sich, dass langwelligere Strahlung erst dann emittiert werden kann, wenn zuvor Anregungen von mindestens 6,71 eV auftreten, da die langwelligere Strahlung erst bei Übergängen zwischen den „höheren“ Energieniveaus vorkommen. Der Prozess der Anregung auf das 6,71 eV-Niveau ist aber sehr unwahrscheinlich, da die anregenden Elektronen ab einer Energie von 4,90 eV bereits ihre Energie mit hoher Wahrscheinlichkeit an die Hüllelektronen abgeben, die diese dann beim „Rücksprung“ in den Grundzustand als 253 nm-Linie abgeben.

c) **Mögliche Ursachen**

- Aufgrund des geringen Drucks stoßen nicht alle Elektronen genau dann, wenn sie 4,9 eV Energie aufgenommen haben. Es kann also leicht passieren, dass die Elektronen auf kein Atom treffen, obwohl sie ausreichend Energie für einen unelastischen Stoß besäßen, und dann zur Anode weiterfliegen.

- Beim Austritt aus der Glühkathode haben die Elektronen schon eine geringe kinetische Energie, die aber für alle Elektronen verschieden ist, d. h. die kinetische Energie ist bei fester Beschleunigungsspannung nicht für alle Elektronen identisch.
- Trifft ein Elektron auf ein bereits angeregtes Hg-Atom, können zudem auch andere Energien absorbiert werden.

Im Internet findet man viele Applets, die die erste Ursache gut verdeutlichen, z. B. auf www.schule-bw.de/unterricht/faecher/physik/online_material/atomphysik/experimente/franckhertzd.htm

4.1 Genau wie das Franck-Hertz-Diagramm zeigt die Messkurve des Franck-Knipping-Experiments einen deutlichen Anstieg bis zu einer Spannung von 4,9 V. Danach fällt die Kurve bis auf etwa $\frac{1}{10}$ des maximalen Anodenstroms zurück, allerdings steiler, als dies in der Regel beim Franck-Hertz-Versuch zu beobachten ist. Ab einer Beschleunigungsspannung von ca. 6 V steigt die Kurve wieder an, dies entspricht ebenfalls dem Verlauf des Franck-Hertz-Diagramms. Einigermaßen deutlich erkennbar ist ein zusätzliches Maximum bei einer Spannung von 6,71 V, die beim Franck-Hertz-Versuch nicht zu beobachten ist.

4.2 Bevor die Elektronen überhaupt auf Hg-Atome treffen, ist ihnen durch die Trennung der beiden Strecken insbesondere aufgrund der Kürze der Beschleunigungsstrecke die Möglichkeit gegeben, **größere Energien als 4,9 eV** aufzunehmen, ohne dass sie bereits auf ein Hg-Atom träfen, an das sie diese Energie abgeben könnten. In der üblichen Anordnung würden solche Elektronen i. d. R. durch die erste Anregung von 4,90 eV bereits ihre Energie verlieren, während beim Franck-Knipping-Versuch die Elektronen erst auf Hg-Atome treffen, wenn sie ihre maximal erreichbare kinetische Energie innerhalb der Beschleunigungsstrecke aufgenommen haben, sodass dann auch höhere Energieniveaus angeregt werden können.

Außerdem **verlängert sich** i. d. R **die Reaktionsstrecke** mit Hg-Atomen, wodurch die Wahrscheinlichkeit, dass sie zufällig kein Atom treffen, deutlich geringer ist als beim Franck-Hertz-Versuch. Dies erklärt, warum die Messkurve des Franck-Knipping-Experiments nach 4,9 V deutlich steiler abfällt als beim Franck-Hertz-Versuch. Bei letzterem haben die Elektronen bei einer Beschleunigungsspannung von z. B. 5 V erst sehr kurz vor dem Gitter ausreichend kinetische Energie, um ein Hg-Atom anzuregen. Aufgrund des geringen Gasdrucks geschieht es häufig, dass sie auf kein Atom mehr treffen. Da die Elektronen beim Franck-Knipping-Experiment bereits am Anfang der Reaktionsstrecke die entsprechende Energie haben, ist es sehr unwahrscheinlich, dass sie kein Atom treffen.

4.3 Aufgrund der Trennung von Beschleunigungs- und Reaktionsstrecke erlaubt die Anordnung nach Franck und Knipping den Nachweis dieser höheren Anregungen: Die beobachtete Flanke bei 6,71 V entspricht dem **Übergang von der 2. Anregung in den Grundzustand des Hg-Atoms** (siehe Termschema, Abbildung 4 der Aufgabenstellung bzw. Abbildung 11 der Lösung).

5.1 Photonen können bei Wechselwirkung mit der Atomhülle – im Gegensatz zu Elektronen – ihre Energie nur vollständig oder gar nicht abgeben. Beim Beschuss der Hg-Atome mit Photonen der Energie zwischen 5 eV und 6 eV tritt **keine Anregung** der Hg-Atome auf, weil die Energiedifferenzen zwischen dem Grundzustand und allen anderen Niveaus nicht innerhalb des Intervalls von 5 eV–6 eV liegt.

5.2 Bei dem Beschuss der Hg-Atome mit Photonen der Energie zwischen 6 eV und 7 eV **tritt Anregung** der Hg-Atome **auf**, weil 6,71 eV ein Anregungsniveau im Termschema des Hg ist.

Punkte

Aufgabe 1: Definition und Messung der Feldstärke B (auch Flussdichte genannt) magnetischer Felder – kontaktlose Messung großer Ströme

1.1 Die Abbildung 1 zeigt eine Versuchsanordnung, mit der die Feldstärke B eines (homogenen) magnetischen Feldes gemäß der Feldstärkendefinition gemessen werden kann.

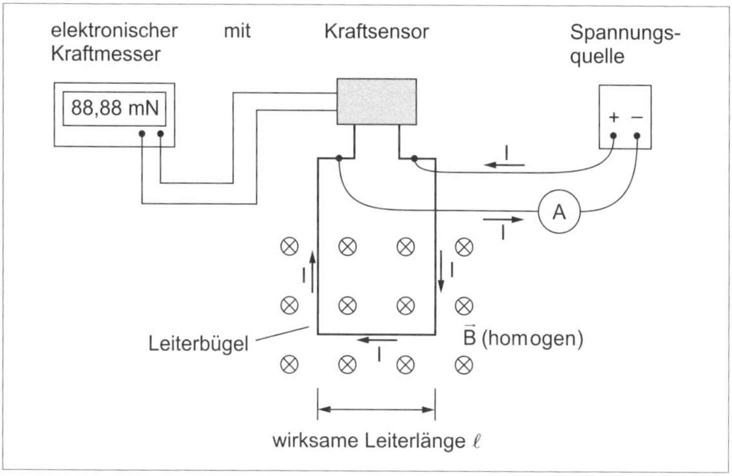

Abb. 1: Versuchsanordnung zur Messung der Stärke B magnetischer Felder

Beschreiben Sie, wie mithilfe dieser Anordnung die Stärke B eines räumlich ausgedehnten homogenen Magnetfeldes gemessen werden kann. 9

1.2 In der Praxis ist die Messung der Stärke eines magnetischen Feldes mithilfe der Kraftwirkung auf einen stromdurchflossenen Leiter sehr umständlich. Spezielle Magnetfeldstärkenmessgeräte, z. B. die „Hallsonde“, lassen sich wesentlich einfacher bedienen. In einem Versuch gemäß Abbildung 2 wird das magnetische Feld eines langen, geraden, stromdurchflossenen Leiters mithilfe einer Hallsonde vermessen.
Die Stärke des Konstantstromes, der durch den Leiter fließt, wird mit I bezeichnet. r sei der Abstand der Hallsonde von der Längsachse des Leiters. Gemessen wird zunächst für einen konstanten Abstand von $r = 0{,}04$ m die Stärke B des magnetischen Feldes in Abhängigkeit von der Stromstärke I. In einer zweiten Messreihe wird bei konstanter Stromstärke von $I = 40$ A die Stärke B des magnetischen Feldes in Abhängigkeit vom Abstand r gemessen.

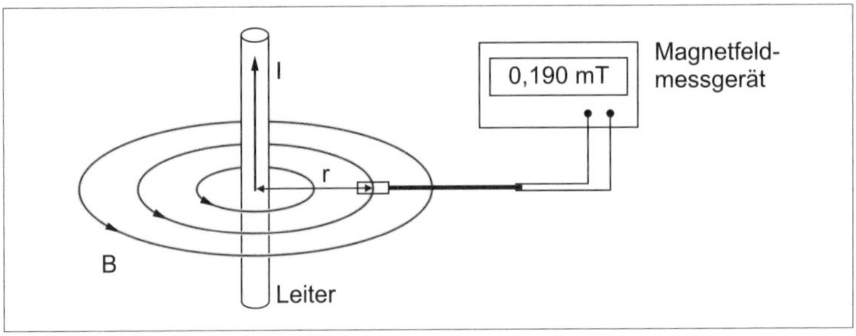

Abb. 2: Hallsonde im Magnetfeld eines geraden, stromdurchflossenen Leiters (Markiert ist die technische Richtung des Stromes.)

Dabei ergeben sich folgende Messwerte:

	für r = 0,04 m				
I in A	20	25	30	35	40
B in mT	0,09	0,13	0,15	0,17	0,19

	für I = 40 A				
r in m	0,02	0,03	0,04	0,05	0,06
B in mT	0,39	0,27	0,19	0,16	0,13

a) Zeigen Sie mithilfe einer grafischen Auswertung der Messwerte, dass die Beziehung $B \sim \frac{I}{r}$ in guter Näherung erfüllt ist.

b) Ermitteln Sie ausgehend von Ihrer grafischen Auswertung der Messwerte den Wert für die Proportionalitätskonstante. 19

1.3 Für die Stärke des magnetischen Feldes eines langen, geraden, stromdurchflossenen Leiters gilt der Theorie nach die Beziehung

$$B_{\text{gerader Leiter}} = \frac{\mu_0}{2\pi} \cdot \frac{I}{r}.$$

Wird ein solcher Leiter von einem Wechselstrom durchflossen, so ist er von einem zeitlich veränderlichen Magnetfeld umgeben. In ein solches zeitlich veränderliches Magnetfeld wird eine Induktionsspule gebracht. Um hinreichend große Induktionsspannungen zu erhalten, verwendet man, wie in Abbildung 3 dargestellt, zusätzlich einen geschlossenen Eisenkern, auf den die Spule aufgebracht wird.

a) Wird der gerade Leiter von einem Wechselstrom der Stärke $I(t) = I_0 \cdot \sin(\omega \cdot t)$ durchflossen, so gilt für die in der Spule induzierte Spannung die Beziehung

$$U_{ind}(t) = -n \cdot A \cdot \frac{\mu_r \cdot \mu_0}{2\pi} \cdot \frac{I_0}{r} \cdot \omega \cdot \cos(\omega \cdot t).$$

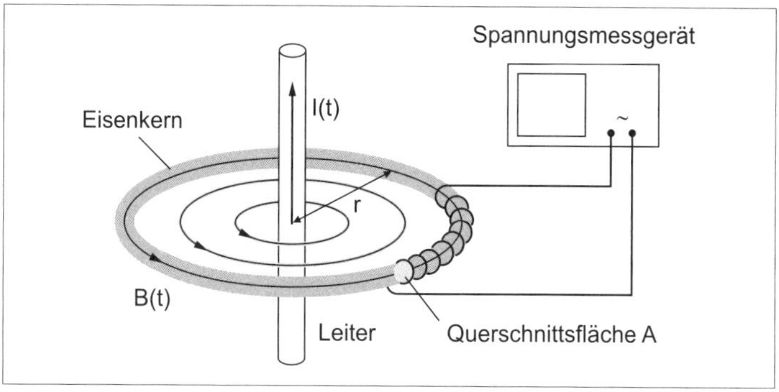

Abb. 3: Ringförmiger Eisenkern mit Induktionsspule im B-Feld des langen, geraden, stromdurchflossenen Leiters

Leiten Sie, ausgehend vom allgemeinen Induktionsgesetz und unter Verwendung der Terme für I(t) und $B_{\text{gerader Leiter}}$, die angegebene Beziehung für $U_{ind}(t)$ her.

(n: Anzahl der Windungen der Induktionsspule
A: Querschnittsfläche der Induktionsspule
μ_0: magnetische Feldkonstante
μ_r: Materialkonstante des Eisenkerns
r: Abstand der Mitte der Induktionsspule von der Längsachse des Leiters
ω: Kreisfrequenz des Wechselstromes)

Hinweis: Bei der Bearbeitung dieser Aufgabe können Sie von der Näherung ausgehen, dass das magnetische Feld des Leiters im Bereich der Querschnittsfläche A der Induktionsspule homogen ist.

b) Das Oszillogramm in Abbildung 4 zeigt die in Abhängigkeit von der Zeit aufgezeichnete Induktionsspannung.

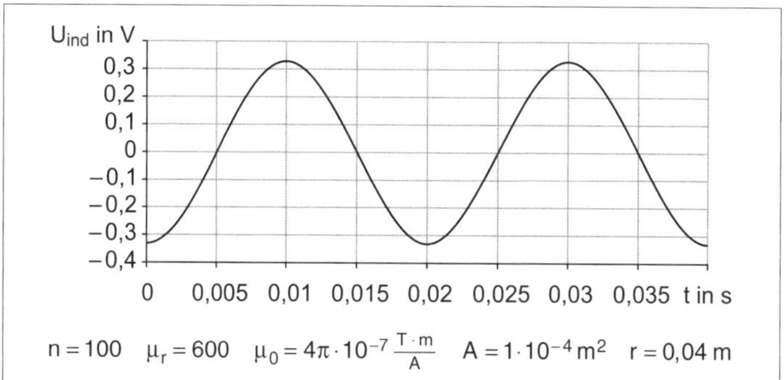

Abb. 4: Oszillogramm, aufgenommen mit einer Anordnung gemäß Abbildung 3

Bestimmen Sie die Frequenz f und die Amplitude I_0 des im Leiter fließenden sinusförmigen Wechselstromes.

c) Begründen Sie, warum das in dieser Teilaufgabe 1.3 dargestellte Verfahren zur (kontaktlosen) Bestimmung von zeitlich konstanten Gleichströmen nicht geeignet ist. 22

Aufgabe 2: Radioaktive Strahlung

2.1 Radioaktive Strahlung kann z. B. mit einem Geiger-Müller-Zählrohr registriert werden. Die Abbildung 1 zeigt den prinzipiellen Aufbau eines solchen Zählrohres.

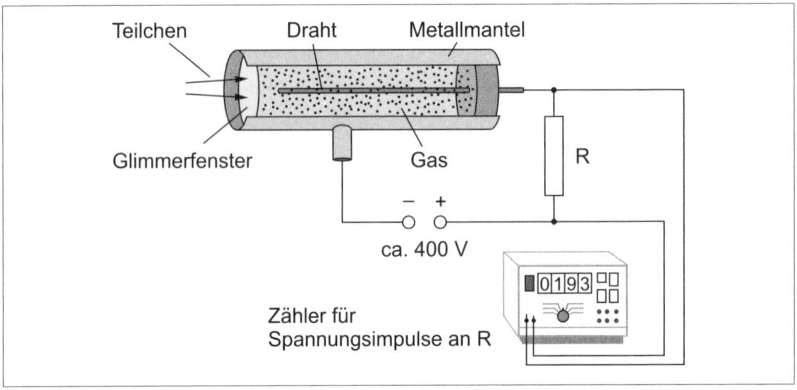

Abb. 1: Prinzipieller Aufbau eines Geiger-Müller-Zählrohres

Erläutern Sie unter Bezug auf die vorgegebene Skizze die prinzipielle Funktionsweise eines solchen Geiger-Müller-Zählrohres. 6

2.2 Im vorgeführten Versuch wird ein Radium-226-Präparat verwendet.

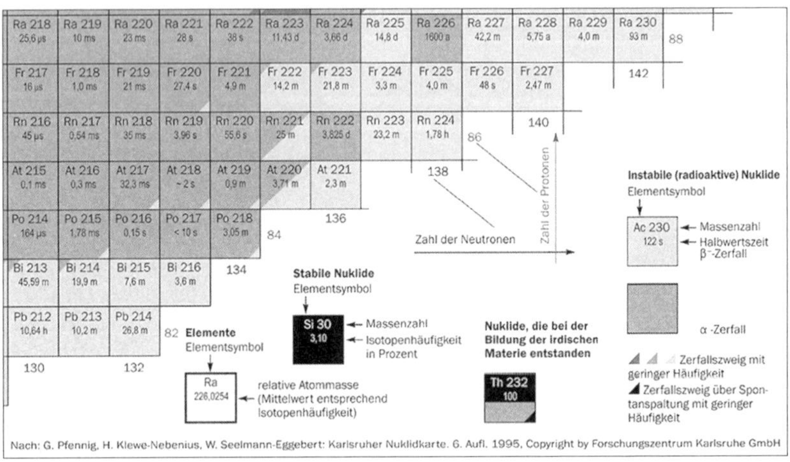

Abb. 2: Ausschnitt aus einer Nuklidkarte

a) Ermitteln Sie anhand der beigefügten Nuklidkarte (Abbildung 2) die weitere Zerfallsreihe vom Ra 226 über die diversen Zerfallsprodukte bis hin zu Po 214.

b) Geben Sie für jeden Zerfall auch die Zerfallsart an.

Hinweis: Sie können Ihre Darstellung zu Teilaufgabe a entsprechend ergänzen.

c) Erläutern Sie, wieso das Ra-226-Präparat (genau wie viele andere Nuklide) auch γ-Strahlung zahlreicher unterschiedlicher Energiewerte aussendet, obwohl in dem in Abbildung 2 wiedergegebenen Ausschnitt einer Nuklidkarte nur α- und β-Zerfälle dargestellt werden. 10

2.3 Um sich vor radioaktiver Strahlung zu schützen, kann man unter anderem einen möglichst großen Abstand von der Strahlungsquelle halten. Das verwendete Ra-226-Präparat sendet α-, β- und γ-Strahlung aus. Die α-Strahlung wird aber durch ein Blatt Papier zwischen Präparat und Zählrohr absorbiert. Die Zählrate Z wird in Abhängigkeit vom Abstand r zwischen Präparat und Zählrohr gemessen.

Folgende Messwerte wurden ermittelt:

Abstand r in cm	2	3	4	5	6	8	10	12
Zählrate Z pro 100 s	6277	2913	1710	1102	748	415	261	174

(Die Zählraten sind bereits um die Nullrate reduziert.)

a) Zeigen Sie mithilfe der Messwerte, dass der Zusammenhang zwischen der Zählrate Z und dem Abstand r (näherungsweise) durch die Beziehung $Z \sim \frac{1}{r^2}$ beschrieben werden kann, und erläutern Sie Ihr Vorgehen.

b) Erläutern Sie, wie sich ein Verzicht auf die Abschirmung der Alphateilchen auf die Messergebnisse auswirken würde. Gehen Sie dazu insbesondere auf die physikalischen Ursachen für diese Auswirkungen ein. 14

2.4 Zum Schutz vor γ-Strahlung sollten wegen ihrer großen Reichweite in Luft geeignete Absorber verwendet werden. Für die Absorption (monoenergetischer) γ-Strahlung durch Materie gilt das Absorptionsgesetz:

$$Z(d) = Z_0 \cdot e^{-\mu \cdot d}$$

(Z_0: Zählrate, die ohne Absorber registriert wird

$Z(d)$: Zählrate, die nach Durchdringen eines Absorbers der Dicke d noch registriert wird

μ: Absorptionskoeffizient)

a) Erläutern Sie den Begriff der Halbwertsdicke $d_{1/2}$.

b) Geben Sie zwei Faktoren an, die Einfluss auf die Halbwertsdicke haben.

c) Leiten Sie ausgehend vom Absorptionsgesetz die Beziehung

$$\mu \cdot d_{1/2} = \ln 2$$

zwischen der Halbwertsdicke $d_{1/2}$ und dem Absorptionskoeffizienten μ her. 10

2.5 Mithilfe des in Abbildung 3 dargestellten Versuchs soll nun gezeigt werden, dass für die monoenergetische γ-Strahlung eines Cäsium-137-Präparats das in Teilaufgabe 2.4 angegebene Absorptionsgesetz gilt.

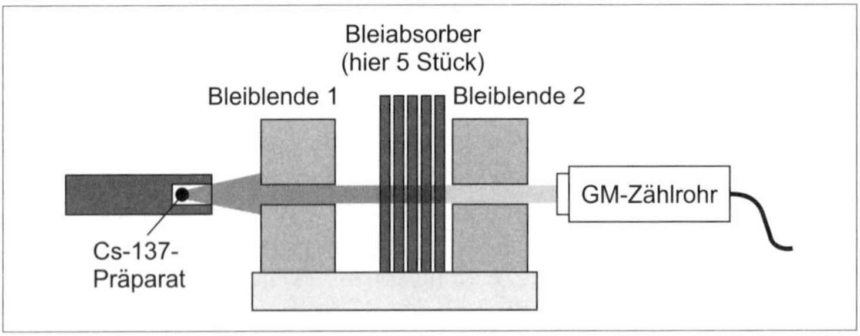

Abb. 3: Versuchsaufbau zur Absorption von γ-Strahlung

Hinweise: Cs 137 sendet β- und γ-Strahlung aus, aufgrund der Bauart der Umhüllung des Präparates tritt allerdings keine β-Strahlung aus, untersucht wird also nur die (relativ intensive) monoenergetische γ-Strahlung. Zunächst wird die Zählrate Z_0 dieser γ-Strahlung bestimmt. Dann werden zusätzlich Bleiplatten zunehmender Dicke d angebracht. Dabei bleibt der Abstand zwischen Zählrohr und Strahlenquelle konstant. Durch die beiden Bleiblenden „1“ und „2“ soll möglichst verhindert werden, dass neben den vom Cs-137-Präparat stammenden γ-Quanten auch noch Streustrahlung bzw. Sekundärelektronen ins Zählrohr gelangen.

Folgende Werte werden gemessen:

Bleidicke d in mm	0	2	4	6	8	10	12	14	16	18
Zählrate Z pro 10 min	2 467	1 987	1 549	1 232	987	773	623	480	411	312

(Die Zählraten sind bereits um die Nullrate reduziert.)

a) Stellen Sie die Messwerte grafisch dar.

b) Bestimmen Sie die Halbwertsdicke $d_{1/2}$.

c) Ermitteln Sie den Absorptionskoeffizienten μ. 12

Bildnachweis
Abb. 1: Physik Oberstufe, Cornelsen Verlag, Berlin 2008 (leicht geändert)
Abb. 2: Das große Tafelwerk, Volk und Wissen Verlag, Berlin 2002, leicht geändert

Tipps und Hinweise zur Lösung von Prüfungsaufgabe I

Tipps zu Aufgabe 1

Vorbemerkung: In dieser Aufgabe geht es um die Kraft auf stromdurchflossene Leiter (1.1) und um das Vermessen eines Magnetfelds, das von einem geradlinigen Leiter in seiner Umgebung erzeugt wird (Aufgabe 1.2 und 1.3). Während man mit der Hallsonde zeitlich unveränderliche Magnetfelder messen kann (Aufgabe 1.2), kann das sich zeitlich verändernde Magnetfeld eines zeitlich veränderlichen Stromes mithilfe der Messung von Induktionsspannungen ermittelt werden (Aufgabe 1.3).
Sachliche Gegenstände dieser Aufgabe sind damit die wichtigsten Grundlagen der Kraftwirkungen in Magnetfeldern (also insbesondere Lorentzkraft) sowie Induktionsvorgänge (Entstehen einer Induktionsspannung gemäß Induktionsgesetz).

Teilaufgabe 1.1

- Vielleicht haben Sie in Ihrem Unterricht ein Experiment zur sogenannten „Stromwaage" kennengelernt. Dann werden Sie den prinzipiellen Aufbau sicher wieder erkennen.
- Denken Sie an den stromdurchflossenen Leiter, der sich in einem Magnetfeld befindet.
- Beachten Sie, dass alle relevanten physikalischen Größen senkrecht zueinander stehen.

Teilaufgabe 1.2 a

- Sie können den Quotienten $\frac{I}{r}$ als eine (neue) Variable auffassen, die Sie als x-Koordinate in dem zu erstellenden Koordinatensystem verwenden.
- Wenn zu zeigen ist, dass die magnetische Feldstärke B proportional zum Quotienten aus der Stromstärke I und dem Abstand r ist, dann sollte die Auftragung von B in Abhängigkeit von $\frac{I}{r}$ eine Gerade ergeben.

Teilaufgabe 1.2 b

- Beachten Sie, dass in der Aufgabenstellung gefordert ist, dass die Proportionalitätskonstante mithilfe der grafischen Darstellung und nicht rechnerisch aus den Messwerten bestimmt werden soll.
- Der Proportionalitätsfaktor ist die Steigung der Geraden in Ihrem Diagramm.
- Die Steigung können Sie anhand eines Steigungsdreiecks aus der Grafik entnehmen.

Teilaufgabe 1.3 a

- Erinnern Sie sich an die zwei Möglichkeiten, in einem Leiter eine induzierte Spannung entstehen zu lassen. Eine der beiden Möglichkeiten wird hier genutzt.
- Bei diesem Experiment geht es um einen zeitlich veränderlichen Strom, der ein sich daher zeitlich änderndes magnetisches Feld in seiner Umgebung zur Folge hat. Der zeitliche Stromverlauf ist angegeben.

- Lassen Sie sich durch die gebogene Induktionsspule nicht irritieren: Stellen Sie sie sich einfach vor wie eine lange gerade Induktionsspule, in der sich ein (homogenes) Magnetfeld zeitlich verändert.
- Der Ansatz für die Rechnung selbst ist, wie bei solchen Aufgaben üblich, immer das Induktionsgesetz.

Teilaufgabe 1.3 b

- Aus dem gegebenen Diagramm können Sie anhand der erkennbaren Schwingungsdauer unmittelbar die Frequenz bestimmen.
- Ebenso lässt sich der Maximalwert der induzierten Spannung aus der Grafik unmittelbar ablesen. Sie können aber anhand der in Teilaufgabe a gegebenen Gleichung einen Zusammenhang zur Stromstärke herstellen und nutzen.
- Vergessen Sie nicht zu zeigen, dass sich in Ihrer Lösungsdarstellung tatsächlich die richtige Einheit für die Stromstärke ergibt.

Teilaufgabe 1.3 c

- Die Antwort auf diese Teilaufgabe ist nicht schwer, wenn ihnen die beiden Fälle, in denen eine Induktionsspannung auftritt, geläufig sind.

Tipps zu Aufgabe 2

Vorbemerkung: In dieser Aufgabe geht es zunächst um Grundlagen zum radioaktiven Zerfall (Kernumwandlungen, Entstehung der drei Strahlungsarten) sowie um das wohl bekannteste Nachweisinstrument für ionisierende Strahlung (Geiger-Müller-Zählrohr). Danach geht es um die Reichweite und die Absorption ionisierender Strahlung, auch mithilfe eines mathematischen Modells in Form einer Exponentialfunktion.
Aus fachmethodischer Sicht müssen Verfahren wie der Nachweis einer Proportionalität zwischen zwei physikalischen Größen bekannt sein – am besten, Sie kennen hier gleich mehrere gleichwertige grafische bzw. rechnerische Methoden. Sie sollten darüber hinaus mit den Eigenschaften der Exponentialfunktion vertraut sein und mit diesem Funktionstyp rechnerisch umgehen können.

Teilaufgabe 2.1

- In der gegebenen Abbildung sind mehrere Begriffe angegeben, die Sie auch verwenden sollten.
- Sie müssen nur die prinzipielle Wirkungsweise beschreiben. Daher sollten Sie in kurzer Form die wesentliche Aufgabe bzw. den wesentlichen Zweck zu jedem Begriff nennen.
- Nutzen Sie auch die Informationen, wie ihnen teilweise durch die Begriffe selbst bereits vorgegeben werden: So registriert beispielsweise der Zähler Spannungsimpulse, die er an den Enden des Widerstands feststellt.

Teilaufgabe 2.2 a und b

- Das Lesen von Daten aus einer Nuklidkarte sollte Ihnen vertraut sein. Sie haben sicher Zerfallsketten im Unterricht behandelt und anhand der Nuklidkarte verfolgt.
- Die Lösung zu beiden Teilaufgaben lässt sich gemeinsam darstellen.

Teilaufgabe 2.2 c

Während Alpha- und Betazerfall zwei ganz verschiedene Kernumwandlungen darstellen, tritt die Gammastrahlung meist als Folge eines der beiden zuvor erfolgten Zerfälle auf.

Denken Sie daran, dass sich der Atomkern nach einem unmittelbar vorangegangenen Zerfall in der Regel in einem angeregten Zustand befindet.

Teilaufgabe 2.3

Vergegenwärtigen Sie sich zunächst einmal, welche ungefähren Reichweiten die drei Strahlungsarten in normaler Luft haben und welche Materialien diese Strahlung wie gut absorbieren können.

Teilaufgabe 2.3 a

Sie kennen sicher unterschiedliche Methoden des Nachweises einer direkten Proportionalität.

Da Ihnen das Verfahren freigestellt ist, nehmen Sie das Ihnen am einfachsten erscheinende.

Sollten Sie sich für das Verfahren der Quotientengleichheit entschieden haben, sollten Sie diesen Quotienten vor der konkreten Rechnung noch vereinfachen.

Zur Übung sollten sie auch noch ein weiteres Verfahren zum Nachweis einer Proportionalität, beispielsweise das Erstellen einer Grafik, durchführen.

Teilaufgabe 2.3 b

Für die Antwort zu dieser Aufgabe ist es wichtig, daran zu denken, dass Alphateilchen in Luft eine sehr begrenzte maximale Reichweite haben.

Die Reichweite von Alphateilchen natürlicher Radionuklide beträgt bis auf wenige Ausnahmen weniger als etwa 8 cm in Luft.

Beachten Sie, dass die in der Messreihe angegebenen Abstände 12 cm erreichen.

Machen Sie sich bewusst, inwieweit ein Blatt Papier Einfluss nimmt auf die Absorption von Alpha-, Beta und Gammastrahlung.

Teilaufgabe 2.4 a

Erinnern Sie sich daran, bei welchen Funktionstypen der Begriff einer Halbwertsgröße vorkommt.

Teilaufgabe 2.4 b

Denken Sie bei Ihrer Antwort an die beiden an dem Absorptionsprozess Beteiligten.

Teilaufgabe 2.4 c

Auch wenn Sie im Unterricht diese Herleitung für die Halbwertsdicke nicht durchgeführt haben sollten, so wird sie Ihnen nicht schwer fallen, wenn sie sich daran erinnern, wie Sie die entsprechende Rechnung für die Halbwertszeit beim radioaktiven Zerfall durchgeführt haben.

Teilaufgabe 2.5 a

Eine grafische Darstellung von Messwerten ist Ihnen aus dem Unterricht sicher hinreichend bekannt. Vergessen Sie nicht die angemessene Beschriftung der Achsen und wählen Sie eine geeignete Achseneinteilung.

Teilaufgabe 2.5 b

Um die Halbwertsdicke zu ermitteln, können Sie Ihre Grafik oder aber auch direkt die gegebenen Messwerte heranziehen.

Beachten Sie, dass aus Ihrer Argumentation deutlich wird, dass sich für verschiedene, beliebig gewählte Zeitpunkte immer dieselbe Halbwertsdicke ergibt, sodass man von „der" Halbwertsdicke sprechen kann.

Teilaufgabe 2.5 c

Beachten Sie unbedingt die gegebene Gleichung in Teilaufgabe 2.4 c. Diese Gleichung dürfen Sie selbstverständlich verwenden, auch wenn Sie sie dort nicht herleiten konnten. (Dies sollten Sie generell beherzigen: Es kommt in den Abituraufgaben häufiger vor, dass Sie für die erfolgreiche Bearbeitung einer (Teil-)Aufgabe an anderer Stelle wichtige Hinweise und Ergebnisse dazu finden können.)

Lösungen zur Prüfungsaufgabe I

Aufgabe 1

1.1 Der Leiterbügel befindet sich mit seinem unteren „Abschnitt" in dem homogenen Magnetfeld (vgl. Abb. 1). Er ist so ausgerichtet, dass alle drei geraden Leiterteilstücke genau senkrecht zu $\vec{B}$ verlaufen.
Fließt ein Strom durch den Leiter, erfahren die drei (geraden) Leiterteilstücke jeweils eine **Lorentzkraft**. Wegen des symmetrischen Aufbaus gleichen sich die auf das linke und das rechte Leiterteilstück wirkenden Kräfte gegenseitig aus, da die hier fließenden Ströme in genau die entgegen gesetzte Richtung fließen, sodass die dort wirkenden Lorentzkräfte ebenfalls zueinander entgegengesetzt gerichtet sind. Lediglich die auf das untere Teilstück wirkende Lorentzkraft wird vom Kraftmesser registriert. Werden diese magnetische Kraft F_L, die Stromstärke I und die Länge ℓ des „untersten" Leiterteilstücks gemessen, so kann gemäß der Definition

$$B = \frac{F_L}{I \cdot \ell}$$

die **Stärke B des magnetischen Feldes** bestimmt werden.

1.2 a) Um $B \sim \frac{I}{r}$ nachzuweisen, ist es sinnvoll, in einem Diagramm B gegen $\frac{I}{r}$ aufzutragen, da sich dort eine Gerade ergeben müsste. Aus den beiden angegebenen Tabellen kann man insgesamt 10 Werte für $\frac{I}{r}$ berechnen, von denen aber zwei (für $I = 40$ A und $r = 0{,}04$ m) übereinstimmen. Andererseits ist aber klar, dass sich für $I = 0$ A auch $B = 0$ T ergibt, sodass sich insgesamt 10 Werte in das Diagramm eintragen lassen:

$\frac{I}{r}$ in $\frac{A}{m}$	0	500	625	667	750	800	875	1000	1333	2000
B in mT	0	0,09	0,13	0,13	0,15	0,16	0,17	0,19	0,27	0,39

Sie liegen, wie Abb. 5 zeigt, tatsächlich auf einer **Geraden**.

b) Der **Proportionalitätsfaktor k** ergibt sich aus der Geradensteigung, die sich mithilfe eines Steigungsdreiecks aus dem $B\left(\frac{I}{r}\right)$-Diagramm ermitteln lässt (vgl. Markierung ○ in Abb. 5):

$$k = \frac{\Delta B}{\Delta\left(\frac{I}{r}\right)}$$

$$\approx \frac{0{,}35\ \text{mT} - 0{,}00\ \text{mT}}{1750\ \frac{A}{m} - 0\ \frac{A}{m}} = \frac{0{,}35 \cdot 10^{-3}\ \text{T}}{1750\ \frac{A}{m}}$$

$$= \underline{\underline{2{,}0 \cdot 10^{-7}\ \frac{T \cdot m}{A}}}$$

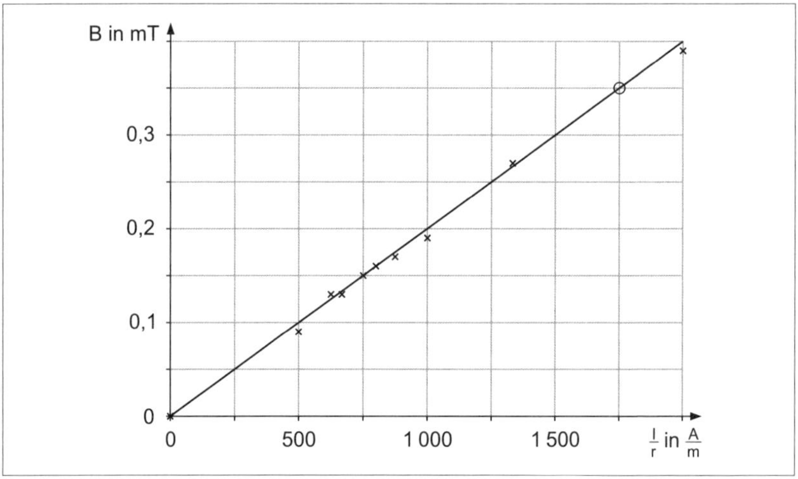

Abb. 5

Es ist alternativ auch (allerdings etwas umständlicher) möglich, zwei einzelne Diagramme anzufertigen, um $B \sim I$ für konstantes $r = 0{,}04$ m sowie $B \sim \frac{1}{r}$ für konstantes $I = 40$ A nachzuweisen. Dann kann man aus den jeweiligen Geradensteigungen und den jeweils konstanten Parametern r bzw. I den Wert für die gesuchte Proportionalitätskonstante k zu ermitteln. Abb. 6 zeigt die für dieses Vorgehen nötigen Diagramme.

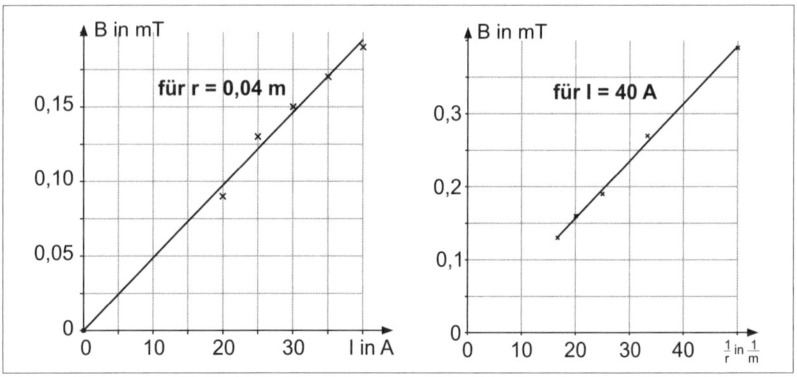

Abb. 6

Steigung:

$$m_{B \sim I} = \frac{\Delta B}{\Delta I} \approx \frac{0{,}195\ \text{mT}}{40\ \text{A}} = 4{,}88 \cdot 10^{-6}\ \frac{\text{T}}{\text{A}}$$

Steigung:

$$m_{B \sim \frac{1}{r}} = \frac{\Delta B}{\Delta\left(\frac{1}{r}\right)} \approx \frac{0{,}39\ \text{mT} - 0{,}13\ \text{mT}}{50\ \frac{1}{\text{m}} - 17\ \frac{1}{\text{m}}} = 7{,}88 \cdot 10^{-6}\ \text{T} \cdot \text{m}$$

Proportionalitätskonstante:

$$k = m_{B \sim I} \cdot r \approx 4{,}88 \cdot 10^{-6} \frac{T}{A} \cdot 0{,}04\ m$$

$$\approx 2{,}0 \cdot 10^{-7} \frac{T \cdot m}{A}$$

Proportionalitätskonstante:

$$k = \frac{m_{B \sim \frac{1}{r}}}{I} \approx \frac{7{,}88 \cdot 10^{-6}\ T \cdot m}{40\ A}$$

$$\approx 2{,}0 \cdot 10^{-7} \frac{T \cdot m}{A}$$

1.3 a) Nach dem allgemeinen Induktionsgesetz gilt:

$$U_{ind} = -n \cdot \dot{\Phi}$$

Unter der Annahme, dass der Betrag der Stärke B des magnetischen Feldes über der (hier relativ wenig ausgedehnten) Querschnittsfläche A der Induktionsspule konstant ist und stets $\vec{B} \parallel \vec{A}$ gilt, folgt für den magnetischen Fluss $\Phi = \vec{B} \cdot \vec{A} = B \cdot A$. Wegen der zeitlichen Konstanz von A ist somit:

$$U_{ind}(t) = -n \cdot \dot{\Phi} = -n \cdot \frac{d}{dt}(A \cdot B(t)) = -n \cdot A \cdot \dot{B}(t)$$

Mit $B_{\text{gerader Leiter}}(t) = \frac{\mu_0}{2\pi} \cdot \frac{I(t)}{r}$ und $B_{\text{im Eisenkern}}(t) = \mu_r \cdot B_{\text{gerader Leiter}}(t)$ ergibt sich somit für die in der kleinen Spule **induzierte Spannung** die Beziehung:

$$U_{ind}(t) = -n \cdot A \cdot \frac{d}{dt}\left(\mu_r \cdot \frac{\mu_0}{2\pi} \cdot \frac{I(t)}{r}\right)$$

$$= -n \cdot A \cdot \mu_r \cdot \frac{\mu_0}{2\pi} \cdot \frac{d}{dt}\left(\frac{I_0 \cdot \sin(\omega \cdot t)}{r}\right)$$

$$\underline{\underline{= -n \cdot A \cdot \frac{\mu_r \cdot \mu_0}{2\pi} \cdot \frac{I_0}{r} \cdot \omega \cdot \cos(\omega \cdot t)}} \qquad (1)$$

b) Dem Diagramm in Abb. 4 entnimmt man die Spannungsamplitude U_0 sowie T als Zeitintervall zwischen zwei einander entsprechenden Nulldurchgängen:

$$U_0 \approx 0{,}33\ V \quad \text{und} \quad T = 0{,}025\ s - 0{,}005\ s = 0{,}02\ s$$

Damit folgt für die **Frequenz**:

$$f = \frac{1}{T} = \frac{1}{0{,}02\ s} = \underline{\underline{50\ Hz}}$$

Für die Zeit-Induktionsspannungs-Funktion gilt damit einerseits

$$U_{ind}(t) = -0{,}33\ V \cdot \cos\left(\frac{2\pi}{T} \cdot t\right), \qquad (2)$$

andererseits gemäß Teilaufgabe 1.4 a aber auch die Beziehung (1).

Der Vergleich der Terme rechts vom Gleichheitszeichen in (1) und (2) ergibt:

$$-n \cdot A \cdot \frac{\mu_r \cdot \mu_0}{2\pi} \cdot \frac{I_0}{r} \cdot \frac{2\pi}{T} = -0{,}33\ V$$

Nach dem Umstellen nach I_0 und Einsetzen der Werte erhält man:

$$I_0 = \frac{0{,}33\ V \cdot T \cdot r}{n \cdot A \cdot \mu_r \cdot \mu_0} = \frac{0{,}33\ V \cdot 0{,}02\ s \cdot 0{,}04\ m}{100 \cdot 1 \cdot 10^{-4}\ m^2 \cdot 600 \cdot 4\pi \cdot 10^{-7}\ \frac{T \cdot m}{A}} = \underline{\underline{35\ A}}$$

Überprüfung der Einheiten:

$$\left[\frac{U \cdot T \cdot r}{n \cdot A \cdot \mu_r \cdot \mu_0}\right] = 1\,\frac{V \cdot s \cdot m}{m^2 \cdot \frac{T \cdot m}{A}} = 1\,\frac{V \cdot s \cdot A}{m^2 \cdot T} = 1\,\frac{\frac{Nm}{As} \cdot s \cdot A}{m^2 \cdot \frac{N}{A \cdot m}} = 1\,\frac{N \cdot m}{m \cdot \frac{N}{A}} = 1\ A$$

c) Wird der lange gerade Leiter von einem **zeitlich konstanten Gleichstrom** durchflossen, so hat er in seiner Umgebung zwar ein magnetisches Feld, dieses ist aber zeitlich nicht veränderlich!
Gemäß Induktionsgesetz entsteht in der kleinen Induktionsspule nur dann eine Induktionsspannung, wenn sich der magnetische Fluss, der die Spule durchsetzt, ändert. Da sich aber weder die Spulenquerschnittsfläche noch die Stärke des magnetischen Feldes ändern, ist der magnetische Fluss zeitlich konstant und die **Induktionsspannung** somit **stets gleich null** (vgl. Herleitung der Gleichung (1) in Teilaufgabe 1.3 a).

Aufgabe 2

2.1 Die durch das dünne Glimmerfenster einfallende Strahlung ionisiert zunächst einige Atome der Gasfüllung des **Geiger-Müller-Zählrohres**. Die freigesetzten Elektronen werden im elektrischen Feld zwischen dem Draht und dem Metallmantel zum positiv geladenen Draht hin beschleunigt. Dabei nimmt ihre kinetische Energie zu. Auf ihrem Weg zum positiven Draht stoßen sie mit weiteren Gasatomen zusammen, wodurch diese ionisiert werden können (Stoßionisation). So entstehen immer mehr freie Ladungsträger (Elektronen und positive Ionen) in dem elektrischen Feld zwischen positivem Draht und dem negativen Metallmantel des Zählrohres. Die Folge ist ein „Stromstoß“, der am Widerstand R einen kurzzeitigen Spannungsimpuls erzeugt. Dieser wird mit einem geeigneten Zähler registriert und gezählt.

2.2 a/b) **Zerfallsreihe einschließlich Zerfallsarten**

$$^{226}_{88}Ra \xrightarrow{\alpha} {}^{222}_{86}Rn \xrightarrow{\alpha} {}^{218}_{84}Po \xrightarrow{\alpha} {}^{214}_{82}Pb \xrightarrow{\beta^-} {}^{214}_{83}Bi \xrightarrow{\beta^-} {}^{214}_{84}Po$$

c) Unmittelbar nach α- oder β-Zerfällen (sowohl bei β^--Zerfällen wie bei β^+-Zerfällen) befinden sich die beim Zerfall entstandenen Tochterkerne sehr vieler Nuklide zunächst noch in einem energetisch angeregten Zustand. Von diesem angeregten Zustand aus gehen die Tochterkerne dann unter Aussendung von **γ-Strahlung** in den Grundzustand über. Dieser Übergang erfolgt zum Teil auch in mehreren Schritten, sodass mehrere γ-Quanten mit jeweils unterschiedlichen Energiewerten abgestrahlt werden.

2.3 a) Wann immer eine Größe zu einer anderen Größe proportional ist, ist der Quotient aus diesen beiden Größen konstant, wobei dieser Quotient bei experimentell ermittelten, physikalischen Größen wegen möglicher Messfehler natürlich nur ungefähr konstant sein muss. Zu überprüfen ist somit, ob der Quotient $\frac{Z}{\frac{1}{r^2}}$ – also das Produkt $Z \cdot r^2$ – für alle Messwerte ungefähr konstant ist:

r in cm	2	3	4	5	6	8	10	12
Z pro 100 s	6277	2913	1710	1102	748	415	261	174
$Z \cdot r^2$ in cm^2	25100	26200	27400	27600	26900	26600	26100	25100

Wie die letzte Zeile der Tabelle zeigt, ist die Konstanz von $Z \cdot r^2$ im Rahmen der Messgenauigkeit gegeben. Also ist die **Zählrate umgekehrt proportional zum Abstandsquadrat**.

Alternativ kann auch in einem Diagramm Z gegen r^{-2} aufgetragen werden; der Graph bzw. die Ausgleichsgerade ist dann (nahezu) eine Ursprungsgerade.

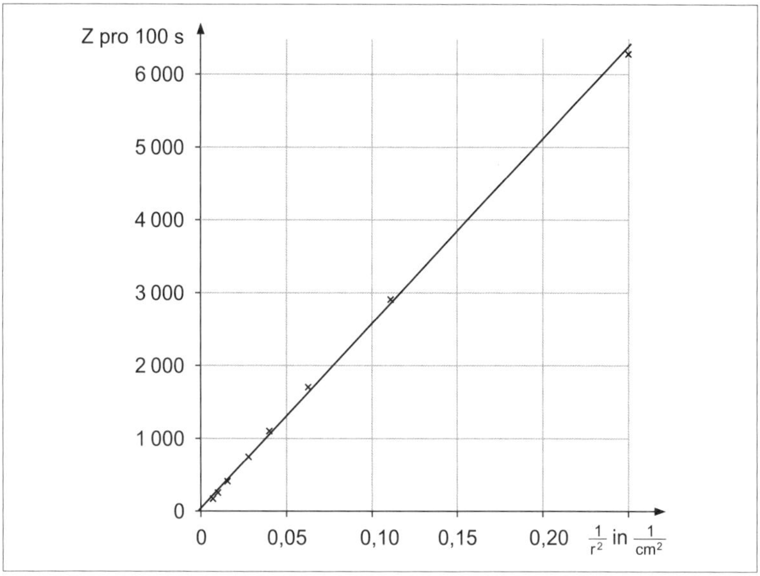

Abb. 4

b) Die Reichweite von α-Strahlung natürlicher radioaktiver Nuklide beträgt in Luft zumeist deutlich weniger als 10 cm. Die Papierabschirmung reicht bereits aus, α-Strahlung vollständig abzublocken.

Ohne Papierabschirmung

- tragen daher bei geringen Abständen alle drei Strahlungsarten zur Zählrate bei, während bei größeren Abständen nur noch die β-Strahlung und die γ-Strahlung registriert werden.
- wären also wegen des (hohen) Anteils an α-Strahlung die Zählraten bei kleinen Abständen deutlich größer, während sie ab ca. 5 bis 8 cm gleich den Zählraten mit der Papierabschirmung wären. (Die Papierabschirmung hat auf die β- und die γ- Strahlung nahezu keine Auswirkung.)
- würde die Verringerung der Zählraten also nicht ausschließlich auf dem geometrisch bedingten Abstandseffekt, sondern im Hinblick auf die α-Strahlung auch auf der Absorption in der Luft beruhen, welche für β- und γ-Strahlung (bei diesen Entfernungen) fast keine Rolle spielt.

Es würde sich daher **kein quadratisches Abstandsgesetz** ergeben.

2.4 a) Die **Halbwertsdicke** ist die Dicke, die ein Absorbermaterial haben muss, um die Intensität einer bestimmten Strahlung auf die Hälfte zu reduzieren.

Vergleichbar ist der Begriff Halbwertsdicke mit dem der Halbwertszeit, die diejenige Zeitspanne angibt, in der sich eine radioaktive Substanz zur Hälfte in eine andere Substanz umgewandelt hat. Die zugrunde liegende Funktion ist immer eine Exponentialfunktion, deren typische Eigenschaft die Existenz einer solchen Halbwertsgröße ist.

b) Die Halbwertsdicke hängt vom **Material**, aus dem der Absorber besteht, sowie von der **Energie der Strahlung** ab.

c) Aus der Definition der Halbwertsdicke ergibt sich durch Einsetzen in das Absoptionsgesetz und Umformen die **Beziehung zwischen μ und $d_{1/2}$**:

$$\left.\begin{array}{l} Z(d_{1/2}) = \frac{1}{2} Z_0 \\ Z(d_{1/2}) = Z_0 \cdot e^{-\mu \cdot d_{1/2}} \end{array}\right\} \Rightarrow \quad e^{-\mu \cdot d_{1/2}} = \frac{1}{2}$$

$$\Rightarrow \quad -\mu \cdot d_{1/2} = \ln \frac{1}{2}$$

$$\text{bzw.} \quad \underline{\underline{\mu \cdot d_{1/2} = \ln 2}}$$

Auch hier lässt sich die Analogie zum Zerfallsgesetz der Radioaktivität fortführen. Aus dem Zerfallsgesetz folgt für den Zusammenhang zwischen Zerfallskonstante und Halbwertszeit:

$$\lambda \cdot T_{1/2} = \ln 2$$

2.5 a) Abb. 5 zeigt das **Z(d)-Diagramm**.

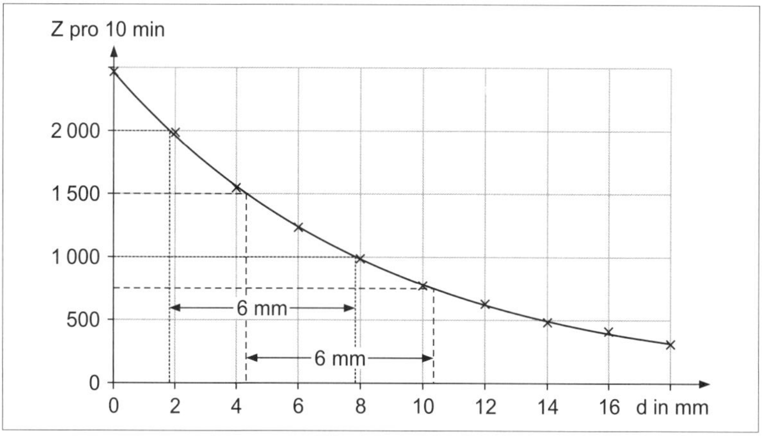

Abb. 5

b) Aus dem Diagramm bzw. unmittelbar aus den Messwerten ergibt sich, dass die **Halbwertsdicke**

$$d_{1/2} \approx \underline{\underline{6\text{ mm}}}$$

beträgt, denn für verschiedene, frei gewählte Zeitpunkte kann man feststellen, dass nach jeweils 6 mm die Zählrate auf ungefähr die Hälfte gefallen ist. Im Diagramm der Abb. 5 ist dies an zwei Beispielen vorgeführt.

c) Mithilfe der in Teilaufgabe 2.4 c angegebenen Gleichung $\mu \cdot d_{1/2} = \ln 2$ und der soeben ermittelten Halbwertsdicke $d_{1/2} \approx 6$ mm erhält man für den **Absorptionskoeffizienten**:

$$\mu = \frac{\ln 2}{d_{1/2}} = \frac{\ln 2}{6\text{ mm}} \approx \underline{\underline{0{,}12\,\frac{1}{\text{mm}}}}$$

Punkte

Aufgabe: Der Doppelspalt

1.1 Interferenzen bei Licht

In einem ersten Experiment untersucht man Interferenzen von sichtbarem Licht, das einen Doppelspalt durchläuft. Der verwendete Doppelspalt hat einen Spaltabstand von d = 0,57 mm. Der Schirm, auf dem die Interferenzen beobachtet werden können, kann in verschiedenen Entfernungen e vom Doppelspalt aufgestellt werden (Abbildung 1). Hierbei ist die verwendete Lichtwellenlänge λ sehr viel kleiner als der Spaltabstand d und der Spaltabstand d wiederum sehr viel kleiner als die Entfernung e.

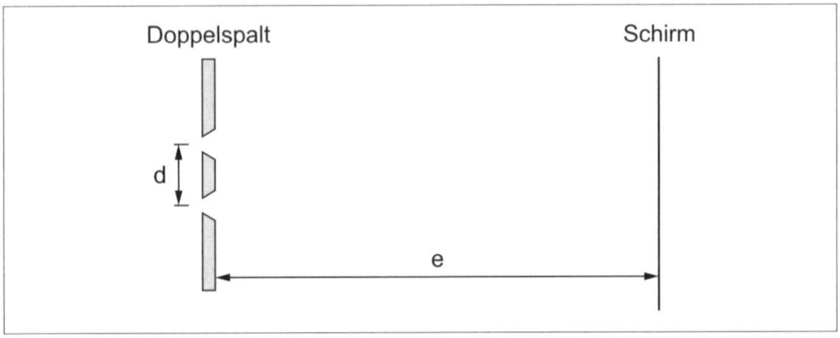

Abb. 1: Prinzipieller Aufbau des Doppelspaltexperiments (nicht maßstäblich gezeichnet)

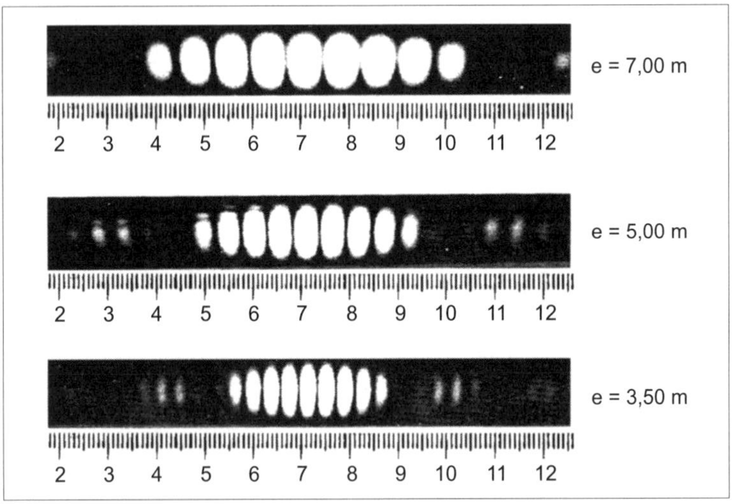

Abb. 2: Interferenzbilder für drei verschiedene Schirmentfernungen e

Der Doppelspalt wird mit monochromatischem Licht der Wellenlänge λ beleuchtet. Der Schirm wird in drei verschiedenen Entfernungen aufgestellt und darauf werden die entstehenden Hell- und Dunkelstellen fotografiert. Zur Messung wird ein Längenmaßstab mit cm-Einteilung unterlegt. Die drei entstandenen Interferenzbilder sind in Abbildung 2 dargestellt.

a) Erläutern Sie, warum auf dem Schirm Hell- und Dunkelbereiche entstehen. (Gehen Sie dabei davon aus, dass die Spaltbreiten vernachlässigbar klein sind.)

b) Erläutern Sie, warum die Abfolge der Hell- und Dunkelstellen symmetrisch zum Maximum der Ordnung Null ist. Erläutern Sie dazu auch das Zustandekommen des Maximums der Ordnung Null.

c) Für die Entfernung an des Maximums n-ter Ordnung von der Mitte der Interferenzfigur gilt näherungsweise (für kleine Winkel α_n):

$$\alpha_n = \frac{n \cdot e \cdot \lambda}{d}$$

Leiten Sie diese Gleichung anhand einer geeigneten Skizze her und erläutern Sie Ihre Herleitungsschritte.

d) Ermitteln Sie aus der Abbildung 2 für die drei Interferenzfiguren jeweils die Wellenlänge. 27

1.2 **Interferenzen beim Schall**

In einem zweiten Experiment werden – analog zum Doppelspaltexperiment mit sichtbarem Licht – akustische Phänomene mit Schallwellen untersucht. Dazu erzeugen zwei als punktförmig betrachtete Lautsprecher L_1 und L_2 (an den in Abbildung 3 mit × bezeichneten Stellen) phasengleich Schall derselben Frequenz f und derselben Intensität. Die beiden Lautsprecher haben den gegenseitigen Abstand d voneinander.
Es werden die Interferenzphänomene betrachtet, die in einer Ebene stattfinden, in der auch die Lautsprecher liegen. Diese Ebene ist hier die Zeichenebene.

a) In der Abbildung 3 ist ein Teil des sich in der Zeichenebene nach rechts ausbreitenden Interferenzfeldes der beiden Schallwellen zu einem festen Zeitpunkt dargestellt. Die dünn gezeichneten durchgezogenen Kreise stellen „Wellenberge" der Schallwellen dar, die dünn gezeichneten gestrichelten Kreise stellen „Wellentäler" dar.
Beschreiben Sie die Interferenzergebnisse entlang der dick gezeichneten durchgezogenen Linien und entlang der dick gezeichneten gestrichelten Linien.
Beschreiben Sie damit die örtliche Verteilung der Schallwellenenergie im Interferenzfeld.

b) Nun wird das Lautsprechersystem mit konkreten Werten betrachtet: Die Frequenz der ausgesandten Schallwellen beträgt f = 1 134 Hz. Der Lautsprecherabstand beträgt d = 0,75 m.
Berechnen Sie die Wellenlänge λ der Schallwellen. Verwenden Sie als Schallausbreitungsgeschwindigkeit den Wert $c = 340\,\frac{m}{s}$.
[Kontrollwert: λ = 0,300 m]

c) Abbildung 4 zeigt den Bereich zwischen den beiden Lautsprechern mit den Punkten 1, 2, 3 und 4.
Die Abbildung ist maßstäblich gezeichnet (die Länge eines Kästchens entspricht 2,5 cm), sodass daraus die Lagen der 4 Punkte entnommen werden können.
Hinweis: Beachten Sie, dass das Interferenzfeld der beiden Schallwellen für diese konkreten Werte anders verläuft als das in Abbildung 3 allgemein dargestellte Interferenzfeld.

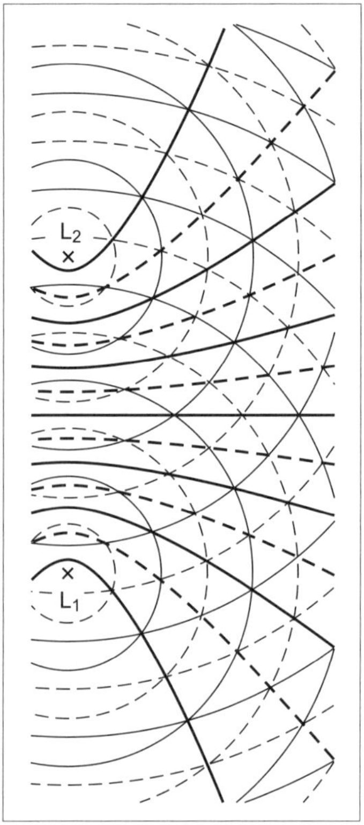

Abb. 3: Das Interferenzfeld zweier Schallquellen

Geben Sie für diese vier Punkte an, welches Ergebnis die Interferenz der beiden sich überlagernden Schallwellen dort jeweils hat.
Hinweis: Die Skizze ist maßstäblich gezeichnet.

Begründen Sie jeweils Ihre Antwort.

d) Beschreiben Sie, wie sich das Interferenzfeld ändert, wenn die beiden Lautsprecher die Schallwellen gegenphasig aussenden, sich also die Lautsprechermembranen zu jedem Zeitpunkt genau gegenläufig bewegen. 23

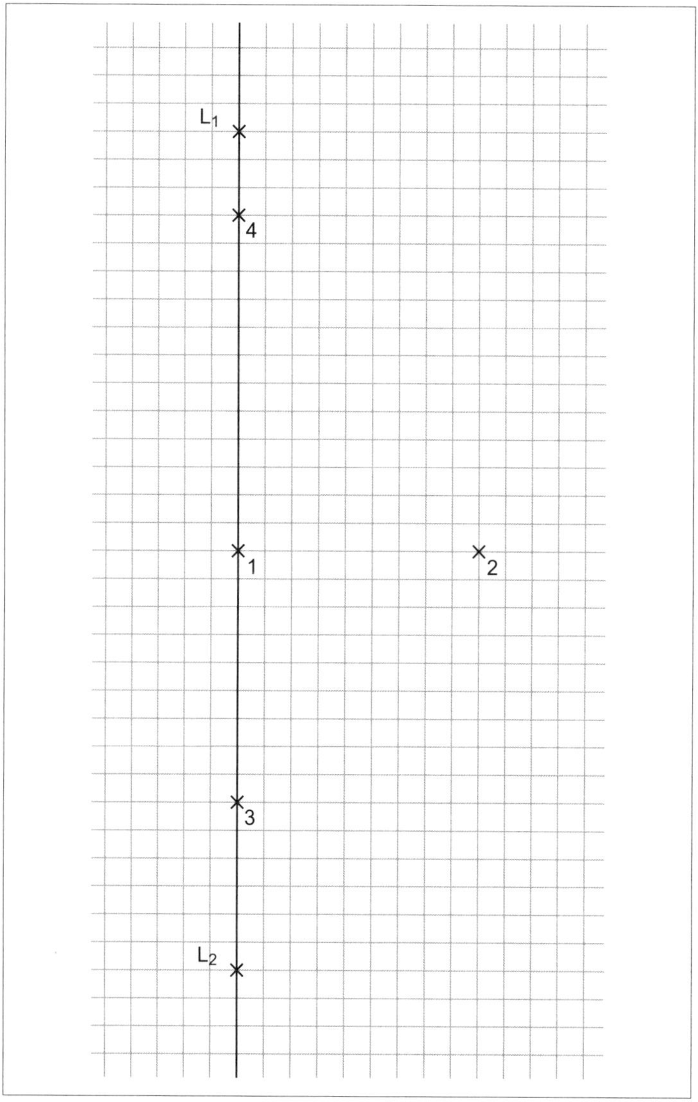

Abb. 4: Lage der Punkte im Interferenzfeld

Bild- und Quellennachweis

Abb. 2: Materialien zum Kursunterricht Physik, Teil 2, geändert, Aulis-Verlag 1980
(in der Stark Verlagsgesellschaft mbH & Co. KG)

Aufgabe 2: Der lichtelektrische Effekt

2.1 Zur quantitativen Untersuchung des lichtelektrischen Effekts dient folgender Versuchsaufbau:

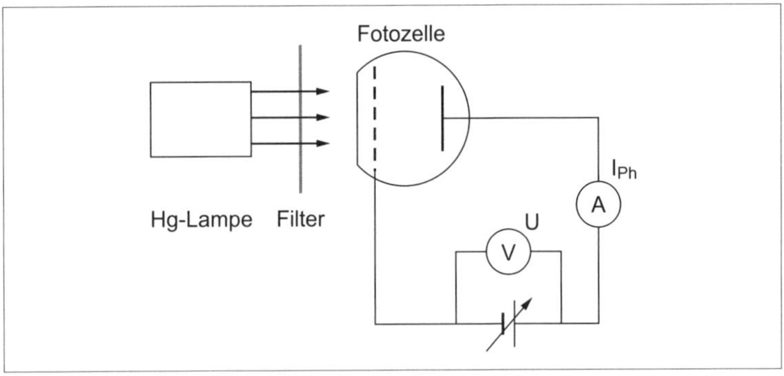

Abb. 1

a) Beschreiben Sie anhand der Skizze den Aufbau und die Durchführung des Versuchs zum Fotoeffekt mit der sogenannten Gegenfeldmethode. Gehen Sie dabei insbesondere auf die Bestimmung der maximalen kinetischen Energie der Elektronen ein.

Bei der Durchführung des Experiments ergeben sich die folgenden Messdaten:

Wellenlänge λ in nm	578	546	436	405	253
Frequenz f in 10^{14} Hz	5,19	5,49	6,88	7,40	11,85
Gegenspannung U in V	0,16	0,30	0,82	1,04	2,77

b) Stellen Sie die Energie der Elektronen (in eV) in Abhängigkeit von der Frequenz des Lichts grafisch dar.

c) Deuten Sie den entstandenen Graphen im Rahmen der Einstein'schen Lichtquantenhypothese.

d) Bestimmen Sie unter Berücksichtigung aller Messwerte die Austrittsarbeit W_A und die Grenzfrequenz f_G des verwendeten Kathodenmaterials sowie das Planck'sche Wirkungsquantum h.

[Kontrollergebnis: $W_A = 1{,}86$ eV] 33

2.2 Die Fotokathode werde mit dem monochromatischen Licht eines Lasers der Wellenlänge 532 nm bestrahlt. Der Laser habe eine Lichtleistung von 1 mW.

a) Berechnen Sie die Anzahl von Photonen, die der Laser in einer Sekunde aussendet.

b) Der zuvor verwendete Laser werde durch einen Laser gleicher Lichtleistung mit der Wellenlänge 405 nm (Blu-Ray-Laser) ersetzt. Erläutern Sie qualitativ den Einfluss auf die maximale Geschwindigkeit der ausgelösten Elektronen. 7

2.3 Die Fotozelle werde nun durch ein homogenes, regelbares Magnetfeld der Stärke B mit Feldlinien parallel zur Fotokathode und zur Gitteranode durchsetzt (siehe Abbildung 2). Fotokathode und Gitteranode haben den Abstand d, zwischen ihnen liegt keine äußere Spannung an. Die Frequenz f des einfallenden Lichts und die Auslösearbeit W_A werden als bekannt vorausgesetzt. Die Stärke B des magnetischen Feldes wird nun während der Bestrahlung langsam erhöht.

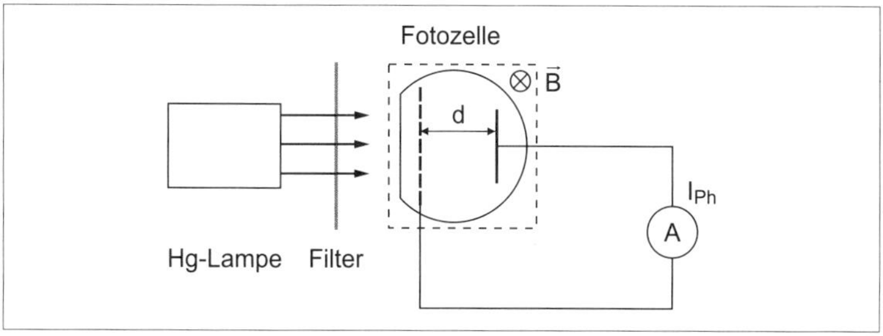

Abb. 2: Der gestrichelt umrandete Bereich wird vom angegebenen Magnetfeld durchsetzt.

a) Zeichnen Sie in Abbildung 2 die Flugbahn eines aus der Kathode senkrecht austretenden Elektrons ein und begründen Sie den Bahnverlauf.

b) Erläutern Sie, warum bei zunehmender Stärke B des magnetischen Feldes immer weniger Elektronen die Anode erreichen. 12

Tipps und Hinweise zur Lösung von Prüfungsaufgabe II

Tipps zu Aufgabe 1

Vorbemerkung: Die Interferenz von Wellen ist einer der zentralen Inhalte der Oberstufenphysik und fast jedes Jahr Gegenstand einer Aufgabe im Zentralabitur. Die in Teilaufgabe 1.1 behandelten Fragestellungen sind nicht nur typisch für Licht, sondern können analog auf alle elektromagnetischen Wellen und bei der Elektronenbeugung angewendet werden. Die bei der Teilaufgabe 1.2 untersuchten Schallwellen unterscheiden sich von den Lichtwellen insbesondere durch ihre deutlich größere Wellenlänge, ähnlich wie z. B. Wasserwellen. Die realen Größenordnungen bedingen, dass die meisten Untersuchungen bei akustischen Wellen und Wasserwellen bezogen auf die Wellenlänge zumeist nahe an den Wellenerregern erfolgen (im Nahfeld), die Betrachtungen bei Licht und den meisten anderen elektromagnetischen Wellen erfolgen hingegen im Fernfeld. Ein wesentlicher Unterschied ist, dass im Nahfeld eine Betrachtung der Interferenzhyperbeln notwendig ist, während diese im Fernfeld sehr exakt durch Geraden angenähert werden können.

Teilaufgabe 1.1 a

- Lesen Sie zunächst alle Aufgabenteile, damit Sie Ihre Lösungen ausreichend eingrenzen und Doppelungen vermeiden.
- Beachten Sie, dass die Entstehung sowohl der hellen als auch der dunklen Bereiche erläutert werden muss.
- Berücksichtigen Sie den in der Aufgabenstellung angegebenen Hinweis.

Teilaufgabe 1.1 b

- Berücksichtigen Sie die Bedingungen für konstruktive und destruktive Interferenz.

Teilaufgabe 1.1 c

- Beachten Sie den einleitenden Aufgabentext. Hier sind entscheidende Bedingungen angegeben.
- Überladen Sie Ihre Skizzen nicht. Beachten Sie, dass die wesentlichen Aspekte betont werden.
- Achten Sie auf eine ausreichende Beschriftung Ihrer Skizzen, sodass alle Größen, auf die Sie Bezug nehmen, auch in der Skizze zu finden sind.
- Sie können auch zwei Skizzen anfertigen, um die Situation übersichtlicher darstellen zu können.
- Beachten Sie, dass notwendige Eigenschaften wie z. B. parallele Geraden und rechte Winkel auch wirklich exakt als solche gezeichnet werden.
- Stellen Sie sicher, dass von Ihnen verwendete Variablen durch die Skizzen oder durch Ihren Text erklärt wenden. Verwenden Sie gleiche Variablen wie im Aufgabentext.
- Achten Sie darauf, dass Sie mögliche Näherungen angeben und begründen, warum Sie diese vornehmen dürfen.

Teilaufgabe 1.1 d

- Beachten Sie die in Teilaufgabe 1.1 c angegebene Gleichung.
- Überlegen Sie sich, wie Sie Ihre Messfehler minimieren können.
- Beachten Sie, dass Sie stets mit gleichen Einheiten rechnen.
- Überprüfen Sie Ihr Ergebnis. Der Aufgabenstellung ist zu entnehmen, dass lediglich der Abstand des Schirms variiert wird.

Teilaufgabe 1.2 a

- Beachten Sie die unabhängige Überlagerung von Wellen.
- Um die Energieverteilung zu untersuchen, kann es hilfreich sein, andere mechanische Wellen zu betrachten: In welchem Zustand ist die Energie von Wasserwellen besonders hoch bzw. annähernd null?

Teilaufgabe 1.2 b

- In Ihrer Formelsammlung finden Sie eine einfache Formel, die Wellenlänge und Ausbreitungsgeschwindigkeit in Beziehung setzt.
- Beachten Sie, dass ein Kontrollwert angegeben ist. Ihr Ergebnis sollte in der gleichen Größenordnung liegen. Falls Sie einen anderen Wert bekommen, rechnen Sie grundsätzlich mit dem Kontrollwert weiter.

Teilaufgabe 1.2 c

- Ermitteln Sie die Gangunterschiede zu den einzelnen Punkten.
- Erinnern Sie sich an die Beziehung zwischen Gangunterschied und Wellenlänge für konstruktive und destruktive Interferenz.

Teilaufgabe 1.2 d

- Betrachten Sie Abbildung 3 und überlegen Sie, wie sich die Abbildung für die neue Situation verändern würde.

Tipps zu Aufgabe 2

Vorbemerkung: Der beschriebene Versuchsaufbau stellt eines der grundlegenden Experimente der Oberstufenphysik dar. In der Regel wird dieser Aufbau benutzt, um das Planck'sche Wirkungsquantum zu bestimmen. Der Versuch existiert an den unterschiedlichen Schulen in mehreren leicht abgewandelten Versionen. Es ist hilfreich, sich anfangs deutlich darüber klar zu werden, wo die Gemeinsamkeiten und Unterschiede zu dem Versuchsaufbau, der Ihnen aus dem Unterricht bekannt ist, liegen.

Teilaufgabe 2.1 a

- Beachten Sie, dass sowohl der Aufbau als auch die Durchführung beschrieben werden sollen.
- Beachten Sie, welche Bauteile in der Skizze beschriftet sind; diese sollten Sie bei der Beschreibung des Aufbaus berücksichtigen.

Teilaufgabe 2.1 b

- Beachten Sie, dass die Einheit der Energie vorgegeben ist.
- Wählen Sie eine kluge Skalierung für Ihr Koordinatensystem.

Teilaufgabe 2.1 c

- Überlegen Sie, was das neue der Einstein'schen Lichtquantenhypothese (Photonenmodell) gegenüber dem Wellenmodell des Lichts ist. Welche Eigenschaften können durch Wellen nicht erklärt werden?
- Beachten Sie die Aufgabenstellung genau. Gefragt ist nach einer Deutung des Graphen.

Teilaufgabe 2.1 d

- Beachten Sie, dass laut Aufgabenstellung alle Messwerte berücksichtigt werden müssen.
- Beachten Sie den Operator: „Bestimmen" fordert nicht unbedingt eine Rechnung.

Teilaufgabe 2.2 a

- Berücksichtigen Sie den Zusammenhang zwischen Energie und Leistung.
- Beachten Sie, dass die Lichtleistung durch die Photonen transportiert wird.

Teilaufgabe 2.2 b

- Überlegen Sie, welchen Einfluss die Wellenlänge auf die Energie der Photonen hat.
- Berücksichtigen Sie den Zusammenhang zwischen Frequenz und Wellenlänge.

Teilaufgabe 2.3 a

- Es ist unerheblich, dass der Vorgang innerhalb einer Fotozelle stattfindet. Es handelt sich einfach um eine Bewegung eines Elektrons innerhalb eines Magnetfeldes.
- Berücksichtigen Sie die Richtungen, in der die Feldlinien des magnetischen Feldes und die Geschwindigkeit zueinander stehen.

Teilaufgabe 2.3 b

- Überlegen Sie, welchen Einfluss die Stärke des magnetischen Feldes auf die Flugbahn der Elektronen hat.
- Berücksichtigen Sie, dass nicht alle Elektronen mit der gleichen Geschwindigkeit bzw. senkrecht aus der Kathode austreten.

Lösungen zur Prüfungsaufgabe II

Aufgabe 1

1.1 **Interferenzen bei Licht**

a) Das Laserlicht wird am Doppelspalt gebeugt. Die beiden Spalte können als Ausgangspunkt von zwei phasengleichen Elementarwellen aufgefasst werden (Prinzip von Huygens). Auf dem Schirm kommt es zur ungestörten Überlagerung und Interferenz der beiden Elementarwellen. Die Wege der beiden Elementarwellen zu einem Punkt auf dem Schirm sind von beiden Spalten unterschiedlich lang, d. h., es entsteht ein Gangunterschied. Je nach Größe des Gangunterschieds verstärken oder schwächen sich die Wellen bei der Überlagerung, sodass **konstruktive Interferenz (helle Bereiche)** oder **destruktive Interferenz (dunkle Bereiche)** entsteht.

b) **Maximum der Ordnung Null**
Das Maximum der Ordnung Null entsteht, wenn kein Gangunterschied vorliegt. Dies ist dann der Fall, wenn der Punkt auf dem Schirm gleich weit von beiden Spalten entfernt ist, sodass der Weg dorthin von beiden Spalten gleich lang ist. Diese Bedingung ist für alle Punkte erfüllt, die auf der Mittelsenkrechten der Verbindungslinie der beiden Spalte liegen.

Symmetrie der Abfolge der Hell- und Dunkelstellen
Betrachtet man Bereiche auf einer Seite neben der Mittellinie, so nimmt nach außen hin der Gangunterschied zwischen den Wellen kontinuierlich zu. Dies ist in beide Richtungen – also rechts und links vom Maximum der Ordnung Null – der Fall; der einzige Unterschied ist, welcher der beiden Wege der längere ist und welcher der kürzere. Der Betrag der Wegdifferenz wächst aber auf beiden Seiten gleichermaßen.

c) Wie in Abb. 5 a zu erkennen, ist der Weg vom oberen Spalt zum Schirm um Δs kürzer als der vom unteren Spalt. Damit auf dem Schirm ein Maximum entsteht, muss der Gangunterschied Δs der beiden von den Spalten ausgehenden Elementarwellen ein ganzzahliges Vielfaches der Wellenlänge betragen:

$$\Delta s = n \cdot \lambda \quad (n = 0, 1, 2, \ldots)$$

Aus dem in Abb. 5 grau getönten rechtwinkligen Dreieck ergibt sich:

$$\sin \alpha_n = \frac{\Delta s}{d} = \frac{n \cdot \lambda}{d}$$

Abb. 5 b zeigt schematisch die Versuchsanordnung, wobei der Winkel α_n im realen Versuch sehr viel kleiner als hier gezeichnet ist. Aus der Skizze folgt:

$$\tan \alpha_n = \frac{a_n}{e}$$

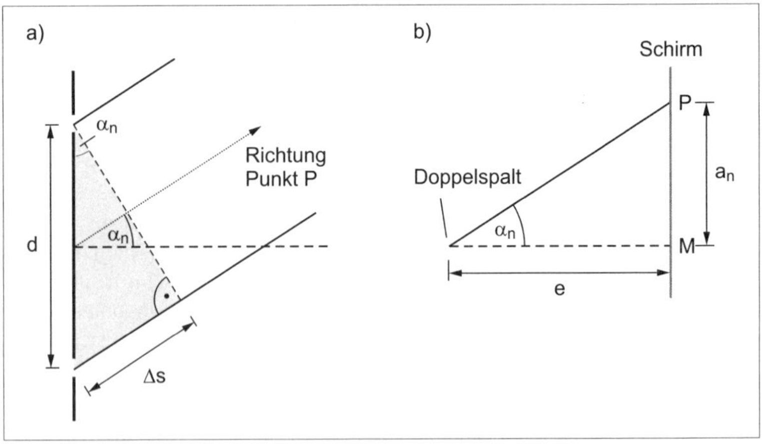

Abb. 5

Weil laut Vorgabe die Wellenlänge sehr viel kleiner ist als der Spaltabstand, sind die Beugungswinkel sehr klein und man kann die Näherung $\sin\alpha \approx \tan\alpha$ für kleine Winkel verwenden. Daraus folgt die gesuchte Beziehung:

$$\sin\alpha_n \approx \tan\alpha_n$$

$$\Leftrightarrow \quad \frac{n \cdot \lambda}{d} \approx \frac{a_n}{e}$$

$$a_n \approx \underline{\underline{\frac{n \cdot e \cdot \lambda}{d}}}$$

d) Aus der in Teilaufgabe 1.1 c angegebenen Beziehung kann eine Gleichung für die **Wellenlänge** hergeleitet werden:

$$a_n = \frac{n \cdot e \cdot \lambda}{d} \quad \Leftrightarrow \quad \lambda = \frac{a_n \cdot d}{n \cdot e}$$

Die Schirmabstände e und der Spaltabstand d sind gegeben, der Abstand a_n des Maximums n-ter Ordnung vom Maximum der Ordnung Null lässt sich anhand der Interferenzbilder messen. Um die Ablesefehler zu minimieren, wählt man die größtmögliche Messstrecke, also $2a_{n,\,max}$. In den Bildern sind jeweils 9 helle Bereiche zu erkennen, d. h. die beiden äußersten stellen die Maxima 4. Ordnung dar.

Abb. 2 oben: Die Mitten der beiden äußeren hellen Bereiche liegen bei 4,1 cm bzw. 10,1 cm, d. h. die beiden Maxima haben einen Abstand von 6,0 cm. Dieser Abstand beschreibt $2a_4$, also ist $a_4 = 3{,}0$ cm. Mit $e = 7{,}00$ m und $d = 0{,}57\text{ mm} = 5{,}7 \cdot 10^{-4}$ m folgt:

$$\lambda = \frac{0{,}030\text{ m} \cdot 5{,}7 \cdot 10^{-4}\text{ m}}{4 \cdot 7{,}00\text{ m}} = \underline{\underline{6{,}1 \cdot 10^{-7}\text{ m}}}$$

Abb. 2 Mitte: Die analoge Rechnung ergibt:

$$a_4 = \frac{9{,}3\text{ cm} - 5{,}0\text{ cm}}{2} = 2{,}15\text{ cm}$$

$$\lambda = \frac{0{,}0215\text{ m} \cdot 5{,}7 \cdot 10^{-4}\text{ m}}{4 \cdot 5{,}00\text{ m}} = \underline{\underline{6{,}1 \cdot 10^{-7}\text{ m}}}$$

Abb. 2 unten: Die analoge Rechnung ergibt:

$$a_4 = \frac{8{,}7\text{ cm} - 5{,}7\text{ cm}}{2} = 1{,}5\text{ cm}$$

$$\lambda = \frac{0{,}015\text{ m} \cdot 5{,}7 \cdot 10^{-4}\text{ m}}{4 \cdot 3{,}50\text{ m}} = \underline{\underline{6{,}1 \cdot 10^{-7}\text{ m}}}$$

Auf dem mittleren und dem unteren Interferenzbild der Abb. 2 sind nach den Maxima 4. Ordnung zunächst Lücken zu erkennen, bevor wieder helle Stellen sichtbar sind. Hier lägen eigentlich auch Maxima, die aber durch Interferenz am Einzelspalt (der Doppelspalt besteht aus zwei Einzelspalten) verschwinden

1.2 Interferenzen beim Schall

a) **Interferenztyp**

- Entlang der dick durchgezogen gezeichneten Linien treffen jeweils Berg auf Berg und Tal auf Tal. Demnach liegt entlang dieser Linien **maximale Verstärkung (maximale konstruktive Interferenz)** vor.
- Entlang der dick gestrichelt gezeichneten Linien treffen jeweils Berg auf Tal und Tal auf Berg. Demnach liegt entlang dieser Linien **Auslöschung (maximale destruktive Interferenz)** vor.

Energie

- Entlang der Linien maximaler Verstärkung ist die Energie ebenfalls **maximal**.
- Entlang der Linien von Auslöschung ist **keine Energie** vorhanden.

Demnach ist die Gesamtenergie im Interferenzfeld örtlich aufgeteilt.

b) Die **Wellenlänge** kann mithilfe der Wellengrundgleichung $c = \lambda \cdot f$ berechnet werden:

$$c = \lambda \cdot f \quad \Leftrightarrow \quad \lambda = \frac{c}{f} = \frac{340\,\frac{\text{m}}{\text{s}}}{1134\text{ Hz}} = \underline{\underline{0{,}300\text{ m} = 30{,}0\text{ cm}}}$$

c) **Interferenz an den Punkten 1 bis 4**

Hier ist für die angegebenen Punkte zunächst deren Lage (Entfernungen von den Schallquellen) zu ermitteln und daraus der jeweilige dort vorliegende Gangunterschied zu bestimmen (1 Kästchen $\hat{=}$ 2,5 cm).

Punkt 1 liegt in der Mitte der Verbindungslinie von L_1 und L_2, d. h., er ist von beiden Lautsprechern gleich weit entfernt. Folglich sind die Wegstrecken für die beiden Wellenzüge dorthin gleich groß, der Gangunterschied ist 0: Es liegt **maximale Verstärkung** vor (Bedingung für maximale konstruktive Interferenz: $\Delta s = n \cdot \lambda$).

Punkt 2 liegt auf der Mittelsenkrechten der Verbindungslinie von L_1 und L_2 und ist damit von beiden Lautsprechern ebenfalls gleich weit entfernt. Es liegt wiederum der Gangunterschied 0 vor, der zu **maximaler Verstärkung** führt.

Punkt 3 ist von einer Quelle 15 cm entfernt und von der anderen 60 cm, der Gangunterschied ist demnach 45 cm. Dies entspricht der 1,5-fachen Wellenlänge und führt zu **Auslöschung** (Bedingung für maximale destruktive Interferenz $\Delta s = (2n+1) \cdot \frac{\lambda}{2}$).

Punkt 4 ist von einer Quelle 7,5 cm entfernt und von der anderen 67,5 cm, der Gangunterschied beträgt also 60 cm. Dies entspricht dem Zweifachen der Wellenlänge, sodass an dieser Stelle **maximale Verstärkung** vorliegt.

d) Betrachtet man die Abbildung 3 der Aufgabenstellung 1.2 a, so ergibt sich dort durch die neue Situation – **Wechsel von gleich- zu gegenphasiger Abstrahlung** – ein anderes Bild. Bei einer Schallquelle bleiben die durchgezogenen und gestrichelten Linien unverändert, bei der anderen werden aus den durchgezogenen nun gestrichelte und aus den gestrichelten umgekehrt durchgezogene Linien. Daraus folgt, dass an den Stellen, an denen vorher zwei durchgezogene bzw. zwei gestrichelte Linien aufeinander trafen (also Berg auf Berg bzw. Tal auf Tal), nun eine durchgezogene und ein gestrichelte Linie aufeinander treffen (also Berg auf Tal). Genauso treffen an der Stellen, an denen vorher eine gestrichelte und eine durchgezogene Linie aufeinander trafen, nun zwei gleiche Linien aufeinander (also statt Tal auf Berg nun Berg auf Berg bzw. Tal auf Tal). Daher werden nun aus Orten maximaler Verstärkung Orte maximaler Auslöschung und aus Orten maximaler Auslöschung werden umgekehrt Orte maximaler Verstärkung.

Aufgabe 2

2.1 a) **Versuchsaufbau und Durchführung**

Die Hg-Lampe sendet ein Spektrum diskreter Wellenlängen aus. Durch das Filter fällt nur Licht einer Wellenlänge auf die Kathode der Fotozelle. Die Kathode befindet sich in einem evakuierten Glaskolben, ihr gegenüber in dem Glaskolben liegt der Anodenring. Mithilfe eines sehr empfindlichen Amperemeters wird der Anodenstrom zwischen Fotokathode und Anodenring gemessen. Ebenfalls zwischen Anodenring und Fotokathode ist eine regelbare Spannungsquelle geschaltet, mit der die Gegenspannung eingestellt werden kann. Diese wird so lange erhöht, bis der Anodenstrom null ist.

Bestimmung der maximalen kinetischen Energie der Fotoelektronen
Solange ein Fotostrom I_{Ph} mit dem Amperemeter gemessen wird, müssen aus der Kathode herausgelöste Elektronen den Anodenring erreichen. Die kinetische Energie dieser Elektronen ist also größer als die potenzielle Energie, mit der sie durch das elektrische Gegenfeld abgebremst werden.

$$E_{kin} > E_{pot} \quad \Rightarrow \quad E_{kin} > U \cdot e$$

Um die kinetische Energie der schnellsten Elektronen zu bestimmen, wird die Spannung U so eingestellt, dass gerade kein Fotostrom mehr fließt. In diesem Fall gilt:

$$E_{kin,\,max} = U \cdot e$$

b) Zunächst muss die maximale kinetische Energie $E_{kin,\,max} = U \cdot e$ berechnet werden:

Wellenlänge λ in nm	578	546	436	405	253
Frequenz f in 10^{14} Hz	5,19	5,49	6,88	7,40	11,85
Gegenspannung U in V	0,16	0,30	0,82	1,04	2,77
$E_{kin,\,max}$ in eV	0,16	0,30	0,82	1,04	2,77

In Abb. 3 ist das resultierende **f-$E_{kin,\,max}$-Diagramm** gezeichnet.

In das Diagramm sind außerdem ein Steigungsdreieck eingezeichnet und die Schnittpunkte mit den Koordinatenachsen benannt, siehe Teilaufgabe 2.1 d.

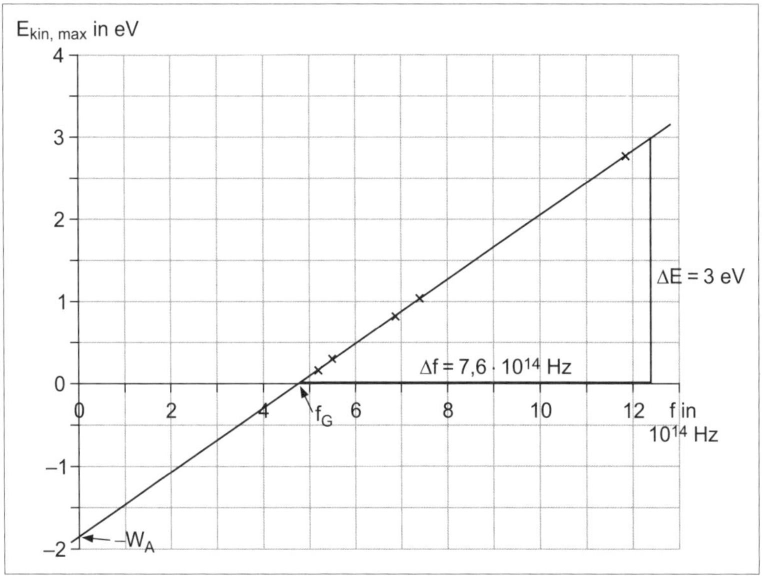

Abb. 3

c) Nach der **Einstein'schen Lichtquantenhypothese** besteht Licht aus Photonen mit der Energie $h \cdot f$, wobei h das Planck'sche Wirkungsquantum ist. Bei der Wechselwirkung mit einem Elektron in der Fotokathode kann das Photon seine Energie vollständig auf das Elektron übertragen. Da dieses Elektron an die Atome der Kathode gebunden ist, wird zunächst Energie benötigt, um das Elektron aus dem Material zu lösen, das ist die sogenannte Austrittsarbeit W_A. Der Rest der Photonenenergie wird in kinetische Energie des Elektrons umgewandelt. Daraus ergibt sich die folgende Energiebilanz:

$$E_{Photon} = E_{Elektron} \quad \Leftrightarrow \quad h \cdot f = W_A + E_{kin,\,max}$$

Diese Gleichung kann man umformen zu

$$E_{kin,\,max} = h \cdot f - W_A,$$

wodurch der lineare Zusammenhang zwischen der maximalen kinetischen Energie der Elektronen und der Frequenz des einfallenden Lichts beschrieben wird.

Der Graph der Funktion $E_{kin,\,max}(f)$ ist eine **Gerade**. Ihre Steigung ist das Planck'sche Wirkungsquantum, ihre Schnittstelle mit der E-Achse ist die negative Austrittsarbeit $-W_A$, ihre Schnittstelle mit der f-Achse ist die Grenzfrequenz f_G (vgl. Teilaufgabe 2.1 d)

d) Der Graph in Abb. 3 stellt die Ausgleichgerade für alle Messwerte dar. Die **Austrittsarbeit** entspricht dem Betrag der Schnittstelle mit der E-Achse:

$$W_A \approx \underline{\underline{1{,}85\ \text{eV}}}$$

Die **Grenzfrequenz** ist die Frequenz, bei der die Photonenenergie gerade ausreicht, um ein Elektron aus dem Kothodenmaterial herauszulösen. Die kinetische Energie dieser Elektronen ist null, also entspricht die Grenzfrequenz genau der Schnittstelle der Ausgleichsgeraden mit der f-Achse:

$$f_G \approx \underline{\underline{4{,}7 \cdot 10^{14}\ \text{Hz}}}$$

Das **Planck'sche Wirkungsquantum** ergibt sich, wie in Teilaufgabe 2.1 c erläutert, als Steigung der Geraden:

$$h = \frac{\Delta E_{kin,\,max}}{\Delta f} \approx \frac{3\ \text{eV}}{7{,}6 \cdot 10^{14}\ \text{Hz}} = 3{,}95 \cdot 10^{-15}\ \text{eVs} = \underline{\underline{6{,}3 \cdot 10^{-34}\ \text{Js}}}$$

2.2 a) Die Leistung des Lasers beschreibt, wie viel Energie pro Sekunde übertragen wird. Diese Energie entspricht der Summe der Energien der emittierten Photonen. Da bei monochromatischem Licht alle Photonen die gleiche Energie haben, muss man zur **Bestimmung der Photonenanzahl N** den Quotienten aus der vom Laser pro Sekunde übertragenen Energie ΔE und der Energie eines Photons E_{ph} bilden.

In der Zeit $t = 1$ s vom Laser übertragene Energie:

$$\Delta E = P \cdot \Delta t = 1 \cdot 10^{-3}\ \text{W} \cdot 1\ \text{s} = 1 \cdot 10^{-3}\ \text{J}$$

Energie eines Photons:

$$E_{ph} = h \cdot f = \frac{h \cdot c}{\lambda} = \frac{6{,}626 \cdot 10^{-34}\,\text{Js} \cdot 3{,}00 \cdot 10^{8}\,\frac{\text{m}}{\text{s}}}{532 \cdot 10^{-9}\,\text{m}} = 3{,}737 \cdot 10^{-19}\,\text{J}$$

Anzahl der Photonen, die notwendig sind, um die Energie ΔE zu erzeugen:

$$N = \frac{\Delta E}{E_{ph}} = \frac{1 \cdot 10^{-3}\,\text{J}}{3{,}737 \cdot 10^{-19}\,\text{J}} = \underline{\underline{2{,}68 \cdot 10^{15}}} \quad (*)$$

b) Eine kleinere Wellenlänge bedeutet gemäß $E_{ph} = h \cdot f = \frac{h \cdot c}{\lambda}$ eine größere Photonenenergie. Da die Austrittsarbeit konstant ist, erhalten die Elektronen eine höhere kinetische Energie und somit auch eine höhere Geschwindigkeit.

2.3 a) Auf die ausgelösten Elektronen wirkt im Magnetfeld die Lorentzkraft. Die Richtung der Lorentzkraft ist stets senkrecht zur Bewegungsrichtung gerichtet (Drei-Finger-Regel, $\vec{v} \perp \vec{B}$). Die Lorentzkraft wirkt somit als Zentripetalkraft und zwingt die Elektronen auf eine **Kreisbahn**. Gemäß der Drei-Finger-Regel für die linke Hand (Daumen zeigt in die Bewegungsrichtung der Elektronen, Zeigefinger zeigt in die in die Richtung des Magnetfelds und der Mittelfinger gibt die Richtung der Lorentzkraft an) werden die Elektronen nach Austritt aus der Kathodenoberfläche **nach oben** abgelenkt (Abb. 4).

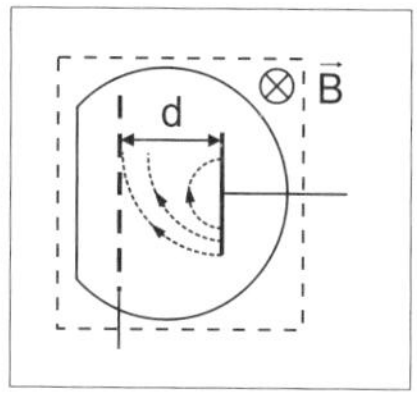

Abb. 4 Ausschnitt aus Abb. 2 mit möglichen Elektronenbahnen

Da keine Angaben über den Betrag von $\vec{B}$ und $\vec{v}$ gemacht wurden, kann keine Aussage über den Radius gemacht werden. Darum sind in der Abbildung mehrere Möglichkeiten dargestellt.

b) **Reichweite der Elektronen in Abhängigkeit von der Magnetfeldstärke**
Der Radius der Elektronenbahn ist abhängig von der Geschwindigkeit der Elektronen und der Stärke des Magnetfeldes: Der Bahnradius steigt mit zunehmender Geschwindigkeit der Elektronen und sinkt mit wachsender Stärke des Magnetfeldes. Daher müssen, je stärker das Magnetfeld ist, desto schneller die Elektronen sein, damit sie einen Bahnradius haben, der groß genug ist, um zur Anode zu gelangen. Weil die Geschwindigkeit der Fotoelektronen nach oben begrenzt ist (in Abhängigkeit von der vorgegebenen Lichtfrequenz und der Auslösearbeit des Kathodenmaterials), kann die Magnetfeldstärke so lange erhöht werden, bis auch die schnellsten Elektronen die Anode nicht mehr erreichen können.

Abiturprüfung Physik 2011 (Nordrhein-Westfalen) – Leistungskurs
Prüfungsaufgabe I

Punkte

Aufgabe 1: Definition und Messung der Feldstärke B (auch Flussdichte genannt) magnetischer Felder – kontaktlose Messung großer Ströme

1.1 Die Abbildung 1 zeigt eine Versuchsanordnung, mit der die Feldstärke B eines (homogenen) magnetischen Feldes gemäß der Feldstärkendefinition gemessen werden kann.

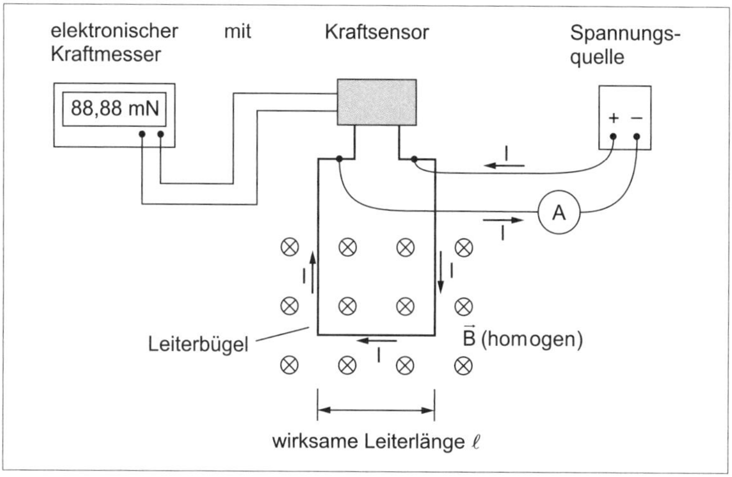

Abb. 1: Versuchsanordnung zur Messung der Stärke B magnetischer Felder

Beschreiben Sie, wie mithilfe dieser Anordnung die Stärke B eines räumlich ausgedehnten homogenen Magnetfeldes gemessen werden kann. 7

1.2 In der Praxis ist die Messung der Stärke eines magnetischen Feldes mithilfe der Kraftwirkung auf einen stromdurchflossenen Leiter sehr umständlich. Spezielle Magnetfeldstärkenmessgeräte, z. B. die „Hallsonde", lassen sich wesentlich einfacher bedienen.
Eine Hallsonde besteht im Wesentlichen aus einem kleinen, dünnen, quaderförmigen Halbleiterplättchen, durch das in Längsrichtung ein konstanter Strom der Stärke I fließt. Befindet sich dieses Plättchen wie in Abbildung 2 dargestellt in einem (homogenen) Magnetfeld, so kann zwischen der „oberen" und der „unteren" Seite des Plättchens eine Spannung, die sogenannte Hallspannung U_{Hall}, gemessen werden.

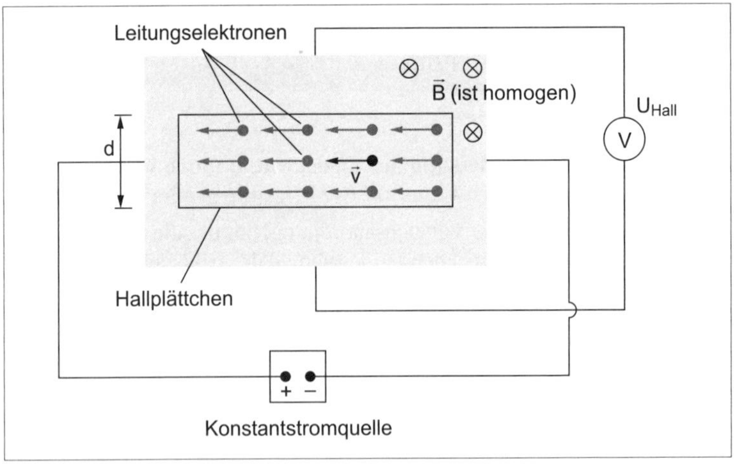

Abb. 2: Prinzipieller Aufbau einer Hallsonde. *Hinweis:* Der grau markierte Bereich sei von einem homogenen Magnetfeld der Stärke $\vec{B}$ durchsetzt.

a) Erläutern Sie, durch welche physikalischen Prozesse bei dieser Anordnung eine Spannung U_{Hall} zwischen der „oberen" und der „unteren" Seite des Hallplättchens auftritt, und geben Sie die Polung der Hallspannung in der in Abbildung 2 skizzierten Situation begründet an.

b) Leiten Sie (unter Bezug auf die Skizze) aus einem geeigneten Kraftansatz die hier gültige Beziehung $U_{Hall} = d \cdot v \cdot B$ her und begründen Sie Ihren (Kraft-)Ansatz. (d bezeichnet die Breite des Hallplättchens, siehe Abbildung 2; v ist die Driftgeschwindigkeit der Leitungselektronen im Plättchen.)

c) Erläutern Sie, warum bei konstanter Steuerstromstärke I die Beziehung $U_{Hall} \sim B$ gilt und warum die Hallsonde sich somit gut zur Messung der Stärke B magnetischer Felder eignet. 20

1.3 In einem Versuch gemäß Abbildung 3 wird das magnetische Feld eines langen, geraden, stromdurchflossenen Leiters mithilfe einer Hallsonde vermessen. Die Stärke des Konstantstromes, der durch den Leiter fließt, wird mit I bezeichnet. r sei der Abstand der Hallsonde von der Längsachse des Leiters.
Gemessen wird zunächst für einen konstanten Abstand von $r = 0{,}04$ m die Stärke B des magnetischen Feldes in Abhängigkeit von der Stromstärke I. In einer zweiten Messreihe wird bei konstanter Stromstärke von $I = 40$ A die Stärke B des magnetischen Feldes in Abhängigkeit vom Abstand r gemessen.

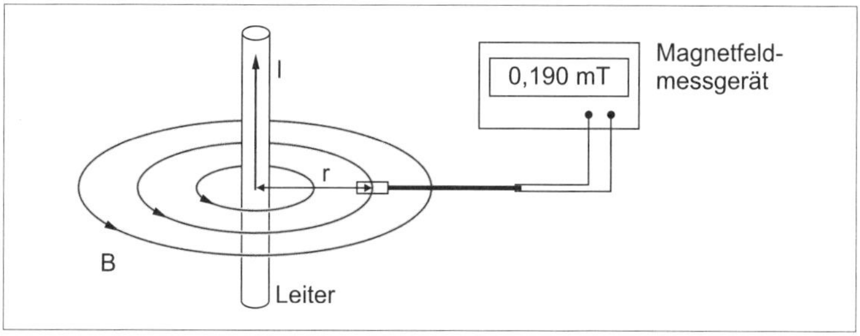

Abb. 3: Hallsonde im Magnetfeld eines geraden, stromdurchflossenen Leiters (Markiert ist die technische Richtung des Stromes.)

Dabei ergeben sich folgende Messwerte:

	für r = 0,04 m				
I in A	20	25	30	35	40
B in mT	0,09	0,13	0,15	0,17	0,19

	für I = 40 A				
r in m	0,02	0,03	0,04	0,05	0,06
B in mT	0,39	0,27	0,19	0,16	0,13

a) Zeigen Sie mithilfe einer grafischen Auswertung der Messwerte, dass die Beziehung $B \sim \frac{I}{r}$ in guter Näherung erfüllt ist.

b) Ermitteln Sie ausgehend von Ihrer grafischen Auswertung der Messwerte den Wert für die Proportionalitätskonstante. 16

1.4 Für die Stärke des magnetischen Feldes eines langen, geraden, stromdurchflossenen Leiters gilt der Theorie nach die Beziehung

$$B_{\text{gerader Leiter}} = \frac{\mu_0}{2\pi} \cdot \frac{I}{r}.$$

Wird ein solcher Leiter von einem Wechselstrom durchflossen, so ist er von einem zeitlich veränderlichen Magnetfeld umgeben. In ein solches zeitlich veränderliches Magnetfeld wird eine Induktionsspule gebracht. Um hinreichend große Induktionsspannungen zu erhalten, verwendet man, wie in Abbildung 4 dargestellt, zusätzlich einen geschlossenen Eisenkern, auf den die Spule aufgebracht wird.

a) Zeigen Sie, dass für die in der Spule induzierte Spannung die Beziehung

$$U_{\text{ind}}(t) = -n \cdot A \cdot \frac{\mu_r \cdot \mu_0}{2\pi} \cdot \frac{I_0}{r} \cdot \omega \cdot \cos(\omega \cdot t)$$

gilt, wenn der gerade Leiter von einem Wechselstrom der Stärke $I(t) = I_0 \cdot \sin(\omega \cdot t)$ durchflossen wird.

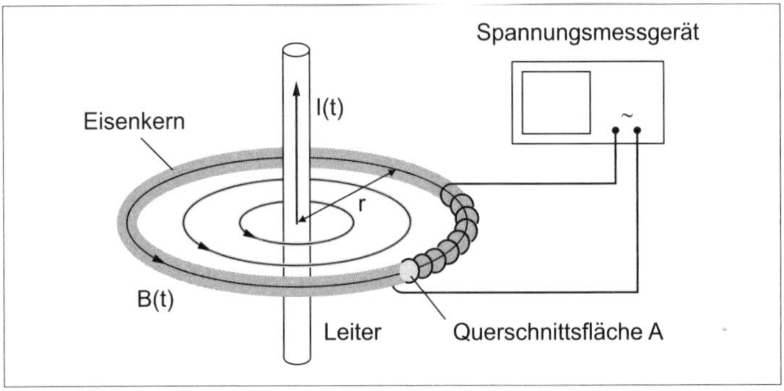

Abb. 4: Ringförmiger Eisenkern mit Induktionsspule im B-Feld des langen, geraden, stromdurchflossenen Leiters

(n: Anzahl der Windungen der Induktionsspule
A: Querschnittsfläche der Induktionsspule
μ_0: magnetische Feldkonstante
μ_r: Materialkonstante des Eisenkerns
r: Abstand der Mitte der Induktionsspule von der Längsachse des Leiters
ω: Kreisfrequenz des Wechselstromes)

Hinweis: Bei der Bearbeitung dieser Aufgabe können Sie von der Näherung ausgehen, dass das magnetische Feld des Leiters im Bereich der Querschnittsfläche A der Induktionsspule homogen ist.

b) Das Oszillogramm in Abbildung 5 zeigt die in Abhängigkeit von der Zeit aufgezeichnete Induktionsspannung.

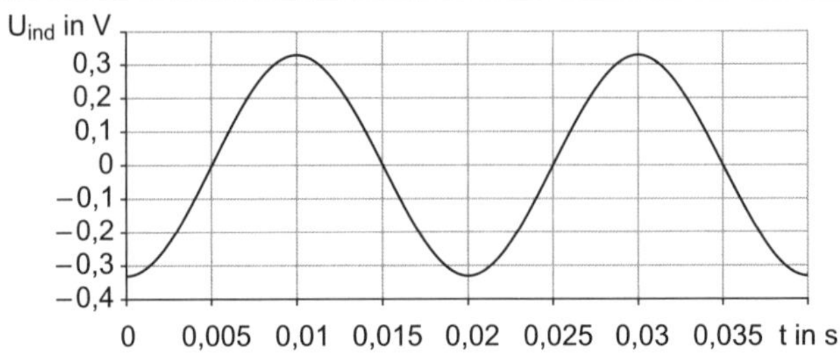

$n = 100 \quad \mu_r = 600 \quad \mu_0 = 4\pi \cdot 10^{-7}\,\frac{\mathrm{T \cdot m}}{\mathrm{A}} \quad A = 1 \cdot 10^{-4}\,\mathrm{m}^2 \quad r = 0{,}04\,\mathrm{m}$

Abb. 5: Oszillogramm, aufgenommen mit einer Anordnung gemäß Abbildung 4

Bestimmen Sie die Frequenz f und die Amplitude I_0 des im Leiter fließenden sinusförmigen Wechselstromes.

c) Begründen Sie, warum das in dieser Teilaufgabe 1.4 dargestellte Verfahren zur (kontaktlosen) Bestimmung von zeitlich konstanten Gleichströmen nicht geeignet ist. 19

Aufgabe 2: Radioaktive Strahlung

2.1 Radioaktive Strahlung kann z. B. mit einem Geiger-Müller-Zählrohr registriert werden. Die Abbildung 1 zeigt den prinzipiellen Aufbau eines solchen Zählrohres.

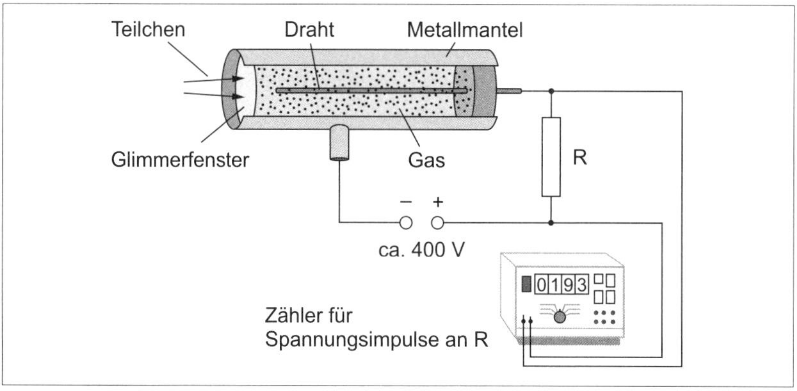

Abb. 1: Prinzipieller Aufbau eines Geiger-Müller-Zählrohres

Erläutern Sie unter Bezug auf die vorgegebene Skizze die prinzipielle Funktionsweise eines solchen Geiger-Müller-Zählrohres. 6

2.2 Im vorgeführten Versuch wird ein Radium-226-Präparat verwendet.

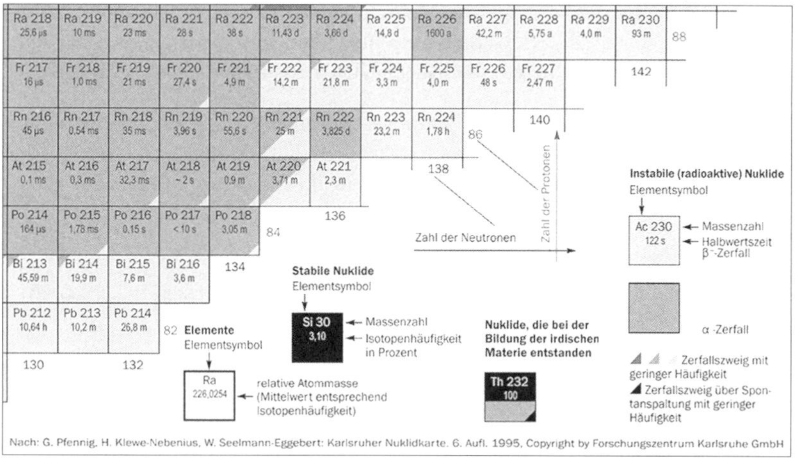

Abb. 2: Ausschnitt aus einer Nuklidkarte

a) Ermitteln Sie anhand der beigefügten Nuklidkarte (Abbildung 2) die weitere Zerfallsreihe vom Ra 226 über die diversen Zerfallsprodukte bis hin zu Po 214.

b) Geben Sie für jeden Zerfall auch die Zerfallsart an.

Hinweis: Sie können Ihre Darstellung zu Teilaufgabe a entsprechend ergänzen.

c) Erläutern Sie, wieso das Ra-226-Präparat (genau wie viele andere Nuklide) auch γ-Strahlung zahlreicher unterschiedlicher Energiewerte aussendet, obwohl in dem in Abbildung 2 wiedergegebenen Ausschnitt einer Nuklidkarte nur α- und β-Zerfälle dargestellt werden. 9

2.3 Um sich vor radioaktiver Strahlung zu schützen, kann man unter anderem einen möglichst großen Abstand von der Strahlungsquelle halten.
Das verwendete Ra-226-Präparat sendet α-, β- und γ-Strahlung aus. Die α-Strahlung wird aber durch ein Blatt Papier zwischen Präparat und Zählrohr absorbiert. Die Zählrate Z wird in Abhängigkeit vom Abstand r zwischen Präparat und Zählrohr gemessen.

Folgende Messwerte wurden ermittelt:

Abstand r in cm	2	3	4	5	6	8	10	12
Zählrate Z pro 100 s	6277	2913	1710	1102	748	415	261	174

(Die Zählraten sind bereits um die Nullrate reduziert.)

a) Zeigen Sie mithilfe der Messwerte, dass der Zusammenhang zwischen der Zählrate Z und dem Abstand r (näherungsweise) durch die Beziehung $Z \sim \frac{1}{r^2}$ beschrieben werden kann, und erläutern Sie Ihr Vorgehen.

b) Erläutern Sie, wie sich ein Verzicht auf die Abschirmung der Alphateilchen auf die Messergebnisse auswirken würde. Gehen Sie dazu insbesondere auf die physikalischen Ursachen für diese Auswirkungen ein. 14

2.4 Zum Schutz vor γ-Strahlung sollten wegen ihrer großen Reichweite in Luft geeignete Absorber verwendet werden. Für die Absorption (monoenergetischer) γ-Strahlung durch Materie gilt das Absorptionsgesetz:

$$Z(d) = Z_0 \cdot e^{-\mu \cdot d}$$

(Z_0: Zählrate, die ohne Absorber registriert wird
$Z(d)$: Zählrate, die nach Durchdringen eines Absorbers der Dicke d noch registriert wird
μ: Absorptionskoeffizient)

a) Erläutern Sie den Begriff der Halbwertsdicke $d_{1/2}$.

b) Geben Sie zwei Faktoren an, die Einfluss auf die Halbwertsdicke haben.

c) Leiten Sie ausgehend vom Absorptionsgesetz die Beziehung

$$\mu \cdot d_{1/2} = \ln 2$$

zwischen der Halbwertsdicke $d_{1/2}$ und dem Absorptionskoeffizienten μ her. 10

2.5 Mithilfe des in Abbildung 3 dargestellten Versuchs soll nun gezeigt werden, dass für die monoenergetische γ-Strahlung eines Cäsium-137-Präparats das in Teilaufgabe 2.4 angegebene Absorptionsgesetz gilt.

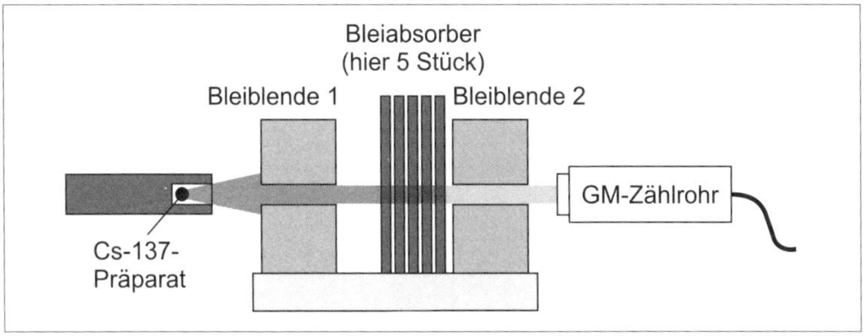

Abb. 3: Versuchsaufbau zur Absorption von γ-Strahlung

Hinweise: Cs 137 sendet β- und γ-Strahlung aus, aufgrund der Bauart der Umhüllung des Präparates tritt allerdings keine β-Strahlung aus, untersucht wird also nur die (relativ intensive) monoenergetische γ-Strahlung. Die Energie dieser γ-Quanten beträgt $E_{\gamma;\,Cs\,137} \approx 662$ keV.
Zunächst wird die Zählrate Z_0 dieser γ-Strahlung bestimmt. Dann werden zusätzlich Bleiplatten zunehmender Dicke d angebracht. Dabei bleibt der Abstand zwischen Zählrohr und Strahlenquelle konstant. Durch die beiden Bleiblenden „1“ und „2“ soll möglichst verhindert werden, dass neben den vom Cs-137-Präparat stammenden γ-Quanten auch noch Streustrahlung bzw. Sekundärelektronen ins Zählrohr gelangen.

Folgende Werte werden gemessen:

Bleidicke d in mm	0	2	4	6	8	10	12	14	16	18
Zählrate Z pro 10 min	2 467	1 987	1 549	1 232	987	773	623	480	411	312

(Die Zählraten sind bereits um die Nullrate reduziert.)

a) Überprüfen Sie mithilfe einer grafischen Auswertung der Messwerte, ob diese dem in Teilaufgabe 2.4 angegebenen Absorptionsgesetz genügen.

b) Bestimmen Sie aus der grafischen Darstellung den Absorptionskoeffizienten μ und die Halbwertsdicke $d_{1/2}$. 16

2.6 Die Schwächung von γ-Strahlung durch einen Absorber erfolgt durch Wechselwirkung der γ-Quanten mit der Absorbermaterie. Dabei kann es unter bestimmten Umständen zur sogenannten Paarbildung kommen. Bei diesem Paarbildungseffekt wird **ein** γ-Quant im elektrischen Feld eines Atomkerns in ein Elektron und in ein Positron umgewandelt.

Zeigen Sie mithilfe einer Energiebetrachtung, dass es bei der hier verwendeten γ-Strahlung von Cs 137 **nicht** zu einer Paarbildung kommen kann.
Hinweis: Die Energie der γ-Quanten beträgt $E_{\gamma;\,Cs137} \approx 662$ keV. 7

Bildnachweis
Abb. 1: Physik Oberstufe, Cornelsen Verlag, Berlin 2008 (leicht geändert)
Abb. 2: Das große Tafelwerk, Volk und Wissen Verlag, Berlin 2002, leicht geändert

---

Tipps und Hinweise zur Lösung von Prüfungsaufgabe I

Tipps zu Aufgabe 1

Vorbemerkung: In dieser Aufgabe geht es um die Kraft auf stromdurchflossene Leiter (1.1), um die Kraft auf einzelne Ladungsträger (1.2; Lorentzkraft) sowie um das Magnetfeld und die Messung der Stärke des Magnetfelds, das von einem geradlinigen Leiter in seiner Umgebung erzeugt wird (1.3 und 1.4). Während man mit der Hallsonde zeitlich unveränderliche Magnetfelder messen kann (1.3), kann das sich zeitlich verändernde Magnetfeld eines zeitlich veränderlichen Stromes mithilfe der Messung von Induktionsspannungen ermittelt werden (1.4).
Sachliche Gegenstände dieser Aufgabe sind damit die wichtigsten Grundlagen der Kraftwirkungen in Magnetfeldern (also insbesondere Lorentzkraft) sowie Induktionsvorgänge (Entstehen einer Induktionsspannung gemäß Induktionsgesetz).

Teilaufgabe 1.1

- Vielleicht haben Sie in Ihrem Unterricht ein Experiment zur sogenannten „Stromwaage" kennengelernt. Dann werden Sie den prinzipiellen Aufbau sicher wieder erkennen.
- Denken Sie an den stromdurchflossenen Leiter, der sich in einem Magnetfeld befindet.
- Beachten Sie, dass alle relevanten physikalischen Größen senkrecht zueinander stehen.

Teilaufgabe 1.2

- Anders als in der ersten Teilaufgabe geht es hier nicht um die Kräfte auf einen gesamten stromdurchflossenen Leiter, sondern um die Kräfte auf die einzelnen Elektronen.

Teilaufgabe 1.2 a

- Hier handelt es sich um Kräfte, die ein Magnetfeld auf bewegte Elektronen ausübt.
- Denken Sie daran, dass beim Einsetzen des Prozesses Elektronen aufgrund der Lorentzkraft abgelenkt werden. Beachten Sie die Konsequenz aus dieser Ablenkung.
- Nach einer „gewissen" Zeit wandern die weiteren Elektronen weitestgehend geradlinig von rechts nach links durch den Leiter – warum?

Teilaufgabe 1.2 b

- Nach der oben genannten „gewissen" Zeit wirken zwei(!) Kräfte auf die Elektronen.
- Beachten Sie die Wirkung beider Kräfte.

Teilaufgabe 1.2 c

- Überlegen Sie, was Sie über die durchschnittliche Geschwindigkeit der Elektronen aussagen können, wenn im Leiter ein konstanter Strom fließt.
- Nutzen Sie die in Teilaufgabe b angegebene Gleichung.

Teilaufgabe 1.3 a

- Sie können den Quotienten $\frac{I}{r}$ als eine (neue) Variable auffassen, die Sie als x-Koordinate in dem zu erstellenden Koordinatensystem verwenden.
- Wenn zu zeigen ist, dass die magnetische Feldstärke B proportional zum Quotienten aus der Stromstärke I und dem Abstand r ist, dann sollte die Auftragung von B in Abhängigkeit von $\frac{I}{r}$ eine Gerade ergeben.

Teilaufgabe 1.3 b

- Beachten Sie, dass in der Aufgabenstellung gefordert ist, dass die Proportionalitätskonstante mithilfe der grafischen Darstellung und nicht rechnerisch aus den Messwerten bestimmt werden soll.
- Der Proportionalitätsfaktor ist die Steigung der Geraden in Ihrem Diagramm.
- Die Steigung können Sie anhand eines Steigungsdreiecks aus der Grafik entnehmen.

Teilaufgabe 1.4 a

- Erinnern Sie sich an die zwei Möglichkeiten, in einem Leiter eine induzierte Spannung entstehen zu lassen. Eine der beiden Möglichkeiten wird hier genutzt.
- Bei diesem Experiment geht es um einen zeitlich veränderlichen Strom, der ein sich daher zeitlich änderndes magnetisches Feld in seiner Umgebung zur Folge hat.
- Lassen Sie sich durch die gebogene Induktionsspule nicht irritieren: Stellen Sie sie sich einfach vor wie eine lange gerade Induktionsspule, in der sich ein (homogenes) Magnetfeld zeitlich verändert.
- Der Ansatz für die Rechnung selbst ist, wie bei solchen Aufgaben üblich, immer das Induktionsgesetz.

Teilaufgabe 1.4 b

- Aus dem gegebenen Diagramm können Sie anhand der erkennbaren Schwingungsdauer unmittelbar die Frequenz bestimmen.
- Ebenso lässt sich der Maximalwert der induzierten Spannung aus der Grafik unmittelbar ablesen. Sie können aber anhand der in Teilaufgabe a gegebenen Gleichung einen Zusammenhang zur Stromstärke herstellen und nutzen.
- Vergessen Sie nicht zu zeigen, dass sich in Ihrer Lösungsdarstellung tatsächlich die richtige Einheit für die Stromstärke ergibt.

Teilaufgabe 1.4 c

- Die Antwort auf diese Teilaufgabe ist nicht schwer, wenn ihnen die beiden Fälle, in denen eine Induktionsspannung auftritt, geläufig sind.

Tipps zu Aufgabe 2

Vorbemerkung: In dieser Aufgabe geht es zunächst um Grundlagen zum radioaktiven Zerfall (Kernumwandlungen, Entstehung der drei Strahlungsarten) sowie um das wohl bekannteste Nachweisinstrument für ionisierende Strahlung (Geiger-Müller-Zählrohr). Danach geht es um die Reichweite und die Absorption ionisierender Strahlung, auch mithilfe eines mathematischen Modells in Form einer Exponentialfunktion. Der letzte Aufgabenteil verlangt Wissen um das Phänomen der Paarbildung und der dafür zugrunde liegenden Betrachtung der Energien der beteiligten Objekte.
Aus fachmethodischer Sicht müssen Verfahren wie der Nachweis einer Proportionalität zwischen zwei physikalischen Größen bekannt sein – am besten, Sie kennen hier gleich mehrere gleichwertige grafische bzw. rechnerische Methoden. Sie sollten darüber hinaus mit den Eigenschaften der Exponentialfunktion vertraut sein und mit diesem Funktionstyp rechnerisch umgehen können.

Teilaufgabe 2.1

- In der gegebenen Abbildung sind mehrere Begriffe angegeben, die Sie auch verwenden sollten.
- Sie müssen nur die prinzipielle Wirkungsweise beschreiben. Daher sollten Sie in kurzer Form die wesentliche Aufgabe bzw. den wesentlichen Zweck zu jedem Begriff nennen.
- Nutzen Sie auch die Informationen, wie ihnen teilweise durch die Begriffe selbst bereits vorgegeben werden: So registriert beispielsweise der Zähler Spannungsimpulse, die er an den Enden des Widerstands feststellt.

Teilaufgabe 2.2 a und b

- Das Lesen von Daten aus einer Nuklidkarte sollte Ihnen vertraut sein. Sie haben sicher Zerfallsketten im Unterricht behandelt und anhand der Nuklidkarte verfolgt.
- Die Lösung zu beiden Teilaufgaben lässt sich gemeinsam darstellen.

Teilaufgabe 2.2 c

- Während Alpha- und Betazerfall zwei ganz verschiedene Kernumwandlungen darstellen, tritt die Gammastrahlung meist als Folge eines der beiden zuvor erfolgten Zerfälle auf.
- Denken Sie daran, dass sich der Atomkern nach einem unmittelbar vorangegangenen Zerfall in der Regel in einem angeregten Zustand befindet.

Teilaufgabe 2.3

- Vergegenwärtigen Sie sich zunächst einmal, welche ungefähren Reichweiten die drei Strahlungsarten in normaler Luft haben und welche Materialien diese Strahlung wie gut absorbieren können.

Teilaufgabe 2.3 a

- Sie kennen sicher unterschiedliche Methoden des Nachweises einer direkten Proportionalität.
- Da Ihnen das Verfahren freigestellt ist, nehmen Sie das Ihnen am einfachsten erscheinende.

- Sollten Sie sich für das Verfahren der Quotientengleichheit entschieden haben, sollten Sie diesen Quotienten vor der konkreten Rechnung noch vereinfachen.
- Zur Übung sollten sie auch noch ein weiteres Verfahren zum Nachweis einer Proportionalität, beispielsweise das Erstellen einer Grafik, durchführen.

Teilaufgabe 2.3 b

- Für die Antwort zu dieser Aufgabe ist es wichtig, daran zu denken, dass Alphateilchen in Luft eine sehr begrenzte maximale Reichweite haben.
- Die Reichweite von Alphateilchen natürlicher Radionuklide beträgt bis auf wenige Ausnahmen weniger als etwa 8 cm in Luft.
- Beachten Sie, dass die in der Messreihe angegebenen Abstände 12 cm erreichen.
- Machen Sie sich bewusst, inwieweit ein Blatt Papier Einfluss nimmt auf die Absorption von Alpha-, Beta- und Gammastrahlung.

Teilaufgabe 2.4 a

- Erinnern Sie sich daran, bei welchen Funktionstypen der Begriff einer Halbwertsgröße vorkommt.

Teilaufgabe 2.4 b

- Denken Sie bei Ihrer Antwort an die beiden an dem Absorptionsprozess Beteiligten.

Teilaufgabe 2.4 c

- Auch wenn Sie im Unterricht diese Herleitung für die Halbwertsdicke nicht durchgeführt haben sollten, so wird sie Ihnen nicht schwer fallen, wenn sie sich daran erinnern, wie Sie die entsprechende Rechnung für die Halbwertszeit beim radioaktiven Zerfall durchgeführt haben.

Teilaufgabe 2.5 a

- Die Ihnen in Teilaufgabe 2.4 angegebene Gleichung zeigt eine exponentielle Abnahme der Zählraten in Abhängigkeit von der Absorberdicke, die es zu prüfen gilt.
- Um den exponentiellen Abfall nachzuweisen, kann man das Logarithmieren als Umkehrung der Exponentiation nutzen. Sie erhalten dann als Graphen eine Gerade.

Teilaufgabe 2.5 b

- Analysieren Sie die in Teilaufgabe 2.5. a gefundene Gerade: Durch welche Kenngröße der Geraden ist der Absorptionskoeffizient bestimmt?
- Wenn Sie den Absorptionskoeffizienten ermittelt haben, können Sie mithilfe der in Teilaufgabe 2.4 c angegebenen Gleichung die Halbwertsdicke recht einfach berechnen.

Teilaufgabe 2.6

- Um bei der Paarbildung ein Elektron und ein Positron entstehen zu lassen, muss mindestens die Ruheenergie dieser beiden Elementarteilchen zur Verfügung gestellt sein.
- Berechnen sie die Ruheenergie eines Elektrons und ein Positrons.
- Vergleichen Sie die Summe dieser beiden Energien mit der vom Gammaquant zur Verfügung gestellten Energie.

Lösungen zur Prüfungsaufgabe I

Aufgabe 1

1.1 Der Leiterbügel befindet sich mit seinem unteren „Abschnitt“ in dem homogenen Magnetfeld (vgl. Abb. 1). Er ist so ausgerichtet, dass alle drei geraden Leiterteilstücke genau senkrecht zu $\vec{B}$ verlaufen.
Fließt ein Strom durch den Leiter, erfahren die drei (geraden) Leiterteilstücke jeweils eine **Lorentzkraft**. Wegen des symmetrischen Aufbaus gleichen sich die auf das linke und das rechte Leiterteilstück wirkenden Kräfte gegenseitig aus, da die hier fließenden Ströme in genau die entgegen gesetzte Richtung fließen, sodass die dort wirkenden Lorentzkräfte ebenfalls zueinander entgegengesetzt gerichtet sind. Lediglich die auf das untere Teilstück wirkende Lorentzkraft wird vom Kraftmesser registriert. Werden diese magnetische Kraft F_L, die Stromstärke I und die Länge ℓ des „untersten“ Leiterteilstücks gemessen, so kann gemäß der Definition

$$B = \frac{F_L}{I \cdot \ell}$$

die **Stärke B des magnetischen Feldes** bestimmt werden.

1.2 a) Aufgrund der angelegten Spannungsquelle fließen Elektronen von rechts nach links durch das Hallplättchen mit einer gewissen durchschnittlichen Geschwindigkeit $\vec{v}$. Sie befinden sich dabei in einem homogenen Magnetfeld der Stärke $\vec{B}$. Auf jedes bewegte Leitungselektron im Hallplättchen wirkt folglich eine Lorentzkraft $\vec{F}_L = -e \cdot \vec{v} \times \vec{B}$, welche senkrecht zu $\vec{v}$ und senkrecht zu $\vec{B}$ steht. Daher werden die Leitungselektronen zunächst nach oben abgelenkt (Drei-Finger-Regel), wodurch es zu einem „Elektronenüberschuss“ an der einen Seite des Hallplättchens und zu einem „Elektronenmangel“ an der anderen Seite des Plättchens kommt. Aus dieser Ladungstrennung resultiert eine elektrische Spannung zwischen der Ober- und der Unterseite des Hallplättchens, die sogenannte **Hallspannung**.
In der in Abb. 2 dargestellten Situation wird aufgrund des beschriebenen Prozesses die **obere Seite** des Hallplättchens **negativ**, die **untere Seite positiv geladen**.

b) Da die obere Seite des Halbleiterplättchens negativ und die untere Seite positiv geladen wird, erfahren die Leitungselektronen im Plättchen zusätzlich zur Lorentzkraft auch noch eine elektrische Kraft $\vec{F}_{el}$, welche der Lorentzkraft genau entgegen gerichtet ist. Die in Teilaufgabe 1.2 a beschriebene Verschiebung der Leitungselektronen erfolgt so lange, bis die elektrische Kraft so groß ist, dass sie die Lorentzkraft gerade kompensiert, bis also $\vec{F}_{el} = -\vec{F}_L$ gilt (siehe Abb. 6).

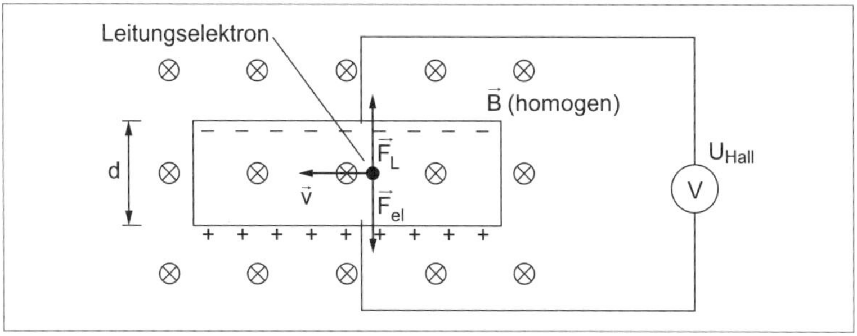

Abb. 6

Für den damit erreichten **Gleichgewichtszustand** gilt dann:

$$|\vec{F}_{el}| = |\vec{F}_L| \;\Rightarrow\; e \cdot E = e \cdot v \cdot B \cdot \sin 90° \;\Rightarrow\; E = v \cdot B$$

Mit $E = \frac{U_{Hall}}{d}$ für die Stärke des sich ausbildenden homogenen elektrischen Feldes erhält man hieraus die angegebene **Formel**:

$$\frac{U_{Hall}}{d} = v \cdot B \;\Rightarrow\; U_{Hall} = \underline{\underline{d \cdot v \cdot B}}$$

c) Bei konstanter Steuerstromstärke I ist die (mittlere) Geschwindigkeit v der Leitungselektronen im Hallplättchen konstant. Da auch d (Gerätekonstante) konstant ist, ist gemäß $U_{Hall} = d \cdot v \cdot B$ die Hallspannung U_{Hall} **proportional** zu B. Wird der Proportionalitätsfaktor beispielsweise experimentell ermittelt, kann danach aus einer gemessenen Hallspannung auf die Stärke B des magnetischen Feldes geschlossen werden: U_{Hall} ist also ein Maß für B.

1.3 a) Um $B \sim \frac{I}{r}$ nachzuweisen, ist es sinnvoll, in einem Diagramm B gegen $\frac{I}{r}$ aufzutragen, da sich dort eine Gerade ergeben müsste. Aus den beiden angegebenen Tabellen kann man insgesamt 10 Werte für $\frac{I}{r}$ berechnen, von denen aber zwei (für I = 40 A und r = 0,04 m) übereinstimmen. Andererseits ist aber klar, dass sich für I = 0 A auch B = 0 T ergibt, sodass sich insgesamt 10 Werte in das Diagramm eintragen lassen:

$\frac{I}{r}$ in $\frac{A}{m}$	0	500	625	667	750	800	875	1000	1333	2000
B in mT	0	0,09	0,13	0,13	0,15	0,16	0,17	0,19	0,27	0,39

Sie liegen, wie Abb. 7 zeigt, tatsächlich auf einer **Geraden**.

b) Der **Proportionalitätsfaktor k** ergibt sich aus der Geradensteigung, die sich mithilfe eines Steigungsdreiecks aus dem $B\left(\frac{I}{r}\right)$-Diagramm ermitteln lässt (vgl. Markierung ○ in Abb. 7):

$$k = \frac{\Delta B}{\Delta\left(\frac{I}{r}\right)} \approx \frac{0{,}35\ \text{mT} - 0{,}00\ \text{mT}}{1750\ \frac{A}{m} - 0\ \frac{A}{m}} = \frac{0{,}35 \cdot 10^{-3}\ \text{T}}{1750\ \frac{A}{m}} = \underline{\underline{2{,}0 \cdot 10^{-7}\ \frac{T \cdot m}{A}}}$$

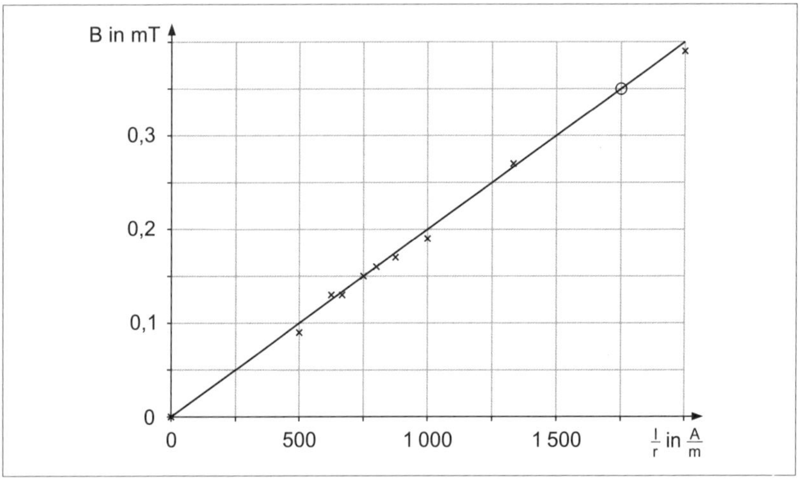

Abb. 7

Es ist alternativ auch (allerdings etwas umständlicher) möglich, zwei einzelne Diagramme anzufertigen, um $B \sim I$ für konstantes $r = 0{,}04$ m sowie $B \sim \frac{1}{r}$ für konstantes $I = 40$ A nachzuweisen. Dann kann man aus den jeweiligen Geradensteigungen und den jeweils konstanten Parametern r bzw. I den Wert für die gesuchte Proportionalitätskonstante k ermitteln. Abb. 8 zeigt die für dieses Vorgehen nötigen Diagramme.

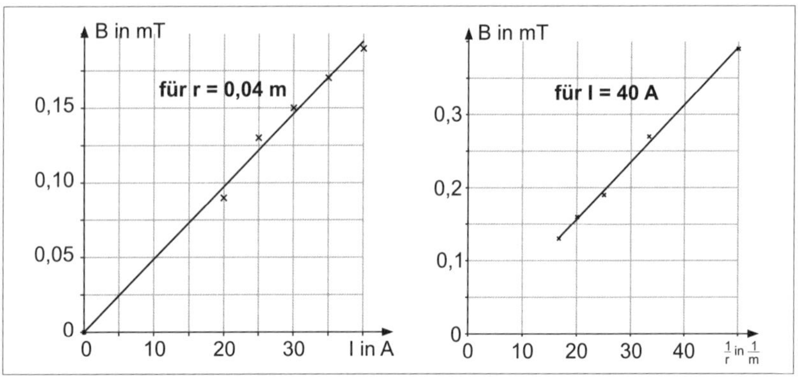

Abb. 8

Steigung:

$$m_{B\sim I} = \frac{\Delta B}{\Delta I} \approx \frac{0{,}195\ \text{mT}}{40\ \text{A}} = 4{,}88 \cdot 10^{-6}\,\frac{\text{T}}{\text{A}}$$

Steigung:

$$m_{B\sim\frac{1}{r}} = \frac{\Delta B}{\Delta\left(\frac{1}{r}\right)} \approx \frac{0{,}39\ \text{mT} - 0{,}13\ \text{mT}}{50\,\frac{1}{\text{m}} - 17\,\frac{1}{\text{m}}} = 7{,}88 \cdot 10^{-6}\ \text{T} \cdot \text{m}$$

Proportionalitätskonstante:

$$k = m_{B\sim I} \cdot r \approx 4{,}88 \cdot 10^{-6} \frac{T}{A} \cdot 0{,}04\ m$$

$$\approx 2{,}0 \cdot 10^{-7} \frac{T \cdot m}{A}$$

Proportionalitätskonstante:

$$k = \frac{m_{B\sim \frac{1}{r}}}{I} \approx \frac{7{,}88 \cdot 10^{-6}\ T \cdot m}{40\ A}$$

$$\approx 2{,}0 \cdot 10^{-7} \frac{T \cdot m}{A}$$

1.4 a) Nach dem allgemeinen Induktionsgesetz gilt:

$$U_{ind} = -n \cdot \dot{\Phi}$$

Unter der Annahme, dass der Betrag der Stärke B des magnetischen Feldes über der (hier relativ wenig ausgedehnten) Querschnittsfläche A der Induktionsspule konstant ist und stets $\vec{B} \parallel \vec{A}$ gilt, folgt für den magnetischen Fluss $\Phi = \vec{B} \cdot \vec{A} = B \cdot A$. Wegen der zeitlichen Konstanz von A ist somit:

$$U_{ind}(t) = -n \cdot \dot{\Phi} = -n \cdot \frac{d}{dt}\big(A \cdot B(t)\big) = -n \cdot A \cdot \dot{B}(t)$$

Mit $B_{\text{gerader Leiter}}(t) = \frac{\mu_0}{2\pi} \cdot \frac{I(t)}{r}$ und $B_{\text{im Eisenkern}}(t) = \mu_r \cdot B_{\text{gerader Leiter}}(t)$ ergibt sich somit für die in der kleinen Spule **induzierte Spannung** die Beziehung:

$$U_{ind}(t) = -n \cdot A \cdot \frac{d}{dt}\left(\mu_r \cdot \frac{\mu_0}{2\pi} \cdot \frac{I(t)}{r}\right)$$

$$= -n \cdot A \cdot \mu_r \cdot \frac{\mu_0}{2\pi} \cdot \frac{d}{dt}\left(\frac{I_0 \cdot \sin(\omega \cdot t)}{r}\right)$$

$$= -n \cdot A \cdot \frac{\mu_r \cdot \mu_0}{2\pi} \cdot \frac{I_0}{r} \cdot \omega \cdot \cos(\omega \cdot t) \qquad (1)$$

b) Dem Diagramm in Abb. 5 entnimmt man die Spannungsamplitude U_0 sowie T als Zeitintervall zwischen zwei einander entsprechenden Nulldurchgängen:

$$U_0 \approx 0{,}33\ V \quad \text{und} \quad T = 0{,}025\ s - 0{,}005\ s = 0{,}02\ s$$

Damit folgt für die **Frequenz**:

$$f = \frac{1}{T} = \frac{1}{0{,}02\ s} = 50\ Hz$$

Für die Zeit-Induktionsspannungs-Funktion gilt damit einerseits

$$U_{ind}(t) = -0{,}33\ V \cdot \cos\left(\frac{2\pi}{T} \cdot t\right), \qquad (2)$$

andererseits gemäß Teilaufgabe 1.4 a aber auch die Beziehung (1).

Der Vergleich der Terme rechts vom Gleichheitszeichen in (1) und (2) ergibt:

$$-n \cdot A \cdot \frac{\mu_r \cdot \mu_0}{2\pi} \cdot \frac{I_0}{r} \cdot \frac{2\pi}{T} = -0{,}33\ \text{V}$$

Nach dem Umstellen nach I_0 und Einsetzen der Werte erhält man:

$$I_0 = \frac{0{,}33\ \text{V} \cdot T \cdot r}{n \cdot A \cdot \mu_r \cdot \mu_0} = \frac{0{,}33\ \text{V} \cdot 0{,}02\ \text{s} \cdot 0{,}04\ \text{m}}{100 \cdot 1 \cdot 10^{-4}\ \text{m}^2 \cdot 600 \cdot 4\pi \cdot 10^{-7}\ \frac{\text{T} \cdot \text{m}}{\text{A}}} = \underline{\underline{35\ \text{A}}}$$

Überprüfung der Einheiten:

$$\left[\frac{U \cdot T \cdot r}{n \cdot A \cdot \mu_r \cdot \mu_0}\right] = 1\,\frac{\text{V} \cdot \text{s} \cdot \text{m}}{\text{m}^2 \cdot \frac{\text{T} \cdot \text{m}}{\text{A}}} = 1\,\frac{\text{V} \cdot \text{s} \cdot \text{A}}{\text{m}^2 \cdot \text{T}} = 1\,\frac{\frac{\text{Nm}}{\text{As}} \cdot \text{s} \cdot \text{A}}{\text{m}^2 \cdot \frac{\text{N}}{\text{A} \cdot \text{m}}} = 1\,\frac{\text{N} \cdot \text{m}}{\text{m} \cdot \frac{\text{N}}{\text{A}}} = 1\ \text{A}$$

c) Wird der lange gerade Leiter von einem **zeitlich konstanten Gleichstrom** durchflossen, so hat er in seiner Umgebung zwar ein magnetisches Feld, dieses ist aber zeitlich nicht veränderlich!
Gemäß Induktionsgesetz entsteht in der kleinen Induktionsspule nur dann eine Induktionsspannung, wenn sich der magnetische Fluss, der die Spule durchsetzt, ändert. Da sich aber weder die Spulenquerschnittsfläche noch die Stärke des magnetischen Feldes ändern, ist der magnetische Fluss zeitlich konstant und die **Induktionsspannung** somit **stets gleich null** (vgl. Herleitung der Gleichung (1) in Teilaufgabe 1.4 a).

Aufgabe 2

2.1 Die durch das dünne Glimmerfenster einfallende Strahlung ionisiert zunächst einige Atome der Gasfüllung des **Geiger-Müller-Zählrohres**. Die freigesetzten Elektronen werden im elektrischen Feld zwischen dem Draht und dem Metallmantel zum positiv geladenen Draht hin beschleunigt. Dabei nimmt ihre kinetische Energie zu. Auf ihrem Weg zum positiven Draht stoßen sie mit weiteren Gasatomen zusammen, wodurch diese ionisiert werden können (Stoßionisation). So entstehen immer mehr freie Ladungsträger (Elektronen und positive Ionen) in dem elektrischen Feld zwischen positivem Draht und dem negativen Metallmantel des Zählrohres. Die Folge ist ein „Stromstoß", der am Widerstand R einen kurzzeitigen Spannungsimpuls erzeugt. Dieser wird mit einem geeigneten Zähler registriert und gezählt.

2.2 a/b) **Zerfallsreihe einschließlich Zerfallsarten**

$$^{226}_{88}\text{Ra} \xrightarrow{\alpha} {}^{222}_{86}\text{Rn} \xrightarrow{\alpha} {}^{218}_{84}\text{Po} \xrightarrow{\alpha} {}^{214}_{82}\text{Pb} \xrightarrow{\beta^-} {}^{214}_{83}\text{Bi} \xrightarrow{\beta^-} {}^{214}_{84}\text{Po}$$

c) Unmittelbar nach α- oder β-Zerfällen (sowohl bei β^--Zerfällen wie bei β^+-Zerfällen) befinden sich die beim Zerfall entstandenen Tochterkerne sehr vieler Nuklide zunächst noch in einem energetisch angeregten Zustand. Von diesem angeregten Zustand aus gehen die Tochterkerne dann unter Aussendung von **γ-Strahlung** in den Grundzustand über. Dieser Übergang erfolgt zum Teil auch in mehreren Schritten, sodass mehrere γ-Quanten mit jeweils unterschiedlichen Energiewerten abgestrahlt werden.

2.3 a) Wann immer eine Größe zu einer anderen Größe proportional ist, ist der Quotient aus diesen beiden Größen konstant, wobei dieser Quotient bei experimentell ermittelten, physikalischen Größen wegen möglicher Messfehler natürlich nur ungefähr konstant sein muss. Zu überprüfen ist somit, ob der Quotient $\frac{Z}{\frac{1}{r^2}}$ – also das Produkt $Z \cdot r^2$ – für alle Messwerte ungefähr konstant ist:

r in cm	2	3	4	5	6	8	10	12
Z pro 100 s	6277	2913	1710	1102	748	415	261	174
$Z \cdot r^2$ in cm^2	25100	26200	27400	27600	26900	26600	26100	25100

Wie die letzte Zeile der Tabelle zeigt, ist die Konstanz von $Z \cdot r^2$ im Rahmen der Messgenauigkeit gegeben. Also ist die **Zählrate umgekehrt proportional zum Abstandsquadrat**.

Alternativ kann auch in einem Diagramm Z gegen r^{-2} aufgetragen werden; der Graph bzw. die Ausgleichsgerade ist dann (nahezu) eine Ursprungsgerade.

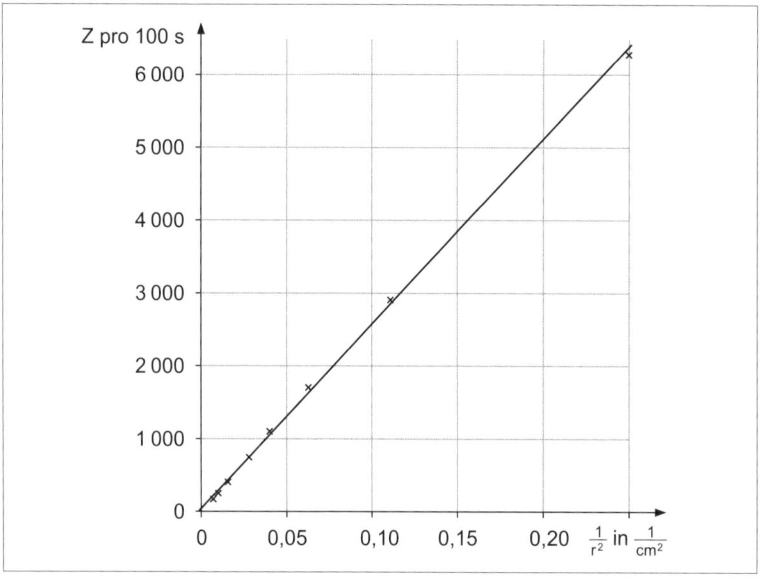

Abb. 4

b) Die Reichweite von α-Strahlung natürlicher radioaktiver Nuklide beträgt in Luft zumeist deutlich weniger als 10 cm. Die Papierabschirmung reicht bereits aus, α-Strahlung vollständig abzublocken.

Ohne Papierabschirmung

- tragen daher bei geringen Abständen alle drei Strahlungsarten zur Zählrate bei, während bei größeren Abständen nur noch die β-Strahlung und die γ-Strahlung registriert werden.
- wären also wegen des (hohen) Anteils an α-Strahlung die Zählraten bei kleinen Abständen deutlich größer, während sie ab ca. 5 bis 8 cm gleich den Zählraten mit der Papierabschirmung wären. (Die Papierabschirmung hat auf die β- und die γ- Strahlung nahezu keine Auswirkung.)
- würde die Verringerung der Zählraten also nicht ausschließlich auf dem geometrisch bedingten Abstandseffekt, sondern im Hinblick auf die α-Strahlung auch auf der Absorption in der Luft beruhen, welche für β- und γ-Strahlung (bei diesen Entfernungen) fast keine Rolle spielt.

Es würde sich daher **kein quadratisches Abstandsgesetz** ergeben.

2.4 a) Die **Halbwertsdicke** ist die Dicke, die ein Absorbermaterial haben muss, um die Intensität einer bestimmten Strahlung auf die Hälfte zu reduzieren.

Vergleichbar ist der Begriff Halbwertsdicke mit dem der Halbwertszeit, die diejenige Zeitspanne angibt, in der sich eine radioaktive Substanz zur Hälfte in eine andere Substanz umgewandelt hat. Die zugrunde liegende Funktion ist immer eine Exponentialfunktion, deren typische Eigenschaft die Existenz einer solchen Halbwertsgröße ist.

b) Die Halbwertsdicke hängt vom **Material**, aus dem der Absorber besteht, sowie von der **Energie der Strahlung** ab.

c) Aus der Definition der Halbwertsdicke ergibt sich durch Einsetzen in das Absoptionsgesetz und Umformen die **Beziehung zwischen μ und $d_{1/2}$**:

$$\left.\begin{array}{l} Z(d_{1/2}) = \frac{1}{2} Z_0 \\ Z(d_{1/2}) = Z_0 \cdot e^{-\mu \cdot d_{1/2}} \end{array}\right\} \Rightarrow e^{-\mu \cdot d_{1/2}} = \frac{1}{2} \Rightarrow -\mu \cdot d_{1/2} = \ln \frac{1}{2}$$

$$\text{bzw.} \quad \underline{\underline{\mu \cdot d_{1/2} = \ln 2}}$$

Auch hier lässt sich die Analogie zum Zerfallsgesetz der Radioaktivität fortführen. Aus dem Zerfallsgesetz folgt für den Zusammenhang zwischen Zerfallskonstante und Halbwertszeit: $\lambda \cdot T_{1/2} = \ln 2$.

2.5 a) Um grafisch zu prüfen, ob die Messwerte der Beziehung $Z(d) = Z_0 \cdot e^{-\mu \cdot d}$ genügen, ob also ein **exponentieller Zusammenhang** besteht, trägt man die Messwerte in einer geeigneten Darstellung auf, d. h.: Man logarithmiert zunächst beide Seiten der Gleichung, denn dadurch erhält man – falls Z exponentiell von d abhängt – einen **linearen** Zusammenhang der folgenden Form:

$$\ln(\{Z\}) = \ln(\{Z_0\}) + \ln(e^{-\mu \cdot d}) = -\mu \cdot d + \ln(\{Z_0\}) \qquad (*)$$

Die geschweiften Klammern sind ein Symbol, mit dem der in ihnen stehenden physikalischen Größe allein der Zahlenwert zugeordnet wird; $\{Z\}$ ist also der reine Zahlenwert von Z ohne dessen Einheit. Dies geschieht aus dem Grund, dass man – mathematisch formal – den Logarithmus (ähnlich wie bei den trigonometrischen Funktionen) nur von einer reellen Zahl, aber nicht von einer Einheiten behafteten physikalischen Größe bilden kann.

Die Auftragung von $\ln(\{Z\})$ gegen die Absorberdicke d liefert dann eine **Gerade** mit der Steigung $-\mu$ und dem Achsenabschnitt $\ln(\{Z_0\})$.

d in mm	0	2	4	6	8	10	12	14	16	18
Z pro 10 min	2467	1987	1549	1232	987	773	623	480	411	312
ln ({Z})	7,81	7,59	7,35	7,12	6,89	6,65	6,43	6,17	6,02	5,74

Tatsächlich ergibt sich die in Abb. 5 gezeichnete Gerade. Damit ist gezeigt, dass die **Messwerte dem Absorptionsgesetz genügen**.

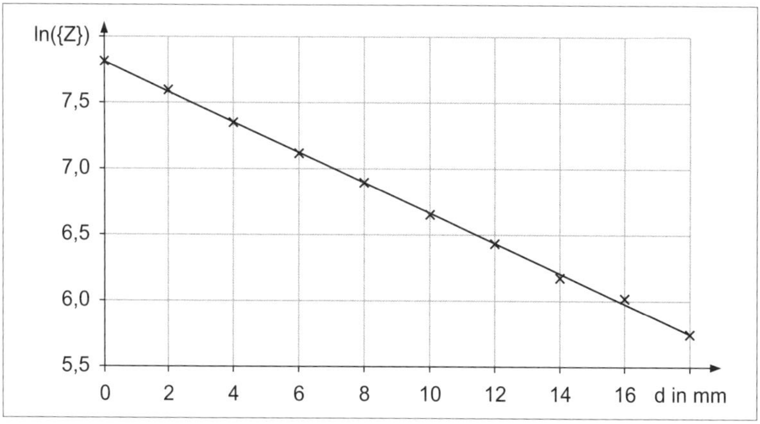

Abb. 5

Lösungsalternative 1: Wenn der Umgang mit den Klammern { } ungewohnt ist, können Sie auch die gegebene Form des Absorptionsgesetzes zu

$$\ln\frac{Z(d)}{Z_0} = -\mu \cdot d$$

umformen, um dann $\ln\frac{Z(d)}{Z_0}$ gegen d aufzutragen. Sie erhalten dann das in Abb. 6 dargestellte Diagramm.

Lösungsalternative 2: Die Messwerte können auch auf halblogarithmischem Papier aufgetragen werden, den zugehörigen Graphen zeigt Abb. 7.

Lösungsalternative 3: Gleichwertig ist auch eine Lösung, bei der unmittelbar Z(d) gegen d – also eine Exponentialkurve – aufgetragen wird, um dann an mehreren Beispielen über den gesamten Verlauf des Graphen zu prüfen, ob eine konstante „Halbwertsdicke $d_{1/2}$" existiert.

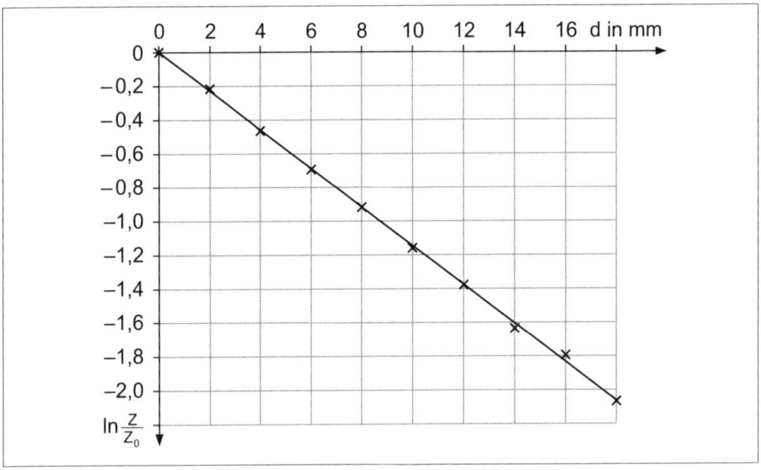

Abb. 6

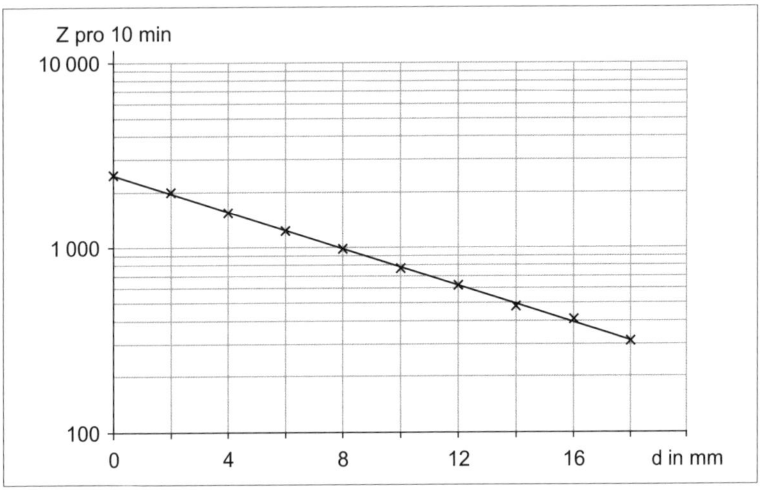

Abb. 7

b) Gemäß der in Teilaufgabe 2.5 a gefundenen Geradengleichung (∗) ist der **Absorptionskoeffizient μ** gleich dem Betrag der Geradensteigung m. Der Abb. 5 entnimmt man hierfür:

$$\mu = |m| = \left|\frac{\Delta \ln(\{Z\})}{\Delta d}\right| = \left|\frac{5{,}74 - 7{,}81}{18\text{ mm} - 0\text{ mm}}\right| = \underline{\underline{0{,}115\,\frac{1}{\text{mm}}}}$$

Mit der Beziehung $\mu \cdot d_{1/2} = \ln 2$ aus Teilaufgabe 2.4 c lässt sich damit die **Halbwertsdicke** berechnen:

$$d_{1/2} = \frac{\ln 2}{\mu} = \frac{\ln 2}{0{,}115\,\frac{1}{\text{mm}}} = \underline{\underline{6{,}0\ \text{mm}}}$$

2.6 Bei der Paarbildung wird die Energie eines γ-Quants in Materie, hier in ein Elektron und ein Positron, umgewandelt. Nach der Beziehung $E = m \cdot c^2$ muss das γ-Quant also mindestens die Energie haben, die der gesamten Ruhemasse von einem Elektron und einem Positron entspricht. Somit ist folgende Energie erforderlich:

$$E_{0e^-} + E_{0e^+} = (m_{0e^-} + m_{0e^+}) \cdot c^2 = 2 \cdot 9{,}11 \cdot 10^{-31}\ \text{kg} \cdot \left(3{,}00 \cdot 10^8\ \frac{\text{m}}{\text{s}}\right)^2$$

$$\approx 1{,}64 \cdot 10^{-13}\ \text{J}$$

Zur Verfügung stehen in Form des γ-Quants aber nur:

$$E_{\gamma;\,\text{Cs}137} = 662\ \text{keV} = 662 \cdot 10^3 \cdot 1{,}602 \cdot 10^{-19}\ \text{C} \cdot \frac{\text{J}}{\text{C}} = 1{,}06 \cdot 10^{-13}\ \text{J}$$

Somit kann der **Paarbildungsprozess** bei der Absorption der Gammastrahlung von Cs 137 **nicht auftreten**, denn die Energie der Gammaquanten ist kleiner als die mindestens erforderliche Ruheenergie der beiden zu erzeugenden Teilchen.

Punkte

Aufgabe: Der Doppelspalt

1.1 Interferenzen bei Licht

In einem ersten Experiment untersucht man Interferenzen von sichtbarem Licht, das einen Doppelspalt durchläuft. Der verwendete Doppelspalt hat einen Spaltabstand von d = 0,57 mm. Der Schirm, auf dem die Interferenzen beobachtet werden können, kann in verschiedenen Entfernungen e vom Doppelspalt aufgestellt werden (Abbildung 1). Hierbei ist die verwendete Lichtwellenlänge λ sehr viel kleiner als der Spaltabstand d und der Spaltabstand d wiederum sehr viel kleiner als die Entfernung e.

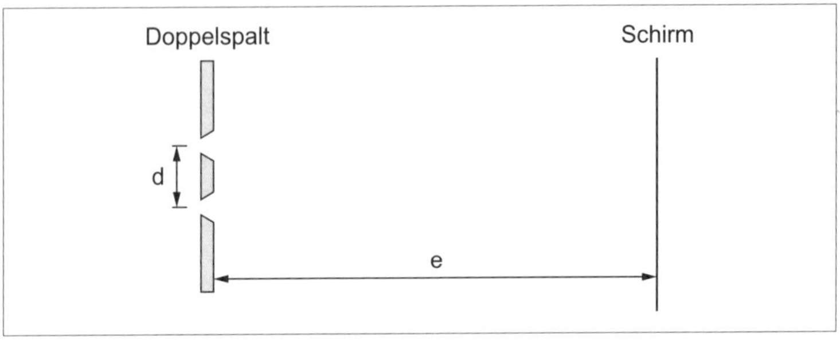

Abb. 1: Prinzipieller Aufbau des Doppelspaltexperiments (nicht maßstäblich gezeichnet)

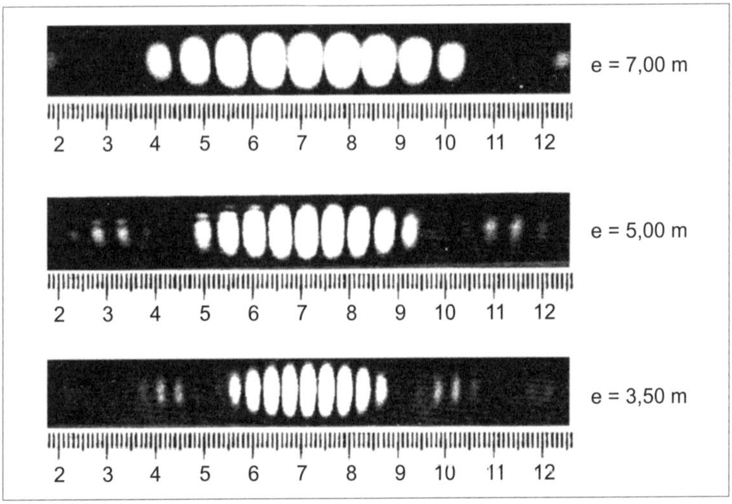

Abb. 2: Interferenzbilder für drei verschiedene Schirmentfernungen e

Der Doppelspalt wird mit monochromatischem Licht der Wellenlänge λ beleuchtet. Der Schirm wird in drei verschiedenen Entfernungen aufgestellt und darauf werden die entstehenden Hell- und Dunkelstellen fotografiert. Zur Messung wird ein Längenmaßstab mit cm-Einteilung unterlegt. Die drei entstandenen Interferenzbilder sind in Abbildung 2 dargestellt.

a) Erläutern Sie, warum auf dem Schirm Hell- und Dunkelbereiche entstehen. (Gehen Sie dabei davon aus, dass die Spaltbreiten vernachlässigbar klein sind.)

b) Erläutern Sie, warum die Abfolge der Hell- und Dunkelstellen symmetrisch zum Maximum der Ordnung Null ist. Erläutern Sie dazu auch das Zustandekommen des Maximums der Ordnung Null.

c) Für die Entfernung a_n des Maximums n-ter Ordnung von der Mitte der Interferenzfigur gilt näherungsweise (für kleine Winkel α_n):

$$\alpha_n = \frac{n \cdot e \cdot \lambda}{d}$$

Leiten Sie diese Gleichung anhand einer geeigneten Skizze her und erläutern Sie Ihre Herleitungsschritte.

d) Ermitteln Sie aus der Abbildung 2 für die drei Interferenzfiguren jeweils die Wellenlänge.

e) Ein Experimentator beleuchtet nun den Doppelspalt mit Licht eines Helium-Neon-Lasers mit der Wellenlänge $\lambda = 633$ nm. Er misst bei dem Abstand $e = 7{,}00$ m die Entfernung des Maximums erster Ordnung vom Maximum der Ordnung Null zu $a_1 = 7{,}5$ mm.
Berechnen Sie den prozentualen Fehler der Ablesung von a_1. 30

1.2 Interferenzen beim Schall

In einem zweiten Experiment werden – analog zum Doppelspaltexperiment mit sichtbarem Licht – akustische Phänomene mit Schallwellen untersucht. Dazu erzeugen zwei als punktförmig betrachtete Lautsprecher L_1 und L_2 (an den in Abbildung 3 mit × bezeichneten Stellen) phasengleich Schall derselben Frequenz f und derselben Intensität. Die beiden Lautsprecher haben den gegenseitigen Abstand d voneinander.
Es werden die Interferenzphänomene betrachtet, die in einer Ebene stattfinden, in der auch die Lautsprecher liegen. Diese Ebene ist hier die Zeichenebene.

a) In der Abbildung 3 ist ein Teil des sich in der Zeichenebene nach rechts ausbreitenden Interferenzfeldes der beiden Schallwellen zu einem festen Zeitpunkt dargestellt. Die dünn gezeichneten durchgezogenen Kreise stellen „Wellenberge“ der Schallwellen dar, die dünn gezeichneten gestrichelten Kreise stellen „Wellentäler“ dar.

Beschreiben Sie die Interferenzergebnisse entlang der dick gezeichneten durchgezogenen Linien und entlang der dick gezeichneten gestrichelten Linien.
Beschreiben Sie damit die örtliche Verteilung der Schallwellenenergie im Interferenzfeld.

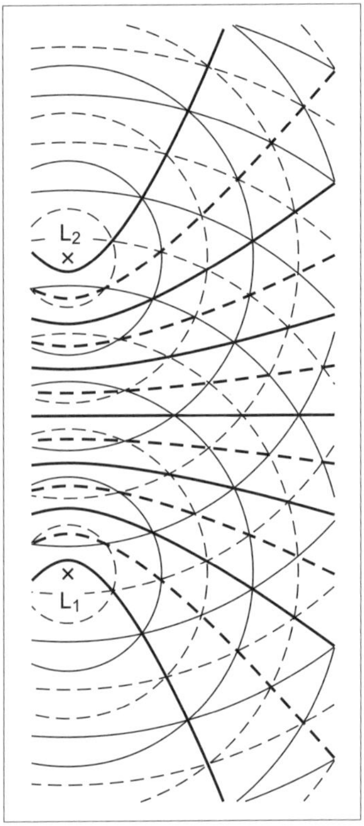

Abb. 3: Das Interferenzfeld zweier Schallquellen

b) Nun wird das Lautsprechersystem mit konkreten Werten betrachtet: Die Frequenz der ausgesandten Schallwellen beträgt $f = 1\,134$ Hz. Der Lautsprecherabstand beträgt $d = 0{,}75$ m.
Berechnen Sie die Wellenlänge λ der Schallwellen. Verwenden Sie als Schallausbreitungsgeschwindigkeit den Wert $c = 340\,\frac{m}{s}$.
[Kontrollwert: $\lambda = 0{,}300$ m]

c) Abbildung 4 zeigt den Bereich zwischen den beiden Lautsprechern mit den Punkten 1, 2, 3 und 4.
Die Abbildung ist maßstäblich gezeichnet (die Länge eines Kästchens entspricht 2,5 cm), sodass daraus die Lagen der 4 Punkte entnommen werden können.
Hinweis: Beachten Sie, dass das Interferenzfeld der beiden Schallwellen für diese konkreten Werte anders verläuft als das in Abbildung 3 allgemein dargestellte Interferenzfeld.

Geben Sie für diese vier Punkte an, welches Ergebnis die Interferenz der beiden sich überlagernden Schallwellen dort jeweils hat.
Hinweis: Die Skizze ist maßstäblich gezeichnet.

Begründen Sie jeweils Ihre Antwort.
Geben Sie die Lage eines weiteren Punktes auf der Verbindungslinie von L_1 zu L_2 an, an dem es zu einer Wellenauslöschung kommt.
Ermitteln Sie, wie viele Punkte von maximaler konstruktiver Interferenz es auf der Verbindungslinie insgesamt gibt, und geben Sie deren Lage auf der Verbindungslinie an.

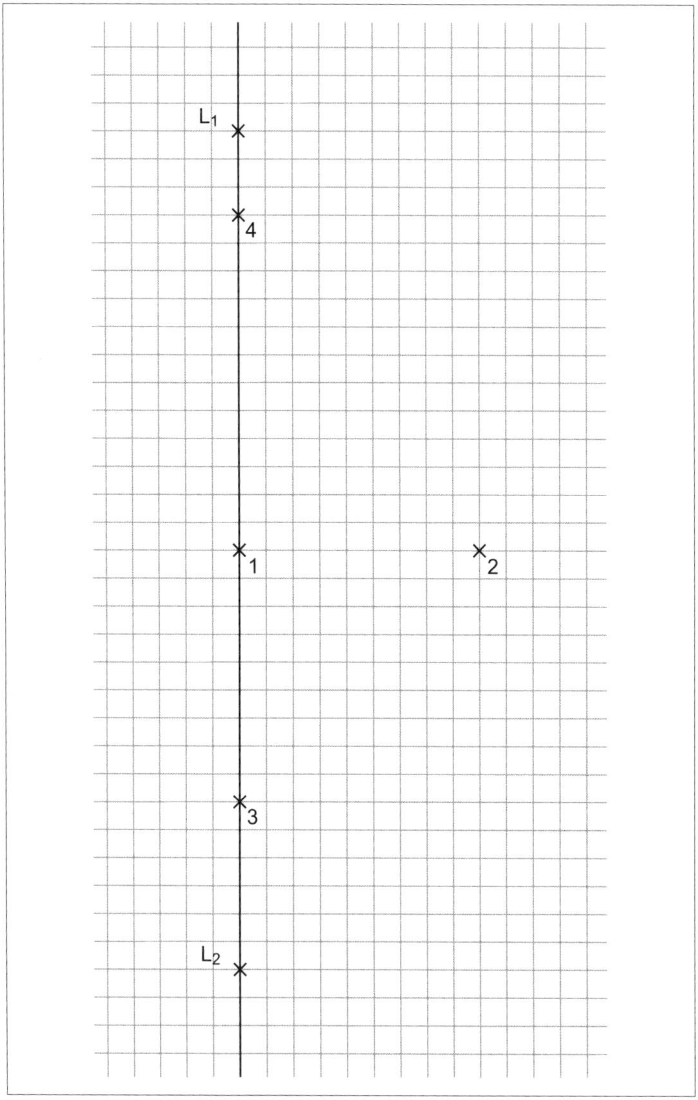

Abb. 4: Lage der Punkte im Interferenzfeld

d) Beschreiben Sie, wie sich das Interferenzfeld ändert, wenn die beiden Lautsprecher die Schallwellen gegenphasig aussenden, sich also die Lautsprechermembranen zu jedem Zeitpunkt genau gegenläufig bewegen.

e) In vielen Fällen ist es aus Lärmschutzgründen erwünscht, dass Lärmemission vermindert oder verhindert wird.
Ein Beispiel dazu ist die medizinische Untersuchung in einem sogenannten Kernspintomographen, bei der der zu untersuchende Patient einem hohen Geräuschpegel ausgesetzt ist. Wie sich dieser Lärm verhindern ließe, daran arbeitet unter anderem ein britisches Forscherteam:

„Kernspintomographen […] machen zudem einen Heidenlärm. […] Unsere Technik setzt bei der Wahrnehmung an. Der Tomograph ist genauso laut wie vorher. Aber der Patient bekommt von diesem Lärm nicht mehr soviel mit. Und das funktioniert so: Ein Mikrofon nimmt den Lärm auf, und ein Prozessor errechnet aus diesem Signal in Echtzeit eine Art Gegensignal. Dieses Gegensignal geben wir dem Patienten dann auf einen Kopfhörer […].“ *

Erläutern Sie, was mit „Gegensignal“ gemeint ist, und beschreiben Sie die physikalische Wirkung dieses Signals. 30

Bild- und Quellennachweis
Abb. 2: Materialien zum Kursunterricht Physik, Teil 2, geändert, Aulis-Verlag 1980 (in der Stark Verlagsgesellschaft mbH & Co. KG)
* Zitat: http://dradio.de/dlf/sendungen/forschak/633568

Aufgabe 2: Der lichtelektrische Effekt

2.1 Zur quantitativen Untersuchung des lichtelektrischen Effekts dient folgender Versuchsaufbau:

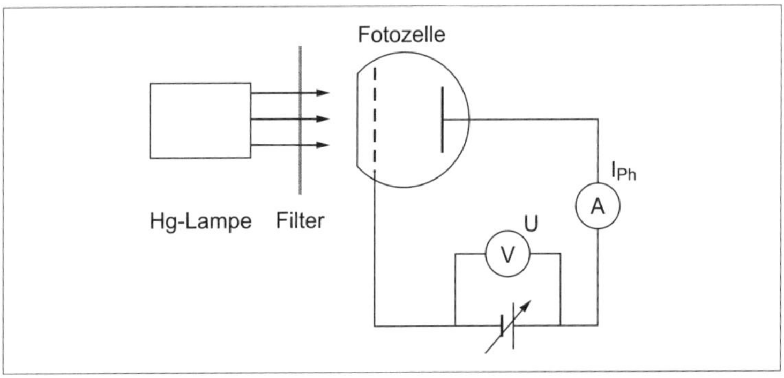

Abb. 1

a) Beschreiben Sie anhand der Skizze den Aufbau und die Durchführung des Versuchs zum Fotoeffekt mit der sogenannten Gegenfeldmethode. Gehen Sie dabei insbesondere auf die Bestimmung der maximalen kinetischen Energie der Elektronen ein.

Bei der Durchführung des Experiments ergeben sich die folgenden Messdaten:

Wellenlänge λ in nm	578	546	436	405	253
Frequenz f in 10^{14} Hz	5,19	5,49	6,88	7,40	11,85
Gegenspannung U in V	0,16	0,30	0,82	1,04	2,77

b) Stellen Sie die Energie der Elektronen (in eV) in Abhängigkeit von der Frequenz des Lichts grafisch dar.

c) Deuten Sie den entstandenen Graphen im Rahmen der Einstein'schen Lichtquantenhypothese.

d) Bestimmen Sie unter Berücksichtigung aller Messwerte die Austrittsarbeit W_A und die Grenzfrequenz f_G des verwendeten Kathodenmaterials sowie das Planck'sche Wirkungsquantum h.

[Kontrollergebnis: $W_A = 1{,}86$ eV]

e) Die Fotokathode werde nun mit einer weiteren UV-Linie der Quecksilberdampflampe ($\lambda = 185$ nm) bestrahlt.
Bestimmen Sie die maximal mögliche Geschwindigkeit der dadurch gelösten Elektronen. 36

2.2 Die Fotokathode werde mit dem monochromatischen Licht eines Lasers der Wellenlänge 532 nm bestrahlt. Der Laser habe eine Lichtleistung von 1 mW.

a) Berechnen Sie die Anzahl von Photonen, die der Laser in einer Sekunde aussendet.

b) Der zuvor verwendete Laser werde durch einen Laser gleicher Lichtleistung mit der Wellenlänge 405 nm (Blu-Ray-Laser) ersetzt.
Erläutern Sie qualitativ den Einfluss auf die Anzahl der ausgelösten Elektronen und ihre maximale Geschwindigkeit. 9

2.3 Die Fotozelle werde nun durch ein homogenes, regelbares Magnetfeld der Stärke B mit Feldlinien parallel zur Fotokathode und zur Gitteranode durchsetzt (siehe Abbildung 2). Fotokathode und Gitteranode haben den Abstand d, zwischen ihnen liegt keine äußere Spannung an. Die Frequenz f des einfallenden Lichts und die Auslösearbeit W_A werden als bekannt vorausgesetzt. Die Stärke B des magnetischen Feldes wird nun während der Bestrahlung langsam erhöht.

a) Zeichnen Sie in Abbildung 2 die Flugbahn eines aus der Kathode senkrecht austretenden Elektrons ein und begründen Sie den Bahnverlauf.

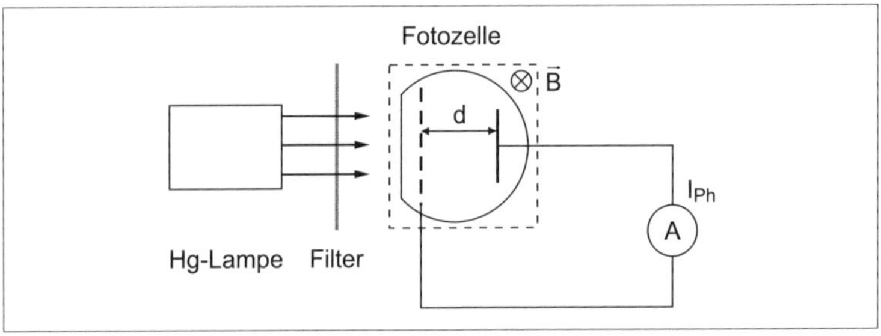

Abb. 2: Der gestrichelt umrandete Bereich wird vom angegebenen Magnetfeld durchsetzt.

b) Zeigen Sie, dass für den Bahnradius r eines mit der Geschwindigkeit v aus der Kathode austretenden Elektrons gilt:

$$r = \frac{m_e \cdot v}{e \cdot B}$$

c) Zeigen Sie mithilfe des Ergebnisses aus Teilaufgabe b, dass für diejenige Stärke B_1 des Magnetfeldes, bei der senkrecht aus der Kathode austretende Elektronen die Anode gerade noch erreichen, folgende Beziehung gilt:

$$B_1 = \frac{m_e}{e \cdot d} \cdot \sqrt{\frac{2(h \cdot f - W_A)}{m_e}}$$

d) Erklären Sie, warum bei der Stärke B_1 des magnetischen Feldes noch immer Elektronen die Anode erreichen. Begründen Sie, warum der Fotostrom erst dann null wird, wenn die Stärke des magnetischen Feldes den doppelten Wert von B_1 übersteigt. 20

Tipps und Hinweise zur Lösung von Prüfungsaufgabe II

Tipps zu Aufgabe 1

Vorbemerkung: Die Interferenz von Wellen ist einer der zentralen Inhalte der Oberstufenphysik und fast jedes Jahr Gegenstand einer Aufgabe im Zentralabitur. Die in Teilaufgabe 1.1 behandelten Fragestellungen sind nicht nur typisch für Licht, sondern können analog auf alle elektromagnetischen Wellen und bei der Elektronenbeugung angewendet werden. Die bei der Teilaufgabe 1.2 untersuchten Schallwellen unterscheiden sich von den Lichtwellen insbesondere durch ihre deutlich größere Wellenlänge, ähnlich wie z. B. Wasserwellen. Die realen Größenordnungen bedingen, dass die meisten Untersuchungen bei akustischen Wellen und Wasserwellen bezogen auf die Wellenlänge zumeist nahe an den Wellenerregern erfolgen (im Nahfeld), die Betrachtungen bei Licht und den meisten anderen elektromagnetischen Wellen erfolgen hingegen im Fernfeld. Ein wesentlicher Unterschied ist, dass im Nahfeld eine Betrachtung der Interferenzhyperbeln notwendig ist, während diese im Fernfeld sehr exakt durch Geraden angenähert werden können.

Teilaufgabe 1.1 a

- Lesen Sie zunächst alle Aufgabenteile, damit Sie Ihre Lösungen ausreichend eingrenzen und Doppelungen vermeiden.
- Beachten Sie, dass die Entstehung sowohl der hellen als auch der dunklen Bereiche erläutert werden muss.
- Berücksichtigen Sie den in der Aufgabenstellung angegebenen Hinweis.

Teilaufgabe 1.1 b

- Berücksichtigen Sie die Bedingungen für konstruktive und destruktive Interferenz.

Teilaufgabe 1.1 c

- Beachten Sie den einleitenden Aufgabentext. Hier sind entscheidende Bedingungen angegeben.
- Überladen Sie Ihre Skizzen nicht. Beachten Sie, dass die wesentlichen Aspekte betont werden.
- Achten Sie auf eine ausreichende Beschriftung Ihrer Skizzen, sodass alle Größen, auf die Sie Bezug nehmen, auch in der Skizze zu finden sind.
- Sie können auch zwei Skizzen anfertigen, um die Situation übersichtlicher darstellen zu können.
- Beachten Sie, dass notwendige Eigenschaften wie z. B. parallele Geraden und rechte Winkel auch wirklich exakt als solche gezeichnet werden.
- Stellen Sie sicher, dass von Ihnen verwendete Variablen durch die Skizzen oder durch Ihren Text erklärt wenden. Verwenden Sie gleiche Variablen wie im Aufgabentext.
- Achten Sie darauf, dass Sie mögliche Näherungen angeben und begründen, warum Sie diese vornehmen dürfen.

Teilaufgabe 1.1 d

- Beachten Sie die in Teilaufgabe 1.1 c angegebene Gleichung.
- Überlegen Sie sich, wie Sie Ihre Messfehler minimieren können.
- Beachten Sie, dass Sie stets mit gleichen Einheiten rechnen.
- Überprüfen Sie Ihr Ergebnis. Der Aufgabenstellung ist zu entnehmen, dass lediglich der Abstand des Schirms variiert wird.

Teilaufgabe 1.1 e

- Gehen Sie schrittweise vor und überlegen Sie sich, welche Größe zuerst berechnet werden muss.
- Wählen Sie den richtigen Wert als Grundwert: Der experimentelle Wert weicht vom theoretischen Wert ab.

Teilaufgabe 1.2 a

- Beachten Sie die unabhängige Überlagerung von Wellen.
- Um die Energieverteilung zu untersuchen, kann es hilfreich sein, andere mechanische Wellen zu betrachten: In welchem Zustand ist die Energie von Wasserwellen besonders hoch bzw. annähernd null?

Teilaufgabe 1.2 b

- In Ihrer Formelsammlung finden Sie eine einfache Formel, die Wellenlänge und Ausbreitungsgeschwindigkeit in Beziehung setzt.
- Beachten Sie, dass ein Kontrollwert angegeben ist. Ihr Ergebnis sollte in der gleichen Größenordnung liegen. Falls Sie einen anderen Wert bekommen, rechnen Sie grundsätzlich mit dem Kontrollwert weiter.

Teilaufgabe 1.2 c

- Ermitteln Sie die Gangunterschiede zu den einzelnen Punkten.
- Erinnern Sie sich an die Beziehung zwischen Gangunterschied und Wellenlänge für konstruktive und destruktive Interferenz.
- Berücksichtigen Sie die Symmetrie der Anordnung.
- Berücksichtigen Sie, dass der Abstand von dem einen Lautsprecher zunimmt und von dem anderen gleichermaßen abnimmt, wenn ein Punkt entlang der Verbindungslinie bewegt wird. Überlegen Sie, welche Auswirkungen dies auf den Gangunterschied hat.

Teilaufgabe 1.2 d

- Betrachten Sie Abbildung 3 und überlegen Sie, wie sich die Abbildung für die neue Situation verändern würde.

Teilaufgabe 1.2 e

- Lesen Sie den Text genau, dort finden Sie ganz eindeutige Hinweise auf die Lösung.
- Berücksichtigen Sie auch Ihre Überlegungen aus Teilaufgabe 1.2 d.

Tipps zu Aufgabe 2

Vorbemerkung: Der beschriebene Versuchsaufbau stellt eines der grundlegenden Experimente der Oberstufenphysik dar. In der Regel wird dieser Aufbau benutzt, um das Planck'sche Wirkungsquantum zu bestimmen. Der Versuch existiert an den unterschiedlichen Schulen in mehreren leicht abgewandelten Versionen. Es ist hilfreich, sich anfangs deutlich darüber klar zu werden, wo die Gemeinsamkeiten und Unterschiede zu dem Versuchsaufbau, der Ihnen aus dem Unterricht bekannt ist, liegen.

Teilaufgabe 2.1 a

- Beachten Sie, dass sowohl der Aufbau als auch die Durchführung beschrieben werden sollen.
- Beachten Sie, welche Bauteile in der Skizze beschriftet sind; diese sollten Sie bei der Beschreibung des Aufbaus berücksichtigen.

Teilaufgabe 2.1 b

- Beachten Sie, dass die Einheit der Energie vorgegeben ist.
- Wählen Sie eine kluge Skalierung für Ihr Koordinatensystem.

Teilaufgabe 2.1 c

- Überlegen Sie, was das Neue der Einstein'schen Lichtquantenhypothese (Photonenmodell) gegenüber dem Wellenmodell des Lichts ist. Welche Eigenschaften können durch Wellen nicht erklärt werden?
- Beachten Sie die Aufgabenstellung genau. Gefragt ist nach einer Deutung des Graphen.

Teilaufgabe 2.1 d

- Beachten Sie, dass laut Aufgabenstellung alle Messwerte berücksichtigt werden müssen.
- Beachten Sie den Operator: „Bestimmen" fordert nicht unbedingt eine Rechnung.

Teilaufgabe 2.1 e

- Greifen Sie auf Ihre Überlegungen aus Teilaufgabe 2.1 a und b zurück.

Teilaufgabe 2.2 a

- Berücksichtigen Sie den Zusammenhang zwischen Energie und Leistung.
- Beachten Sie, dass die Lichtleistung durch die Photonen transportiert wird.

Teilaufgabe 2.2 b

- Überlegen Sie, welchen Einfluss die Wellenlänge auf die Energie der Photonen hat.
- Berücksichtigen Sie den Zusammenhang zwischen Frequenz und Wellenlänge.
- Es ist nach Geschwindigkeit und Anzahl der ausgelösten Elektronen gefragt.

Teilaufgabe 2.3 a

- Es ist unerheblich, dass der Vorgang innerhalb einer Fotozelle stattfindet. Es handelt sich einfach um eine Bewegung eines Elektrons innerhalb eines Magnetfeldes.
- Berücksichtigen Sie die Richtungen, in der die Feldlinien des magnetischen Feldes und die Geschwindigkeit zueinander stehen.

Teilaufgabe 2.3 b

- Den Ansatz zur Herleitung dieser Formel haben Sie in vielen anderen Zusammenhängen (z. B. beim Fadenstrahlrohr) verwendet.
- Die Aufgabenstellung gibt Ihnen einen Hinweis auf die Bahnkurve („Bahnradius“). Überlegen Sie sich, wodurch das Elektron auf diese Bahn gezwungen wird.

Teilaufgabe 2.3 c

- Formen Sie die Formel aus Teilaufgabe 2.3 b zunächst nach B um und vergleichen Sie dann mit der gesuchten Formel.
- Zeichnen Sie die beschriebene Bahn ein, damit Sie z. B. den Bahnradius leichter erkennen.
- Schauen Sie sich Ihre Überlegungen aus Teilaufgabe 2.1 noch einmal an und überlegen Sie, was durch den Term $(h \cdot f - W_A)$ beschrieben wird.

Teilaufgabe 2.3 d

- Berücksichtigen Sie, dass nicht alle Elektronen mit der gleichen Geschwindigkeit und nicht alle senkrecht zur Oberfläche der Kathode austreten.

Lösungen zur Prüfungsaufgabe II

Aufgabe 1

1.1 **Interferenzen bei Licht**

a) Das Laserlicht wird am Doppelspalt gebeugt. Die beiden Spalte können als Ausgangspunkt von zwei phasengleichen Elementarwellen aufgefasst werden (Prinzip von Huygens). Auf dem Schirm kommt es zur ungestörten Überlagerung und Interferenz der beiden Elementarwellen. Die Wege der beiden Elementarwellen zu einem Punkt auf dem Schirm sind von beiden Spalten unterschiedlich lang, d. h., es entsteht ein Gangunterschied. Je nach Größe des Gangunterschieds verstärken oder schwächen sich die Wellen bei der Überlagerung, sodass **konstruktive Interferenz (helle Bereiche)** oder **destruktive Interferenz (dunkle Bereiche)** entsteht.

b) **Maximum der Ordnung Null**
Das Maximum der Ordnung Null entsteht, wenn kein Gangunterschied vorliegt. Dies ist dann der Fall, wenn der Punkt auf dem Schirm gleich weit von beiden Spalten entfernt ist, sodass der Weg dorthin von beiden Spalten gleich lang ist. Diese Bedingung ist für alle Punkte erfüllt, die auf der Mittelsenkrechten der Verbindungslinie der beiden Spalte liegen.

Symmetrie der Abfolge der Hell- und Dunkelstellen
Betrachtet man Bereiche auf einer Seite neben der Mittellinie, so nimmt nach außen hin der Gangunterschied zwischen den Wellen kontinuierlich zu. Dies ist in beide Richtungen – also rechts und links vom Maximum der Ordnung Null – der Fall; der einzige Unterschied ist, welcher der beiden Wege der längere ist und welcher der kürzere. Der Betrag der Wegdifferenz wächst aber auf beiden Seiten gleichermaßen.

c) Wie in Abb. 5 a zu erkennen, ist der Weg vom oberen Spalt zum Schirm um Δs kürzer als der vom unteren Spalt. Damit auf dem Schirm ein Maximum entsteht, muss der Gangunterschied Δs der beiden von den Spalten ausgehenden Elementarwellen ein ganzzahliges Vielfaches der Wellenlänge betragen:

$$\Delta s = n \cdot \lambda \quad (n = 0, 1, 2, \ldots)$$

Aus dem in Abb. 5 grau getönten rechtwinkligen Dreieck ergibt sich:

$$\sin \alpha_n = \frac{\Delta s}{d} = \frac{n \cdot \lambda}{d}$$

Abb. 5 b zeigt schematisch die Versuchsanordnung, wobei der Winkel α_n im realen Versuch sehr viel kleiner als hier gezeichnet ist. Aus der Skizze folgt:

$$\tan \alpha_n = \frac{a_n}{e}$$

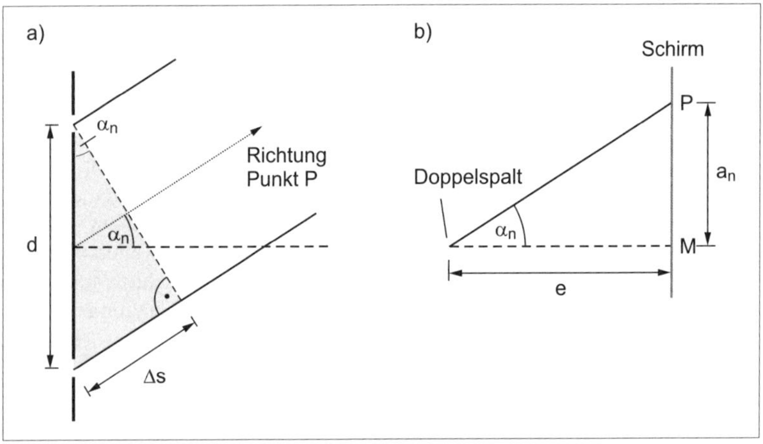

Abb. 5

Weil laut Vorgabe die Wellenlänge sehr viel kleiner ist als der Spaltabstand, sind die Beugungswinkel sehr klein und man kann die Näherung $\sin\alpha \approx \tan\alpha$ für kleine Winkel verwenden. Daraus folgt die gesuchte Beziehung:

$$\sin\alpha_n \approx \tan\alpha_n$$

$$\Leftrightarrow \quad \frac{n \cdot \lambda}{d} \approx \frac{a_n}{e}$$

$$a_n \approx \underline{\underline{\frac{n \cdot e \cdot \lambda}{d}}}$$

d) Aus der in Teilaufgabe 1.1 c angegebenen Beziehung kann eine Gleichung für die **Wellenlänge** hergeleitet werden:

$$a_n = \frac{n \cdot e \cdot \lambda}{d} \quad \Leftrightarrow \quad \lambda = \frac{a_n \cdot d}{n \cdot e}$$

Die Schirmabstände e und der Spaltabstand d sind gegeben, der Abstand a_n des Maximums n-ter Ordnung vom Maximum der Ordnung Null lässt sich anhand der Interferenzbilder messen. Um die Ablesefehler zu minimieren, wählt man die größtmögliche Messstrecke, also $2a_{n,\max}$. In den Bildern sind jeweils 9 helle Bereiche zu erkennen, d. h. die beiden äußersten stellen die Maxima 4. Ordnung dar.

Abb. 2 oben: Die Mitten der beiden äußeren hellen Bereiche liegen bei 4,1 cm bzw. 10,1 cm, d. h. die beiden Maxima haben einen Abstand von 6,0 cm. Dieser Abstand beschreibt $2a_4$, also ist $a_4 = 3{,}0$ cm. Mit $e = 7{,}00$ m und $d = 0{,}57$ mm $= 5{,}7 \cdot 10^{-4}$ m folgt:

$$\lambda = \frac{0{,}030\ \text{m} \cdot 5{,}7 \cdot 10^{-4}\ \text{m}}{4 \cdot 7{,}00\ \text{m}} = \underline{\underline{6{,}1 \cdot 10^{-7}\ \text{m}}}$$

Abb. 2 Mitte: Die analoge Rechnung ergibt:

$$a_4 = \frac{9{,}3\ \text{cm} - 5{,}0\ \text{cm}}{2} = 2{,}15\ \text{cm}$$

$$\lambda = \frac{0{,}0215\ \text{m} \cdot 5{,}7 \cdot 10^{-4}\ \text{m}}{4 \cdot 5{,}00\ \text{m}} = \underline{\underline{6{,}1 \cdot 10^{-7}\ \text{m}}}$$

Abb. 2 unten: Die analoge Rechnung ergibt:

$$a_4 = \frac{8{,}7\ \text{cm} - 5{,}7\ \text{cm}}{2} = 1{,}5\ \text{cm}$$

$$\lambda = \frac{0{,}015\ \text{m} \cdot 5{,}7 \cdot 10^{-4}\ \text{m}}{4 \cdot 3{,}50\ \text{m}} = \underline{\underline{6{,}1 \cdot 10^{-7}\ \text{m}}}$$

Auf dem mittleren und dem unteren Interferenzbild der Abb. 2 sind nach den Maxima 4. Ordnung zunächst Lücken zu erkennen, bevor wieder helle Stellen sichtbar sind. Hier lägen eigentlich auch Maxima, die aber durch Interferenz am Einzelspalt (der Doppelspalt besteht aus zwei Einzelspalten) verschwinden

e) Hier muss zunächst der Wert für a_1 berechnet werden, der sich aus den vorgegebenen Werten ergeben würde:

$$a_1 = \frac{n \cdot e \cdot \lambda}{d} = \frac{1 \cdot 7{,}00\ \text{m} \cdot 633 \cdot 10^{-9}\ \text{m}}{5{,}7 \cdot 10^{-4}\ \text{m}} = 7{,}8\ \text{mm}$$

Der **prozentuale Fehler** des gemessenen Wertes berechnet sich damit zu:

$$\frac{\Delta a_1}{a_1} = \frac{7{,}8 - 7{,}5}{7{,}8} = 0{,}038 = \underline{\underline{3{,}8\ \%}}$$

1.2 Interferenzen beim Schall

a) **Interferenztyp**

- Entlang der dick durchgezogen gezeichneten Linien treffen jeweils Berg auf Berg und Tal auf Tal. Demnach liegt entlang dieser Linien **maximale Verstärkung (maximale konstruktive Interferenz)** vor.
- Entlang der dick gestrichelt gezeichneten Linien treffen jeweils Berg auf Tal und Tal auf Berg. Demnach liegt entlang dieser Linien **Auslöschung (maximale destruktive Interferenz)** vor.

Energie

- Entlang der Linien maximaler Verstärkung ist die Energie ebenfalls **maximal**.
- Entlang der Linien von Auslöschung ist **keine Energie** vorhanden.

Demnach ist die Gesamtenergie im Interferenzfeld örtlich aufgeteilt.

b) Die **Wellenlänge** kann mithilfe der Wellengrundgleichung $c = \lambda \cdot f$ berechnet werden:

$$c = \lambda \cdot f \quad \Leftrightarrow \quad \lambda = \frac{c}{f} = \frac{340\,\frac{m}{s}}{1134\,Hz} = \underline{\underline{0{,}300\,m = 30{,}0\,cm}}$$

c) **Interferenz an den Punkten 1 bis 4**

Hier ist für die angegebenen Punkte zunächst deren Lage (Entfernungen von den Schallquellen) zu ermitteln und daraus der jeweilige dort vorliegende Gangunterschied zu bestimmen (1 Kästchen $\hat{=}$ 2,5 cm).

Punkt 1 liegt in der Mitte der Verbindungslinie von L_1 und L_2, d. h., er ist von beiden Lautsprechern gleich weit entfernt. Folglich sind die Wegstrecken für die beiden Wellenzüge dorthin gleich groß, der Gangunterschied ist 0: Es liegt **maximale Verstärkung** vor (Bedingung für maximale konstruktive Interferenz: $\Delta s = n \cdot \lambda$).

Punkt 2 liegt auf der Mittelsenkrechten der Verbindungslinie von L_1 und L_2 und ist damit von beiden Lautsprechern ebenfalls gleich weit entfernt. Es liegt wiederum der Gangunterschied 0 vor, der zu **maximaler Verstärkung** führt.

Punkt 3 ist von einer Quelle 15 cm entfernt und von der anderen 60 cm, der Gangunterschied ist demnach 45 cm. Dies entspricht der 1,5-fachen Wellenlänge und führt zu **Auslöschung** (Bedingung für maximale destruktive Interferenz $\Delta s = (2n+1) \cdot \frac{\lambda}{2}$).

Punkt 4 ist von einer Quelle 7,5 cm entfernt und von der anderen 67,5 cm, der Gangunterschied beträgt also 60 cm. Dies entspricht dem Zweifachen der Wellenlänge, sodass an dieser Stelle **maximale Verstärkung** vorliegt.

Lage eines Punktes mit Wellenauslöschung

In dem gesuchten Punkt muss die oben genannte Bedingung für destruktive Interferenz $\Delta s = (2n+1) \cdot \frac{\lambda}{2}$ erfüllt sein. Dies ist z. B. für einen Punkt der Fall, der **30 cm von einer Quelle entfernt** ist. Die Entfernung zur anderen Quelle beträgt dann 45 cm und der Gangunterschied dazwischen 15 cm, was zu Auslöschung führt.

Formal lässt sich ein solcher Punkt auf der Verbindungsstrecke der beiden Quellen im Abstand d folgendermaßen ermitteln. Bezeichnen s_1 und s_2 die Abstände von den Quellen, so muss gelten (wobei $s_1 > s_2$ gewählt wird):

$$\left.\begin{aligned} \Delta s &= s_1 - s_2 = s_1 - (d - s_1) = 2s_1 - d \\ \Delta s &= (2n+1) \cdot \frac{\lambda}{2} \end{aligned}\right\} \Rightarrow 2s_1 - d = (2n+1) \cdot \frac{\lambda}{2}$$

Da nur ein Punkt gesucht ist, wählt man am einfachsten $n = 0$ und erhält mit $\lambda = 30$ cm und $d = 75$ cm:

$$2s_1 - 75\,cm = 15\,cm \quad \Rightarrow \quad s_1 = \underline{\underline{45\,cm}}; \quad s_2 = 75\,cm - 45\,cm = \underline{\underline{30\,cm}}$$

Anzahl und Lage der Punkte maximaler konstruktiver Interferenz
Die Anzahl der Punkte von maximaler Verstärkung auf der Verbindungslinie ergibt sich aus dem Abstand der Schallquellen und der Wellenlänge. Der Abstand beträgt 75 cm, die Wellenlänge 30 cm. Für maximale Verstärkung muss der Gangunterschied ein ganzzahliges Vielfaches der Wellenlänge sein. Ausgehend vom Mittelpunkt der Verbindungslinie, auf dem der Gangunterschied null ist, kann man zu beiden Seiten jeweils eine halbe Wellenlänge abzählen. Eine halbe Wellenlänge zu einer Seite weniger bedeutet Zunahme von einer halben Wellenlänge zur anderen Seite, also insgesamt einen Gangunterschied von einer ganzen Wellenlänge. Demnach liegen auf der einen Seite von der Mitte noch zwei weitere Stellen mit einem Gangunterschied zwischen den beiden Wellen von 30 cm und 60 cm. Dasselbe gilt auf der anderen Seite von der Mitte.
Demnach gibt es insgesamt **5 Stellen maximaler Verstärkung** auf der Verbindungslinie (7,5 cm, 22,5 cm, 37,5 cm, 52,5 cm und 67,5 cm von einer der beiden Quellen entfernt).

Für die Rechner unter Ihnen: Auch diese Frage lässt sich formal beantworten. Die Abstände s_1 und s_2 von den Quellen müssen jeweils zwischen 0 cm und $d = 75$ cm liegen, ihre Differenz muss ein ganzzahliges Vielfaches der Wellenlänge betragen:

$$\left.\begin{array}{l}\Delta s = |s_1 - s_2| = |s_1 - (d - s_1)| = |2s_1 - d| \\ \Delta s = n \cdot \lambda\end{array}\right\} \Rightarrow |2s_1 - d| = n \cdot \lambda$$

$$2s_1 - d = \pm n \cdot \lambda$$

$$\underline{\underline{s_1 = \frac{1}{2} \cdot (d \pm n \cdot \lambda)}} \quad (*)$$

Wegen $s_1 \in [0; d]$ kann n nur die Werte $-n_{max}, \ldots, +n_{max}$ annehmen:

$$\left.\begin{array}{l} s_1 = \frac{1}{2} \cdot (d - n_{max} \cdot \lambda) \geq 0 \Rightarrow n_{max} \leq \frac{d}{\lambda} = \frac{75\text{ cm}}{30\text{ cm}} = 2{,}5 \\ s_1 = \frac{1}{2} \cdot (d + n_{max} \cdot \lambda) \leq d \Rightarrow n_{max} \leq \frac{d}{\lambda} = \frac{75\text{ cm}}{30\text{ cm}} = 2{,}5 \end{array}\right\} \Rightarrow n_{max} = 2$$

Es ist also $n \in \{-2; -1; 0; 1; 2\}$; durch Einsetzen in (*) erhält man die oben angeführten 5 Stellen.

d) Betrachtet man die Abbildung 3 der Aufgabenstellung 1.2 a, so ergibt sich dort durch die neue Situation – **Wechsel von gleich- zu gegenphasiger Abstrahlung** – ein anderes Bild. Bei einer Schallquelle bleiben die durchgezogenen und gestrichelten Linien unverändert, bei der anderen werden aus den durchgezogenen nun gestrichelte und aus den gestrichelten umgekehrt durchgezogene Linien. Daraus folgt, dass an den Stellen, an denen vorher zwei durchgezogene bzw. zwei gestrichelte Linien aufeinander trafen (also Berg auf Berg bzw. Tal auf Tal), nun eine durchgezogene und ein gestrichelte Linie aufeinander treffen (also Berg auf Tal). Genauso treffen an der Stellen, an denen vorher eine gestrichelte und eine durchgezogene Linie aufeinander trafen, nun zwei gleiche Linien aufeinander (also statt Tal auf Berg nun Berg auf Berg bzw. Tal auf Tal). Daher werden nun aus Orten maximaler Verstärkung Orte maximaler Auslöschung und aus Orten maximaler Auslöschung werden umgekehrt Orte maximaler Verstärkung.

e) Mit Gegensignal ist ein Signal gemeint, das durch Überlagerung mit dem ursprünglichen Signal zu einer Auslöschung oder Abschwächung führt. Damit dies geschieht, muss das Gegensignal so verlaufen, dass es (möglichst zu allen Zeiten) jeweils die entgegengesetzte Elongation besitzt, es verläuft also **gegenphasig**.

Aufgabe 2

2.1 a) **Versuchsaufbau und Durchführung**

Die Hg-Lampe sendet ein Spektrum diskreter Wellenlängen aus. Durch das Filter fällt nur Licht einer Wellenlänge auf die Kathode der Fotozelle. Die Kathode befindet sich in einem evakuierten Glaskolben, ihr gegenüber in dem Glaskolben liegt der Anodenring. Mithilfe eines sehr empfindlichen Amperemeters wird der Anodenstrom zwischen Fotokathode und Anodenring gemessen. Ebenfalls zwischen Anodenring und Fotokathode ist eine regelbare Spannungsquelle geschaltet, mit der die Gegenspannung eingestellt werden kann. Diese wird so lange erhöht, bis der Anodenstrom null ist.

Bestimmung der maximalen kinetischen Energie der Fotoelektronen

Solange ein Fotostrom I_{Ph} mit dem Amperemeter gemessen wird, müssen aus der Kathode herausgelöste Elektronen den Anodenring erreichen. Die kinetische Energie dieser Elektronen ist also größer als die potenzielle Energie, mit der sie durch das elektrische Gegenfeld abgebremst werden.

$$E_{kin} > E_{pot}$$

$$\Rightarrow \quad E_{kin} > U \cdot e$$

Um die kinetische Energie der schnellsten Elektronen zu bestimmen, wird die Spannung U so eingestellt, dass gerade kein Fotostrom mehr fließt. In diesem Fall gilt:

$$E_{kin,\,max} = U \cdot e$$

b) Zunächst muss die maximale kinetische Energie $E_{kin,\,max} = U \cdot e$ berechnet werden:

Wellenlänge λ in nm	578	546	436	405	253
Frequenz f in 10^{14} Hz	5,19	5,49	6,88	7,40	11,85
Gegenspannung U in V	0,16	0,30	0,82	1,04	2,77
$E_{kin,\,max}$ in eV	0,16	0,30	0,82	1,04	2,77

In Abb. 3 ist das resultierende **f-$E_{kin,\,max}$-Diagramm** gezeichnet.

In das Diagramm sind außerdem ein Steigungsdreieck eingezeichnet und die Schnittpunkte mit den Koordinatenachsen benannt, siehe Teilaufgabe 2.1 d.

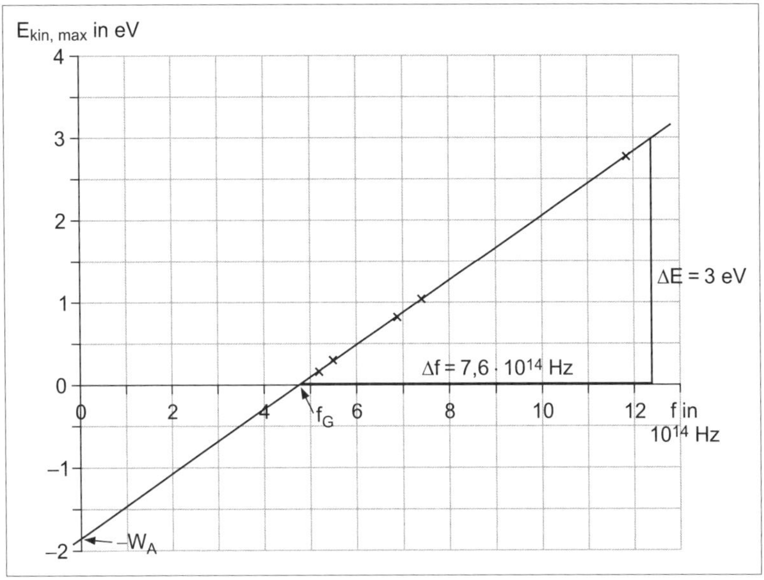

Abb. 3

c) Nach der **Einstein'schen Lichtquantenhypothese** besteht Licht aus Photonen mit der Energie $h \cdot f$, wobei h das Planck'sche Wirkungsquantum ist. Bei der Wechselwirkung mit einem Elektron in der Fotokathode kann das Photon seine Energie vollständig auf das Elektron übertragen. Da dieses Elektron an die Atome der Kathode gebunden ist, wird zunächst Energie benötigt, um das Elektron aus dem Material zu lösen, das ist die sogenannte Austrittsarbeit W_A. Der Rest der Photonenenergie wird in kinetische Energie des Elektrons umgewandelt. Daraus ergibt sich die folgende Energiebilanz:

$$E_{Photon} = E_{Elektron} \quad \Leftrightarrow \quad h \cdot f = W_A + E_{kin,\,max}$$

Diese Gleichung kann man umformen zu

$$E_{kin,\,max} = h \cdot f - W_A\,,$$

wodurch der lineare Zusammenhang zwischen der maximalen kinetischen Energie der Elektronen und der Frequenz des einfallenden Lichts beschrieben wird.

Der Graph der Funktion $E_{kin,\,max}(f)$ ist eine **Gerade**. Ihre Steigung ist das Planck'sche Wirkungsquantum, ihre Schnittstelle mit der E-Achse ist die negative Austrittsarbeit $-W_A$, ihre Schnittstelle mit der f-Achse ist die Grenzfrequenz f_G (vgl. Teilaufgabe 2.1 d)

d) Der Graph in Abb. 3 stellt die Ausgleichgerade für alle Messwerte dar. Die **Austrittsarbeit** entspricht dem Betrag der Schnittstelle mit der E-Achse:

$$W_A \approx \underline{\underline{1{,}85\ \text{eV}}}$$

Die **Grenzfrequenz** ist die Frequenz, bei der die Photonenenergie gerade ausreicht, um ein Elektron aus dem Kathodenmaterial herauszulösen. Die kinetische Energie dieser Elektronen ist null, also ist die Grenzfrequenz genau die Schnittstelle der Ausgleichsgeraden mit der f-Achse:

$$f_G \approx \underline{\underline{4{,}7 \cdot 10^{14}\ \text{Hz}}}$$

Das **Planck'sche Wirkungsquantum** ergibt sich, wie in Teilaufgabe 2.1 c erläutert, als Steigung der Geraden:

$$h = \frac{\Delta E_{kin,\,max}}{\Delta f} \approx \frac{3\ \text{eV}}{7{,}6 \cdot 10^{14}\ \text{Hz}} = 3{,}95 \cdot 10^{-15}\ \text{eVs} = \underline{\underline{6{,}3 \cdot 10^{-34}\ \text{Js}}}$$

e) Die **maximale Geschwindigkeit der Fotoelektronen** ist durch die maximale kinetische Energie bestimmt. Hierzu muss zunächst berechnet werden, wie groß die Energie des Photons ist:

$$f = \frac{c}{\lambda} = \frac{3{,}00 \cdot 10^8\ \frac{\text{m}}{\text{s}}}{185 \cdot 10^{-9}\ \text{m}} = 1{,}622 \cdot 10^{15}\ \text{Hz}$$

$$\Rightarrow\ E_{ph} = h \cdot f = 6{,}626 \cdot 10^{-34}\ \text{Js} \cdot 1{,}62 \cdot 10^{15}\ \text{Hz} = 1{,}075 \cdot 10^{-18}\ \text{J}$$

Die kinetische Energie der Elektronen ergibt sich, wie bei Teilaufgabe 2.1 c erläutert, als Differenz aus Photonenenergie und Austrittsarbeit:

$$\begin{aligned} E_{kin} &= E_{ph} - W_A = 1{,}075 \cdot 10^{-18}\ \text{J} - 1{,}86\ \text{eV} \cdot 1{,}602 \cdot 10^{-19}\ \frac{\text{J}}{\text{eV}} \\ &= 7{,}765 \cdot 10^{-19}\ \text{J} \end{aligned}$$

Mithilfe der aus der Mechanik bekannten Formel für die kinetische Energie wird die Geschwindigkeit der Elektronen berechnet:

$$E_{kin} = \frac{1}{2} m_e \cdot v^2$$

$$\Rightarrow\ v = \sqrt{\frac{2E_{kin}}{m_e}} = \sqrt{\frac{2 \cdot 7{,}765 \cdot 10^{-19}\ \text{J}}{9{,}11 \cdot 10^{-31}\ \text{kg}}} = \underline{\underline{1{,}31 \cdot 10^6\ \frac{\text{m}}{\text{s}}}}$$

2.2 a) Die Leistung des Lasers beschreibt, wie viel Energie pro Sekunde übertragen wird. Diese Energie entspricht der Summe der Energien der emittierten Photonen. Da bei monochromatischem Licht alle Photonen die gleiche Energie haben, muss man zur **Bestimmung der Photonenanzahl N** den Quotienten aus der vom Laser pro Sekunde übertragenen Energie ΔE und der Energie eines Photons E_{ph} bilden.

In der Zeit t = 1 s vom Laser übertragene Energie:

$$\Delta E = P \cdot \Delta t = 1 \cdot 10^{-3}\ W \cdot 1\ s = 1 \cdot 10^{-3}\ J$$

Energie eines Photons:

$$E_{ph} = h \cdot f = \frac{h \cdot c}{\lambda} = \frac{6{,}626 \cdot 10^{-34}\ Js \cdot 3{,}00 \cdot 10^{8}\ \frac{m}{s}}{532 \cdot 10^{-9}\ m} = 3{,}737 \cdot 10^{-19}\ J$$

Anzahl der Photonen, die notwendig sind, um die Energie ΔE zu erzeugen:

$$N = \frac{\Delta E}{E_{ph}} = \frac{1 \cdot 10^{-3}\ J}{3{,}737 \cdot 10^{-19}\ J} = \underline{\underline{2{,}68 \cdot 10^{15}}} \qquad (*)$$

b) Eine kleinere Wellenlänge bedeutet gemäß $E_{ph} = h \cdot f = \frac{h \cdot c}{\lambda}$ eine größere Photonenenergie. Daher
- sinkt bei gleicher Lichtleistung nach Gleichung (*) die Zahl der pro Sekunde nötigen Photonen, weshalb **weniger Elektronen** pro Sekunde ausgelöst werden.
- steigt bei konstanter Austrittsarbeit die kinetische Energie der Elektronen, sodass sie eine **höhere Geschwindigkeit** besitzen.

2.3 a) Auf die ausgelösten Elektronen wirkt im Magnetfeld die Lorentzkraft. Die Richtung der Lorentzkraft ist stets senkrecht zur Bewegungsrichtung gerichtet (Drei-Finger-Regel, $\vec{v} \perp \vec{B}$). Die Lorentzkraft wirkt somit als Zentripetalkraft und zwingt die Elektronen auf eine **Kreisbahn**. Gemäß der Drei-Finger-Regel für die linke Hand (Daumen zeigt in die Bewegungsrichtung der Elektronen, Zeigefinger zeigt in die in die Richtung des Magnetfelds und der Mittelfinger gibt die Richtung der Lorentzkraft an) werden die Elektronen nach Austritt aus der Kathodenoberfläche **nach oben** abgelenkt (Abb. 4).

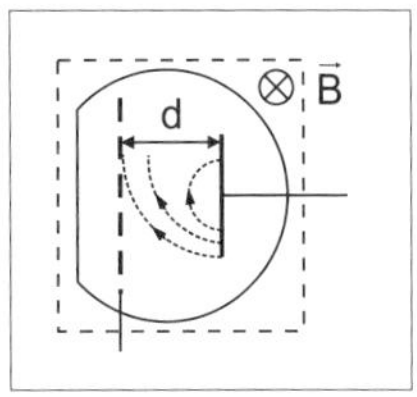

Abb. 4 Ausschnitt aus Abb. 2 mit möglichen Elektronenbahnen

Da keine Angaben über den Betrag von $\vec{B}$ und $\vec{v}$ gemacht wurden, kann keine Aussage über den Radius gemacht werden. Darum sind in der Abbildung mehrere mögliche Bahnen dargestellt.

b) Wie in Teilaufgabe 2.3 a erwähnt, wirkt die Lorentzkraft als Zentripetalkraft. Gleichsetzen der Kraftterme und Umstellen führt auf den **Bahnradius**:

$$F_Z = F_L \quad \Rightarrow \quad \frac{m_e \cdot v^2}{r} = e \cdot v \cdot B \quad \Rightarrow \quad r = \underline{\underline{\frac{m_e \cdot v}{e \cdot B}}}$$

c) Das Ergebnis aus Teilaufgabe 2.3 c nach B umgeformt ergibt:

$$B = \frac{m_e \cdot v}{e \cdot r}$$

Für den beschriebenen Fall $B = B_1$ gilt $r = d$: Wenn die senkrecht austretenden Elektronen die Anode gerade noch erreichen sollen, müssen sie einen Viertelkreis beschreiben und die Anode berühren (vgl. Abb. 4 in Teilaufgabe 2.3 a; die Anodenoberfläche ist, mathematisch beschrieben, die Tangentialfläche an den beschriebenen Kreis).

Es ist also $B_1 = \frac{m_e}{e \cdot d} \cdot v$. Somit muss noch gezeigt werden, dass sich für v der gesuchte Wurzelterm ergibt. Nach Teilaufgabe 2.1 e gilt für die Geschwindigkeit der Fotoelektronen der kinetischen Energie $E_{kin,\,max} = h \cdot f - W_A$

$$v = \sqrt{\frac{2E_{kin}}{m_e}} = \sqrt{\frac{2 \cdot (h \cdot f - W_A)}{m_e}}$$

und damit auch die angegebene **Formel für B_1**:

$$B_1 = \frac{m_e}{e \cdot d} \cdot \sqrt{\frac{2 \cdot (h \cdot f - W_A)}{m_e}} \qquad (**)$$

d) Die aus der Kathode austretenden Elektronen werden in alle Richtungen emittiert. Sie erreichen gerade noch die Anode, wenn die Anodenoberfläche eine Tangentialfläche an die Kreisbahn ist, auf der sich die Elektronen bewegen. Entscheidend ist nun – bei gleich bleibenden Versuchsbedingungen – die Richtung, in der die Elektronen die Kathode verlassen (Abb. 5):

- Der Mittelpunkt der Kreisbahn eines Elektrons, das die Kathode *senkrecht* zur Kathodenoberfläche verlässt, liegt auf der Kathodenfläche (Bild a).
- Verlässt ein Elektron die Kathode *schräg nach oben*, so liegt der Mittelpunkt der Kreisbahn rechts von der Kathode; die horizontale Reichweite eines solchen Elektrons ist kleiner als im Falle der senkrechten Emission (Bild b).
- Verlässt ein Elektron die Kathode *schräg nach unten*, so liegt der Mittelpunkt der Kreisbahn zwischen Kathode und Anode; die horizontale Reichweite dieses Elektrons ist größer als im Falle der senkrechten Emission (Bild c).

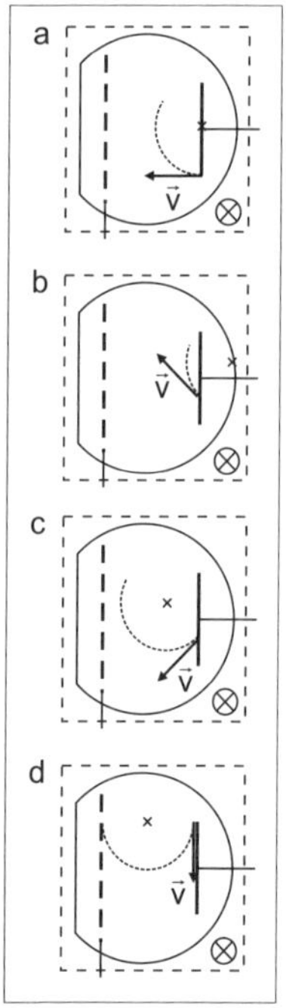

Abb. 5

Die Reichweite wird daher **maximal**, wenn ein Elektron die Kathode nahezu **parallel zur Oberfläche nach unten** verlässt (Bild d). Soll es die Anode gerade noch erreichen, liegt der Kreismittelpunkt annähernd in der Mitte zwischen Kathode und Anode. Der Bahnradius ist in diesem Fall $\frac{d}{2}$ und nach (**) die erforderliche Magnetfeldstärke $2B_1$. Erst bei einem noch stärkeren magnetischen Feld erreicht selbst ein solches Elektron die Anode nicht mehr.

Ihre Meinung ist uns wichtig!

Ihre Anregungen sind uns immer willkommen. Bitte informieren Sie uns mit diesem Schein über Ihre Verbesserungsvorschläge!

Titel-Nr.	Seite	Vorschlag

Bitte hier abtrennen

Bitte hier abtrennen

Zutreffendes bitte ankreuzen!

Die Absenderin/der Absender ist:

- ☐ Lehrer/in in den Klassenstufen: ______
- ☐ Fachbetreuer/in
  Fächer: ______
- ☐ Seminarlehrer/in
  Fächer: ______
- ☐ Regierungsfachberater/in
  Fächer: ______
- ☐ Oberstufenbetreuer/in
- ☐ Schulleiter/in
- ☐ Referendar/in, Termin 2. Staatsexamen: ______
- ☐ Leiter/in Lehrerbibliothek
- ☐ Leiter/in Schülerbibliothek
- ☐ Sekretariat
- ☐ Eltern
- ☐ Schüler/in, Klasse: ______
- ☐ Sonstiges: ______

Unterrichtsfächer: (Bei Lehrkräften!)

______

STARK Verlag
Postfach 1852
85318 Freising

21-VM5

Bitte ausfüllen und im frankierten Umschlag an uns einsenden. Für Fensterkuverts geeignet.

Kennen Sie Ihre Kundennummer?
Bitte hier eintragen.

Absender (Bitte in Druckbuchstaben!)

Name/Vorname

Straße/Nr.

PLZ/Ort/Ortsteil

Telefon privat

Geburtsjahr

E-Mail

Schule/Schulstempel (Bitte immer angeben!)

Sicher durch das Abitur!

Klare Fakten, systematische Methoden, prägnante Beispiele sowie Übungsaufgaben mit schülergerechten, kommentierten Lösungen zur Selbstkontrolle.

Mathematik

Analytische Geometrie –
Mit Hinweisen zur GTR-/CAS-Nutzung .... Best.-Nr. 540038
Analysis mit CAS .... Best.-Nr. 540021
Analytische Geometrie und lineare Algebra 2 ... Best.-Nr. 54008
Analysis – LK .... Best.-Nr. 940021
Stochastik .... Best.-Nr. 94009
Klausuren Mathematik Oberstufe............ Best.-Nr. 900461
Kompakt-Wissen Abitur Analysis .... Best.-Nr. 900151
Kompakt-Wissen Abitur Analytische Geometrie Best.-Nr. 900251
Kompakt-Wissen Abitur
Wahrscheinlichkeitsrechnung und Statistik .... Best.-Nr. 900351

Physik

Elektromagnetisches Feld
und Relativitätstheorie............ Best.-Nr. 943028
Mechanik .... Best.-Nr. 94307
Abitur-Wissen Elektrodynamik............ Best.-Nr. 94331
Kompakt-Wissen Abitur Physik 1
Mechanik, Wärmelehre, Relativitätstheorie ...... Best.-Nr. 943012
Kompakt-Wissen Abitur Physik 2
Elektrizität, Magnetismus und Wellenoptik .... Best.-Nr. 943013
Kompakt-Wissen Abitur Physik 3
Quanten, Kerne und Atome .... Best.-Nr. 943011

Biologie

Biologie 1 – Zellbiologie, Genetik,
Informationsverarbeitung, Ökologie .... Best.-Nr. 54701
Biologie 2 – Angewandte Genetik · Evolution .. Best.-Nr. 54702
Grundlagen, Arbeitstechniken und
Methoden – Biologie .... Best.-Nr. 94710
Chemie für den LK Biologie .... Best.-Nr. 54705
Abitur-Wissen Genetik .... Best.-Nr. 94703
Abitur-Wissen Neurobiologie .... Best.-Nr. 94705
Abitur-Wissen Verhaltensbiologie .... Best.-Nr. 94706
Abitur-Wissen Evolution .... Best.-Nr. 94707
Abitur-Wissen Ökologie .... Best.-Nr. 94708
Abitur-Wissen Zell- und Entwicklungsbiologie ... Best.-Nr. 94709
Klausuren Biologie Oberstufe............ Best.-Nr. 907011
Kompakt-Wissen Abitur Biologie – Zellen und Stoffwechsel
Nerven · Sinne und Hormone · Ökologie .... Best.-Nr. 94712
Kompakt-Wissen Abitur Biologie – Genetik und Entwicklung
Immunbiologie · Evolution · Verhalten .... Best.-Nr. 94713
Kompakt-Wissen Abitur Biologie
Fachbegriffe der Biologie .... Best.-Nr. 94714

Erdkunde

Erdkunde NRW .... Best.-Nr. 54902
Abitur-Wissen GUS-Staaten/Russland .... Best.-Nr. 94908
Abitur-Wissen Entwicklungsländer .... Best.-Nr. 94902
Abitur-Wissen Die USA .... Best.-Nr. 94903
Abitur-Wissen Europa .... Best.-Nr. 94905
Abitur-Wissen Der asiatisch-pazifische Raum .... Best.-Nr. 94906
Kompakt-Wissen Abitur Erdkunde .... Best.-Nr. 949010
Lexikon Erdkunde .... Best.-Nr. 94904

Chemie

Chemie 1 – Gleichgewichte · Energetik
Säuren und Basen · Elektrochemie .... Best.-Nr. 84731
Chemie 2 – Naturstoffe · Aromatische
Verbindungen · Kunststoffe .... Best.-Nr. 84732
Rechnen in der Chemie .... Best.-Nr. 84735
Methodentraining Chemie .... Best.-Nr. 947308
Abitur-Wissen Protonen und Elektronen .... Best.-Nr. 947301
Abitur-Wissen
Struktur der Materie und Kernchemie .... Best.-Nr. 947303
Abitur-Wissen
Stoffklassen organischer Verbindungen .... Best.-Nr. 947304
Abitur-Wissen Biomoleküle .... Best.-Nr. 947305
Abitur-Wissen Biokatalyse und Stoffwechselwege Best.-Nr. 947306
Abitur-Wissen
Chemie am Menschen – Chemie im Menschen ... Best.-Nr. 947307
Kompakt-Wissen Abitur Chemie Organische Stoffklassen ·
Natur-, Kunst- und Farbstoffe .... Best.-Nr. 947309
Kompakt-Wissen Abitur Chemie Anorganische Chemie ·
Energetik · Kinetik · Kernchemie .... Best.-Nr. 947310

Geschichte

Geschichte 1 NRW – Vom 19. Jahrhundert bis
zum Ende des Nationalsozialismus .... Best.-Nr. 54761
Geschichte 2 NRW – Deutschland und Europa
nach dem Zweiten Weltkrieg .... Best.-Nr. 54762
Grundlagen, Arbeitstechniken und
Methoden – Geschichte .... Best.-Nr. 94789
Abitur-Wissen Die Antike .... Best.-Nr. 94783
Abitur-Wissen Das Mittelalter .... Best.-Nr. 94788
Abitur-Wissen Französische Revolution .... Best.-Nr. 947812
Abitur-Wissen Die Ära Bismarck: Entstehung und
Entwicklung des deutschen Nationalstaats .... Best.-Nr. 94784
Abitur-Wissen
Imperialismus und Erster Weltkrieg .... Best.-Nr. 94785
Abitur-Wissen Die Weimarer Republik .... Best.-Nr. 47815
Abitur-Wissen
Nationalsozialismus und Zweiter Weltkrieg ...... Best.-Nr. 94786
Abitur Wissen
Deutschland von 1945 bis zur Gegenwart .... Best.-Nr. 947811
Abitur Wissen USA .... Best.-Nr. 947813
Abitur Wissen Naher Osten .... Best.-Nr. 947814
Kompakt-Wissen Abitur Geschichte Oberstufe ... Best.-Nr. 947601
Lexikon Geschichte .... Best.-Nr. 94787

(Bitte blättern Sie um)

Sport

Bewegungslehre · Sportpsychologie .... Best.-Nr. 94981
Trainingslehre .... Best.-Nr. 94982

Erziehungswissenschaft/Psychologie

Erziehungswissenschaft GK/LK – NRW .... Best.-Nr. 54941
Grundwissen Psychologie .... Best.-Nr. 92481

Abitur-Prüfungsaufgaben

Optimale Unterstützung für Schülerinnen und Schüler bei der Vorbereitung auf das **Zentralabitur in Nordrhein-Westfalen:**

- Wertvolle **Hinweise** zum Ablauf des Zentralabiturs.
- **Original-Prüfungsaufgaben und Übungsaufgaben im Stil des Abiturs** zu den aktuellen Schwerpunktthemen machen mit den Inhalten vertraut und geben Gelegenheit zum selbstständigen Üben unter Prüfungsbedingungen.
- **Schülergerechte Lösungen**.

Abiturprüfung Mathematik LK mit CD – NRW ... Best.-Nr. 55000
Abiturprüfung Mathematik GK mit CD – NRW ... Best.-Nr. 55100
Abiturprüfung Physik GK/LK – NRW .... Best.-Nr. 55300
Abiturprüfung Deutsch LK – NRW .... Best.-Nr. 55400
Abiturprüfung Deutsch GK – NRW .... Best.-Nr. 55410
Abiturprüfung Englisch LK – NRW .... Best.-Nr. 55460
Abiturprüfung Englisch GK – NRW .... Best.-Nr. 55470
Abiturprüfung Französisch GK/LK – NRW .... Best.-Nr. 55500
Abiturprüfung Spanisch GK/LK – NRW .... Best.-Nr. 55540
Abiturprüfung Latein GK/LK – NRW .... Best.-Nr. 55600
Abiturprüfung Biologie LK – NRW .... Best.-Nr. 55700
Abiturprüfung Biologie GK – NRW .... Best.-Nr. 55710
Abiturprüfung Chemie GK/LK – NRW .... Best.-Nr. 55730
Abiturprüfung Geschichte LK – NRW .... Best.-Nr. 55760
Abiturprüfung Geschichte GK – NRW .... Best.-Nr. 55780
Abitur Sozialwissenschaften GK/LK – NRW ...... Best.-Nr. 55800
Abiturprüfung Erdkunde GK/LK – NRW .... Best.-Nr. 55900
Abitur Erziehungswissenschaft LK – NRW .... Best.-Nr. 55940
Abitur Erziehungswissenschaft GK – NRW .... Best.-Nr. 55941
Abiturprüfung Sport GK/LK – NRW .... Best.-Nr. 55980
Abiturprüfung Kunst GK/LK – NRW .... Best.-Nr. 55960

Natürlich führen wir noch mehr Titel für alle Fächer und Stufen: Alle Informationen unter
www.stark-verlag.de

Studi-Kompass

Wie geht es nach dem Abitur weiter?

Die Reihe **Studi-Kompass** gibt Antworten auf Fragen zum Studium:

➜ Detaillierte Informationen zu jeder Hochschule – und Hochschulstadt – in Deutschland sowie alle wichtigen Adressen und Ansprechpartner

➜ Zahlreiche Berufsbilder, mögliche Tätigkeitsfelder und Arbeitsmarktprognosen für Absolventen

➜ Online-SelfAssessment zur Unterstützung der Schülerinnen und Schüler bei der persönlichen Studienentscheidung

Leitfaden zum Online-SelfAssessment
inkl. Aktivierungscode .... Best.-Nr. 20000
Aktivierungscode zum
Online-SelfAssessment .... Best.-Nr. 20000C
Rechtswissenschaften, Ausgabe Nord .... Best.-Nr. 20085A
Rechtswissenschaften, Ausgabe Süd .... Best.-Nr. 20085B
Sprach- und Literaturwissenschaften .... Best.-Nr. 20040
Kulturwissenschaften .... Best.-Nr. 20076
Politik- und Sozialwissenschaften .... Best.-Nr. 20020
Medien, Ethnologie und Journalistik .... Best.-Nr. 20080

Ab März 2012 erhältlich:
Wirtschaftswissenschaften und
Wirtschaftsingenieurwesen .... Best.-Nr. 20088
Biologie, Chemie, Pharmazie .... Best.-Nr. 20073
Ingenieurwissenschaften .... Best.-Nr. 20010
Psychologie und Pädagogik .... Best.-Nr. 20094
Mathematik und Physik .... Best.-Nr. 20030

21-VM5

Bestellungen bitte direkt an:
STARK Verlagsgesellschaft mbH & Co. KG · Postfach 1852 · 85318 Freising
Tel. 0180 3 179000* · Fax 0180 3 179001* · www.stark-verlag.de · info@stark-verlag.de
*9 Cent pro Min. aus dem deutschen Festnetz, Mobilfunk bis 42 Cent pro Min.
Aus dem Mobilfunknetz wählen Sie die Festnetznummer: 08167 9573-0

Lernen · Wissen · Zukunft
STARK